国家社会科学基金项目
中国社会科学院国情调研重大项目

中国社会科学院城市信息集成与动态模拟实验室
中国社会科学院生态文明研究智库
联合资助

刘治彦　宋迎昌　黄顺江　李红玉 等
著

中国荒漠化治理研究

STUDY ON
COMBATING DESERTIFICATION IN CHINA

社会科学文献出版社
SOCIAL SCIENCES ACADEMIC PRESS (CHINA)

中国荒漠化治理研究
撰稿成员

刘治彦　宋迎昌　黄顺江　李红玉

李　萌　黄育华　张　莹　袁晓勐

盛广耀　侯京林　寇子明　梁尚鹏

于怡鑫　王　京

前　言

荒漠化是全世界关注的生态难题。随着全球气候变暖与干旱危机加剧，土地荒芜的速度也在加快。在中亚、非洲、澳洲和北美等全球主要沙漠及其周边广大地区，荒漠化已经严重威胁到当地社会的可持续发展。为了尽快遏止荒漠化迅猛蔓延的趋势，1992 年联合国里约热内卢环发大会把治理荒漠化作为一项全球性的重大环境和社会经济议题列入了《21 世纪议程》。随后，有 100 多个国家于 1994 年在巴黎签署了《联合国关于在发生严重干旱和/或荒漠化的国家特别是在非洲治理荒漠化的公约》。从此，在世界范围内拉开了一场规模浩大的治理荒漠化的统一行动。

我国也是受荒漠化危害严重的国家。尤其是在北方和西部广大地区，荒漠化已经成为制约地方经济和社会发展的关键因素。而且，从 20 世纪 90 年代后期开始，荒漠化引发的沙尘暴天气愈演愈烈，不仅使北方脆弱的生态环境雪上加霜，也对当地及周边区域，包括首都北京地区的可持续发展构成严重威胁。特别严重时，我国北方的沙尘暴还向东波及韩国和日本等东亚邻国，甚至影响到远在大洋彼岸的美国，使我国的国际形象受损。因此，治理荒漠化及沙尘暴不仅是一项重大的生态任务，同时也是我国应承担的国际责任。

为了探讨荒漠化治理的有效途径，本书研究人员先后于 2001 年、2002 年和 2013 年三度得到国家社会科学基金立项资助和 2013 年中国社会科学院国情调研重大项目资助，历经近 20 载，从荒漠化及沙尘暴形成机理和治理政策角度进行协作攻关和系统跟踪研究，开了我国社会科学学者参与荒漠化治理研究的先河。本书就是这些课题研究的主要成果。书中提出的“人地关系恶性反馈”荒漠化机理学说与“禁牧移民还草”荒漠化治理政策，得到了 20 年来实践的验证。近期卫星照片显示，我国原有荒漠化地区植被大面积恢复。有关统计表明，北方地区沙尘暴也明显减弱。中国荒漠化治理成效举世瞩目，这归功于党中央的高度重视、国家及地方有关部门的积极投入、广大沙区人民的不懈努力，同时也凝聚了一大批科研人员包括本书课题组成员的辛劳与智慧。希望这一成果的出版有助于推进我国荒漠化防治与可持续发展，并为全球生态文明建设提供中国范例。

本书分为三篇共二十一章：第一部分为总论篇，主要阐述我国荒漠化总体现状、过程机理、治理模式等；第二部分为分论篇，主要阐述我国荒漠化主体地区现状、治理措施与成效等；第三部分为展望篇，着重阐述我国今后荒漠化治理目标、路径与政策等。撰写分工如下。刘治彦：前言、第四章、第五章、第十七章、第十八章、第十九章、第二十章、第二十一章及后记；黄顺江：第一章、第二章、第三章、第九章、第十章及附录；宋迎昌：第六章（第二节和第三节）、第七章（第一节、第二节样本三、第三节和第四节）、第八章和第十一章；李红玉：第六章（第一节）、第七章（第二节样本五）和第十三章；袁晓勐：第七章（第二节样本一）；侯京林：第七章（第二节样本二）；于怡鑫：第七章（第二节样本四）；盛广耀：第七章（第二节样本六）；寇子明：第十二章；李萌：第十四章；张莹：第十五章；黄育华：第十六章；梁尚鹏：参与第九章撰写；王京：参与第十三章撰写及制图。

由于从人文社会科学与自然科学综合角度系统研究荒漠化与沙尘暴治理仍处于起步阶段，本书只是初步的探索，且研究时段较长，各章节是在不同时期完成的，难免存在一些不妥之处，希望得到同仁和社会各界的批评与指正！

著　者

2019 年 8 月于北京

目录
CONTENTS

第一部分　总论篇

第二部分　分论篇

第三部分　展望篇

第一部分

总论篇

第一章 中国荒漠化地区概况*

所谓荒漠（desert），就是指空旷寂寥的贫瘠土地，即地表不生长植物，土石裸露，或为其他非生物质所覆盖的大片土地。①

按照地表物质成分，荒漠有石质、砾质、砂质、盐质和冰雪质之分。石质荒漠是指石山（山体表面没有土、沙等碎屑物堆积，更不会有草木），砾质荒漠就是戈壁，砂质荒漠即为沙漠（sandy desert），盐质荒漠则称盐漠或盐碛，冰雪质荒漠即是冰（雪）漠或冰（雪）原。当然，在自然界里，典型的荒漠就是沙漠和戈壁，尤以沙漠最为典型②。

所谓荒漠化（desertification），就是指荒漠的形成和演进过程。其中，沙漠的形成和演进过程则称为沙漠化（sandy desertification）。沙漠化的初期阶段或初级形式，就是人们常说的沙化（主要针对耕地或草场），即在风力作用下，地表物质成分尤其是营养物质和细土不断流失，土地变得粗糙、瘠薄以至起沙的过程。

荒漠化作为一种土地退化过程，理论上可以出现在陆地表面上任何一处。但是，由于土地退化首先且主要发生在生态环境脆弱之处，尤其是缺乏水分的干旱和半干旱地区，荒漠化总体上是受区域自然环境条件所决定的，因而我国荒漠化主要发生在北方和西部广大地区。

---

* 本章成文于2013年11月，2016年8月修订。

① 一般所说的荒漠，是一个总体概念，是对贫瘠土地的统称。事实上，荒漠有典型与非典型之分。只有大范围（面积在1万平方公里以上）严重贫瘠土地（地表见不到任何草木，景观单一），才称得上荒漠（即典型荒漠）。而小于这一规模的贫瘠土地，或虽然面积很大但贫瘠程度较轻的土地（草木稀少或仅局部可见到草木），可称为半荒漠（即非典型荒漠）。规模很小的贫瘠土地（面积小于125平方公里），通常称为荒地。

② 同样，沙漠也有典型与非典型之别。只有为大面积流沙所覆盖的土地，才是真正的沙漠（尤指面积在1万平方公里以上的大沙漠）。而只有斑块状沙丘或局部才有流沙分布的土地，通常称为沙地（即非典型沙漠）。

本报告所指的荒漠化地区，除西藏外基本属于北方地区。为方便起见，荒漠化地区与北方地区通用，是指一个大的地理区域，即大兴安岭—燕山—长城—六盘山—岷山—横断山—喜马拉雅山西北的广大地区，主要位于我国地形第一、第二级阶梯上。在行政区划上，主要包括内蒙古自治区、宁夏回族自治区、甘肃省、青海省、新疆维吾尔自治区和西藏自治区，以及河北省坝上地区、山西省晋西北地区和陕西省榆林地区。

一　自然环境条件

（一）地形地貌

根据地形结构和自然条件，我国荒漠化地区可以划分为 4 大地理单元：内蒙古高原、青藏高原、塔里木盆地及准噶尔盆地。

内蒙古高原主体位于内蒙古自治区，东至大兴安岭，南抵燕山—长城—祁连山，西到马鬃山，北接国界，面积 130 万平方公里。内蒙古高原表面是古剥蚀夷平面，地形坦荡，起伏和缓，平均海拔 1000～1200 米，地势南高北低，但高差不大。最低处在中蒙国境线一带，东西呈带状分布，构成一宽浅盆地，称为瀚海盆地。内蒙古高原是蒙古高原的外围部分，呈弧带状分布，东西跨度 2000 余公里。由东向西可划分为 7 个部分，依次是呼伦贝尔高原、锡林郭勒高原、昭乌达高原、乌兰察布高原、巴彦淖尔高原、阿拉善高原及南部的鄂尔多斯高原。

青藏高原由喜马拉雅山-帕米尔高原-昆仑山-祁连山-横断山脉围合而成，主体位于西藏自治区和青海省，以及新疆维吾尔自治区南部、甘肃省南缘、四川省西部和云南省西北角，另外还包括不丹、尼泊尔、印度、巴基斯坦、阿富汗、塔吉克斯坦和吉尔吉斯斯坦部分地区，总面积 250 万平方公里，其中我国境内面积 240 万平方公里。青藏高原平均海拔 4000～5000 米，有“世界屋脊”之称。大体上，西北部地势更高，东南部较低。虽然青藏高原为山地型高原，有多条高大山脉东西横亘，并将高原面分割成若干个宽谷和浅盆地，但除东南部和南部边缘之外，大部分地表坦荡，地形开阔。

塔里木盆地（包括吐哈盆地）位于新疆维吾尔自治区南部，介于天山和昆仑山-阿尔金山之间，西抵帕米尔高原，东接内蒙古高原，东西长

1500公里，南北宽600公里，面积约60万平方公里，是我国最大的内陆盆地。盆地底部为一河湖积平原，地表平坦，平均海拔800~1200米，地势西高东低，向北微倾。最低处在东部的罗布泊，海拔780米①。

准噶尔盆地位于新疆北部，介于天山、阿尔泰山及西部诸山之间，呈三角形，东西长约1100公里，南北最宽处800公里，面积38万平方公里，为我国第二大内陆盆地。盆地地势东高西低，海拔500~1000米。西部诸山与阿尔泰山平行，大致呈西北—东南走向。这样，来自大西洋和北冰洋的气流可以沿着多条山谷进入盆地，使得准噶尔盆地内部的降水量比塔里木盆地稍多，水分条件略好。

总体上说，我国荒漠化地区位于第一、第二级阶梯上，海拔基本上在1000米以上。尤其是内蒙古高原与塔里木盆地及准噶尔盆地东西贯通，中间没有高大山脉阻隔，构成一连续、开阔的高平原，且与北部的蒙古高原主体部分连成一体。这一地形结构，就决定了我国荒漠化地区独特的自然环境特征。

（二）气候特征

我国荒漠化地区位于北温带，远离海洋，总体上属于温带大陆性气候。除了塔里木盆地和宁夏平原属于暖温带、大兴安岭北端属于寒温带以及青藏高原为高寒气候之外，大部分地区均处于中温带。总体上说，荒漠化地区的气候是温凉的。

由于深居内陆，地势较高，荒漠化地区基本上处于非季风区。因东南和西南湿润气流影响较弱，而西北风强劲（尤其在冬春季）甚或终年盛行，故干燥少雨，大部分地区年降水量都在400毫米以下（贺兰山以西除北疆外多在100毫米以下），属于干旱和半干旱地区。

荒漠化地区最突出的气候特点就是大陆性气候特征强，干燥少雨，且降水集中在夏季；气温变化大，冬季干冷，夏季很热（青藏高原除外），春秋短暂且升温降温快；多风，尤以西北风为盛。

---

① 当然，从更大范围的视野来看，塔里木盆地最低处是在吐鲁番小盆地内的艾丁湖，2008年国家测绘部门公布的湖面高程为海拔-154.31米，同时也是我国陆地最低点。

（三）河流水系

由于气候偏旱，降水较少，北方地区河流稀少，水系发育贫弱。除了东北部的呼伦贝尔高原、西端的天山伊犁河谷地及青藏高原东南部之外，大部分地区水系奇缺，只有几条短小的河流。在高原和盆地内部，还有大片的无流区。

因降水稀少，且外围有山地环绕，北方地区基本上属于内流区。著名的内流河主要有弱水、疏勒河、车尔臣河、塔里木河、乌伦古河、布哈河、柴达木河、扎加藏布等。河流尾端通常汇集于湖泊洼地，或在沙漠戈壁中因河水蒸发而渐渐消失，如我国最大的内流河塔里木河即是。

由于大多属于内流区，荒漠化地区湖泊较多，如呼伦湖、罗布泊、玛纳斯湖、青海湖、纳木错等。不过，由于气候干旱，河流稀少且来水有限，再加上蒸发强烈，这些湖泊大多非常宽浅，储水量不大，盐分高，多为咸水湖。

虽然荒漠化地区大部分区域干旱少雨，但在西部山地降水偏多，积雪量较大。这样，高山上的冰雪融水通常成为河流及湖泊的重要水源。

由于干旱，除局部地段外，荒漠化地区的地下水也是贫乏的。即使如此，由于地表水更加贫乏，地下水往往成为各地最重要的水源。

从总体上说，由于气候干旱，降水稀少，且多风，蒸发量大，北方地区水资源非常紧缺，属于严重缺水地带。

（四）植被状况

因地处干旱、半干旱地区，降水稀少，且温度偏低，荒漠化地区的地带性植被为温带草原。除山地或河流沿岸局部有森林树木分布外，多数地区为干草原、荒漠草原及荒漠。由于干旱少雨，除局部地段外，绝大部分地区植被发育较差，草木稀疏，种类单调，生物多样性低。东部地区干草原草高10~30厘米，盖度40%~60%。西南部荒漠草原植被更差，非常稀疏，大部分沙石裸露。西北部大多为荒漠，基本上看不到草木。

总之，我国荒漠化地区地处高原内陆，地势高亢，温凉少雨，植被以草原和荒漠草原为主，生态系统简单而脆弱。除局部地段外，大部分地区生态条件较差，环境容量有限。这不仅严重制约着区域社会经济的发展，也很容易出现生态系统崩溃的现象。

二　地区开发进程

由于荒漠化地区地处内陆，地势偏高，自然环境条件较差，除局部地段外，主体上为草原、荒漠草原或荒漠，大部分地区不适合农业耕作，只宜于放牧。所以，长期以来，我国北方主要是游牧民族活动区域，开发进程缓慢。

事实上，荒漠化地区的开发历史也是非常悠久的。每当中原地区强大王朝建立之后，因巩固边防的需要，“移民实边”就成为必然选择。秦统一六国后，加强了对北部边境地区的开发活动，开发的重点是鄂尔多斯高原、河套平原、银川平原、黄土高原北部和陇西地区。西汉完成了对北方及西域的统一，开发地域也大规模推进到河湟、河西走廊及塔里木盆地周边地带。通过军队屯戍、移民实边、兴修水利等措施，西北许多地区被改造成为一个个重要的农业区，并为以后历代开发奠定了基础。唐代加强了对西域及丝绸之路的直接管辖，并在西突厥和其他民族聚居地区推行羁縻政策，建立了更加完善的军政管理机构，使得开发活动进一步高涨，同时也将以河西走廊为重心的西北开发推向巅峰。明代屯田九边，尤以北方为主，开发重点集中在延绥、固原、宁夏和甘肃四镇。清朝前期主要开发河西和新疆。进入近代，由于面临着内忧外患的严重危机，尤其是沙俄对我国北部边境地区的威胁日益加重，清政府不得不实行移民新疆和“放垦蒙地”政策，从而加快了北方地区开发进程。特别是以左宗棠为代表的洋务派，在新疆、甘肃等地积极引进近代工业，建设交通设施，促使北方地区不仅垦殖业突飞猛进，工商业及城镇建设也有了初步发展。

民国时期，荒漠化地区开发进程进一步加快。尤其是自 20 世纪 30 年代中后期以来，由于日本全面侵华，我国东部半壁江山沦陷，迫使民国政府将大西北作为抗日的后方基地。这样，开发和建设大西北掀起了新的高潮，并将开发活动扩展到青藏高原上。从沿海沦陷省份迁来的大批工厂企业，也为西北地区经济发展提供了重要的物质和技术力量，推动了工业快速成长，纺织、面粉、火柴、制革、造纸等很快出现了繁荣局面，兰州、银川、西宁、迪化（即乌鲁木齐）等遂成为新兴的工业城市，玉门还是当时全国唯一的石油工业城镇。为抗战而修建的贯通西北各地的区域性公路网，不仅促进了西北地区经济开发和社会发展，也密切了西北与内地的经济联系，得以将全国各个区域联为一体。总之，经过民国时期大规模的开发建设活动，初步奠定了西北地区近现代经济基础，同时也促进了西北与内地的一体化进程。

新中国成立后，为了促进全国生产力的均衡发展，以及缓解快速增长人口的吃饭压力，从20世纪50年代起，开发荒漠化地区进入一个新的历史时期。与以往不同的是，荒漠化地区是在全国一盘棋背景下进行开发的，力度大、速度快、一体化程度高，而且是综合性开发，不仅工矿业迅猛发展，农业、牧业、商业、交通、水利、科技、教育、文化等各个领域均进展顺利。尤其是丰富的矿产资源，为国家工业化提供了重要的战略支撑，包头、银川、兰州、格尔木、乌鲁木齐、克拉玛依等成为新兴的工业基地。改革开放以来，在市场力量的推动下，荒漠化地区丰富的资源得到了更大规模的开发，经济更加高涨，社会进一步繁荣。步入21世纪，国家实施西部大开发战略，工业化进程显著加快，城镇面貌焕然一新。自党的十八大以来，这一地区不仅与内地经济社会全面融为一体，而且加快了国际化进程，通过对接“一带一路”和沿边开放，与中亚及全球经济体系也紧密地联系在一起了。

三　经济社会发展现状特征

经过长期的开发和建设，荒漠化地区经济社会已得到全面发展。由于自然环境和资源条件的差异，北方地区经济社会发展具有以下几个方面的突出特点。

第一，多民族融合发展。荒漠化地区是我国少数民族的主要聚居区。根据2010年第六次全国人口普查资料，内蒙古等6省（区）少数民族人口共计2817万人，占全国少数民族总人口的24.76%（未考虑四川、云南两省居住在横断山区的少数民族人口），占6省（区）总人口的32.37%，其少数民族人口比重远超过全国平均水平（见表1.1）。尤其是西藏自治区，全区九成以上的人口均为少数民族人口（主要是藏族）。

表 1.1　荒漠化地区六省（区）少数民族人口统计（2010 年普查数据）

	内蒙古	宁夏	甘肃	青海	新疆	西藏	合计	全国
少数民族人口（万人）	506	223	241	264	1307	276	2817	11379
少数民族人口占本省区总人口比重（%）	20.48	35.39	9.42	46.89	59.92	91.93	32.37 六省区平均	8.49 全国平均

资料来源：国家民委和国家统计局《中国民族统计年鉴》（2012），中国统计出版社，2013，第 628 页。

第二，农牧业是国民经济和社会发展的重要基础。荒漠化地区地域辽阔，耕地多，草原更宽广，是我国主要的草原畜牧业区和新兴的农业地区，农牧业产品在全国的比重远超过其人口比重（见表 1.2）。尤其是内蒙古和西藏的草原畜牧业，新疆的优质棉花和瓜果，在全国都具有独特的重要地位。2014 年新疆的棉花产量就占全国的六成以上。

表 1.2　荒漠化地区六省（区）农牧业发展基本情况（2014 年）

类别	内蒙古	宁夏	甘肃	青海	新疆	西藏	合计	占全国比重（%）
可利用草原（万公顷）	6359.11	262.56	1607.16	3153.07	4800.68	7084.68	23267.26	70.29
耕地（万公顷）	919.90	128.11	537.88	58.82	516.02	44.18	2204.91	16.31
粮食（万吨）	2753.00	377.90	1158.70	104.80	1414.50	98.00	5906.90	9.73
棉花（万吨）	0.20	—	6.40	—	367.70	—	374.30	60.59
大牲畜（万头）	839.90	110.90	618.80	484.70	575.90	652.50	3282.70	27.30
羊（万只）	5569.30	612.00	1960.50	1457.10	3884.00	1189.50	14672.50	49.28
一产增加值（亿元）	1627.85	216.99	900.76	215.93	1538.60	91.64	4591.77	7.87
一产增加值占地区生产总值比重（%）	9.16	7.88	13.18	9.37	16.59	9.95	11.52 六省区平均	9.2 全国平均

注：（1）可利用草原面积和耕地面积为 2013 年数据；（2）产值为当年价格；（3）棉花缺宁夏、青海和西藏 3 省区数据，合计数据为内蒙古、甘肃和新疆 3 省区之和。

资料来源：国家统计局《中国统计年鉴》（2015），中国统计出版社，2015。

第三，新兴的工业化地区。荒漠化地区矿产资源丰富，经过长期的开发和建设，现已成为我国重要的有色金属基地。例如，青海柴达木盆地的铅锌，甘肃金川的镍铂，内蒙古包头的稀土等，都是我国乃至世界重要产地。同时，荒漠化地区还是新兴的能源化工基地，不仅传统能源如石油、天然气、煤炭等储量丰富，正在进行大规模的开发，而且新能源如太阳能、风能等资源特别充沛，开发前景广阔。

但是，由于受自然环境条件的限制，再加上开发历史相对较短，荒漠化地区的经济社会发展水平与内地相比仍存在一定差距。虽然荒漠化地区6省（区）工业经济规模庞大，但主要建立在矿产资源开发基础之上，可持续发展能力偏弱。2014年，荒漠化地区6省（区）人均地区生产总值及城乡居民收入均低于全国平均水平（只有内蒙古自治区主要指标与全国平均水平持平或略高一点），公共财政预算也严重入不敷出，预算支出的2/3需要由中央财政予以弥补（见表1.3）。尤其是西藏自治区，其财政支出的九成依赖中央财政的支持。荒漠化地区主要省区在社会发展方面与内地之间的差距更大。

表1.3 荒漠化地区六省（区）经济发展状况（2014年）

项目	内蒙古	宁夏	甘肃	青海	新疆	西藏	合计	全国平均或占全国比重
地区生产总值（亿元）	17770.19	2752.10	6836.82	2303.32	9273.46	920.83	39856.72	6.27%
人均地区生产总值（元/人）	71046.00	41834.0	26433.0	39671.0	40648.0	29252.0	—	46629.00
地方一般公共预算收入（亿元）	1843.67	339.86	672.67	251.68	1282.34	124.27	4514.49	3.22%
地方一般公共预算支出（亿元）	3879.98	1000.45	2541.49	1347.43	3317.79	1185.51	13272.65	8.74%
财政收支差额（亿元）	2036.31	660.59	1868.82	1095.75	2035.45	1061.24	8758.16	—
人均财政收支差额（元/人）	8129.00	9979.00	7213.00	18795.0	8857.00	33372.0	9778.00	—

续表

项目	内蒙古	宁夏	甘肃	青海	新疆	西藏	合计	全国平均或占全国比重
城镇居民人均可支配收入（元/人）	28349.60	23284.6	21803.9	22306.6	23214.0	22015.8	—	28843.90
农村居民人均可支配收入（元/人）	9976.30	8410.00	6276.60	7282.70	8723.80	7359.20	—	10488.90

注：本表产值为当年价格。

资料来源：国家统计局《中国统计年鉴》（2015），中国统计出版社，2015。

总之，经过长期的开发，尤其是新中国成立后大规模的建设，荒漠化地区经济社会已取得长足进步。进入21世纪以来，荒漠化地区的后发优势得以显现，发展速度显著加快。虽然目前荒漠化地区总体发展水平与内地之间还存在一定差距，但已经非常接近，并为今后长远发展奠定了坚实的物质基础。

第二章　荒漠化现状与演变态势*

一　荒漠化土地面积与结构

关于荒漠化土地的调查工作，自 20 世纪 50 年代以来已进行过 7 次（其中由国家林业局组织的比较系统的调查共有 5 次）。通过这 7 次调查，逐步摸清了全国土地荒漠化基本情况。下面的分析，主要以 2015 年国家林业局公布的第五次《中国荒漠化和沙化状况公报》为基础。

（一）荒漠化土地

根据监测结果，截止到 2014 年底，全国共有荒漠化土地 261.16 万平方公里，占国土总面积的 27.20%。荒漠化土地分布于北京、天津、河北、山西、内蒙古、辽宁、吉林、山东、河南、海南、四川、云南、西藏、陕西、甘肃、青海、宁夏、新疆 18 个省（自治区、直辖市）的 528 个县（旗、市、区），尤其集中在北方地区的内蒙古、宁夏、甘肃、青海、新疆和西藏 6 省区（见表 2.1）。特别是新疆，荒漠化土地最为宽广，其一区的荒漠化土地面积就占全国荒漠化土地总面积的四成。

表 2.1　北方六省区荒漠化土地分布情况（2014 年）

单位：万 km^2，%

	内蒙古	宁夏	甘肃	青海	新疆	西藏	合计
荒漠化土地面积	60.92	2.78	19.50	19.04	107.06	43.26	252.56

* 本章成文于 2013 年 11 月，2016 年 8 月修订。

续表

	内蒙古	宁夏	甘肃	青海	新疆	西藏	合计
占本省区土地面积比例	51.49	41.87	42.91	26.36	64.49	35.23	47.53 六省区平均
占全国荒漠化土地面积比例	23.33	1.06	7.47	7.29	40.99	16.56	96.70

资料来源：第五次《中国荒漠化和沙化状况公报》（国家林业局2015年12月29日发布）。

我国荒漠化土地主要分布在干旱和半干旱地区（见表2.2）。

表2.2　全国荒漠化土地气候区分布情况（2014年）

单位：万 km^2，%

	干旱区	半干旱区	亚湿润干旱区	合计
面积	117.16	93.59	50.41	261.16
比例	44.86	35.84	19.30	100.00

资料来源：第五次《中国荒漠化和沙化状况公报》（国家林业局2015年12月29日发布）。

（二）沙化土地

截至2014年底，全国沙化土地面积为172.12万平方公里，占国土总面积的17.93%。沙化土地分布范围更广，除上海市、台湾省及香港和澳门特别行政区之外，在其他30个省（自治区、直辖市）的920个县（旗、区）都有分布。不过，沙化土地同样以北方地区的内蒙古、宁夏、甘肃、青海、新疆及西藏6省区最为集中（见表2.3）。对比全国荒漠化土地的省区分布，沙化土地向西北地区新疆集中的趋势更加明显。

表2.3　北方六省区沙化土地分布情况（2014年）

单位：万 km^2，%

	内蒙古	宁夏	甘肃	青海	新疆	西藏	合计
沙化土地面积	40.79	1.12	12.17	12.46	74.71	21.58	162.83
占本省区土地面积比例	34.48	17.47	26.78	17.25	45.01	17.58	30.65 六省区平均
占全国沙化土地面积比例	23.70	0.65	7.07	7.24	43.40	12.54	94.60

资料来源：第五次《中国荒漠化和沙化状况公报》（国家林业局2015年12月29日发布）。

我国沙化土地以戈壁、沙漠和沙地为主（见表 2.4）。

表 2.4 全国沙化土地类型结构（2014 年）

类型	面积（万 km^2）	占比（%）
戈壁	66.12	38.41
风蚀劣地（残丘）	6.38	3.71
流动沙地（丘）	39.89	23.17
半固定沙地（丘）	16.43	9.54
固定沙地（丘）	29.34	17.05
露沙地	9.10	5.29
沙化耕地	4.85	2.82
合计	172.11	100

资料来源：第五次《中国荒漠化和沙化状况公报》（国家林业局 2015 年 12 月 29 日发布）。

我国主要沙漠基本情况见表 2.5。

表 2.5 全国主要沙漠位置及面积（2004 年）

沙漠名称	地理位置	沙丘分布面积（km^2）				
		合计	流动	半固定	固定	其他
塔克拉玛干	新疆塔里木盆地	357365	260875	60076	28802	7612
古尔班通古特	新疆准噶尔盆地	56790	1542	18132	35884	1232
库姆塔格	新疆东部、甘肃西部、阿尔金山以北	22136	20997	64	70	1005
鄯善库姆塔格	新疆吐鲁番鄯善县	2172	1977	82	37	76
阿克别勒	新疆克孜勒苏柯尔克孜自治州	1205	501	372	288	44
库木库里	新疆昆仑山谷地	2357	2214	67	0	76
柴达木	青海柴达木盆地	17042	8111	6498	630	1803
共和	青海海南藏族自治州	1877	1116	195	498	68
巴丹吉林	内蒙古阿拉善西部	55088	38188	11934	2221	2745
腾格里	内蒙古阿拉善东南	41952	28351	4052	4786	4763
乌兰布和	内蒙古阿拉善盟东北部，黄河西	9082	4536	1978	2126	442

续表

沙漠名称	地理位置	沙丘分布面积（km^2）				
		合计	流动	半固定	固定	其他
亚玛雷克	内蒙古阿拉善北部	3200	2103	374	595	128
巴音温都尔	内蒙古巴彦淖尔盟，狼山以北	3762	1993	1327	204	238
库布齐	内蒙古鄂尔多斯高原西北部，黄河南	13972	6010	2417	4610	935
合计		588000	378514	107568	80751	21167

资料来源：国家林业局《中国荒漠化和沙化土地图集》，科学出版社，2009。

（三）具有明显沙化趋势的土地

截至2014年底，全国具有明显沙化趋势的土地面积为30.03万平方公里，占国土总面积的3.13%。具有明显沙化趋势的土地主要分布在北方地区的内蒙古、甘肃、青海和新疆4省（区），尤以内蒙古自治区最为集中，其一区就占全国具有明显沙化趋势土地面积的近六成（见表2.6）。

表2.6 全国具有明显沙化趋势土地的省区分布

单位：万km^2，%

	内蒙古	甘肃	青海	新疆	合计
具有明显沙化趋势土地面积	17.40	1.78	4.13	4.71	28.02
占本省区土地面积比例	14.71	3.92	5.72	2.84	5.27 四省区平均
占全国具有明显沙化趋势土地面积比例	57.94	5.91	13.76	15.68	93.29

资料来源：第五次《中国荒漠化和沙化状况公报》（国家林业局2015年12月29日发布）。

二 荒漠形成与发展过程

（一）地质历史时期形成的沙漠

沙漠是干旱气候环境的产物，其形成和演进是一个地质历史过程。根据地质及古地理资料，我国沙漠的孕育过程，早在中生代后期的白垩纪就开始了。当时，气候暖热，气候带北移，我国大陆基本上处于副热带高压控制之下，干热少雨，植被稀少，地表逐渐发育出多处沙漠。这一过程一直持续到新生代第三纪，形成了我国早期的红色沙漠。

我国沙漠大规模的形成和演进过程，则始于新生代第四纪之初。事实上，自进入新生代之后，气候就出现干冷趋势，从而为沙漠发育创造了条件。早更新世，我国北方地区开始出现区域性的沙漠雏形。中更新世，由于青藏高原快速隆升并进入冰冻圈，迫使中下层西风环流分叉绕流，东亚季风遂得以形成并加强，导致北方尤其是西北内陆急剧干旱化，沙漠加速发展，从而初步奠定了我国现代沙漠的规模基础。晚更新世，北方地区的沙漠继续发展。尤其是在末次冰期的盛期（距今2.1万~1.1万年前），随着全球气温降低，西伯利亚-蒙古高压增强并前伸，西南和东南季风减弱并退缩，使得我国整体的气候带南移，北方广大地区基本上处于冰缘气候环境下，终年干燥少雨，风沙活跃，沙漠和沙地向外扩张（风沙活动甚至出现在长江中下游地区）。贺兰山以西的各大沙漠，基本上是在这一时期形成的，总面积有60多万平方公里。进入全新世，冰期结束，气候转暖，降水增多，植被发育，沙漠和沙地出现了广泛的固定趋势，面积缩小。

（二）人类历史时期的沙漠化过程

自距今5000年以来，全新世大暖期结束，气候又转向干冷，沙漠恢复发展。这一时期，人类活动规模逐渐扩大，开始对沙漠化进程有所影响。在这一过程中，虽然我国北方地区的气候总体上是趋向干冷的，但曾有过多次波动。大约从公元6世纪开始，气温回升，降水增多，北方地区进入中世纪暖期。这时，植被覆盖度增加，沙地大部分被固定成壤，沙漠收缩，干草原或疏林草原成为主要景观。这一过程延续了300多年。中世纪暖期结束后，气候又趋向干冷，出现了小冰期。气候环境的恶化，再加上人类活动影响逐步增强，使北方地区的沙漠化进入强烈发展期。尤其是近代以来，在干旱化大背景下，由于北方人口增长较快，开发力度加大，生态环境有所恶化，土地沙漠化进程加快。

三　荒漠化演变动态

（一）新中国成立后的土地沙化趋势

新中国成立后，由于推行大规模的工业化，再加上人口增长过快，人口压力骤然上升，对土地的开发和索取规模显著增大，导致北方地区生态环境快速恶化，荒漠化形势日趋严重。尤其是在农牧交错地带，土地沙化形势非常严重，已成为一个日益突出的生态环境问题。

这一时期，虽然党和国家非常重视荒漠化防治工作，并投入了大量人力、物力和财力用于土地沙化治理，但由于治理的规模和力度相对有限，普遍存在着“边治理、边破坏”的现象，治理效果不明显，难以阻挡沙化土地蔓延的趋势。根据朱震达、王涛等人的调查研究，我国沙漠化土地扩张的速度，在20世纪50年代后期至1975年平均每年扩展1560平方公里，1975年至1987年平均每年扩展2100平方公里，1988~2000年平均每年扩展3595平方公里，呈逐步加快的趋势。[①]

土地沙化形势日益严重，导致沙尘暴频发。根据气象资料，我国北方地区沙尘天气发生频率非常高，20世纪50年代至20世纪90年代，平均每年出现沙尘天气16天以上（见表2.7）。自20世纪80年代以来，虽然沙尘天气发生频率总体上有了明显的下降，但强沙尘暴却呈上升态势。2000年2~5月，我国西北和华北地区连续出现12次沙尘天气，沙尘波及我国东部沿海地区甚至台湾省及韩国和日本，引起国际社会的广泛关注。

表2.7　20世纪50~90年代我国沙尘天气发生频率的年际变化

单位：天/年

项目	20世纪50年代	20世纪60年代	20世纪70年代	20世纪80年代	20世纪90年代	平均
扬沙	15.72	13.78	17.64	11.37	6.78	13.06

① 朱震达、王涛：《从若干典型地区的研究对近十余年来中国土地沙漠化演变趋势的分析》，《地理学报》1990年第4期，第430~440页；王涛、吴薇、薛娴等：《我国北方土地沙漠化演变趋势分析》，《中国沙漠》2003年第3期，第230~235页。

续表

项目	20 世纪 50 年代	20 世纪 60 年代	20 世纪 70 年代	20 世纪 80 年代	20 世纪 90 年代	平均
沙尘暴	6.27	3.86	4.07	3.00	1.48	3.74

资料来源：丁瑞强等：《近 45a 我国沙尘暴和扬沙天气变化趋势和突变分析》，《中国沙漠》2003 年第 3 期，第 306~310 页。

（二）21 世纪初期的荒漠化形势

2000 年前后，严重的荒漠化和沙尘暴形势，引起党和国家及社会各界的高度重视。为了配合西部大开发，党中央将北方地区的生态环境建设作为一项重大战略，从 2002 年起陆续出台了一系列防治荒漠化的政策措施，包括退耕还林还草、减畜退人、草场封育及京津风沙源治理等。通过治理，取得了一定成效，北方地区荒漠化急剧恶化的势头得到有效遏制。

1. 荒漠化土地

根据国家林业局公布的荒漠化监测结果，1999~2014 年，全国荒漠化土地面积共减少 6.25 万平方公里，平均每年减少 4167 平方公里（见表 2.8）。其中，北方 6 省区荒漠化土地面积 15 年内共减少 4.6 万平方公里，平均每年减少 3069 平方公里。尤以内蒙古和新疆 2 省区下降幅度最大，2014 年荒漠化土地面积比 1999 年分别减少 2.9 万平方公里和 1.5 万平方公里，合计 4.4 万平方公里，占同期全国荒漠化土地减少面积的 70%。在北方 6 省区中，只有青海省 15 年内荒漠化土地面积略有增加，但自 2004 年以来也处于持续下降过程中。

表 2.8　荒漠化土地面积变动情况（1999~2014 年）

单位：万 km^2

省　区	1999 年	2004 年	2009 年	2014 年	1999~2014 年增减	1999~2014 年年均增减
内蒙古	63.84	62.24	61.77	60.92	−2.9255	−0.1950
宁夏	3.20	2.97	2.89	2.78	−0.4184	−0.0279
甘肃	19.54	19.35	19.21	19.50	−0.0380	−0.0025
青海	18.71	19.17	19.14	19.04	+0.3305	+0.0220

续表

省　区	1999 年	2004 年	2009 年	2014 年	1999~2014 年增减	1999~2014 年年均增减
新疆	108.58	107.16	107.12	107.06	-1.5208	-0.1014
西藏	43.29	43.35	43.27	43.26	-0.0309	-0.0021
六省区合计	257.16	254.24	253.40	252.56	-4.6031	-0.3069
全国	267.41	263.62	262.37	261.16	-6.2507	-0.4167

资料来源：第三、第四、第五次《中国荒漠化和沙化状况公报》。

2. 沙化土地

根据监测结果，1999~2014 年全国沙化土地面积共减少 2.49 万平方公里，年均减少 1662 平方公里。其中，流动沙丘（地）减少 2.84 万平方公里，半固定沙丘（地）减少 3.76 万平方公里，固定沙丘（地）增加 5.2 万平方公里。在北方 6 省区中，只有内蒙古和宁夏的沙化土地面积是减少的，而新疆、甘肃、青海和西藏均呈增长态势。同期内蒙古自治区沙化土地面积共减少 1.29 万平方公里（占全国的 51.7%），年均减少 859 平方公里（见表 2.9）。

表 2.9　沙化土地面积变动情况（1999~2014 年）

单位：万 km^2

省区	1999 年	2004 年	2009 年	2014 年	1999~2014 年增减	1999~2014 年年均增减
内蒙古	42.08	41.59	41.47	40.79	-1.2882	-0.0859
宁夏	1.21	1.18	1.16	1.12	-0.0808	-0.0054
甘肃	12.11	12.03	11.92	12.17	+0.0564	+0.0038
青海	12.44	12.56	12.50	12.46	+0.0229	0.0015
新疆	74.58	74.63	74.67	74.71	+0.1321	+0.0088
西藏	21.48	21.68	21.62	21.58	+0.098	+0.0065
六省区合计	163.89	163.67	163.34	162.83	-1.0596	-0.0706
全国	174.61	173.97	173.11	172.12	-2.4925	-0.1662

资料来源：第三、第四、第五次《中国荒漠化和沙化状况公报》。

3. 具有明显沙化趋势的土地

根据国家林业局公布的第四、第五次荒漠化和沙化土地监测结果，具有明显沙化趋势的土地也是逐渐减少的。2004~2014 年，全国具有明显沙化趋势的土地面积共减少 1.83 万平方公里，年均减少 1830 平方公里（见表 2.10）。其中，北方地区的内蒙古、甘肃、青海和新疆 4 省区减少数额最大，合计减少 1.65 万平方公里，占全国的 90%以上。

表 2.10　具有明显沙化趋势土地面积变动情况（2004~2014 年）

单位：万 km^2

省区	2004 年	2009 年	2014 年	2004~2014 年增减	2004~2014 年均增减
内蒙古	18.08	17.79	17.40	-0.68	-0.068
甘肃	2.58	2.18	1.78	-0.80	-0.080
青海	4.20	4.16	4.13	-0.07	-0.007
新疆	4.81	4.75	4.71	-0.10	-0.010
四省区合计	29.67	28.88	28.02	-1.65	0.165
全国	31.86	31.10	30.03	-1.83	-0.183

资料来源：第四、第五次《中国荒漠化和沙化状况公报》。

从上述分析可以看出，进入 21 世纪以来，我国北方地区荒漠化和沙化形势开始趋于好转，自 20 世纪中期以来持续恶化的严峻态势基本上得到遏制。一方面，荒漠化和沙化土地面积持续减少。1999~2014 年，全国荒漠化土地面积共下降 6.25 万平方公里（其中北方六省区下降 4.6 万平方公里），沙化土地面积下降 2.49 万平方公里（其中北方六省区下降 1.06 万平方公里）。2004~2014 年，全国具有明显沙化趋势的土地面积共减少 1.83 万平方公里，其中北方地区的蒙、甘、青、新 4 省区合计减少 1.65 万平方公里。另一方面，土地荒漠化和沙化程度有所减轻。1999~2014 年，全国轻度和中度荒漠化土地面积有所增加，而重度和极重度荒漠化土地面积在减少（见表 2.11）。同期沙化土地也有着类似的变化趋势（见表 2.12）。

表 2.11　不同程度荒漠化土地面积的动态变化（1999~2014 年）

单位：万 km²

类别	1999 年	2004 年	2009 年	2014 年	1999~2014 年增减	1999~2014 年年均增减
轻度	54.04	63.11	66.57	74.93	+20.89	+1.3927
中度	86.80	98.53	96.84	92.55	+5.75	+0.3833
重度	56.51	43.34	42.66	40.21	-16.30	-1.0867
极重度	70.06	58.64	56.30	53.47	-16.59	-1.1060
合计	267.41	263.62	262.37	261.16	-6.25	-0.4167

资料来源：第三、第四、第五次《中国荒漠化和沙化状况公报》。

表 2.12　不同程度沙化土地面积的动态变化（2004~2014 年）

单位：万 km²

类别	2004 年	2009 年	2014 年	2004~2014 年增减	2004~2014 年年均增减
轻度	19.19	21.93	26.12	+6.93	+0.6930
中度	25.95	24.95	25.36	-0.59	-0.0590
重度	32.50	31.46	33.35	+0.85	+0.0850
极重度	96.33	94.77	87.29	-9.04	0.9040
合计	173.97	173.11	172.12	-1.85	-0.1852

资料来源：第四、第五次《中国荒漠化和沙化状况公报》。

（三）最新发展态势

根据实地调研，对比 2001 年考察时看到的情况，从总体上看，我国北方地区荒漠化形势确实有所好转。主要表现在以下三个方面。

一是中东部沙区的流动沙丘和裸露沙地有所缩小。与 2001 年看到的情况相比，一个明显的变化就是中东部各个沙地周边区域通过治理（通常称为"锁边工程"），流动沙丘和裸露沙地的范围明显收缩，原来的流动沙丘大多变成固定沙丘（地），植被密度增加。

二是大部分地区的植被状况有所好转。对比 2001 年的状况，北方地区的植被条件有了明显的好转。以锡林郭勒草原为例，根据监测资料，可以看出近 10 多年来草原植被状况已得到显著改善（见表 2.13）。

表 2.13　锡林郭勒草原植被状况变化

年份	平均盖度（%）	平均高度（cm）
2001	23	20
2006	57	31
2011	58	33

资料来源：锡林郭勒盟草原监测站。

尤其是自 2012 年秋天以来，北方地区降水增多，植被状况普遍好转。特别是在中东部草原地区，牧草长势达到了近几十年来最好的水平。除个别地段外，绝大部分地区的牧草生长茂盛，盖度普遍在 50%~60%，高度 30~50cm。形势最好的呼伦贝尔草原，牧草茂密，犹如绿毯，草高普遍在 50~80cm，好的地段超过 1 米。

同时，北方地区的植物多样性显著增加。例如，在京津风沙源治理工程范围内的典型草原地区，治理区域的生物多样性指数达到 2.13，而未治理区域仅为 1.80。[①]

三是沙尘暴发生频率显著减少。由于降水增多和植被条件好转，进入 21 世纪以来北方地区沙尘暴出现的频率明显下降（见表 2.14）。

表 2.14　2000~2011 年春季全国沙尘天气过程统计

单位：次

年份	扬沙	沙尘暴	强沙尘暴	沙尘天气总数
2000	7	7	2	16
2001	5	10	3	18
2002	1	7	4	12
2003	5	2	0	7
2004	9	5	1	15
2005	5	2	1	8
2006	6	6	5	17
2007	5	8	1	14
2008	1	8	1	10

① 第四次《中国荒漠化和沙化状况公报》。

续表

年份	扬沙	沙尘暴	强沙尘暴	沙尘天气总数
2009	2	5	0	7
2010	8	6	1	15
2011	5	1	2	8
2012	4	2	2	8
2013	5	1	0	6
2014	4	1	2	7
2015	10	1	1	12
2000~2014 年平均值	4.8	4.7	1.7	11.2
1971~2000 年平均值				19.2

资料来源：中国气象局：《沙尘天气年鉴》（2011 年），气象出版社，2013。

另外，从北京地区自 1951 年以来的沙尘天气记录资料来看，近 10 多年来沙尘出现次数也明显减少（见图 2.1）。尤其是达到沙尘暴级别的天气，进入 21 世纪以来大幅度减少，2006 年以后在北京基本上感受不到强烈的沙尘天气了。

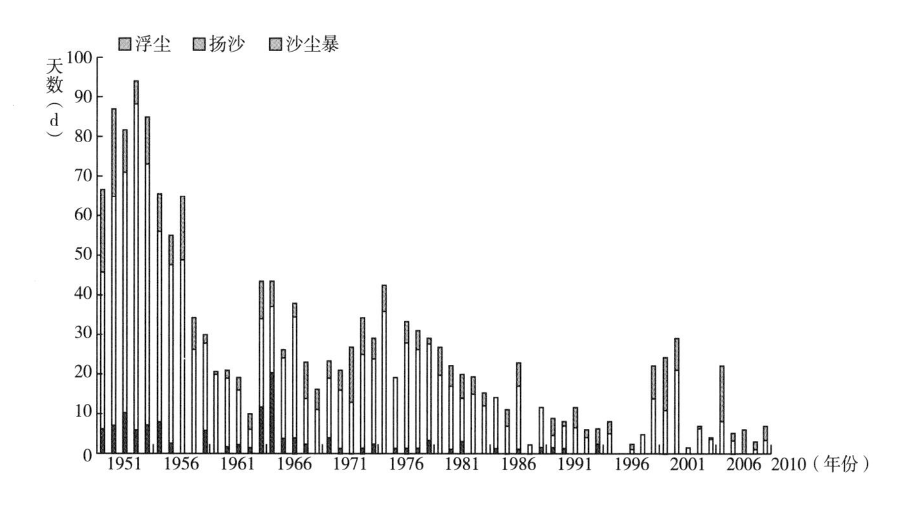

图 2.1　北京地区沙尘天气日数年际变化（1951~2010 年）

资料来源：张钛仁等：《近 60 年北京地区沙尘天气变化及路径分析》，《高原气象》2012 年第 2 期，第 487~491 页。

第三章　荒漠化影响因素分析*

一　荒漠与荒漠化的本质

地球自诞生之后，就一直不停地演变着。地球内部怎么演变，现在不得而知。仅就地表来说，用“沧海桑田”一词也难以表达其变化之巨大。

地球诞生之初，基本上是一块炙热并呈混沌状态的泥塑性固态天体。在其后的演变过程中，地球表面逐渐冷凝并固结为坚硬的岩石圈。岩石圈表层岩石在太阳光热的强烈作用下，逐渐分解破碎为碎屑物质，形成风化壳。在风化壳形成和发展过程中，从岩石中分解出来的气态物质成分，渐渐在地表上空聚集起来（当然这些都是相对较重的气态物质，受地球重力作用而附着在地球外表，那些特别轻的气态物质成分就直接散失到太空去了）。同时，地球内部也发生着剧烈的物理-化学变化，气态物质成分也渐渐释放到地表。这样，地球表面就逐渐形成了大气圈。大气圈层出现之后，其内部的氢气和氧气结合，生成水。大气圈层中的水分聚积多了，降落到地表，就形成河流、湖泊乃至海洋，最后成为水圈。这样，地球自诞生之后，经过数十亿年的演变，地表逐渐形成了 4 个圈层：岩石圈、风化壳（圈）、水圈和大气圈。

当大气圈和水圈出现之后，地表风化壳就成为一个活化的圈层。风化壳中的岩石碎屑，大小不等，大者如巨石，小者为粉尘。自从有了大气圈和水圈，大气和水也参与到岩石的风化过程中，风化速度加快，并在岩石圈表层形成了很厚的风化壳。同时，在大气和水分的参与下，风化壳中的细小碎屑物质，逐渐释放出多种化学元素。其中以碳为主体的化学元素，

---

* 本章成文于 2013 年 11 月，2016 年 8 月修订。

从太阳光照中获得能量，并在大气和水的参与下，慢慢演变出以碳为核心的高分子化学物质——碳水化合物。这些碳水化合物就是有机质，即生命基质。有机质在合适的生态环境下聚集、融合、相互作用，就诞生了生命。最初的生命体非常简单和原始，且主要分布在湖泊和浅海环境中（因为那里的生态条件最适宜生命物质的存在与活动）。以后又经过数亿到数十亿年的进化，就演变出各种各样的生物种类，包括植物、动物和微生物。在这一过程中，生物种群的规模不断扩大，并从海洋扩展到陆地，逐步占领了地表每一个角落，形成生物圈。这样，自从生命物质出现之后，地球就发生了质变：由一个死气沉沉的普通行星天体孕育出一个生机勃勃的世界，一举成为茫茫宇宙中一颗耀眼的明星。同时，地表也分化成了5个圈层：岩石圈、风化壳（圈）、水圈、生物圈和大气圈。

在生物圈中，最基本、最重要的生命体是植物。植物存在于地表，立足于风化壳（植物在长期的生长——发育——衰败——死亡——植物体分解腐化——新植物体生长发育的循环过程中，有机质逐渐增多并在风化壳表层富积起来，形成土壤，植物事实上是主要立足于土壤而生存的），并从中吸收养分，以维持自身的生长发育。然而，对植物来说，更重要的"养分"是阳光。只有在阳光的照耀下，植物才能够进行光合作用，使二氧化碳、水及其他营养物质转化成为生命物质——碳水化合物。可以说，有阳光就有生命。正因为如此，植物就有着强烈的趋光性，即向着有阳光或阳光更充足的地方发展。因而，植物个体一方面竞相向上空发展（但达到自身最大生长潜能时就停止了），另一方面则尽可能地向周围没有植物或植物稀少的地方扩张（水平方向），以争取更多的阳光。这样，植物就有着要占领全部地表空间的潜能和趋势。经过数亿年的繁衍和扩张，不同种类的植物现已覆盖了陆地表面大部分土地，并构成一覆被层，称为植被。这样，植被就构成陆地表面最基本的组成部分（同时也是整个生物圈的核心和基础）。

事实上，植物已成为地球陆地生态系统（即生物体之间及生物与其生存环境之间构成的关系网络）的基础。如果把陆地生态系统划分为无机和有机两部分的话，正是植物将两者联结为一体，而且整个有机生态系统也是以植物为主体的。更重要的是，正是由于植物的存在，才使土地（即陆地表面）具有了生产功能——创造有机质。土地的生产功能越强，有机质越充裕，有机生态系统就越发达，整个地表生态系统也越完善和兴盛。地表（有机）生态系统的建立、维持和发展的过程，就是人们常说的土地进化。土地进化的景观表征就是植被层增厚、结构密实、生物多样性增加、生机旺盛。

土地进化是土地的基本性能。这一性能是建立在土地的生产功能基础之上的，而生产功能正是由植物来提供的。植物生产有机物质，需要得到无机生态系统各要素——阳光、空气、水、矿物质等的充足供应。当无机生态系统各要素供应不充分时，植物制造有机质的能力就会下降。这时，由于有机质减少，包括植物在内的整个有机生态系统就难以维持原有水平，导致衰退，直至解体（这时，虽然无机生态系统仍然存在，但已发生重大改变。事实上，正是无机生态系统的重大变异，才导致有机生态系统的崩溃）。地表有机生态系统衰退直至解体的过程，称为土地退化。

土地退化是进化的逆过程，表现在自然景观上就是植被层越来越稀薄，结构趋于简单，生物多样性降低，以致地表土石裸露，最终演变成纯粹的无机世界——荒漠。

从景观上来看，所谓荒漠，就是指大范围土石裸露或由冰雪等非生物质所覆盖的地表。所谓荒漠化，实际上就是土地表层的植被逐渐衰退直至消失的过程。所以，土地退化和荒漠化在本质上是一致的，可以是同一个过程。不同的是，土地退化的概念更宽泛，适用范围更广、更普遍，程度可轻可重；而荒漠化则是指较为严重的土地退化过程，在地域上主要发生在干旱、半干旱等生态环境脆弱或比较恶劣的地区。地表任何一处都可以发生土地退化，但一般的退化尤其是轻微的退化是不会出现荒漠症状的。例如，赤道地区的热带雨林，也可以出现退化现象，但绝对不会形成沙漠或荒漠（即使受强烈的人为或偶然性的自然因素影响产生了荒漠化土地，一旦这些影响因素消失后还会恢复到原来的热带雨林状态）。可以认为，荒漠化是土地退化的后期阶段。

综上所述，植物是自然界中最基本也是最积极的生产力。在地表任何一处，有植物就有生机，没有植物就死寂一片。所以，植被状况是判断是否荒漠的唯一标志。除了海洋、湖泊、河流、冰川等水体覆盖的地表之外，只要没有植被，任何土地都是荒漠；只要有植被覆盖，任何土地都不再是荒漠。

二　影响荒漠化演变的基本因素

既然植物是荒漠的核心要素，那么任何能够影响到植物生存的因素，都会影响到荒漠化进程。大致说来，影响荒漠化演变的因素，有自然因素和人为因素两大类。

（一）自然因素

1. 地质地貌

从大的自然环境条件来说，荒漠化在很大程度上是受地质地貌格局所控制的。尤其是地质构造因素，对荒漠化的性质和类型影响很大。青藏高原的高度隆升，首先改变了自身的生态格局。一方面，高原主体升入冰冻圈，致使高原面上冻土层深厚，且气流加快，风大，严寒，植物生存困难，基本上成为荒原。另一方面，因印度洋水汽难以深入，高原内部变得干燥起来，植被只能以草甸、草原和荒漠草原为主。其次，青藏高原隆起也改变了周边地区大气环流格局，使西北地区盛行西风急流，该急流在翻越帕米尔高原后进入塔里木盆地，因下沉而产生增温效应，导致塔里木盆地内部更加干燥，荒漠化状况进一步加重。再次，青藏高原的隆起也阻挡着印度洋水汽进入我国西北地区，使得塔里木盆地及柴达木盆地特别干燥，荒漠化形势极其严重。最后，青藏高原隆起还加强了冬季蒙古高压的势力，使得我国北方地区盛行季风气流，尤其是西北风特别强大，气候更加寒冷干燥，从而加重了北方地区的荒漠化形势。另外，内蒙古高原、塔里木盆地及准噶尔盆地，在青藏高原隆起过程中也跟着发生差异抬升，使得东南暖湿气流难以深入，干旱化程度进一步加重。还有，内蒙古高原南高北低、由外向内缓倾的地势，以及塔里木盆地、准噶尔盆地和柴达木盆地比较封闭的地形结构，都不利于外围湿润气流进入，导致其内部更加干燥。内蒙古高原和北面蒙古高原主体之间的瀚海盆地，与准噶尔盆地基本上是连通的，中间没有大山阻隔，构成一大体上向西北低倾、敞开的喇叭口地形，有利于西伯利亚寒冷气流长驱直入，也加重了我国北方地区的大风和干冷程度，促进了荒漠化进程。

地形地貌格局在很大程度上也控制着荒漠化发生的类型。沙漠主要出现在有着深厚沉积物的盆地内部，通常是河湖积平原上，如塔里木盆地的塔克拉玛干沙漠、锡林郭勒高原上的浑善达克沙地等即是。水土流失主要发生在半湿润地区地形起伏较大且土质疏松的丘陵山地，尤以受河流切割严重的黄土高原最为突出。盐碱地则主要发生在蒸发旺盛的西北内陆盆地，因为这里的盐分始终没有排入大海的机会，只能在盆地底部积累起来。

不过，地质地貌对荒漠化的影响只是一个基础性作用，因为地质地形相对来说是比较稳定的因素，不轻易改变。

2. 气候

气候是影响荒漠化最重要的因素。气候是依存于大气这一介质的，而大气是流体，极不稳定。所以，气候是最容易改变的因素。

气候影响荒漠化，主要是通过植物发生作用的。影响植物生长的因素，主要有三个：一是降水，二是气温，三是风。降水是最关键的因素。降水是地表水分最主要的来源，也是决定一个地区干湿状况的基础性因素。植物同其他生物一样，本身就是以水为基本物质成分的。可以说，有水就有植物，没水寸草难生。所以，我国北方荒漠化地区，基本上是降水偏少的干旱、半干旱地区。气温对植物的影响也非常关键。位置偏北的寒冷地区或高原山地高寒地带，温度低，植物难以生存，也容易出现荒漠。在通常情况下，气温与水分的配合情况，决定了一个地区的生态状况及植物的生长环境。在塔里木盆地内部，降水稀少，而气温偏高，尤其是夏季白天非常炎热，蒸发旺盛，地表及大气中水分极其缺乏，致使植物难以生存，形成大漠连连。在青藏高原东部，降水量不是很多，但由于气温偏低，蒸发消耗少，地表水分状况并不差，从而有利于草木生长，也不会出现荒漠。另外，风也是非常重要的因素。从东南方向吹来的风，温暖且携带水分较多，所到之处容易带来降水，有利于植物生长，能够抑制荒漠化。从西北方向来的风，含水分少，而且寒冷，在其影响下有助于荒漠化进展。尤其是在西北地区，从西伯利亚来的大风出现频率非常高，加快了水分蒸发耗散的速度，加重了地表水分紧缺程度，加剧了荒漠化演进。而且，大风还常常卷起沙石，将荒漠化土地上的草木摧毁，使其更难以生存，进一步加重了荒漠化态势。

气候还可以直接作用于土地而强烈地影响荒漠化进程。尤其是在西部地区，由于植被稀薄，大部分地表土石裸露，直接受到阳光、气温和气流的强烈作用，荒漠化形势更加严峻。而且，大风还是沙漠、戈壁等荒漠地貌的塑造力量，既可以吹蚀地表，又能够堆沙成山。

所以，在很大程度上，荒漠是气候的产物，因为气候是塑造一个区域自然生态面貌的主导因素。

3. 水文

地表水系对荒漠化也有着重要影响。首先，河流本身就是地貌形态的塑造力量，水土流失事实上正是河流改造地貌的过程。其次，河流、湖泊等水体在流动过程中有着巨大的携带能力，可以把高处地表的风化碎屑物质搬运并汇集到低处堆积起来，形成泥沙沉积物。一旦河流改道、下切、断流或退缩，这些泥沙沉积物被风吹日晒，就成为沙丘，时间长了就变成沙地甚至沙漠。事实上，我国西北地区的几大沙漠，基本上都与古河流有关。没有大的河流在地质历史上长期的搬运和大范围的汇集，是很难形成大规模砂质堆积的。再次，地表盐分也是受水的运动状态来控制的。凡是地表干燥而地下水充足且水位较浅的地区，都容易出现地表盐渍化现象。在西北内陆盆地中心地带或低洼之处，即使没有地下水，也会出现盐渍化甚至盐壳，原因是周边山地通过雨水淋溶或雪水溶蚀下来的盐分会源源不断地补给并在这里长期积累起来。

（二）人为因素

自从人类社会发展壮大之后，改造自然的力量逐渐增强，对荒漠化也开始产生影响，而且影响越来越大。人类活动的影响，主要有三个方面。

1. 土地垦殖

土地是自然形成的产物，也是人类社会的立足之本。任何一个社会，要想生存，就必须开垦一定规模的土地，以便种植农作物，保障人们的衣食之需。最先开垦的土地，通常自然条件比较优越，如温带落叶阔叶林或亚热带常绿阔叶林等地带。这些土地开垦之后，大多变成了良田。这虽然改变了自然状态下的植被结构，但由于整体的自然条件较好，土地生产力旺盛，农田植被与自然植被相比在生态功能上没有大的差异（通常会更优越，因为有人管理、施肥和浇水），因而农田生态系统还是比较稳定的，一般不会出现退化现象。但是，随着人口的持续增长，开垦耕地的规模不断扩大，最终不得不把那些自然条件比较差的土地也开垦出来。由于自然条件较差，这些新开垦土地的生态功能脆弱，生产力低。为了维持自身的生存，人们不得不去开垦更多的土地。然而，一旦土地被大规模开垦之后，就会导致整个生态系统的崩溃（因为原来的植被生态系统被破坏了，而新建立的农田生态系统很脆弱且不适应当地的自然环境），使土地生产力骤然下降。这时，人们就会将这些生产力下降的土地弃耕，去远处开垦新的土地。这些被弃耕的土地就荒废起来，时间长了（在风力的作用下）必然变成沙地。而新开垦的土地，经过几年种植后由于生产力下降同样也会被弃耕，变成新的沙地。这样，最终就会导致整个地区的土地全部荒废，变成沙地或沙漠。

在我国历史上，北方地区经历了长期的移民拓垦过程，人口不断增多，耕地逐步扩张。在开垦耕地的过程中，同样存在先前开垦的耕地被弃耕和荒废的现象，最终保留下来的耕地，是少数自然环境条件比较适宜的地区。

2. 植物利用

人类的生存，不仅需要粮食，还需要柴木以供做饭取暖，需要木材以供建房或制作家具，需要草料以供饲养牲畜，需要草药以供人们治病，等等。所有这些生物质，同粮食一样，也是依靠土地来生产的。尤其是在传统社会里，煤炭使用量少，烧柴只能用作物秸秆或树枝木材之类，需求量大。同时，传统社会也没有钢筋水泥和塑料制品之类，建房和做家具都需要木材。这类生物质，需求规模很大，农田种植难以满足，大多需要从农田之外的土地上去采集。这正是传统社会里对土地尤其是植被破坏最大的活动。而且，这些土地大多自然环境条件较差（自然环境条件好的地方大都开垦成耕地），生态恢复能力弱，采伐后植被很难复原，通常只会产生次生植被，甚至沦为荒地。这种现象，在我国北方尤其是西北自然条件恶劣的地区非常普遍。

另外，不合理放牧也会破坏草原植被，引起土地沙化。以内蒙古自治区锡林郭勒盟为例，新中国成立初期共有牲畜 174 万头（只），草场面积 19.3 万平方公里，每头牲畜可占有草场 11.09 公顷；1999 年，全盟牲畜发展到 1823 万头（只），而草场面积由于开荒和建设等原因减少到 17.68 万平方公里，每头牲畜只占有草场 0.97 公顷。[①] 由于超载过牧，草场沙化退化严重。

① 闫志辉：《内蒙古锡林郭勒盟退化与沙化草地现状及治理对策》，《现代农业科技》2014 年第 8 期，第 232、236 页。

在草原上采挖药材，也会加重荒漠化形势。例如，阿拉善高原、河西走廊和柴达木盆地等地，由于人们肆意采挖甘草、锁阳、野生枸杞等药材，大片沙地植被受到破坏，荒漠化加剧。

3. 工程建设

人类的任何活动，都是在地表进行的。而任何活动，都会对土地产生一定的不良影响，尤其是工程建设活动，如开矿、修路、建房等，都会对土地产生强大的冲击和破坏。特别是在干旱和半干旱地区，生态脆弱，工程建设活动的破坏力极大，如不采取相应的防护措施，很容易造成局部地段的土地荒漠化。严重时，会引起整个地区的土地沙化。

三　影响荒漠化演变的主导因素

从前面的分析可以看出，荒漠化是受多种因素影响的。但综合起来看，对荒漠化起决定作用的因素主要有三个方面：一是立地条件，二是气候变化，三是人类活动。

荒漠化的核心特征是植被状况。凡是能够对植被产生影响的因素，都会影响到荒漠化进程。在自然界中，植物的生存主要受三种因素的影响，即土地、水文和气候。根据前面的分析，土地是以地质地貌为背景的，是一个独立且稳定的因素。一个区域在一个时期内的土地状况，通常是不大容易变化的，可以看作一个既定的环境。虽然不同区位的立地条件差异很大，如一个盆地内不同区块的土质、地形等状况存在显著差异，但这些差异在一个相当长的时期内是稳定和变化不大的。这样，一个区域内的植被状况，就归结为不同种类或类型的植物对该区域内不同立地条件的适应问题。由于植物种类及其生长特性的多样性，任何一处土地，理论上总能找到某一类型的植物可以适应该地的立地条件。也就是说，不同区域和不同区位的立地条件，对植物来说只是一个种类的选择与适应问题。所以，在一个时期内，一个区域的土地状况和立地条件，对荒漠化的影响可以不予考虑。

水文是以水为介质的，受水的运动规律所支配。但是，水是存在于地表的，水的运动又受到具体立地条件的影响。同时，水主要来自降水，还要受气候的影响。由于水的流动性和易变性（固、液、汽三态的转化），水在自然界中极不稳定，且不具有独立性。从区域环境来看，在很大程度上，水文是受气候所左右的，甚至可以将水文看作气候的延伸。因此，水文对植物或荒漠化的影响，可以与气候一起来考虑，不作为一个独立因素。

气候是以大气为介质的，主要受气流的运动规律所支配，是一个易变且独立的因素。

这样，在影响植物生存状况的三个主要因素中，土地可以被看作一个常量而不予考虑，水文由于不具有独立性而归于气候，最后能够对植物起决定性作用的因素就只有气候了。可以说，气候是主导一个地区植被状况及荒漠化进程的关键因素。

气候对植被及荒漠化的影响，主要通过气温、降水和风三个因子来起作用。其中，降水是最关键的因子，降水多少直接影响到土地的水分状况及植物的生长态势。降水多了，植被条件好，就不会出现荒漠化现象。即使地表存在荒漠土质成分，由于水分充足，也会很快生长出草木来，从而产生推动土地进化的力量，抑制荒漠化。反之，如果降水稀少，则会导致植物因缺乏水分而枯萎，引起土地退化。由于我国北方绝大部分地区的土地是缺乏水分的，植物生存对降水的依赖性非常强烈。因此，降水对荒漠化就具有特别强大的影响力。尤其是在春夏之交，正是草木返青季节，急需水分。如果在这一时段内不下雨或下雨不足，就会对植物生长造成严重的损伤，加剧荒漠化态势。

气温不仅控制着植物的生长（气温过低植物就停止生长），还与降水共同左右着植物的长势（温度与水分协调适宜，植物生长旺盛，否则就不利于植物生长），从而对荒漠化产生重大影响。而且，气温还影响到地表水分状况，从而对土地荒漠化产生直接的影响。不过，由于我国北方地区总体上气温是适宜的（集中在夏季），基本上能够满足植物生长的需要。所以，相对于降水来说，气温不是一个关键因子。

风也是一个关键因子。我国北方地区多风，多大风，而且主要是来自西伯利亚的干冷大风，所以风对我国北方地区的植被及荒漠化格局的影响最强烈。风不仅直接塑造着地表形态，还在很大程度上决定着不同区域的水分状况。尤其是在贺兰山以西的西北地区和青藏高原上，风是地表自然景观和荒漠化格局的主导因子，其作用比降水还要大。在这些地区，风终年强劲（只有在短暂的夏季风力小些），蒸发强烈，降水又非常稀少，年降水量通常在200毫米以下，而潜在蒸发量却在2000毫米以上，是降水量的十倍甚至几十倍。每次降水，对地面都难以产生明显的湿润效果（因为风大，雨水很快就蒸发掉了）。即使遇到一场百年罕见的大雨，过不了几天也会蒸发完毕，不足以改变整个地区的干湿状况。但贺兰山以东的内蒙古高原，是东南季风的边缘，只是在冬春季节大风强劲，其他季节相对平稳，因而降水对该地区植被的影响就非常明显，降水多寡直接关系到植物的生长状态。所以，在内蒙古中东部地区，对于荒漠化来说，降水也是一个主导性因素。

这样，在自然界中，决定我国北方地区植被状况及荒漠化进程的主导因素，就是气候条件。而在气候各因子中，以风和降水最为关键。在贺兰山以东，降水对植被及荒漠化进程起主导作用。而在贺兰山以西，降水的作用要弱一点，主要是风在起主导作用。

自从人类出现以后，人就加入改造地表面貌的过程中。对自然环境来说，人的出现总体上是一个干扰和破坏因素，是消极的。但是，人是能动的，是有智慧的，有着维护自然生态系统稳定和改造不利自然环境的主动性。因而，人对荒漠化有正反两个方面的影响。人对荒漠化施加影响，主要有两条途径，一是利用植物和改变植被结构，二是改造地表面貌。通过前一途径产生的影响，有正反两个方面，具体要看是什么样的改造和利用活动（如植树种草有利于土地进化，而开垦荒地则容易导致土地退化）。通过后一途径产生的影响，通常都是反面的，是有助于加重荒漠化的（如开矿、修路等），只不过在程度上有轻重之别罢了。

相对于气候来说，人的因素变化更大。通常说来，一个区域的气候是相对稳定的。气候影响荒漠化，可以有进、退两个方向。气候温暖湿润，则会使荒漠化受到抑制。气候干冷多风，则会加重荒漠化。然而，人的影响总体上是单向的，即加重荒漠化的发展。人的积极能动性，主要表现在能够尽量减少自身活动对自然生态系统的干扰和破坏，不至于使荒漠化形势严重恶化。然而，人无论如何努力，都不可能使区域性的荒漠化发生根本性的逆转。荒漠化主要是受区域气候状况来控制的。区域性的气候状况，人是很难改变的。人可以做的，是将那些因人的干扰和破坏而导致荒漠化的土地，恢复原本面貌。而原本状态下的荒漠，人是无法改变的（但在局部是可以改变的，如西北沙漠中的绿洲，基本上都是人工生态系统）。

综上所述，虽然影响土地荒漠化的因素很多，但起主导作用的，还是气候。尤其是在大的时空格局中，气候是荒漠化的主导因素，也是基本因素。人也是荒漠化的重要影响因素。尤其是在小的时空环境中，人的影响则是处于主导地位的，如城镇、村庄、工业区、机场及其周围，交通沿线，等等。不过，人的不合理活动对荒漠化的影响总体上是负面的，即人的活动通常是加快荒漠化演进的。

总之，气候和人，是影响荒漠化进程的两个重要因素。前者在大的时空格局中发挥主导作用，而后者则在小的时空范围内起决定性作用。人应该努力的，是使那些由于人自身活动而退化或荒漠化了的土地，尽快恢复原本状态。而对于天然形成的荒漠，或是由气候因素而导致的荒漠化土地，人是无能为力的（但在局部有利条件下是可以扭转荒漠面貌的）。

第四章　荒漠化机理分析*

一　荒漠化机理学说评述

如前所述，荒漠化的形成因素有两个方面，一是自然因素，主要是全球气候转暖和持续干旱，以及近些年来反厄尔尼诺天气现象的出现和特殊的区位条件；二是人类因素，主要是人类不合理的经济社会活动，如工业化及能源消耗所导致的温室气体排放，过垦、过牧、过伐、过樵、过采、过度开矿和水资源利用不当等。其实，我国北方荒漠化的形成是脆弱生态环境在人类活动诱发下，自然因素和人文因素交互作用、不断恶性反馈，长期演化的结果。下面就荒漠化形成的三种学说进行分析。

1. 自然主导说

自然主导说认为，天地系统的周期变化、海气作用异常以及特殊区位条件等是荒漠化形成的主要原因。

（1）气候变化

①气温升高。由于天地系统变化，15~19 世纪中叶为小冰期，19 世纪中叶至今为小暖期。过去的一百多年全球温度升高了 0.4~0.8℃，平均气温升高了 0.6℃，极端高温天气增多。[①]

②降水变化。气温升高，降雨量也会增加，但时空变率较大。洪水和干旱现象增多。荒漠化地区特殊的内陆条件，会进一步趋于干旱。[②]

---

* 本章成文于 2002 年 6 月。

① 黄春长：《环境变迁》，科学出版社，2000。

② 黄春长：《环境变迁》，科学出版社，2000。

（2）海气作用异常

2~7 年一次的厄尔尼诺现象出现时，热带太平洋东岸持续半年左右海水升温、西岸降温，气压变化，风力异常。而第二年在我国就会出现长江流域洪涝多雨、北方干旱的特殊天气现象。[①]

（3）地表状况

①第四纪松散沉积物。从荒漠化地区的地表组成物质来看，多为第四纪松散沙质沉积物，土壤黏性较低，在高温和风力作用下会导致土壤结构被急速破坏，形成沙化。

②植被稀少。我国西北部地区在 6000 万年前的地质历史时期为古地中海，大陆板块作用后，青藏高原隆起，地中海消失，西北内陆盆地成为河流汇集地，形成沙漠。[②] 华北北部、东北西部地区由于人类经济活动，主要是“六滥”（滥牧、滥垦、滥樵、滥采、滥开矿、滥用水资源）破坏了地表植被，使地表松散沉积物裸露，出现沙质荒漠化。

总之，这一地区的生态环境条件构成了荒漠化与沙尘暴形成的自然基础。在冬春季节转换之际，蒙古高压形成的强烈风力作用于裸露的地表第四纪松散沉积物后，形成扬尘及沙尘暴天气。

2. 人为主导说

人为主导说认为，18 世纪下半叶以来，风靡全球的工业化导致二氧化碳、一氧化二氮、碳氢化合物、CFC（氟利昂）等温室气体和破坏大气臭氧层气体的大量排放是全球变暖、气候恶化的主要原因。更为严重的是，人类活动导致热带森林锐减，草场被破坏，地表蒸发量增大、降水量减少，干旱加剧、荒漠化扩张。

在我国，由于荒漠化地区周边植被被破坏，特别是大兴安岭地区、华北地区及西南地区森林面积锐减，森林对从东北方、东南方及西南方来的降雨云团的水汽补给减少，从而削弱了周边地区对内陆荒漠化地区的降水补给能力，这也是荒漠化地区气温升高，降雨减少，气候趋于干旱，荒漠化加剧的主要原因。[③]

① 中国科学院地学部：《关于我国华北沙尘天气的成因与治理对策》，《地球科学进展》2000 年第 4 期。

② 黄春长：《环境变迁》，科学出版社，2000。

③ 王宏昌：《中国西部气候—生态演替：历史与展望》，经济管理出版社，2001。

半农半牧区过度农垦导致水资源大量耗竭和地表植被被破坏。牧区人口数量的膨胀与生活水平的提高，使草场载畜量加大，导致草场严重超载过牧，在相当一部分地区形成地表裸露。这种裸露的地表，又使这一地区的水分蒸腾加大、热气流上升、降雨量减少，进一步加剧了旱情和草场退化，直至出现沙漠化。

在我国北方暖冬现象明显，黄河及内陆河流域的蒸发量增大15%左右，干旱进一步加剧。有关模拟研究表明，在CO_2浓度倍增的条件下，全球气温在今后百年里还会升高2～5℃。[①] 据预测，全球平均气温将升高1.4～5.8℃，海平面会升高9～88cm，将引起一系列的地球系统的变化。这些主要是人类大规模的不合理经济活动造成的地球生态系统紊乱的结果。

总之，无论气候变化还是地表植被被破坏，都是人类不合理经济活动的结果，因此荒漠化与沙尘暴形成的根本原因是人类不合理的经济活动。

3. 人地关系恶性反馈说

上述两种学说都从一个侧面解释了荒漠化形成的原因，有失全面。我们认为荒漠化是以脆弱的自然环境为本底，人类活动为诱因，人类与自然交互作用、不断恶性反馈的结果。具体过程如图4.1所示。

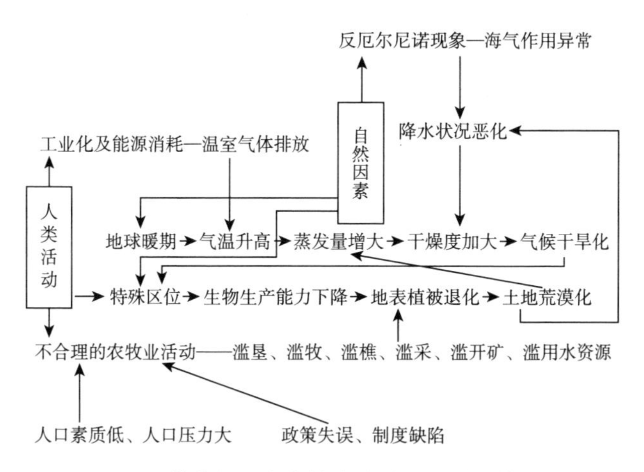

图4.1　荒漠化形成中的人地关系恶性反馈过程

① 黄春长：《环境变迁》，科学出版社，2000。

荒漠化地区大多位于半湿润、半干旱及干旱地带，降水量等气候要素极不稳定，草场生产力年际变化较大。在全球气候转暖和持续干旱条件下，土地生物生产力逐年降低。荒漠化地区的地表组成物质多为第四纪松散沉积物。人类不合理的经济活动，包括盲目垦荒、超载过牧、乱樵、乱采、滥开矿、水资源开发利用不当等，造成地表植被被破坏和地表松散沉积物裸露。这种裸露的地表，又使这一地区的水分蒸腾加大、降水量减少，进一步加剧了旱情和植被退化。在人的需求和对自然的索取不断增加的情况下，这对矛盾势必日益激化，其结果就是生态恶化和荒漠化。而在湿润地区由于地表植被恢复能力强，这种现象则不易发生；即使在脆弱生态环境地区，如果没有人类大规模的经济活动对自然环境的破坏，也不会发生荒漠化。因此，荒漠化的深层次原因是生态环境脆弱，而人类经济活动的规模又远远超出土地合理承受能力，人地关系不协调，并不断恶性反馈。①

综合以上三种学说，可以看出尽管大尺度的自然环境条件是影响荒漠化的直接原因，但人类不合理的经济社会活动对地表植被的破坏强度和间接作用要远大于自然因素本身的作用，是荒漠化与沙尘暴形成的根本诱因，更何况人类活动也是我们政策所能调控的方面。当前治理荒漠化与沙尘暴必须转变观念，充分考虑人的因素。

二　荒漠化地区生态环境承载能力

上述分析表明，荒漠化地区面临的突出问题是土地超载导致的过垦、过牧和生态环境不断恶化。基于此，深入分析我国北方荒漠化地区的生态环境承载能力，并根据承载能力来调整荒漠化地区人口布局是十分必要的。

由于我国北方荒漠化主要以风蚀型沙质荒漠化，即沙漠化为主，当然黄土高原水土流失，即水蚀荒漠化也占有相当比重，但考虑到沙漠化与沙尘暴的关系最为密切，因此，如前所述本文所说的北方荒漠化主要指沙漠

① 刘治彦等：《治理荒漠化与沙尘暴的新思路——禁牧移民还草与退耕还林还草并举》，中国社会科学院《要报》，2001。

化。涉及的范围有内蒙古、黑龙江、吉林、辽宁、河北、北京、山西、陕西、甘肃、宁夏、新疆、青海、西藏，共13个省、区、市。其中有7个省、区属于西部大开发地区。从分布来看，以内蒙古、新疆分布面积较大。沙化土地主要分布在内蒙古中东部、东北三省西部以及河北、北京、山西、陕西、宁夏、西藏六省、区、市的北部；而沙漠主要分布在内蒙古西部、甘肃和青海两省的西北部以及新疆的大部分地区。除西藏沙化部分外，其余沙区都位于北方，因此，我国沙区亦称为北方沙区。本文所研究的生态环境承载能力主要是沙化土地（沙地）的承载能力。至于沙漠地区，由于生物生产能力较低，一般不做考虑，只是其中的绿洲具有一定的生产能力，不过其面积较小。现仅就我国北方沙地的生态环境及其所决定的承载能力进行分析。

1. 北方沙地生态环境特征

由于湿润地区降雨充沛，宜于植被的生长，因此，湿润地区沙漠化土地较少。我国沙区地处半湿润、半干旱、干旱地带，主要沙地有呼伦贝尔沙地、松嫩沙地、科尔沁沙地、浑善达克沙地及毛乌素沙地。除松嫩沙地外，其余沙地都在内蒙古境内。为了分析的方便，我们选取松嫩沙地作为半湿润地区沙地的代表，浑善达克沙地作为半干旱地区沙地的代表，阿拉善东部沙地作为干旱地区沙地的代表。

一般来说，半湿润与半干旱地区降水不稳定，植被生长情况年际变化较大，植被一旦遭到破坏较难恢复，因此，通常称这一地区为生态环境脆弱带。至于干旱地区，因其景观以沙漠、戈壁为主，变化较小，同湿润地区一样不属于生态环境脆弱带。但其内部的绿洲亦属于脆弱带。可见，我国北方沙地生态环境具有过渡性特点和脆弱性特征，在开发利用与治理保护上要充分考虑这些方面。

半湿润地区沙地的年降水量一般在400~600mm，4~5月降水量占全年的10%，春旱较严重，保证率仅20%~30%，全年雨量主要集中在6~8月，占全年的70%。全区一月平均气温为-15~-12℃，七月均温在23~24℃。大于10℃的年积温在3000~3160℃，无霜期140天左右。年均风速4.5米/秒，其中大于17米/秒的大风次数有16次，以4~5月居多。地带性土壤为黑钙土，但风沙土分布广泛，同时在半湿润的气候条件下，盐碱草甸土亦较发育。该区土壤有机质含量较低，大多小于2%，全N、全P

亦偏低。土壤质地为轻壤土或砂壤土。[①] 该区原生植被为森林草原和草甸草原。

半干旱地区沙地的年降水量在200~400mm，降雨的季节分布与半湿润地区相似，地带性土壤为栗钙土，但正如半湿润地区一样，风沙土分布亦较广，且土壤有机质含量更低，大多小于1.5%，全N、全P也较低。土壤质地多为砂壤土。[②] 该区原生植被为典型草原。

干旱地区以沙漠、戈壁为主体，但绿洲是沙化主体。其年降水量在40~200mm，降雨的季节分布与半干旱地区相似，蒸发量在3500mm左右，地带性土壤为棕漠土和风沙土，土壤有机质较低，大多小于1%，全N、全P也较低。土壤质地以砂土为主。[③] 地表景观为沙漠、戈壁及荒漠草原。

2. 区域生态环境生产能力估测模型

区域生态环境生产能力取决于许多生态因子，如气温、水分、土壤、植物种类以及作物种植结构，但实际生产能力主要受限制性生态因子（限制因子）的影响，因此生态环境生产能力的提高在于改善限制因子。在我们研究的区域内，限制因子主要是水分。有关计算生态环境生产能力的方法，通常采用衰减法，即将光合潜力通过温度、水分、土壤、作物等进行逐级订正。首先是光合生产潜力（y1），它取决于太阳辐射和作物叶面积，计算公式为[④]：

$$y1 = 1.56\Sigma QiLi/L0(kg/hm^2)$$

其中，ΣQi为作物生长期内的总辐射（cal/cm^2）；Li为i时段作物叶面积指数；L0为作物生长过程中标准（最大）叶面积指数。

作物生长要有适宜的温度，当温度高于作物生物学上限或低于生物学下限，光合作用不能进行。温度对光合作用的影响表现在对光合速度和呼吸速度等作物生化反应的控制上。经过温度订正的光合生产潜力即为光温

① 内蒙古自治区土壤普查办公室：《内蒙古土壤资源数据册》，内蒙古人民出版社，1993。

② 内蒙古自治区土壤普查办公室：《内蒙古土壤资源数据册》，内蒙古人民出版社，1993。

③ 内蒙古自治区土壤普查办公室：《内蒙古土壤资源数据册》，内蒙古人民出版社，1993。

④ 刘治彦、王其存：《东北地区西部生态环境生产能力估测及其增进过程分析》，载《中国东北西部生态脆弱带研究》，科学出版社，1996，第94~113页。

生产潜力，可表示为：

$$yt = y\ l \times f(T)$$

$f(T) = e^{a[(T-20)/2]^2}$，当 T≤20 时，a=−1，当 T>20 时，a=−2。

其中，T 为实际温度，a 为参数。

此公式经水分订正后即为气候潜力。

$$y = yt \times f(w)$$

f（w）为水分订正函数，

$$f(w) = \begin{cases} 1-ky[1-R/(ke \times ETo)] & 0<R<ETm \\ 1 & R \geqslant ETm \end{cases}$$

其中，ETo 和 ETm 分别为农田水分实际蒸发量和水分充足条件下的可能蒸发量；R 为降雨量；ky 是由作物和地区决定的产量反映系数；ke 为作物系数。

在此基础上，经土壤订正即为生态环境生产潜力，即

$$Yei = Y \times f(s)$$

$$f(s) = \min(Z, B, T, Om, H, Ec, Nu)$$

上式中，Z 为土壤剖面指数；B 为土壤结构指数；T 为表土质地指数；Om 为土壤有机质指数；H 为酸碱度；Ec 为土壤离子代换量指数；Nu 为养分指数。

通过以上计算得出某种作物在特定生态环境下的最高生物产量。对于一定区域来说，能负载异养生命的能力还取决于以下方面，一是单位生物产量的可利用性，即经济价格，它取决于市场价格系数（Ki）；二是某种作物在各种类型生态环境中的数量组合比例系数（Ai），它取决于作物与生态环境的匹配方式。经这两项订正，可得区域生态环境生产能力，即：

$$P = \sum_{i=1}^{n} YeiAiKi\ (\text{元/公顷})$$

其中，i=1，2，……，n。

3. 我国北方沙区生态环境生产能力估测

在计算沙地生态环境生产能力前须按 AEZ（农业生态区）方法将沙地划分为三大生态环境区，即半湿润区、半干旱区及干旱区，并选择三个典型点为代表，计算沙地生产能力。具体估测程序如下：

衰减法→光合生产潜力→光温生产潜力→（AZE 法）→气候生产潜力→生态环境生产潜力→价格体系→区域生态环境生产能力

北方生态环境生产能力估测过程所需资料数据通过前述典型地区自然条件资料获得，并将各值输入估测模型，计算后得如下结果①：

半湿润地区鲜草产量在 8~12 吨/公顷·年，据此可知，干草产量为 2~3 吨/（公顷·年），即干草产量为 133~200 公斤/（亩·年）。

小麦的年产量为 300~400 公斤/亩，玉米为 400~450 公斤/亩，大豆为 300~400 公斤/亩，水稻为 450~650 公斤/亩，向日葵为 220~300 公斤/亩，花生为 100~200 公斤/亩，葡萄为 400 公斤/亩，西瓜为 500~600 公斤/亩。

根据中国科学院植物研究所的研究，半湿润沙地气候-生物潜在净第一性生产力为 6 吨干物质/（公顷·年）左右，即 400 公斤干物质/（亩·年），半干旱地区为 4 吨干物质/（公顷·年），即 266 公斤干物质/（亩·年）；干旱沙地为 2 吨干物质/（公顷·年），即 133 公斤干物质/（亩·年）。而沙漠地区的净第一性生产力几乎为零。而根据松辽平原生物第一性生产力的有关记录，该半湿润地区未退化的羊草纯群落干草产量最高可达 3 吨/（公顷·年），即 200 公斤/（亩·年），仅及气候-生物潜力的一半，这一差异是由土壤等自然因素限制决定的。根据这种修正，半干旱地区的干草产量为 133 公斤/（亩·年）；干旱地区的干草产量为 67 公斤/（亩·年）。

三　不合理农牧业经济活动与荒漠化形成的关系

1. 人口压力与荒漠化

从上述分析可以得出有关承载能力的一些结论。一般来说，区域第一

① 刘治彦、王其存：《东北地区西部生态环境生产能力估测及其增进过程分析》，《中国东北西部生态脆弱带研究》，科学出版社，1996，第 94~113 页。

产业的承载能力除取决于以上因素外，还取决于区域土地的利用方式与各种农牧产品的价格比例。为了计算方便，我们可将以上各种农牧产品换算成价格，并通过区域第一产业产值总量来判断区域农牧人口的承载能力。具体计算方法如下：

$$R=0.7\cdot P\cdot M/B=(0.7\cdot P\cdot m/B)r=a\cdot r$$

R 为区域可承载的人口数；0.7 为生态系统转换系数，指生态系统生产能力在利用率达到 70%时，生态系统能够恢复原有生产能力的上限比例；P 为区域生态环境生产能力；M 为区域土地面积；B 为一定时期农牧民的土地经营预期人均总收入，B 值变化主要取决于全国生活水平，半农半牧区的 B 值与全国农民人均纯收入接近，牧区的牧民生活成本比较高，B 值要高于半农半牧区，根据实际调查，牧区的 B 值一般是半农半牧区的 2~3 倍，显然，B 值将随全国生活水平提高而逐渐增大。m 为人均土地面积；a 为区域可承载人口与现有人口的比例系数，当 a>1 时，表明区域尚有发展空间，否则说明区域人口已达到承载极限或超载；r 为区域现有人口数。按以上分析我们可以计算出北方荒漠化地区农牧业人口承载力。

半湿润耕地 P=400 元/亩，B=2000 元，表明只有 m>7.5 亩时人口才能不超载，目前内蒙古农民人均耕地为 6.8 亩，已经超载。

半湿润牧区草场 P=40 元/亩，B=6000 元，这表明只有当 m>220 亩/人时，区域牧业人口才能不超载；半干旱牧区草场 P=20 元/亩，B=6000 元，这表明只有当 m>430 亩/人时，区域牧业人口才能不超载。同样可知，干旱牧区草场 P=10 元/亩，B=6000 元，这表明只有当 m>860 亩/人时，区域牧业人口才能不超载。目前，内蒙古有牧民近 200 万，有可利用草场 6818 万公顷，人均 34 公顷，即人均 510 亩，总体上已接近承载力极限。具体来看，属半湿润地区的呼伦贝尔盟牧民人均草场 156 亩，属半干旱地区的锡林郭勒盟牧民人均草场 573 亩，属干旱地区的阿拉善盟牧民人均草场 900 亩。

这表明该区农牧业人口对生态环境的压力已经到了极限，继续下去将超出生态弹性，恢复难度将进一步加大，势必使治理成本更高，甚至因难于恢复而逐步演变为沙漠。

当然，这一承载力是不断变化的，主要取决于：一是农牧区的科技进步与生产力水平不断提高，增强了区域的承载能力；二是人均农牧业收入的增长会减弱区域可承载人口数量。两者对比决定了区域承载能力的变化趋势。因此要实现区域可持续发展必由之路是，一要加大技术进步提高区域生产能力；二要减少牧区人口数量。

以上分析表明，这一地区人口急剧增加及不合理的经济活动是荒漠化与沙尘暴形成的诱导因素。以内蒙古自治区为例，新中国成立初期有人口600万人，人口密度5人/平方公里；到2000年人口增加到2400万人，人口密度20人/平方公里，五十年间翻了两番。人口密度与全国平均水平的比值也由9.7%上升到15.4%。其中牧区人口由26万人增加到193万人，翻了三番。内蒙古干旱缺水的自然环境造成土地承载能力极其有限，联合国也曾指出干旱地区适宜的人口是每平方公里不超过7人，半干旱地区每平方公里不超过20人。人口增多的原因主要是持续不断的机械增长，从清末民初自发出现的“闯关东、走西口”，到新中国成立后为了解决粮食问题而有组织地垦荒种地，都导致内蒙古自治区人口的急剧增长。

2. 政策导向与荒漠化演进

如前所述，北方荒漠形成是自然与人文因素长期共同作用的结果。贺兰山以西的新疆、青海、甘肃西部及内蒙古阿拉善地区的沙漠多为地质历史时期形成，其荒漠化主要表现在沙漠中的绿洲萎缩及湖泊消失。如楼兰古城的消亡就与绿洲消失有关。目前，阿拉善地区的居延海湖泊萎缩导致这一地区荒漠化加剧。列全国第三、第四位的巴丹吉林沙漠和腾格里沙漠之间的绿洲萎缩，也使这两大沙漠正在趋于融合；而贺兰山以东地区荒漠形成多与人类经济活动有关。尽管早在一千多年前的唐代就开始了北方地区的垦殖活动，但真正大面积的开垦则是近一百多年的事，主要有以下三个时期。

（1）清末民国期间

内蒙古科尔沁沙地的奈曼旗记载，清末民国期间的1892年、1929年和1938年，该地区进行了三次较大规模的垦荒活动。1929年开垦的耕地面积为60万亩，1938年开垦的耕地面积为100万亩。

（2）“大跃进”和“文革”期间

新中国成立后，国家采取军垦、农垦等各种方式鼓励垦荒。以内蒙古自治区为例，1949年至1953年开垦耕地就达1723万亩。“大跃进”和“文革”

期间，在“以粮为纲”“牧民不吃亏心粮”的思想指导下，又进行了大面积垦殖开荒。仅1961年就开垦了550万亩。“文革”时期，为实现粮食生产“越黄河”，开发“帮忙田”，组建生产建设兵团，开垦荒地1700多万亩。

（3）改革开放后

十一届三中全会后，农村实行联产承包责任制，粮价上涨，进一步刺激了垦荒种粮的活动。尽管一些地区曾提出“两种（种草、种树）三治（治沙、治山、治河）”，发展“自给性农业、商品性牧业、保护性林业”，实施“大念草木经、发展畜牧业”等新战略，但这些战略都未能很好地坚持下去。内蒙古自治区提出“粮食自给”的发展目标，建立商品粮基地，在呼伦贝尔盟、哲里木盟、伊克昭盟等地开荒2000万亩。1995年在“谁来养活中国”的理论影响下，又在河流两岸大面积开垦稻田。从新中国成立后到1999年内蒙古全区累计开垦耕地8820万亩，1949年时耕地为5661万亩，合计14481万亩。近几年退耕后目前耕地面积为9000万亩左右。其中，3550万亩为水浇地。粮食单产也由1949年的40公斤/亩，提高到1987年的90公斤/亩，而1996年达到145公斤/亩，2000年达到200公斤/亩以上。

从以往的经验教训来看，控制荒漠化与沙尘暴重要的是预防和保护，而国家战略定位是首要的。我国北方荒漠化地区是生态脆弱地区，也是我国北部的主要生态屏障，其战略地位绝不亚于西部三江源头，两者生态建设构成了西部大开发生态建设的主体，但其范围要超出西部大开发地区，还要包括华北北部和东北西部。为此，国家在实施西部大开发的同时，应高度重视北方荒漠化地区的生态重建与可持续发展，将华北北部和东北西部沙化地区也列入西部大开发生态建设范围，实行同样的政策。

对北方脆弱生态环境地区，国家应有明确的战略定位，即生态建设第一，经济发展第二。尽管受人多地少、经济发展水平低等国情制约，我们希望这一地区也能实现经济发展与生态建设的双赢，但脆弱生态环境地区的自然条件、技术与管理水平等常导致事与愿违，结果是生态、经济的“双输”，导致出现治理速度赶不上沙化速度的被动局面。

3. 荒漠化形成的体制经济分析

就荒漠化形成的体制因素来看，问题也很突出。由于环境问题的外部性，其治理成本应内部化，但环境资源作为一种公共财产，具有公共物品性质，应由代表国家利益的政府进行经营和管理。荒漠化治理虽具有一定经济效益，但主要是具有社会效益，惠及全人类和后代，对此应全面评价，明确荒漠化治理的主体。

根据荒漠化形成的主要影响因素，可将荒漠化治理分为具有经济开发价值的民间治沙、具有公共物品性质的公益性治沙以及具有广泛影响的社会治沙等。前者主要指具有一定生产能力的沙地，后两者主要指历史时期形成的沙化严重的土地及地质历史时期形成的危害严重的沙漠。

多年来，我国在治沙工作上忽视了自然资源经营产业化，导致资源过度利用和治理效果欠佳。因此，在荒漠化地区建立资源产业化的机制，特别是草场、森林、水资源等经营产业化对于荒漠化治理十分重要。通过市场经济的利益约束机制，将荒漠化地区生产的环境成本内部化是治理荒漠化的新理念。从草场经营来看，一直没能实现牧草生产产业化，草畜合一的传统畜牧业生产方式没能得到根本的变革。在草场所有权与使用权分离的条件下，势必导致草场的粗放利用和生态环境破坏。从水资源利用来看，没有充分利用水价来调控水资源在草场建设与农业间的合理配置，管理也比较混乱。因此，体制障碍对荒漠化治理的影响日益突出。

四　荒漠化与生态环境退化的恶性反馈

沙质荒漠化带来的危害十分严重，一是沙质地表在特定的气候条件下，即大风和强对流作用下，将形成浮尘、扬沙和沙尘暴天气，对本地和外地大气环境造成较大的影响，对人体健康也构成较大的威胁；二是吞噬草场和良田，使人类的生存空间缩小；三是荒漠化会带来当地生态环境条件的恶化，进一步扩大沙漠与沙地面积，形成恶性反馈。

一般来说，沙尘暴的形成条件有三个：①强风；②湍流；③沙尘源。前两个条件属气象因素，主要受地表横向气压差异与纵向对流影响，是目前人类技术不能控制的。因此，治理沙尘暴关键在于控制地表沙尘源，即治理沙漠化。沙尘暴造成大量土壤损失，破坏生态环境，影响大气质量。20 世纪在美国和苏联都曾发生过较大规模的沙尘暴，后因及时治理得到有效控制。但就全球而言，荒漠化与沙尘暴仍呈不断恶化的态势。

我国每年因沙质荒漠化被吞噬的土地面积近一个大县的面积，造成的直接经济损失达500多亿元，若考虑沙尘暴等造成的间接经济影响，其损失更大。荒漠化每年使数万人失去家园，就近迁徙后，又加剧新居住地的生态环境压力，形成新的荒漠化，重蹈覆辙。

更为严重的是，荒漠化导致环境退化，并在人口压力下，进一步加剧荒漠化扩张，形成恶性反馈。具体表现在以下三个方面：

一是地表蒸发量加大。在相同太阳辐射下，由于裸露地表温度比植被良好的地表温度高，因此，地表潜在蒸发量大，加剧了地表干旱化，环境退化和荒漠化进一步加剧。

二是降水减少。荒漠化地区因下垫面温度高，地面对大气的蒸散加热作用强，空中难于形成降水云团，降水趋于减少，植被难于恢复，环境退化明显。

三是土壤结构破坏。荒漠化土地因植被稀少，地表干旱，地温高，特别是夏天极端气温常在40℃以上，土壤微生物消亡，土壤黏粒减少，结构趋于疏松，并逐步蜕变成沙地。

荒漠化与沙尘暴的严峻形势，要求我们必须在认清形成机理基础上采取有力措施予以解决。

第五章　荒漠化治理策略*

一　制定治理对策的指导思想和基本原则

1. 指导思想

解决荒漠化问题的根本出路在于缓和人地关系，减轻人类社会对土地的生态压力。按照马克思主义关于人的能动性的理论，人是最活跃的生产力，是最积极的因素，因而也应该成为解决荒漠化问题的主要力量。国内外的实践经验也表明，荒漠化问题的真正解决，有赖于调动人的能动性。

根据这一认识，治理荒漠化的指导思想是：防护为主，治理为辅，防治结合；发展集约经济，恢复自然植被，协调人地关系。通过跨区域、大尺度、综合性的社会经济政策调控及相应的配套投入，保证当地居民在生产生活方式转型过程中的基本权益，同时，积极实施以市场为基础的、政府主导的、多元化投入的重大治理工程。从根本上缓解我国荒漠化地区的生态压力，抑制荒漠化发展，恢复自然生态平衡。

2. 基本原则

（1）以预防保护为主

改变目前保护速度跟不上治理速度的现状，对于具有相对良好生态条件的农耕地和牧草地，及时实行限垦减牧；对于退化严重的土地，及时划定为自然保护区，防止荒漠化进一步加剧。

（2）以改变社会经济发展方式为突破口

以往治理荒漠化的最大教训是忽视社会经济因素的作用，过大人口负荷、过度发展的畜牧业、不合理垦荒、单一产业结构以及传统的牧业生产

---

* 本章成文于 2002 年 6 月。

方式、较低的生活水平等都是造成荒漠化的重要因素。只有改变当地的经济结构、提高经济发展水平和城镇化水平，提高人口素质，才能从根本上消除荒漠化的经济社会成因。

（3）发展集约经济，恢复天然植被，实现经济发展、生态建设、社会进步有机统一

选择生态环境良好的地区，发展优质牧草基地，实行草畜分开经营。大力促进牧区城镇经济的发展，发展集约经济。改变广种薄收、四处放牧的粗放生产模式。通过发展生态环境好的“点”，来带动保护生态环境善的“面”。

根据荒漠化地区原生植被景观，建立乔、灌、草相结合的生态体系，在干旱、半干旱地区主要发展草本和灌木，乔本树木更多是作为防护林网来发展。

用生态的理念促进农牧区经济社会持续发展，使目前的荒漠化农牧区由单纯的经济功能区逐渐转变为生态—经济功能区或生态保护区，通过制度的创新和经济社会的进步使当地的农牧民由生态环境资源的索取者转变为生态建设者。同时，积极发展生态产业，构建地方特色生态经济体系。

（4）提高科技贡献率和科技创新水平

以科技创新和应用为桥梁，实现经济发展、生态建设和社会进步三者的有机统一。大力调整畜牧品种结构，发展奶牛、肉牛等优质高效畜牧品种，减少山羊等破坏生态环境的畜牧品种数量。

积极引进畜牧产品深加工技术，开发以畜牧资源为原料的、具有地方特色的高附加值工业产品。

发展优质牧草，改良土壤条件，大力发展牧草产业，稳步建立具有市场潜力的中药材生产基地。

（5）科学合理的长期规划

应制定全国统筹安排的大区域的长期治理规划和资金、技术投入计划，并纳入国民经济发展规划，完善《中华人民共和国防沙治沙法》（以下简称《防治防沙法》）及退耕还林等有关政策法规，以保证规划的具体实施。①

① 张虎生：《对干旱区可持续发展的思考》，《环境科学动态》，1999。

(6) 广泛开展国际与国内合作

荒漠化问题是全球问题，我国的荒漠化形成既有本国经济发展压力的原因，更有全球变化的原因，特别是二百多年来，发达国家在工业化过程中所排放的温室气体导致全球气候变化。从这一点来说，我国也是全球变化的受害者，荒漠化治理理应得到国际援助和支持。同时，我国处于中亚荒漠的东部，位于我国上风方向的邻国荒漠化对我国危害也较大，因此应谋求广泛的国际治理合作。

在国内，荒漠化治理也涉及整个国家的经济社会生活，应打破部门和地区间的条块分割的界限，以及学科间分散研究的局面，实现整体综合研究和治理。

(7) 借鉴国外先进的荒漠化治理经验

荒漠化治理是一个长期的探索过程，世界上一些国家很早就开始了这方面的探索，积累了丰富有效的治理经验。如以色列和毛里塔尼亚实施的提高有效灌溉率，开发沙地中的绿洲农业基地，干旱区风能、太阳能开发利用，流域综合治理等，使沙漠小国成为欧洲农产品供应地；美国通过城市化发展，建立自然保护区、国家公园，开展旅游业等方式，自然恢复野生生态；伊朗发展圈养、围栏舍饲，加强生物多样性保护等。这些国家，在某些方面都与我国的荒漠化地区有相似之处，应该引进已经成熟的治理经验为我所用。

二　我国荒漠化治理的总体策略

把治理荒漠化作为我国西部及北方地区生态保护和建设的首要内容，加强生态保护与生态修复。通过退耕、禁牧、移民、调整产业结构、推进城镇化建设、加大治理的资金和技术投入等多种措施，消除过度放牧、开垦、砍伐、采挖、采樵、乱用水资源等现象。改变生产生活方式，降低经济增长的资源环境成本，全面保护好沙区现有的植被，恢复自然生态平衡；因地制宜，搞好沙区植被恢复与重建，根据沙区不同区域的特点和主要生态问题，明确主攻方向，有针对性地采取治理措施，恢复天然林草植被。加强水资源的统一管理，协调好生产、生活和生态用水，提高水资源利用效率。

1. 确立荒漠化治理在我国经济社会发展中的战略地位

（1）实现全国经济社会可持续发展的关键

荒漠化程度的加剧，荒漠化面积及其影响范围的不断扩大，不仅使我国西部及北方广大地区成为不宜生产生活的荒凉地区，而且其带来的自然灾害、沙尘暴天气、大量的外迁贫困移民、流域水土流失等都严重波及全国其他地区，使我国经济社会整体发展和人民生活受到严重影响。

我国作为人口众多、国土资源紧缺的国家，荒漠化还直接减少了大量可利用的自然资源，成为我国现代化建设的严重障碍。荒漠化的快速蔓延还会给我国未来的发展带来不可想象的严重后果。因此，荒漠化不能得到有效控制，我国的可持续发展就无法实现。

（2）实现民族繁荣、社会稳定的关键

荒漠化地区也是我国少数民族聚居地，这里有着悠久的历史和独特的各民族传统文化、风俗习惯，严重的荒漠化造成这些地区的人口大量外迁，社会群体结构受到巨大破坏，生产生活方式也被迫明显改变，最终必然造成当地少数民族社会群体的萎缩和分散化，少数民族文化趋于消亡，这种后果对于一个历史悠久的多民族国家来说是非常严峻的[①]；而且荒漠化问题还给周边地区带来大量人口流入，造成社会问题。因此，荒漠化治理是一项关系到我国社会整体发展的重要工作。

（3）经济发展的重要带动因素

依托政府行为和市场机制相结合的荒漠化治理工作，本身就是一项具有特定投入和特殊环境产品产出的长期性产业。其带动的生产要素的流动可以促生大量的延伸产业和相关产业，荒漠化治理后带来的国土改良效益，还将成为新的生产要素推动经济发展，可利用土地的增加还可容纳新的产业、城镇和人口。而荒漠化治理的不力则会使原有经济趋于瓦解。因此，荒漠化治理关系到经济发展的双倍盈亏。

2. 进行跨地区、大尺度、综合性治理

（1）纳入全球荒漠化治理总体战略，全国统一规划

我国是世界上荒漠化最严重的国家之一，面积广、人口压力大，因此，必须将荒漠化治理纳入《联合国防治荒漠化公约》，实施“1996 全球

① 洪大用：《当代中国环境问题的几大社会特征》，《教学与研究》1999 年第 6 期。

治理荒漠化国际会议”所提出的措施。

打破地区行政界限，按自然地域开展荒漠化治理。应该把荒漠化治理看作全国整体发展的区域治理工作来进行[①]，改变过去按照省、自治区等行政界限分头进行治理的局面，这样既可以按照统一规划进行综合治理，合理调配治理投入，也符合荒漠化形成的机理和现实分布状况，治理的局部效益和整体效益才能得到统一。

（2）跨行业、多学科协同作战

目前，我国治理荒漠化实行分行业进行的多头管理，导致工程技术治理与经济社会发展相脱离，难于形成良好的总体治理效果。

荒漠化形成涉及地学、生态学、气象学、农学、林学、草原学、畜牧学等多门自然科学和经济学、社会学、人口学、历史学等多门社会科学，应注重多学科的相互渗透、相互配合，组建联合攻关的科学共同体，构建和完善荒漠化治理的学科框架和理论体系。

实现理论—技术—实践相结合，形成具有良好生态、经济和社会效益的治理模式。要充分考虑当地的自然、社会、经济条件和民族风俗文化，并兼顾公众对治理措施的承受能力，保证新模式的及时推广普及。同时，也应从宏观上更大范围地研究荒漠化治理的生态、经济和社会效益，特别是对全球环境变化的影响，对国民经济和社会进步的促进作用。

3. 减轻荒漠化地区人口、经济社会压力，实现生态修复和良性循环

在荒漠化治理过程中，人是相对可控因素，况且荒漠化地区的人口、经济活动的过大负荷是荒漠化形成的重要原因。如前所述，应该加大荒漠化地区由目前的经济功能区向生态保护功能区的功能转换力度，通过大量人口外迁、产业转移升级、城镇建设，使荒漠化地区的生态现实承载量维持在其良性循环承载能力临界线内，从而扼制生态系统逆向演替。

过去我国在荒漠化治理中过多采用国际通用的工程技术治理措施，但是由于我国人口多，经济落后，国土资源紧张，土地国家所有，因此难以使技术措施得到彻底执行。而我国的荒漠化形成机制与其他国家相比，社会经济等人为因素所起的作用相对较大，从不同治理方式的投入产出效率

① 张定龙：《我国荒漠化形势及治理对策》，《宏观经济管理》2000 年第 1 期。

比较上看，把治理投入更多地投向人口、产业的转移，减轻生态脆弱区的生态负荷，可以从根本上起到促进生态修复的作用，其投入效益远大于不断治理的效果。因此，应该结合中国国情更多地考虑社会经济环境治理措施的运用，通过人口、产业、城镇布局、生活生产方式等多方面的调控，实现生态环境的自然修复和技术治理的有效实施。

三　荒漠化地区社会经济转型及调控途径

改善社会关系，改变经济活动方式，建立生态型的社会—经济结构，实现人类与环境的共存和共荣，是荒漠化治理对策设计的出发点。

1. 产业结构转型升级

结合当地工业化、城镇化的发展，促使聚集在资源环境依赖型的第一产业（农牧业）中的生产要素向第二产业及与之相配套或延伸的第三产业转移，改变粗放、低水平的产业结构，减轻经济发展对生态的压力，同时，通过劳动力的转移减轻人口对生态的压力。第一产业内部，促进退耕还林、退耕还牧，实现减牧、禁牧、舍饲，提高畜牧业的科技贡献率。第二产业内部，应促进产业结构升级，发展劳动力密集型产业、技术密集型产业和服务于第一产业结构调整的饲料加工业，逐步淘汰资源依赖型产业。第三产业内部，大力发展旅游业、信息业及人力资本培训的教育产业、农牧业的服务产业，减少资源型商贸业的比重。

2. 生产生活方式转变

改变农牧区的滥采、滥伐、过垦、过牧、无节制低效率利用水资源的传统生产生活方式，树立生态成本观念和环境保护意识；提高农牧民教育水平和文明素质，使之逐步向城市居民生产生活方式转化；改变落后的游牧习惯，形成定居舍饲模式，鼓励农牧民向城镇转移聚集，改变传统的就业观念，树立城镇创业观念；控制人口过快增长，注重教育发展和职业技能培训。

荒漠化地区应按实际承载力有计划实施超载人口的生态移民。根据前面的研究结论，我国荒漠化地区的环境负荷已经处于超载状态。以内蒙古为例，其有牧民近 200 万人，有可利用草场 6818 万公顷，人均 34 公顷，即人均 510 亩，总体上已接近承载力极限。按照联合国防治沙漠化会议确定的标准，干旱区每平方公里土地负荷人口的临界指标为7人，半干旱区为20人。但据调查，我国目前荒漠化地区的常住人口大多超过了这一标准。而过多的人口承载和过快的人口增长必然导致自然资源的过度开发利用，草原的畜牧业也相应超载2~3倍，甚至更多。因此，过多人口已经成为荒漠化地区生态环境恶化的重要根源，必须尽快使这一地区的人口总量大幅度减少，从而减少畜牧总量，最终实现生态平衡。同时，人口迁移和聚集也是我国荒漠化地区实现工业化、城市化发展的必然需要。人口的迁移有以下两方面的渠道，其一是政府组织的生态移民渠道，包括政府出资的异地生态移民，也包括政府投资兴建小城镇和城市引导农牧民向城镇聚集；其二是通过市场机制的作用引导农牧民向发达地区或城市流动。政府措施只有与市场机制相结合才能收到预期的、持续的效果。

3. 建立完善社会保障体系

建立覆盖农牧民的最低生活保障制度、医疗保险制度，对进入城镇的农牧民给予与城镇居民同等的失业保险和就业待遇。制定专门针对生态治理区的移民、创业、基本生活专项保险和保障制度，争取农牧民对治理荒漠化工作的积极支持配合，实现生态环境和社会环境的双重良性循环。

4. 建立生态效益补偿制度

荒漠化治理的生态效益是社会公益性的，而治理投入则是局部和地方的，因此，为了补偿生态公益经营者投入的各种要素，并加强投入，应合理调节生态公益经营者与社会受益者之间的利益关系，建立生态效益补偿制度。补偿应包括三个方面：其一是向治理荒漠化工程生态效益的受益单位、地区和个人，按收入的一定比例征收生态效益补偿金；其二是使用治理好的荒漠化土地的单位和个人应缴纳补偿金；其三是破坏生态环境和过度利用自然资源的，应支付罚款和负责恢复生态，并缴纳补偿金。

5. 争取国际社会治理荒漠化机构的技术资金支持

目前国际社会用于治理荒漠化的行动捐款已达100亿美元，主要由联合国环境规划署（UNEP）和联合国粮农组织（FAO）管理，专门用于资助加入“联合国治理荒漠化公约”的国家进行科学的治理。[①] 我国作为地

---

① 周士威：《全球治理荒漠化进程及其未来走向》，《世界林业研究》1997年第3期。

球上荒漠化的重灾国，应与国际荒漠化治理机构大力合作，争取最大限度的技术和资金支持。

四　荒漠化治理的技术途径

1. 建立荒漠化动态监测网络和预警系统

建立荒漠化地区资料数据库，进行资源与环境信息系统动态管理。在此基础上，定期进行全地区荒漠化发展状况正反过程态势的评估和危害影响评价，发布预警信息；对进行中的荒漠化治理工程进行动态监测评估，不断完善监测体系，提高监测精度、密度。充分发挥新闻舆论的监督、宣传作用。

2. 改进农牧业生产技术

对农牧业用地进行土地适宜性评价，调整土地利用结构，合理利用土地，实现农牧业生产与生态环境保护的结合。为此，应大力发展兼具经济、生态功能的优质果品生态林和优质牧草种植基地。在灌溉区，应改变传统的漫灌方式，采取喷灌、滴灌等先进的节水灌溉方式，提高水资源利用率，对于干旱草原地区应修建专门的集水设施，为此政府和信贷部门应给予专项资金支持；对于耕作区，应改革传统的深翻深耕方式，实现保护性耕作，通过覆盖破碎的作物秸秆、残茬减少沙尘源，通过免耕、浅耕防止深层土变为新尘源。

3. 推进生态修复和草场复壮

通过科学计算现实的草场生物承载量，确定合理的草场生态平衡临界线，以此为依据确定一定面积内合理的人口密度和产业强度，适时迁移过多的人口，减轻畜牧业对草场的生态压力，实现草场的自然修复和复壮。

4. 建立草原和荒漠生态功能保护区

对于生态平衡已经超出临界线的荒漠化地区，或对整个荒漠化生态系统的生态平衡影响较大的荒漠化地区，应建立专门的草原生态保护区①，实现由经济功能区或经济生态综合功能区向单纯生态功能区的转变。目前这方面的工作已在进行中，以内蒙古为例，至1999年，全区101个旗县区

① 杨健、华贵翁：《新疆土地荒漠化及其治理对策》，《生态学杂志》2000年第3期。

有45个被列为国家和自治区重点生态建设县，其中有29个是国家级的；全区共建立各级各类自然保护区75个，面积达6.13万平方公里。但是，生态保护区的资金投入、管理水平等还需提高。

5. 保护生物多样性

与生态保护区的建立相衔接，根据荒漠化地区的生物种群结构，制订湖泊、湿地、鸟类栖息地和特有动植物群落的生物多样性保护计划①，利用科技手段人工繁育珍稀特有动植物，保护生存环境，建立援助基地。通过恢复生物多样性来恢复良好的生态环境，改变荒漠化地区生态平衡逆向发展的趋势。

6. 加强流域治理和水土保持

打破行政界限，制定流域治理统一规划，实现全流域同时段全程治理，建设全流域的高标准的节水型绿洲生态经济防护林体系，以及水源涵养林、沿岸封育河谷林、封育草灌带体系，防止上游治理不力给下游带来危害，防止河水断流与湖泊干涸而造成的土地荒漠化。为此，需要调整流域上游的产业结构和水资源利用方式，加强水源地的水土保持，改变当地的土地利用方式。

7. 制定水资源利用长远战略规划

水资源问题是荒漠化治理的核心问题，加强水资源规划管理，制定与当地长期经济和社会发展状况及生态良性循环相适应的水资源利用战略规划；改变目前水资源分散管理体制，按流域成立统一的水资源分配管理机构，代表国家进行水资源的调配管理，协调流域上下游间、各产业间、各部门间、各类治理工程间以及各季节间的用水矛盾；在水资源的储集、调运、使用中，发展各种节水、集水技术，实现管道运输，推广污水处理与中水回用技术，同时提高雨水、雪水的汇集利用率。

8. 调控大气水循环

荒漠化地区的气候条件造成蒸发强、成雨困难，下渗漏快。为此，应大力发展低成本人工增雨，增大降雨总量；提高地面植被覆盖率，减少蒸发；建立分散的硬化底层集水设施，减少已汇集水资源的流失。通过以上措施，从整体上调控大气水循环，最大限度截留利用天然地表水。

---

① 杨朝飞：《中国自然保护问题及对策》（下），《环境保护》1996年第11期。

9. 推广使用固沙技术

采取营造片林、灌木固沙林等方式扼制沙丘活化，开挖自然沟、人工沟，拦截流沙，在风口处进行工程治沙，个别荒漠严重地带可使用局部物理固沙剂；生物治理采用封育灌草、洪水造林、集水造林、客沙造林、灌木固沙造林等技术；工程治理采用机械沙障即草方格技术、聚风输沙技术①；中低产田改造采取治水、改土、培肥等措施。

五　荒漠化治理的政策体系

1. 土地政策

实行比其他地区更灵活的土地政策，在土地承包责任制的基础上，对于待治理的荒漠化土地，按照治理规划要求的标准，实行长期的开发、使用、投资、收益的一体化政策，并且允许依法继承、转让，对部分荒漠化土地允许拍卖、租赁、转让。为调动土地治理使用者对治理荒漠化的积极性，可以实行土地永久使用权（永佃制）特殊政策，鼓励符合治理资格的国内外企事业单位、社会团体和个人到荒漠化地区长期承包治理，对其财政或信贷支持落实到地块。同时支持规划地域内的农牧民发展成为治沙专业户、重点户或联合体、股份制实体，使农牧业实现集约化发展，降低环境成本。

2. 产业政策

在中心城镇发展劳动密集型工业和服务业，吸引生态脆弱区人口向自然条件较好的城镇聚集，减轻生态脆弱区的环境负荷。同时，在第一产业内部，大力调整畜牧业内部结构，改变生产方式，优化畜群品种结构，减羊增牛，减少畜群总量，由自然放养为主转向以舍饲圈养为主。逐步通过生产的集约化实现牧草生产与畜群饲养分离，使目前的半农半牧区和条件良好的牧场发展成为人工牧草生产基地，实现牧草生产的产业化，使原来自然放牧的草场得到生态恢复，同时也提高牧业生产经营的市场化水平。为此，应建立相应的技术服务支撑体系和市场体系、风险保障体系，对基

---

① 许成安、王昊、杨青：《西北地区草原沙化的原因及对策》，《青海社会科学》2001年第3期。

于生态目的的产业结构调整还应给予专项启动资金支持和融资优惠政策。

3. 城镇化及区划调整政策

与农牧区相比，城镇生产要素利用率和人口吸纳量较高，而对资源、环境依赖较低，在同样的社会经济负荷下，城镇对环境的压力要远远小于农牧区。而且，城镇的产业结构复杂，可选择性强。通过调整产业结构，延长产业链，发展高效畜牧业为主的特色产业，以及资源产品双外向的劳动密集型、技术密集型产业，把社会经济生活对环境的压力减少到最小。因此，应该以扶持发展适合于当地特点的大型产业体系来大力促进城镇化发展，同时合并现有的旗和苏木，使之形成较大规模的具有集约化现代工业的城镇，引导产业转移和人口聚集。

4. 财政税收政策

把与荒漠化治理相关的财政支出纳入国家财政总体预算，保证国家用于荒漠化治理的总体投入占当年 GDP 的一定百分比。[①] 在投入渠道上，除国家支付的大型重点治理工程外，生态移民、产业结构转型、城镇化建设以及当地居民的生活补贴都应得到相应比例的经常性财政支持，以保证在治理工作中社会经济手段的有效实施。

另外，中央财政还应在生态治理区所在行政区域与周边收益区所在的行政区域间进行财政协调，使受益区以财政转移支付等方式支持、补偿荒漠化治理区。

对因治理荒漠化而发展起来的沙产业及其产品，从有收益开始，实行五年免征税，其后减征税；对于促进生态移民及城镇化的产业给予税收优惠。

5. 投资政策

建立荒漠化治理过程中产业发展和项目建设的可行性评估和规划体系，改变以往“种树不见树”“禁牧还在牧”的低效治理状况，使国家财政投入真正起到引导性投资“以一带十”的杠杆作用。在产业扶持上，不应只选择单纯经济效益好的产业，还应选择劳动力聚集力强、环境成本低、产品具有市场前景的产业。努力改善荒漠化地区的投资环境，吸引发

---

① 国家环境保护总局：《我国沙尘暴发生情况及治理对策》，《自然生态保护》2001 年第 4 期。

达地区的资金和技术。

6. 社会政策

在制定荒漠化地区人口迁移规划的基础上，进一步制定与内地相比更为灵活的人口流动政策。对于荒漠化地区的流出人口在非荒漠化地区定居的，取消户籍限制，享受与迁入地居民同等的权益；对处于流动状态的人口，在就业、教育和医疗等方面给予基本保障。

积极鼓励发展荒漠化地区的教育，包括义务教育、职业教育和培训、高中教育和高等教育等，一方面通过良好的基础教育输送更多的学生到内地、沿海深造，疏解一部分人口；另一方面，还可以通过就地职业教育培养高素质的劳动力，使他们在外出务工移民或就地创业、就业方面得到更多的机会。高等教育的发展，可以为当地培养高层次技术和管理人才，从而带动地方经济转型和产业结构升级，带动社会文明化程度的提高，因此在治理荒漠化的社会政策方面必须要有特别扶持的教育政策，给予投入，通过解决人的问题来解决生态的问题。扩大荒漠化地区的高考招生，录取分数线可适当降低。

作为生态脆弱区，荒漠化地区的社会保障制度和社会风险机制的建立也十分必要。有计划地生态移民需要配套的粮食保障、就业保障和医疗保障；处于城镇化过程中以及产业结构转型和升级时期的大量荒漠化地区农牧业贫困人口属于社会弱势群体，没有抵御自然灾害、市场风险的能力，也需要国家负责其基本的风险保障。只有实现以上两方面的保障，才可能使针对荒漠化治理的经济社会手段真正实施。

7. 科技进步和制度创新政策

荒漠化治理是一项跨学科的前沿系统工程，需要多学科新技术和新理论的支持，应加强荒漠化治理关键技术和社会科学理论研究，将治理荒漠化综合研究课题列入《国家重点基础研究发展规划》，为荒漠化治理的重大建设项目提供理论和技术依据。还应建立健全科技服务网络，设立专项科技成果推广基金，对在实践中研究出来的治理技术，如飞播造林治沙技术、小经济生物圈技术，建立相应的科技成果推广示范基地。

对于荒漠化地区的现行社会、经济管理制度，应允许根据治理需要进行必要的创新改革，如土地流转问题，农牧区与城镇在人口流动、教育、产业融资等方面的同等对待问题，以及在经济社会功能向生态保护功能转变过程中出现的社会保障、社会救济等问题。完全按照原有的政策体系，必将为荒漠化治理工作设置难以跨越的体制障碍，只有建立这些方面的制度创新机制，各种治理规划才具有实现的可行性。

8. 健全法律体系

健全和完善法律法规，应进一步完善《防沙治沙法》，修改《中华人民共和国草原法》、《中华人民共和国森林法》（以下简称《森林法》）与《中华人民共和国水土保持法》，保证相互衔接配套，形成完备的治理荒漠化法律体系。在此基础上，要严格保证法律的具体执行，制止非法开发经营，保证绿洲边缘带、沙荒地和荒漠草原禁垦、禁牧，整个草原区域内禁采草药、发菜。为此，应成立专门的草原生态管理巡查和执法队伍。

9. 强化领导责任制

强化荒漠化管理部门的行政权，建立健全从中央到县（旗）的各级可持续发展与治理荒漠化领导小组，机构设在政府办内，明确治理荒漠化由地方各级党委、政府负主要责任，并由国家治理荒漠化主管部门把治理经费统一切块到各级负责者，实现责、权、利的统一；建立健全党政领导任期目标责任制，层层签订责任书，把治理荒漠化工作列入考核党政领导政绩的重要内容，并通过建立治理示范区的方式，带动社会化的荒漠化治理工作开展。

第六章 荒漠化治理模式*

一 国外荒漠化治理模式综述

荒漠化现象在人类存在早期就出现了。古代苏美尔人过度砍伐森林，导致曾拥有5万人口的乌鲁克城邦成为荒漠中的沙丘。有“罗马帝国粮仓”之称的北非，曾有600座城市，现在成为千里不毛之地。进入20世纪30年代，美国大规模开垦西部大草原而造成严重的风蚀沙化和沙尘暴，北美大陆的80%地区受到影响，高达300米的黑风暴穿越纽约市进入大西洋几百公里海域，纽约成为著名的“尘窝”。20世纪五六十年代，苏联在北哈萨克斯坦地区进行草原开垦，面积达25万平方公里，占草原总面积的42%以上，结果造成年沙尘暴频率为20~30天。非洲从20世纪60年代末开始，持续10年干旱，强度达9级左右的大风卷走了地面失去植被保护的沙土，致使撒哈拉沙漠边缘地区成片的热带草原被黄沙掩盖，农田减少，粮食几近绝收，大批的非洲人死于饥饿，几亿人的生存受到威胁。20世纪70年代，苏丹—撒哈拉地区发生百年大旱灾，20多万人口及数以百万计的牲畜死亡，这就是著名的“苏丹—撒哈拉大灾难”。到20世纪80年代干旱的高峰时期，撒哈拉干旱区的21个国家中，被称为“生态难民”的流浪人口达1000多万人，由此引起了世界对保护环境防治荒漠化的重视。

目前，已经荒漠化或正在经历荒漠化过程的地带遍及世界六大洲的110多个国家，10亿人口受到荒漠化的直接危害，其中有1.35亿人口在短期内有失去土地的危险。荒漠化的危害涉及全球约30%的陆地面积，而且每年仍以5万平方公里至7万平方公里的速度在扩大，由此造成的经济损

---

* 本章成文于2003年11月。

失每年约432亿美元，其中亚洲、非洲和拉丁美洲是荒漠化的重灾区（联合国环境规划署，1994）。

关于荒漠化防治，世界上一些国家有较为成功的经验，基本情况如下。

（一）以色列——以引水及发展节水农业为特色的荒漠化治理模式

以色列的荒漠化土地面积约占国土面积的75%，从一定意义上讲，以色列的建国史就是一部治理、开发和利用荒漠化土地的奋斗史。以色列依靠高新技术，走科技与生产相结合之路，采用高科技、高投入战略，合理开发利用有限的水土资源，大力治理荒漠和发展林业，在荒漠地区创造出了高产出、高效益的成就。

以色列自20世纪20年代开始实行集体定居建立新的农村社区组织的计划，这个计划不仅开发了贫瘠的土地，吸收了移民，而且在干旱缺水的沙漠地带建立了高度现代化的农业体系，同时也为国家政权的建立奠定了基础。在20世纪20年代初，世界各类犹太人复国基金开始不断从阿拉伯人手里购买土地给予农村定居的犹太移民，一些具有理想主义色彩的年轻人创建了目前世界上独一无二的农村社区经济组织吉布滋（KIBBZE）和农村合作经济组织莫少夫（MOSHAV）。吉布滋组织个人不允许有私有财产，共同劳动共同生活，一切财产归社区组织共同所有，每个成员参与劳动也参与决策，成员的住房、生活费、医疗、教育等均由社区组织根据情况进行分配，而土地和水资源均属于国家所有，土地由社区组织直接向国家签约租赁，租期为49年，期满后自动续租。水资源则是根据各个社区的人数和土地数量进行分配，由社区组织根据使用量统一付费。莫少夫则是在私有财产的基础上建立的农村合作村庄，这些村庄中，有的虽然土地是由合作村庄代成员与国家签约，但名义上是各个合作村庄的成员向国家租赁的，租金和水费是由每个成员向国家支付，房屋由合作村庄成员自己建立，作为私有财产，并且除土地和水属国有之外，其他生活和生产资料均为合作村庄成员私人所有。这两种组织的建立不仅使大量的犹太移民突破了恶劣的自然和人为的生存条件得以生存下来，而且为国家政权的建立和巩固打下了基础，同时还在沙漠之上实现了95%的食品自给，创造了世界农业技术和农业生产的奇迹。

荒漠开发遇到的首要也是至关紧要的问题就是水资源短缺。为了解决这一问题，以色列对水资源进行了有效的保护、管理、调配和使用，特别是“边缘水资源”（废水回收、人工降雨、咸水淡化等）的有效开发，并通过各种节水措施，使之在农林业方面取得了显著成效。

以色列的温室技术十分先进，主要表现在生产蔬菜、花卉、水果、养鱼等领域。这种温室最突出的优势一是充分利用了光能，二是自动控制，植物生长光合作用需要的水、肥、光、热、二氧化碳、氧气等因子都通过计算机实现了自动控制，以达到最佳的受控生长环境。

以色列防治荒漠化与开发利用荒漠化土地主要采取了以下行动。

1. 稀树草原化（Savannization）

稀树草原是热带干旱地区的一种自然植被景观，介于热带季雨林与半荒漠之间，其特点是以草本植被为主，散生一些孤立木或树丛。以色列仿照这一热带自然景观，于1986年由犹太人国民基金会（JNF）在内盖夫荒漠启动了稀树草原化项目，其目的在于增加荒漠地区的生物生产力和旱地利用的多样性。确立的三大目标是：在退化土地上建立和经营人工稀树草原；在保护旱地生物多样性的同时，采取生态和水文措施培肥土壤以增加生物生产力；干旱地区径流集水技术的推广及降雨、径流、土壤湿度和动植物间正效互作的模式研究。采用的方法包括小流域综合治理和系统生态方法。目前正在进行的研究项目有：天然和人工稀树草原景观结构与功能之间的关系及其对生物生产力和多样性的影响，土壤结皮（生物和物理方法）对土壤水分渗透和利用的影响，牧草产量在水分和养分胁迫或丰富条件下的动态变化规律，抗旱、节水树种的选育繁殖，乡土树种和外来树种的引种驯化培育及其相应栽培技术研究，依据区域景观特征优化集水区和采水区比例等。

2. 内盖夫行动计划（Action Plan：Negev）

内盖夫行动计划是在已故总理拉宾亲自倡导下，于1995年7月4日正式启动的国家荒漠治理项目，也是内盖夫—阿拉瓦研究开发计划的后续项目。行动计划的创立是为了迎接21世纪的挑战并满足内盖夫地区未来发展的需求，其目标是：最大限度地开发利用水源、能源、土壤和气候的区位优势，在内盖夫—阿拉瓦研究开发计划的基础上应用高新技术发展以农业、旅游业和工业为主体的综合产业体系，创建新一轮稳定的经济格局，并最终达到增加就业机会、提高居民生存标准和生活质量之目的。规划面积约12.6万公顷，计划3年（1995~1997年）投资预算为10.31亿以色列新谢克尔（约3.4亿美元）。计划建设的项目有：增加7000万立方米的生活用水（修水库、海水淡化、废水循环利用），筹建革新型温室公园和温室带（50座1公顷的温室），新开柑橘类果园和油橄榄种植园1700~2000公顷，投资2500万以色列新谢克尔新建薄膜大棚集约养鱼塘，复垦土地1.2万公顷用于农业生产、居民区建设、改善和美化生存空间。

3. 水资源开发利用

以色列是水资源短缺的国家，南部的内盖夫荒漠年降水量仅为100~300mm，最少只有25mm；每年可资利用的水资源总量约16亿立方米，其中75%用于灌溉，其余则用于满足城市和工业的需要。

（1）北水南调工程

为解决水资源分布的区域差异，以色列于1948年启动了北水南调的宏大输水工程，通过多级扬水站、蓄水坝、运河、水库及输水管道，将以色列北部的最大淡水湖加利利湖之水输送到南部的内盖夫荒漠。该工程于1964年完成，每年可向南部地区输送淡水5亿立方米，主要作为饮用水消费（约占60%），其余部分注入地下水库储存，以备旱季使用。

（2）边缘水资源开发利用

一是地表径流集水，主要是在流域内分级设立一些集流坝、蓄水坝、坡面采流、沟道集流工程，将雨季降水形成的不固定水源收集起来用于农林业生产。二是深层地下苦咸水开发，特别是在南部地区，把苦咸水与淡水混合，通过滴灌技术发展旱作农业和渔业，不仅解决了农业用水问题，也有效地防治了土地盐碱化，且利用苦咸水灌溉的作物品质良好。三是加强对民用废水的收集处理并广泛用于农业生产。目前，全国已有几个大型废水处理厂，最大一处可处理半径30km范围内的城市废水，日处理能力30万立方米。废水的回收利用增加了水源，减少了环境污染。随着以色列社会经济的发展，民用废水的处理和利用有望成为以色列未来农业灌溉的主要水源。

（3）高效节水灌溉技术推广应用

几十年来，以色列在节水灌溉技术和提高水源效用方面一直走在世界前列，已达到水肥配套、定时、定量完全自动控制。大田滚动式喷灌系统可根据空气温、湿度自动喷灌，自动调配水肥比例。花卉、瓜果和蔬菜的栽培多采用滴灌技术。滴灌的优点是定时、定量自动灌溉，且可节水、肥50%，还可有效提高产品质量和产量，防止病虫害和杂草生长。

在北部地区，特别是水资源较丰富的北部农业区，对于不合理的灌溉方式和土地利用方式造成的次生盐碱化问题，政府开展了防治次生盐碱化的科研与实践工作，重点放在预防次生盐碱化上，主要是改进灌溉技术，废除漫灌和超量灌水等。

（4）水资源保护和管理

注重水源保护，防止水质退化，这一点在加利利湖区十分明显，这里不仅有专门机构长年监测水质变化，研究各种生物、矿化物对湖水的影响，而且在湖区周围采取了生物工程措施，防止水土流失以及农用废水对湖水的影响；还注意调整农田耕作方式，减少因土地利用方式不当而对湖水造成的污染。为了用好水资源，使之最大限度地发挥作用，以色列对居民生活用水、农业用水、工业用水实行不同收费标准，普遍限额用水，限额以内低价，超额加价。为加强对农业用水的管理，针对不同作物的需水情况，制定了全国统一的灌水标准和最佳灌水期，对于超标用水同样实行高价收费。另外，对荒漠改造、林业建设、农业开发用水实行低价优惠。将水价作为农产品生产管理的宏观调控手段之一，鼓励生产出口创汇农产品，该措施具有独到之处。

4. 太阳能利用

为了解决能源问题，十多年来各科研院所都开展了太阳能利用的应用研究。太阳能在民用取暖、热水供应和农产品生产等方面的初级应用已经普及。科研人员正在研究太阳能发电、太阳能用于农田土壤消除病虫害和消毒等，特别是太阳能发电，目前已取得了初步成效，但由于造价较高，尚未推广。以色列未来能源发展目标之一，就是试图通过太阳能的成功开发来解决荒漠开发，特别是荒漠高技术造林和农业生产对能源的巨大需求。通过荒漠地区太阳能充足这一优势的充分发挥来进一步推进荒漠开发的深度和广度。

5. 植物资源研究和开发

一是广泛开展引种驯化工作，收集世界上干旱地区有价值的物种并在沙漠地区建立了种质资源库、汇集圃，对其适应性进行观察，研究其利用价值，以便示范和推广。以色列内盖夫本古里扬大学应用研究所，从20世纪60年代起已从世界各地引进1000多个树种，许多已经适应了沙漠气候。如从墨西哥和美国引种的霍霍巴，目前已在许多农庄大面积种植，收到了良好的经济效益。二是从世界许多地区引进水果品种，选择有较高市场价值的品种加以培育。比如，通过对欧洲人对西红柿口感喜好的研究，采用基因工程培育出新的西红柿品种——樱桃西红柿，不仅可以连续收获6个多月的高产量，而且储存时间可达20多天，在欧洲市场很受欢迎。三是对作物品种引种驯化和育种改良工作都以市场为目标，发挥沙漠地区的自然优势，重视品种特殊品质优势、季节优势和质量优势，从而保证农产品和植物开发研究技术一直处在国际市场最前沿，以“你无我有，你有我优”及新、特、奇的发展策略占领国际市场。

6. 保护荒漠景观，防治次生盐碱化

以色列对荒漠地区的自然景观，特别是荒漠地区地表植被的保护十分重视。主要做法是在荒漠地区划定景观保护区，同时结合一些历史文化遗址，建立荒漠自然公园。目前，全国已建立自然保护区100多处，面积约1000公顷。其中有20多个修建有旅游中心、道路等设施，并已向公众开放，每年吸引200多万游客。一方面保护地表自然景观，另一方面也通过建立人工森林公园来开展荒漠旅游、度假、休闲活动，最大限度地发挥荒漠地区的潜在优势和价值，促进荒漠地区资源的保护与开发。对荒漠的保护不单纯为保护而保护，而是为开发而保护。为保护荒漠地表植被，以色列政府对放牧进行了严格控制。荒漠地区的牛羊基本上实行了圈养和集约化、工厂化饲养，不仅提高了畜产品的产量，而且也防止了自然放牧对地表植被的破坏。另外，通过对径流的有效利用，在荒漠地区开展稀树草原化工程和最佳用水景观绿化工程，植树种草，改善自然景观。

7. 发展温室生产，走资源效用型农业之路

以色列的温室技术十分先进，可谓高科技、高投入、高产出、高质量、高效益的荒漠农业典范。这种温室主要是用来生产蔬菜、花卉、水果、养鱼等。这种温室最突出的优势，一是充分利用了光能，二是自动控制，植物生长光合需要的水、肥、光、热、二氧化碳、氧气等因子都通过计算机实现了自动控制，以达到最佳的受控生长环境。以色列温室农业是荒漠地区实现可持续发展的一种成功范例，具有广阔的发展前景。

以色列通过稀树草原化、内盖夫行动计划、土壤结皮固沙、径流集水、节水灌溉、太阳能利用和温室生产等技术和措施，形成了治理荒漠、发展经济的一整套完善的先进技术和管理机制。具体包括以下 13 条。

（1）沙地经济作物栽培及高效农业开发；

（2）地表径流管理及水资源合理开发利用；

（3）苦碱水淡化处理及滴灌、渗灌技术应用；

（4）民用废水的处理及农业利用；

（5）旱地无灌溉条件下的坡地造林和市郊绿化建设；

（6）沙区无土栽培、温室技术；

（7）干旱区风能、太阳能的开发利用；

（8）水源涵养林的维护和沙漠人工绿洲建设；

（9）旱地自然保护区建设和沿海沙地生态保护；

（10）高地生态保护和海岸、海滨沙丘固定；

（11）荒漠区综合治理、流域管理和造林技术；

（12）丘陵军事设施、大型工程建设中的土地复垦技术；

（13）防治荒漠化的政策、法规和社会保障体系的建立。

（二）埃及——以土地开发为主导的荒漠化治理经验

埃及地跨亚非两洲，其主要部分位于非洲东北部，面积 100.2 万平方公里，人口 6500 万人，耕地 4914 万亩，人均 0.76 亩。绝大部分地区属热带沙漠气候，干燥少雨，光、热资源极其丰富。北部地中海沿岸地区雨水稍多（年降雨量 150~200 毫米），由北往南降雨量急剧减少，开罗以南地区几乎终年无雨。每年四、五月常有风沙危害。尼罗河由南向北贯穿全境，两旁 3~16 公里宽的狭长河谷和入海处的三角洲是埃及的农业基地。

埃及 96%的国土是沙漠，全国 96%的人口生活在占国土面积 4%的尼罗河河谷及三角洲地带。为确保经济和社会持续发展以及国家安全等，埃及政府提出了“走出老河谷，开辟新土地”的发展思路和治理开发沙漠的托西卡、东奥维纳特和和平渠三大工程。

1. 托西卡工程（又称新三角洲工程或新河谷工程）

该工程是埃及最大的重点工程，也是埃及治沙史上工期最长、工程量最大、耗资最多的工程。工程区面积 37.6 万平方公里，占埃及国土面积的 37.5%，覆盖南部 7 个省。工程建设的主要内容是：（1）在纳赛尔湖的托西卡湾上建造一座日抽水能力为 2500 万立方米的超大型扬水站；（2）开凿一条长 310 公里的引水渠，干渠从扬水站向西到达托西卡地区的中心，然后分解成 4 条支渠，分别延伸到哈尔加绿洲、达赫拉绿洲、富腊夫腊绿洲和巴哈里亚绿洲，由此构成新河谷及新三角洲；（3）利用引来之水，开发土地。

2. 东奥维纳特工程

该工程位于埃及西部沙漠的西南部，北靠达赫拉绿洲和哈尔加绿洲，西至奥维纳特山，南临苏丹边境，可开垦耕地面积 315 万亩。该地区地下水资源丰富，具有埋藏浅、储量大等特点，含水层平均厚度为 350～500 米，总储量为 200 万亿立方米。工程目标主要是利用地下水开垦土地，种植各类农作物，发展现代化农场。1988 年埃及农业部便在该地区建起了一个面积 1260 亩的试验农场，1992 年又建起一个面积为 18900 亩的示范农场。1994 年，埃及在该地区划出 126 万亩土地进行投资开发。为解决该地区的交通运输问题，政府投资建成了 226 公里的连接阿布·辛堡的公路，正在修建连接哈尔加绿洲的长 150 公里的公路，还建成了东奥维纳特机场。为解决用电问题，埃及电力部已决定利用欧洲国家的赠款在该地区建设两座风力发电站。埃及政府为该工程投资约 7.5 亿美元，用于基础设施建设。农场建设由私人、企业或军队投资，农场建成后可自己经营，也可以出售。

3. 和平渠工程（又称西奈半岛工程）

工程目标主要是：修建一条水渠——和平渠，自杜姆亚特附近引尼罗河水，经西北苏伊士地区至西奈半岛，同时利用地下水和修建水库积蓄雨水，治沙造田，发展农业、旅游业，开采矿藏，在原材料产地修建工厂，新建 16 座城市，吸引移民 320 万人。工程建好后，在苏伊士西北地区和西奈半岛可开垦 390 万亩农田。和平渠开工于 1979 年，全长 242 公里，计划于 2002 年竣工，全部配套工程要到 2017 年完成。一期工程的基础建设已完成，尼罗河水已通过苏伊士运河下的暗渠流向北西奈。和平渠建设计划投资 16.6 亿美元，整个项目总投资需 750 亿美元。

自 20 世纪 50 年代开始，埃及就对开发沙漠地区进行了调研，1969 年至 1971 年拟定了初步方案，1983 年至 1986 年对方案进一步修改，1990 年至1996年请联合国开发计划署和有关国家的一流专家做最后评估修改，前后共经过30年，其科学、认真的态度可见一斑。全部项目建成计划用20年，总投资需要数千亿美元。全部项目完成后，将使埃及的土地利用面积由目前的4%增加到25%，新增耕地约3000万亩（有材料介绍远期目标可开垦1亿多亩），增加1150万个工作岗位，新增40座城市，推动农业、工业、矿业和旅游业等全面发展，彻底改变人口过度集中、地区发展极不平衡的状况，使综合国力大大增强。埃及将从狭谷的束缚中解脱出来，向整个领土范围内拓展生存空间。

为确保上述大型工程顺利实施并实现预期目标，埃及政府采取了一系列非常措施。

（1）加强领导，立法保障

鉴于这些大型工程的成功关系到国家的前途命运，埃及政府从一开始就高度重视，强化领导。例如，托西卡工程一经宣布实施，埃及政府就成立了以总统穆巴拉克为首的工程部长委员会，成员包括公共工程和水资源部部长、农业部部长、旅游部部长、经济部部长、国防部部长、电力和能源部部长、工业部部长等。该委员会负责从宏观上制订工作计划和方案，提出指导意见，并对实施过程中的重大事项进行协调、决策。穆巴拉克总统多次亲自视察各大工程，召开会议研究解决工程建设中遇到的问题。负责工程具体组织管理工作的是公共工程和水资源部，其主要职责是，在组织科研人员对开发地区进行全面勘查的基础上，研究制定具体的发展规划和工作方案。农业部也专门成立了和工程有关的农业发展与建设项目机构，负责新开发土地的出售和管理，并监督和指导这些土地的利用。其他两大工程的组织领导体制，也大体如此。为使这些工程项目能持续长久地执行下去，埃及议会还以立法的形式做了规定。

（2）千方百计，增加投资

首先是正确处理眼前与长远、消费与积累的关系，勒紧裤带增加建设资金。埃及人均GDP按美元计算比我国高出70%以上，但其公务员工资水平和群众生活水平都与我们差不多。其次是以优惠政策广泛吸引社会资金和国外资金。工程建设投资，计划国家财政出20%，其余80%来自民间和国外。对国内外投资企业提供同样的优惠政策，包括：（1）凡在该地区进行生产经营的公司、企业可享受20年的免税；（2）对在该地区兴建项目所需的进口设备、原材料免除关税；（3）对参与工程建设的公司提供购买新开发土地的优先权，且可分期付款；（4）政府贴息，向在该地区建设工农业及其他项目的公司提供优惠贷款。最后是积极开展外交活动，大力争取外国政府的援助。

（3）政策鼓励，移民开发

治沙的目的是把沙漠改造成人们生产生活的乐园，但如果不能吸引人们自愿前往，则沙漠永远变不成绿洲。鉴于此，埃及政府在启动几大治沙工程的同时，还采取多种方式，鼓励和吸引人们到沙漠地区去投资、定居，搞移民开发。一是以优惠的价格出售土地。二是以良好的生活服务设施吸引人。不论是建设工业区还是农业区、旅游区，政府首先拨专款兴建供水、供电、交通、商业等服务设施，为人们的生产和生活提供必要的条件。三是对在沙漠地区的投资者提供长期低息贷款，利率比一般商业银行低 36.4%。四是把治沙与大学生就业结合起来。政府规定，凡是年龄不满 30 岁、没有犯罪记录的正规大学毕业生均可申请以 1.1 万埃镑的优惠价格购买 30 多亩新开垦的土地和一套两居室住房及一个 150 平方米的庭院（市场价格为 7 万埃镑），且可分 30 年付款，前 4 年免收利息。到 1999 年底，共有 4.5 万名大学生参加了这项活动，共耕种土地约 140 万亩，取得了较好的经济和社会效益。五是政府出资帮助没有土地的农民、失业者迁入新开垦地区，建立社区，提供就业机会。六是吸引上百家企业去投资，兴办大型农场。

（4）依靠科技，注重效益

开发沙漠既是一项异常艰巨的工程，也是一项科学性极强的工作，能否成功，最终要看效益高低。埃及政府从一开始就非常注重发挥科技在治理沙漠中的特殊作用。早在 20 世纪 50 年代，埃及政府就成立了沙漠开发总局，对南部沙漠地区进行全面勘查分析。1995 年初至 1996 年底，农业部又组织专家对该地区的地形地貌、水资源、电力、土壤和环境等进行了详尽的考察和综合研究，完成各方面的研究报告 100 多份，并对工程费用、财政支出、经济效益等做了定量分析，还运用卫星遥感等先进技术进行工程设计和规划，最终才确定了实施托西卡工程和东奥维纳特工程的投资省、效益大的最佳方案。工程宣布开工后，埃及政府又调集了全国有关科研力量对工程实施中遇到的各种难题进行联合攻关。为了提高开发效益，做到“边建设，边受益”，埃及科研部门除了下大力钻研各种节省工程成本的技术外，还特别注意研究在新开发土地上发展高效农业的技术。许多治沙研究站就设在沙漠地区。

（5）因地制宜，综合治理

埃及政府在治理沙漠过程中探索出了一套符合自己国情的综合性防沙治沙技术，即以合理开发利用水、土、沙资源为基础，工程措施、生物措施、技术措施有机结合，通过治沙造田，扩大人工绿洲，实现人进沙退。工程措施主要是兴建水库、扬水站、污水处理站、引水排水渠和打井等，同时发展喷灌、滴灌、渗灌、微灌等节水灌溉工程，形成完整的水利体系。生物措施主要是围绕城乡绿化，在渠、田、路边建设防护林网，防止沙漠侵害道路、农田、水渠和城镇。发展高效益的经济林，培育并大面积种植耐干旱、耐盐碱的树草和农作物等。农业技术措施主要是采取与风向垂直的沟垄种植等高耕作、留茬免耕等办法，改良土壤，减少水土流失。

埃及政府在治理开发沙漠方面取得了很大成就，积累了不少成功经验，但也存在一定的问题，主要是摊子铺的太大，资金难以筹集，工期难以保证。

（三）美国——以生态保育及旅游开发为主导的荒漠化防治模式

美国的地理纬度和自然条件与中国有相似之处，干旱区面积占国土面积的30%以上。美国中西部干旱区，自20世纪30年代发生特大沙尘暴以来，利用植物材料的改良选择和防治风蚀、水蚀等防治荒漠化新技术取得了较好的效果，在干旱荒漠土地维护策略、水分动态、植物生理生态和土地科学管理方面也有显著的进展。美国治理和开发荒漠化土地的思路主要是自然恢复的治理与城市化开发相结合。美国西部占国土面积30%以上的干旱、半干旱荒漠地区，由于生态环境条件的限制，无法营造大面积的森林，只有依赖并利用有限的降水，结合国家公园、荒漠保护区和旅游区建设，实现改善生态环境和发展旅游创汇的共同目标。

美国的Sonoran荒漠保护区面积约26万平方公里，高温（夏季平均气温达37.7℃）、少雨（年均降水76~305mm），冬季偶有霜冻，自然条件十分恶劣。但当地的生物种类却很丰富，有2000余种植物和世界上最繁多的蜜蜂栖息这里，因此保护区建设了荒漠博物馆、图书馆、动物园、植物园和整个 Sonoran 荒漠的微缩景观区，通过这些文化娱乐设施使人们了解荒漠的形成、发展及动植物的生活状态及其与环境的生存关系。景区内栽培了 1200 种植物，放养了 300 多种动物，自然生态环境得到最大程度的保护，人们可以实地感受生物与环境在最自然原始状态下的相互联系。

（四）伊朗——荒漠化防治技术创新经验

伊朗国土面积 1.665 亿公顷，其中草场占国土面积的 54.9%，荒漠及荒漠化土地、退化土地占 20.7%。政府开展了大范围的防治荒漠化工作，采取了包括化学、生物固沙、营造防风防沙林，改造利用盐碱地、高效开发利用沙地、干旱区自然保护、封育区管护等措施在内的一系列行动。同时，针对荒漠化扩展的问题，开展了以下八方面的工作。

（1）耕地和灌溉系统的保护；

（2）道路、交通设施和工矿、航运的用地生态环境的保护、修复；

（3）降低空气污染程度，减少沙尘、风沙危害；

（4）发展圈养、围栏舍饲，避免牲畜直接践踏地表面加大土壤侵蚀；

（5）营造薪炭林，发展第三产业，创造就业机会；

（6）提高公众环保意识，发挥妇女、儿童在防治荒漠化方面的特殊作用；

（7）动员社会力量防治荒漠化，加强旱地生物多样性保护；

（8）广泛参与防治荒漠化的国际合作，建立多边、双边合作关系。

综合上述分析可以看出，世界各国的成功经验对我国防治荒漠化有重要借鉴意义。以色列、埃及和伊朗等国家，荒漠化土地占国土面积的很大比例。它们更多的是将开发与保护相结合，依靠高科技和高投入，辅之以必要的鼓励人们在荒漠化地区创业的社会经济措施。美国的国土辽阔，人口密度相对较低，主要采取保护为主、适度开发的措施，地表植被以自然恢复为主。我国的国情与上述国家都不同，荒漠化地区的人口密度早已超过合理承载量，加之人们的文化素质较低，科技投入不足，资本短缺，开发的制约因素较多，这些决定了我国的荒漠化防治模式必然要体现自己的特色。

二　国内荒漠化治理模式总结

新中国成立后，我国始终把防沙治沙工作摆在重要位置。各地根据实际，探索出了不同的防治模式，总结出了不同的防治经验。根据《中国荒漠化（土地退化）防治研究》一书的总结，在我国北方地区荒漠化防治实践中大致涌现出了以下七种较为成功的模式或典型经验。

模式一：新疆和田县——极端干旱地带绿洲附近荒漠化的防治经验

和田绿洲位于新疆塔克拉玛干沙漠的西南边缘，玉陇哈什河与喀拉哈什河之间，南部为昆仑山山前沙砾平原，北部直接与流动沙丘相接。受沙丘前移入侵的威胁，东部、南部与西部均受到风沙流的危害。年平均降水量仅 34.8mm，而蒸发量高达 2564mm。

针对上述特点，采取了以下防治措施：

1. 兴修水利

充分利用玉陇哈什河与喀拉哈什河的水资源，建立引水总干渠、各级渠道、中小型水库和干支渠闸口相配套的灌溉系统。80%的耕地实现小农水配套，同时采用渠系配套防渗、小畦灌溉等措施，减少渗漏损失，提高水的利用率。渠系利用系数从 0.35 提高到 0.4，灌溉定额由 1800~2250 立方米/（公顷·次）降低到 900~1050 立方米/（公顷·次）。

2. 以绿洲为中心建立完整的防风沙体系

在绿洲外围半固定沙丘地区采取封育，保护天然植被；采用引洪灌淤，恢复植被；与灌、草相结合，建立保护带。不仅防止了风沙侵袭，而且也为发展畜牧业创造了条件。在绿洲的边缘还建立了宽 100~300m 环绕绿洲的长达 358km 的防风沙基干林带。在绿洲内部建立以窄林带、小林网为主的防护林网，并配套有核桃、桑、杏、桃、葡萄等各类果木。实行林粮间作、林棉间作，使绿洲的林木覆盖率达 40.2%。

3. 固定流动沙丘

对孤立的沙丘采取平沙整地。对成片的流动沙丘，则在丘间低地引洪灌淤，营造片林；在丘表则利用芦苇或麦草等设置沙障进行固定。在有条件的地区则利用 6~9 月洪水期，引洪冲沙，平整土地，扩大耕地。

采取这些措施后，环境有所改善，林网保护下的农田与空旷地相比，风速降低25%，风沙流中含沙量减少40%~60%。经济效益也很明显。

模式二：甘肃林泽县平川——干旱地带绿洲周围荒漠化防治的经验

林泽县平川位于甘肃省河西走廊中部黑河北岸，是一片狭长的绿洲，其北部濒临密集的流动沙丘和剥蚀残丘与戈壁，年平均降水量117mm，盛行西北风。该地在过度樵采、过度放牧破坏植被的情况下，原来的固定灌丛沙堆发生活化，导致流沙入侵绿洲。同时戈壁残丘地区的风沙流危害农田造成土壤风蚀，因而耕地废弃，绿洲向南退缩了200~500m。

根据上述特点，采取的措施是在绿洲外围地段建立完整的防护林体系。首先在绿洲边缘沿干渠营造宽10~50m不等的防沙林，树种采用二白杨与沙枣。同时在绿洲内部建立护田林网，规格为300m×500m，以二白杨、箭干杨、旱柳、白榆为主。在绿洲边缘丘间低地及沙丘上营造各种固沙林。在流动沙丘上先设置黏土或芦苇沙障，在障内栽植梭梭、柽柳、花棒、柠条，这样就在绿洲边缘形成了“条块分割，块块包围”的防护林体系。为了进一步防止外来沙源，在防护林体系外的沙丘地段又建立封沙育草带，禁止牧、樵，以促进天然植被的恢复。在冬季农田有灌溉余水的情况下，将其引入封育区以加速植被的恢复。这样就以绿洲为中心形成自边缘到外围的“阻、固、封”相结合的防护体系，建立了适宜干旱地区绿洲附近荒漠化治理的模式——绿洲内部防护林网，绿洲边缘乔灌结合的防沙林，绿洲外围沙丘地段的沙障及障内栽植固沙植物的固沙带和沙丘固定带外围的封沙育草带。

采取这种治理模式，治理前后对比，流沙面积比例从54.6%减少到9.4%，受风蚀影响的耕地占比从17.8%减少到0.4%，沙区中的农林用地从6.1%增加到43%，人均收入增长了153.6%。

模式三：陕西榆林市——半干旱地带农牧交错区西部荒漠化防治的经验

榆林市位于陕西省北部，年平均降水量415mm，70%集中在7、8、9三个月，春季干旱，冬季风沙严重。针对这个特点，榆林市建立了以“带、片、网”相结合的防风沙体系，具体措施如下。

（1）利用风沙区内部丘间低地潜水位较高、水分条件较优越的条件，采取丘间营造片林与沙丘表面设置植物沙障及障内栽植固沙植物（沙蒿、小叶锦鸡儿等）相结合的方法固定流沙。

（2）对分布于河谷间地、湖盆滩地，处于沙丘包围下的农田，建立以窄林带小网络为主的护田林网，并与滩地边缘固定半固定沙丘封育、草灌结合固定流沙等措施共同组成农田防护体系。

（3）对于面积较大、高大起伏的流动沙丘地区，采取飞播造林种草和人工封育相结合的办法。

（4）在地表水资源较丰富的地区，主要是引水拉沙，改良土壤。

采取这些治理措施后，林木覆盖率明显提高，生态环境明显改善，人均收入明显增多。

模式四：内蒙古奈曼旗——半干旱地带农牧交错区东部荒漠化的防治经验

奈曼旗位于内蒙古通辽市西南部、科尔沁沙地的中部，年平均降水量352mm，全年大风日21天，沙暴日26天。地表由深厚的沙质沉积物组成。原生景观为甸（丘间滩地）坨（沙丘）交错的沙地疏林草原。由于近200余年的过度农垦、放牧和樵采破坏植被，导致固定沙丘不同程度的活化，呈现流动沙丘、半流动沙丘与固定沙丘相间的景观。植被也普遍处于从疏林草原—灌丛+多年生禾草—多年生禾草、蒿类草原—蒿类、杂类草草原—沙生植被的逆行演替之中。针对上述特点，采取了如下措施。

（1）调整以旱农为主的土地利用结构，压缩风积、风蚀严重的旱农耕地，退耕还草，形成林木结合、林业起保护作用的模式。

（2）以甸子地为中心建设基本农田，提高粮食单产。

（3）以封沙育草、丘表栽植固沙植物和丘间片林相结合方式固定沙丘。

（4）对固定沙丘与沙地，贯彻适度利用原则，天然封育与补播牧草相结合，合理利用草场资源，发展畜牧业。

模式五：青海共和县沙珠玉——青藏高原高寒地带荒漠化的防治经验

共和县沙珠玉位于青藏高原东部边缘，是高寒半干旱的沙质草原，年降水量246mm，蒸发量1717mm，大风日数20.7天。在西北风的作用下，流沙向东南方向侵袭，给沙珠玉两岸的农田、牧场带来了危害。针对这种特点，采取了下列措施。

（1）封沙育草，保护植被。围栏封育后，植被覆盖率明显提高，不仅起到固沙作用，而且为发展畜牧业提供了条件。

（2）对农田外围的新月形沙丘及沙丘链，利用麦草和沙生植物（如沙蒿等）设置沙障，障内播种沙蒿、柠条等以固定流沙。

（3）对河流两岸的农田，采取渠、路、林、网相配套的方案，营造护田林网。

沙珠玉的经验是顺着风沙活动的方向，沿着自西而东的河谷走向、顺序采取不同的措施。即上游段封沙育草，中游段建立流沙固定与乔、灌、草及带、片、网相结合的防护体系，下游段营造农田林网，起到层层削弱风沙危害的作用。

模式六：神府煤田东胜矿区——半干旱地带工矿区荒漠化的防治经验

东胜矿区位于毛乌素沙地与黄土丘陵的交错地带。年平均降水量350mm，集中在7~9月，并以暴雨形式出现。荒漠化土地占矿区总面积的85%。针对建设项目分布特点和荒漠化程度，采取了“点”“线”“面”相结合的防治措施。

（1）“点”是针对各个矿区而言。围绕矿区，采用沙蒿格状或带状沙障，障内栽植油松或杨树等乔木，并与沙柳灌木相结合，组成植物固沙带。

（2）“线”是指矿区范围内的公路。为了保证公路畅通，在风沙危害线路的沙丘地段，采用1m×1m或2m×2m、1m×2m的沙蒿或沙柳格状沙障，在障内栽植松、杨等乔木，并与灌草相结合形成防护带。

（3）“面”是指矿区北部风口地带的大面积流动沙丘。在丘表设置不同规格的沙蒿或沙柳格状沙障，并在障内栽植沙柳等灌木与杨、松等乔木，辅以播草措施。

模式七：内蒙古达拉特旗恩格贝——半干旱地带以民营企业为主的荒漠化防治经验

达拉特旗恩格贝治沙示范区位于库布齐沙漠东北部，北临黄河，西部和南部为库布齐沙漠五里明沙地段的腹部，年平均降水量249mm。荒漠化以流沙前移压占草场、农田为主要形式。针对上述特点，采取了如下措施：

（1）摸索出“以洪水治沙害”的治理新路子。

（2）植树种草恢复植被。

（3）多种经营发展沙产业。

（4）以民营企业为主实行股份制，广泛向社会集资，按股分红，走出自负盈亏民营治沙的新路子。

上述七种模式是我国治沙专家对全国各地治沙经验的概括和总结。总体而论，它们具有如下共同特点：

（1）治理与开发相结合。不单纯强调治理，而是将治理与开发有机结合起来。开发是目的，治理是手段。除东胜矿区外，都特别强调治理服从于农业发展。

（2）生物措施与工程措施相结合。凡适合通过水利工程提高水资源利用效率、减少水土流失的就实施水利工程，凡通过植树种草能够增加地表植被的就实施生物措施，而且在实践中探索出了乔、灌、草相结合的经验。

（3）人工恢复植被与自然恢复植被相结合。对大面积流沙，实施飞播造林种草和人工封育自然恢复相结合的办法；对绿洲边缘、农田外围、交通干线两侧建立绿色防风沙体系；在水资源较丰富的地区营造片林；在沙丘表面设置沙障，沙障内栽植适生灌木和草种等。

三　国内荒漠化治理模式述评

课题组三年来对我国北方荒漠化地区的实地考察研究发现，上述七种模式有如下共同的缺陷：

（1）防与治的错位。过分注重治理的作用，而且主要是增加地表植被。对如何预防“人”破坏地表植被缺乏考虑。实践已经证明，防为主，治为辅。

（2）没有算水账。在北方荒漠化地区，水资源是极其稀缺的战略资源。上述各种模式十分注重提高水资源的利用率，从而增加经济价值。殊不知，在这类地区，生态用水和经济用水应有一个合理配比。过分注重经济用水，难免挤压生态用水。其结果是，虽然增加了经济产出，但赊欠了生态用水。一些生态样本工程表面看是成功的典范，但周边地区荒漠化程度的加重正是这种现象的反映。

（3）对荒漠化防治的制度安排缺乏考虑。上述七种模式都没有考虑制度和政策的因素。实践已经证明，任何科学的防治模式都离不开“人”去实施。采用什么样的制度和政策，往往事关防治模式的成败。实地考察发现，这方面的教训是十分沉痛的。

（4）对荒漠化防治中的区际关系缺乏考虑。上述七种模式基本上局限在县（旗）内部考虑问题。实际上，荒漠化往往是跨区的生态问题。任何一个县（旗）都无法单独完成治理荒漠化的艰巨任务。特别是上下游关系，上游无节制地用水，往往加重了下游地区的荒漠化，这种现象在西北地区的干旱绿洲表现得特别明显。因此，协调区际利益关系也应纳入防治模式中予以考虑。

总而言之，一种成功的模式不仅仅要考虑治理的措施是否得当，开发的效益是否明显，局部地区是否成功，更要考虑预防的措施是否到位，植被的恢复是否经得住时间的检验，局部地区的成功是否有损周边地区的利益，生态用水与经济用水的分配比例是否合适。

第七章　荒漠化治理样本*

为了深入系统地研究我国荒漠化防治模式，本课题将重点放在“点”的研究上，希望通过选择若干有代表性的“点”，探索其应该采取的综合防治模式。

一　样本点选取的依据

我国北方荒漠化地区地域辽阔，从行政区划上说地跨东北、华北和西北地区；就自然环境而言，从东到西地跨半湿润、半干旱和干旱地区，从南到北地跨农牧交错带和牧区，各地自然地理条件的区域差异很大。从理论上说，不可能采用一种防治模式。因此，有必要按照因地制宜原则划分不同类型的防治区，采取有针对性的防治模式和措施。

课题组经过讨论，决定按照自然地理分异规律将我国北方荒漠化地区划分为六大防治区，具体如下：

1. 半湿润牧区；
2. 半干旱农牧交错区；
3. 干旱牧区；
4. 半湿润半干旱农牧交错区；
5. 极端干旱牧区；
6. 干旱农牧交错区。

针对各个防治区，经过与地方反复协商，选择了六个样本点与上述六大防治区相对应，它们是：

1. 呼伦贝尔市；

---

* 本章成文于 2003 年 11 月。

2. 奈曼旗；
3. 苏尼特右旗；
4. 丰宁县；
5. 额济纳旗；
6. 民勤县。

二　样本点实地调研分析

（一）样本点一——内蒙古呼伦贝尔草原土地荒漠化调研报告

呼伦贝尔市地处内蒙古自治区的东北部，总面积25.3万平方公里，人口265万人。大兴安岭山脉从东北向西南纵贯其中，其东南部是肥沃的松嫩平原，西北部是广袤的呼伦贝尔大草原。

呼伦贝尔草原是欧亚大陆草原的重要组成部分，曾经是世界上保留最完美的一块天然草地，被誉为“北国碧玉”“绿色净土”，面积12.7万平方公里，人口132.67万人。由鄂温克自治旗、新巴尔虎左旗、新巴尔虎右旗、陈巴尔虎旗、扎兰屯市、阿荣旗、莫力达瓦达斡尔族自治旗四个纯牧业旗和三个半农半牧业旗组成。呼伦贝尔市以畜牧业为基础产业，2002年牧业年度牲畜总头数为710万头（只）。呼伦贝尔大草原水系十分发达，孕育了著名的达赉（呼伦）湖，海拉尔河、伊敏河、克鲁伦河以及国际界湖贝尔湖、界河额尔古纳河、哈拉哈河等，水资源总量177.2亿立方米，其中地下水12.4亿立方米。

近年来，由于自然因素和人为因素干扰，大部分地区草地生态环境遭到不同程度的破坏，草地“三化”（退化、碱化、沙化）现象日益严重，加上大面积垦殖，导致草原地区连续干旱、鼠虫害和风沙现象频繁发生。呼伦贝尔草原已经处于巨大危险之中。

1. 呼伦贝尔草原沙化过程与现状

呼伦贝尔草原的沙化始于20世纪初俄国修筑滨洲铁路时对海拉尔南安铁路两侧的森林毁灭性的砍伐。1965年，中国科学院宁蒙综合考察委员会调查，呼盟退化草场占可利用草场总面积的12.4%。根据1985年呼盟第2次草场普查资料，呼盟草原总面积0.11亿 hm^2，其中可利用面积0.1

亿 hm^2。岭西草原面积 0.08 亿 hm^2，岭西草原中退化草原总面积达 209.7 万 hm^2，占可利用草原面积的 21%。其中轻度退化草场面积 114.5 万 hm^2，占退化草场总面积的 54.6%；中度退化草场面积 74.5 万 hm^2，占 35.5%；重度退化草场面积 20.7 万 hm^2，占 9.9%。自 20 世纪 80 年代以来，呼伦贝尔草原每年以 2% 的速度退化、沙化。2000 年严重退化草原面积超过 4000 万亩，占可利用草原面积的 40%以上，在呼伦贝尔岭西形成的三条沙带覆盖面积达到 830 万亩。近三年来，沙带覆盖面积增加了 500 万亩，目前沙化面积已超过 1320 万亩，吞噬了大片草场。

呼伦贝尔草原退化有三个特点。一是草原退化呈加速度，1965～1985 年退化了约 5%的面积，1985～1997 年又退化了 10%以上的面积。二是退化草场的等级越来越高，退化过程开始时以轻度退化为主，目前以中、重度退化为主。三是退化草场的范围越来越大，过去草场退化一般局限在河流沿岸、机井周围，现已扩展到冬春营地、居民点周围。像新巴尔虎右旗河南的几个苏木，由于草场严重退化，已经耐不住 6cm 雪灾。由于过度放牧，植被盖度低，导致了严重的鼠害和虫害。1994～1995 年，新巴尔虎右旗爆发了罕见的鼠灾，鼠灾过后赤壁千里，牲畜无草可食，被迫移场几百里之外。由于草场退化，以中心点呈环状分布的沙漠点逐渐增多。呼伦贝尔沙地及其周围地区，由于长时期、不加限制地放牧和砍伐，已经出现了大量的流动沙丘和半流动沙丘，正在侵蚀着附近的草场。流沙已推进到赫尔洪德、完工、乌周诺尔、嵯岗等铁路沿线，严重威胁着中国最大的陆路口岸通道——海拉尔至满洲里的铁路和 301 国道。

更令人担忧的是近三年来该地区的地下水位年平均下降 1 米左右，特别是呼伦贝尔草原遭受了自新中国成立以来罕见的严重干旱，地下水补给中断，湖泊水库干涸，草原植被枯死。如果不能制止地下水位的持续下降，就会陷入地下水位下降——地表植被枯死——更高强度的开发——地表涵蓄能力下降——水土流失——地下水位进一步下降的恶性循环，即使遇到丰水年份也会因为水土流失而使地下水得不到补充，十年之内呼伦贝尔草原就有完全沦为荒漠的危险。

2. 草原沙化日趋严重的深层次原因

尽管连续 5 年的干旱少雨使地下水补充受到影响，但气候的干旱并不是造成地下水位急剧下降的主要原因。通过调研分析，我们认为不合理开发利用水资源是造成呼伦贝尔草原地下水位下降和草原荒漠化日趋严重的深层原因。

第一，在正在进行的各种生态恢复和重建工程中，对保护地下水资源的重视不够。目前，退耕、还林、造林等生态工程的效果基本是以面积和林木短期成活率来衡量，只能体现短期、局部的效果，忽视对长期、整体效果的考察。地下水位的变化能够更准确地衡量生态工程的长期效应。从实际看来，有的造林工程不仅没有起到涵蓄地下水的作用，还由于不适当地种植了阔叶林木使地下水因蒸腾作用而减少。在调研中观察到的许多十多年前栽种的杨树已经枯死说明了这一点。

第二，对水资源的不合理利用情况严重。如在牧区开垦农田，开采地下水用以灌溉，越采越旱，越旱越采，井也就越打越深。对水资源的不合理利用更突出地表现在水稻种植面积的大幅度扩充上。2002 年呼伦贝尔市水稻种植面积 14 万亩，从总量上来看并不大，但是在干旱沙化地区以抽取地下水、大水漫灌方式扩大水稻种植面积显然缺乏整体考虑。当地的水稻一般种植在低洼涝地，很容易在漫岗顶部及中上部形成旱薄地，使之具备沙化条件。一旦沙化过程从这些地区开始，由于地下水供给不上，沙区的扩展连片很难遏制。目前，在大兴安岭东、西两侧低山丘陵山间谷地及河流两侧已经形成 120 多万亩涝洼耕地和在漫岗顶部及中上部形成 250 多万亩旱薄地，这些地区已成为潜在的沙化地带。立刻停止对草原的开垦，停止对湿地的不合理开发，对防止沙漠化扩展具有重要意义。

第三，生态建设方式简单化。目前，生态建设是以各种工程为主要方式，存在两大弊病，一是容易形成地区和部门利益，地方政府将大量精力用于跑项目，争投资，顾及不到本地的实际情况，如因国家退耕还林的补偿标准较高而使一些只适宜种草的地区也大搞退耕还林，造成草原地下水急剧下降；二是由于工程项目一般要求具有配套资金，地方政府财力不足，难免出现“假配套”和除几个样板工程外的工程标准普遍降低的现象，那些投入不足的地区退化、沙化后，就会波及整个区域。

第四，生态建设中缺乏区域平衡思想。从呼伦贝尔情况看，上游对大兴安岭的破坏是下游草原沙化的重要原因，实行封山育林后，林业职工生活困难，只能允许其开垦荒地以维持生活。山上围栏种树，山下打井种地，使封山育林的效果大打折扣。在半农半牧区也存在类似的问题，牧民经过定居或移民而转变为农民，虽然表面上减轻了草场的负担，但加重了对农地和水资源的需求，总体看来得不偿失。由于水资源，尤其是地下水资源具有整体性，保护和开发应充分考虑区域协调问题。

第五，九龙治沙，协调不足。生态工程分属多个部门运行管理，有不同目标值，容易造成治理与开发脱节、上下游脱节、项目工程与实际需要脱节的现象。政出多门对实现水资源保护这样的整体性目标尤其不利，最终表现为各方面虽然都在努力进行生态建设，投入不小，整体效果却不理想。在工程运作中，各部门都在围绕水资源利用做文章，拦蓄地表水，抽取地下水，各行其是，系统工程的整体思想无从体现。

3. 对策建议

综合看来，制度设计不尽合理是造成草原沙化的一个重要原因。对各项生态工程来说，都无法将地下水涵蓄状况作为具体目标，因为地下水具有外部性特征，容易引发“公地悲剧”。地下水不仅是生态恢复的综合性的表征，也是关系草原存续的重要资源。因此防止草原沙化应以涵蓄地下水为中心目标。

第一，亟须组织多学科多角度开展研究，建立重大生态工程前期论证和综合效果评估体系。防沙止漠是巨大复杂系统的内部关系调整过程，核心在于空间关系和经济社会组织关系的调整，单纯依靠技术手段难以解决，亟须社会科学和自然科学展开联合攻关研究和社会试验。建议有关部门紧急立项开展研究。

第二，探索生态脆弱地区行政管理新模式。可考虑在这些地区率先进行干部考核制度改革探索，以政策引导地方政府放弃片面追求 GDP 的行为，促使政府部门真正将生态效益放在地区发展的首要位置。以呼伦贝尔为例，2002 年，全市牲畜数量达到 710.5 万头（只），按照当地的发展设想，2005 年全市牲畜总头数要达到 1000 万头（只）。以测算的草原总载畜量为基础加上人工种草发展畜牧业，理论上说可以达到三年净增牲畜 300 万头（只）的计划。但是，由于草原局部地区超载过牧严重，尤其是原来条件相对较好的草场已经普遍出现严重退化，在人工种草尚未产业化的情况下，片面追求牲畜量的扩大，显然与保护草原的目标不符。尽管牲畜量的扩大并不直接影响地下水资源，但按照这样的发展思路，势必要求扩大圈养，使更多的牧民转变为事实上的农民，最终加大对地下水资源的消耗。因此，应探索生态脆弱地区区域经济发展新模式，避免走以破坏求发展的道路。而要建立这种新的发展模式，必须改变目前单纯追求经济增长的行政考核制度，把涵蓄地下水状况纳入干部综合考评指标体系中。

第三，防沙止漠工作必须贯彻以人为中心的原则。人地关系中人的因素是活跃而且可控的方面，调整人口的空间布局，改变生态脆弱地区生产和生活方式应是生态建设的中心任务。摒弃重物轻人、重局部轻总体的思维模式，缓解草原荒漠化，近期仍需要加大生态工程投入和政策执行力度，以弥补生态建设的长期欠账。中远期应逐步以产业结构、种植结构、种养结构调整的内容为主线，缩减粮经作物面积，以自然封育为主要手段恢复草场，辅以耗水少的人工种草。

第四，建议组织建立治理草原荒漠化的权威性专门机构或领导小组，由国务院直接领导，发挥组织协调作用，为防沙止漠系统工程提供组织保证，也有利于考察像地下水这样的综合性目标。

（二）样本点二——内蒙古奈曼旗土地荒漠化调研报告

1. 土地沙化的历史演进

人类活动与自然环境相互作用所构成的人地系统在很大程度上体现在人类对土地的利用方式和程度上。内蒙古奈曼旗历史上是游牧民族生活的地方，由于政治经济利益的驱使或气候暖温和冷干的变化，游牧民族时有南进和北退的现象。随着统治民族的更迭，当地以农业或牧业为主的土地利用方式多次交替，其利用强度也有差异，因此奈曼旗历史时期的沙漠化土地范围也处于一个发展与逆转相互交替的过程中。在这一过程中，人类活动总是在自然条件的基础上起诱发作用，表现在历史上土地沙漠化的发生期往往与一些重大事件相关联，如宋辽对峙以及明中叶以后和清中叶以后以及日本侵略军占领期都是该地土地沙漠化的发展期。

20 世纪 50 年代以来，又经历了合作化、“大跃进”和“文化大革命”期间的几次拓荒高潮，人口的年增长率达 2.5%～3.0%。尽管进入 20 世纪 70 年代以后，奈曼旗沙区很少再有移民涌入，但由于人口基数过大，加上国家对少数民族在计划生育上实行照顾政策等原因，人口增加的速度并不见减缓。人口的增长和社会需求的扩大，加大了土地资源利用的压力，也破坏了传统土地利用的合理性。草原被进一步开垦，草场面积锐减，该地区的土地利用方式从以放牧为主转变成以农耕为主。土地利用的强度也逐渐加大，轮作制由往常的十几年间隔减为几年或隔年，甚至连年耕作；倍增的牧畜又集中在逐渐减少的草场，加大了放牧的负载；日常生活所需燃料的增加也使樵采活动加强。这些都构成了沙漠化发生发展的主导人为因素——过度开垦、放牧和樵采。加之该地处于半干旱地带，地表土质以沙质土为主，占土地总面积的 78%，其余为盐土和沼泽土。年均降雨量在 340～450mm 之间，蒸发量在 1970～2080mm 之间，降雨主要集中在 6～8 月。地表水均为季节性过水，全旗共有大小河流 7 条。1998 年以来，因降雨稀少，河流基本无水，中小水库全部干涸，现仅存舍力虎、孟家段两座水库，存水量大约 5000 万立方米。现在，当地的农业耕作基本依靠开采地下水。由于耕作层土壤水分不足，为满足作物生长的需要，地下水超采严重。由于地下水采补失调，得不到有效补充，造成地下水位下降 3～8 米，湿地减少，加速了该地土地沙化的速度。

2. 防治荒漠化的做法

奈曼旗投入大量人力、物力和资金，进行植树造林，防沙治沙。主要采用的模式有以下五种：

（1）主副林带交错分布网格状防护林体系建设模式（“三北”防护林体系建设工程）。1978 年启动，实施造（林）封（山、沙）飞（播）相结合，带、网、片相结合，在兴隆沼建设大林网 32 个，小林网 391 个，其中东北—西南走向主林带 6 条，东南—西北走向主林带 10 条，形成 32 个大网眼；营造宽 500 米主干林带 14 条，长达 212 公里；营造宽 100 米副林带 1044 条，长达 992 公里。累计人工造林保存面积 36 万亩。工程累计总投资 4100 万元，其中国家投资 2600 万元，自筹 1500 万元。

（2）截取地下潜流模式。工程总长 1000 米，其中拦河 180 米，埋设输水截水管暗管 350 米，埋深 4 米以下，砼板衬砌 450 米，修建闸桥 4 座，截取地下潜流水，最小流量 180 吨/小时，最大流量 600 吨/小时，可灌溉面积 1000 亩，工程总投资 15 万元。

（3）沙地综合治理模式。对高大流动沙丘、流动沙地和半流动沙地，坨、沼、甸相间分布地区，采取建设用材林、农田防护林、防沙固沙林、经济林和飞播种草、开发利用水资源等不同形式，进行综合治理。最典型的是章古台苏木“5820”项目区。

（4）小生物圈和家庭生态牧场模式。主要利用固定、半固定沙地，坨间低地的水资源条件，以户或联户为单位，四周营造防护林网，林网内按水、草、林、粮、经五配套标准综合建设，大力发展林粮、牧草等相关产业。家庭生态牧场是在小生物圈模式的基础上，把发展灌草和舍饲养殖业作为主导产业，通过舍饲养殖实现脱贫致富。目前全旗采用此模式共治理沙化土地面积达 71.7 万亩。

（5）以退耕还林项目区为主的林草立体经营模式。此项工程于 2002 年启动，主要是采用内蒙古自治区统一设计的两行树木、一行草带的“双行一带”模式建设，根据不同类型区的立地条件选择乔草型、灌草型和乔灌草结合型三种模式建设，至 2002 年底全旗已完成退耕还林 22 万亩，荒地造林 37 万亩，项目总投资 8425 万元，其中国家投资 6425 万元，地方自筹 2000 万元。

3. 几种治沙模式分析

奈曼旗的几种治沙模式，除了第 2、第 4 种模式外，近 30 年来所采用的基本方法为植树造林，近年开始探索退耕还草的治理模式。奈曼旗多年来投入了大量的物力和财力用于治沙，但取得的成效并不大，治理的沙漠化土地与新沙化的土地面积比约为 1∶1.4。究其原因，主要是对工程缺乏预先评价体系，违背了植物地带性分布规律与降雨量空间分布规律，半干旱地区本是草原生成地带，进行造林工程，导致树木需水量与人类生存需水量产生竞争，而当地地表水资源既满足不了植树造林所需，也满足不了当地群众的生存所需，人们不得不大量开采地下水资源来满足各种需要。如第 2 种模式表面看起来是解决了 1000 亩耕地的用水问题，但随之带来的问题是农民家中的吃水井打不出水来，农民还得花钱打井。由于地下水采补失调，造成地下水位急剧下降，地表土层湿度大量减少，以致完全干旱，植物根系无法吸收到水分而大量枯死，沙化土地面积不断扩大，不但完全抵消了 30 多年来的治沙成果，还由此造成了更多的土地沙化。

4. 荒漠化防治的思考

根据我国北方荒漠化地区自然资源环境、社会经济特点，土地开发利用中存在的问题和荒漠化治理的典型经验，荒漠化土地的防治必须本着经济效益、生态效益和社会效益相统一的原则，建立既可防止土地荒漠化，又可促进生产发展的资源节约型、适度开发型和环境友好型的经济体系。

植树造林不能等同于生态环境建设。在干旱、半干旱地区，生态环境建设不能过分强调施加人工措施，盲目地进行植树造林，而要重视生态的自我修复，重视河流的生态价值，“人进沙退”的状况只有在对以前因不合理的土地利用而造成土地沙化的局部地方，采取合理的恢复重建措施后，才有可能实现。不能盲目地去“人进沙退”，否则会自尝“人进沙进”的恶果。在降雨量只有100~450mm，蒸发量大于降雨量20~30倍的干旱、半干旱地区，植被的地带性分布本是草原、稀疏草原和荒漠草原，地表土为沙质土的地带，盲目地在该区域大量植树造林，只会加速当地地下水位的下降，客观上破坏地表原生植被、加快荒漠化扩展的速度。

荒漠化是一种灾害，处置的原则应是防重于治。但在实际工作中，恰恰是把最重要的“预防”疏忽了。防治的重点应是即将荒漠化的土地，但我们实际治理的仅是其中最严重的部分——流沙和荒地。在防沙治沙的工作中，因为没有重视防与治的关系问题，工作中防与治错位，点与面处理不当，所以得到的效益不大，有些地区的环境反而更加恶化。

5. 防沙止漠的建议

（1）加大退耕还林还草的力度。按照植被地带性规律，在南部地区以退耕还林为主，北部地区以退耕还草为主。

（2）治沙要先保住地下水，必须合理开发利用水资源。在满足生态用水的前提下，合理安排工农业用水和城乡居民饮用水。

（3）调整农业结构，压缩粮经作物比重，发展人工草业。

（4）以加速城镇化作为吸纳过剩的农牧业人口的主要手段。

（5）加大政府在义务教育和职业技能培训方面的投入，使农牧民真正有能力脱离土地而生存，减轻人口对土地的压力。

（三）样本点三——内蒙古苏尼特右旗土地荒漠化调研报告

1. 区域自然地理概况

苏尼特右旗位于内蒙古自治区中部，锡林郭勒盟西部，北与蒙古国接壤。土地面积2.67万平方公里。地势南高北低，海拔多在900~1400米。属中温带干旱大陆性气候，年均降水量177mm，主要集中在秋季，年蒸发量2700mm。

该旗地下水贫乏，无天然河流，只有季节性河流。常年盛行偏西风，年均风速4~6米/秒，8级（≥17米/秒）大风55~79天，风蚀严重。同时，可利用风能资源丰富。有开发价值的矿产资源有石油、天然碱等。

该旗属干旱荒漠草原，处于草原向荒漠的过渡地带，植物种类较少。草场总面积2.667万平方公里，占全旗总面积的99.89%。其中可利用草场面积17070平方公里，占草场总面积的64%。境内林业资源十分稀少，有林地面积11578公顷，森林覆盖率仅为0.43%。

2. 区域社会经济发展状况

2001年全旗总人口7.83万人，人口密度大约3人/平方公里。其中，城镇人口4.67万人，城镇化率59.6%；农牧业人口3.16万人；蒙古族人口2.4万人，占总人口的30.7%；汉族人口4.4万人，占总人口的56.2%。

2001年全旗国内生产总值59841万元，其中第一产业10699万元，占17.9%；第二产业29652万元，占49.6%；第三产业19490万元，占32.5%。畜牧业是该旗的基础产业，草原是各民族赖以生存的根本，对于经济和社会发展具有重要意义。

2001年全旗财政收入2552万元，其中地方财政收入1663万元，地方财政支出8185万元。农民人均可支配收入607元，牧民959元，城镇居民4220元。

该旗自然条件恶劣，灾害频繁，经济状况十分困难，属自治区级贫困旗。自1999年以来，持续遭受了旱灾、白灾、黑灾、沙尘暴和虫害等多种自然灾害，形成了连年遭灾、多灾并发的严峻局面。尤其是2001年，重灾区面积达2.14万平方公里，占全旗总面积的80%以上；受灾人口2.4万人，受灾牲畜152万头（只），均占全旗牧民人口和牲畜总头（只）数的100%。因灾死亡牲畜17.6万头（只），广大牧民被迫廉价处理牲畜45万头（只）。70%以上的地区出现人畜饮水困难，贫困户、贫困人口分别占总户数的45.1%、总人口的46.4%。第一产业产值、财政收入、农牧民人均可支配收入等均出现了下滑。

3. 荒漠化与沙尘暴的活动情况

该旗生态环境恶化，主要表现为草地退化和荒漠化，浑善达克沙地的源头即在该旗。该旗所有草场均呈现严重退化现象，其中重度退化草场面积5499平方公里，占草地总面积的20.62%。沙化面积更是逐年扩大，该旗沙地面积6458平方公里，约占全旗面积的24.19%。荒漠化面积21202.4平方公里，约占全旗面积的79.5%。

2001年1月以来，全旗持续出现了7级以上大风天气40次，其中强沙尘暴25次。多次强烈的大风和沙尘暴将表层土和牧草浅根系刮走，较深的根系裸露在外，草场植被遭到严重破坏，北部草场全部砾质化（戈壁）。干旱进一步加剧了虫灾、疫情的发生，已连续三年发生蝗虫灾害。

根据2001年内蒙古农业大学测算数据和1982年内蒙古普查数据与20世纪60年代数据对比，草场产草量20世纪60年代为112.5市斤/亩、1982年为72.5市斤/亩、2001年为38市斤/亩；可利用草场面积60年代为2.52万平方公里、1982年为2.37万平方公里、2001年为1.7万平方公里；全旗草场载畜量60年代为291万羊单位、1982年为92.5万羊单位、2001年为48.5万羊单位；养一个羊单位需要的草场面积20世纪60年代为13亩、1982年为38.4亩、2001年为52.6亩。上述数据清晰地表明该旗草场的严重退化程度。

4. 荒漠化治理情况分析

2000年以前，为了抵御自然灾害的影响，该旗围绕畜牧业发展，进行了草库伦、人畜饮水和饲草料基地配套水利设施建设以及牲畜品种改良和棚圈建设，并对水土流失严重地区进行了小流域治理。总体看，投入有限，主要目的是发展畜牧业，还没有意识到要治理退化和沙化的草场。

2000年我国北方地区突发的强沙尘暴导致国家在该旗开始实施京津周边地区风沙源治理工程。项目区位于浑善达克沙地源头，包括脑干诺如等8个苏木的30个嘎查，总人口2.2万人，沙地面积563.7万亩，主要以固定、半固定风沙土和沙壤土为主。

2000年风沙源治理工程建设总规模为6万亩，其中飞播3.7万亩，造林0.5万亩，固沙种草1.5万亩，高产饲料基地0.3万亩，总投资715.4万元，其中国家投资600万元，地方配套和群众投工投劳折资115.4万元，投资强度119元/亩。

2001年建设总规模19.02万亩，其中人工造林0.5万亩，飞播造林种草3万亩，封沙育林育草2万亩，林木种苗及采种基地建设0.52万亩，人工种草3万亩，围栏封育9万亩，基本草场建设0.6万亩，草种基地建设

0.1 万亩，水源配套工程建设 21 处，小流域治理 0.3 万亩。总投资 1863 万元，其中国家投资 1400 万元，地方配套 20 万元，群众投工投劳折资 443 万元，投资强度 98 元/亩。

2002 年建设总规模 35.06 万亩，其中封沙育林 2.7 万亩，农田防护林 0.1 万亩，人工种草 1 万亩，围栏封育 16 万亩，基本草场建设 2 万亩，暖棚建设 5 万平方米（500 处），饲料机械配套 300 台，水源工程 180 处，节水灌溉 100 处，小流域治理 5 平方公里（0.75 万亩），禁牧舍饲 12.5 万亩，生态移民 92 户（460 人）。总投资 4350 万元，其中国家投资 2950 万元（其中风沙源治理常规投资 2220 万元，生态移民 230 万元，禁牧舍饲 500 万元），地方配套 1400 万元，投资强度 124 元/亩。

5. 荒漠化防治模式的初步总结

该旗天然植被是荒漠草原，牲畜承载能力极为有限。1982 年理论载畜量是 92.5 万羊单位，实际 67.5 万羊单位，超载率-27%；2001 年理论载畜量是 48.5 万羊单位，实际 152 万羊单位，超载率 213.4%。近 20 年来，在经济利益驱动下，不断追求牲畜头数增长，结果造成草场退化和土地沙化。反过来，又导致牲畜承载能力的下降。可以认为，过牧超载是造成草场退化和土地沙化的根本原因。

从三年来“京津周边地区风沙源治理工程”来看，其效果尚有待验证，但具有以下三个特点。

（1）投资强度高，综合平均每亩 110 元左右。如果治理完 563.7 万亩沙地，共需要投资 6.2 亿元。

（2）试图在不改变现状人地关系的前提下，主要通过生物措施和工程措施增加地表植被，特别是人工植被，以减轻天然饲草对牲畜供给的压力，从而达到保护天然草场的目的。

（3）试图通过大规模的人工生态建设，包括植树种草、小流域治埋、饲草料基地建设、水利配套设施建设、围栏封育等改变天然放牧状态，实行集约高效养殖方式，达到牧民增收的目的。

6. 现行防治模式的缺陷

现行防治模式存在如下缺陷：

（1）投资成本太高。牧区地域辽阔，亩均投资 110 元，要治理完退化的草场和沙化的土地，所需投资几乎是天文数字，不可想象。

（2）违背自然规律。不管是草种还是树种，人的选择不如自然选择。人工建设的生态系统自然适宜性较差，具有很大的不稳定性，鼠害和虫灾等就是表现。

（3）掠夺式开发利用水资源。在这类地区，水资源极其贫乏，没有地表水，人畜饮水主要靠地下水。天上降水很少，对地下水的补给也很少。水资源的稀缺性决定了这类地区应尽量减少人类活动。然而，现行生态建设工程很少考虑到水资源的稀缺性，都是建立在水资源可以满足的基础上。比如人工饲草料基地建设、舍饲圈养、人畜饮水、生态移民等。掠夺式开发利用水资源将导致整个生态系统的崩溃，后果不堪设想。

（4）生态建设的成果难以保障。现行生态建设工程，基本上把牧民圈定在一个相对狭小的空间搞集约经营，把大片草场围起来不让牲畜践踏。殊不知，牧民只顾眼前利益。在现有文化知识水平下，增加牲畜饲养头数是最理性的选择。舍饲圈养饲草料的成本太高，发展乳牛产业又面临着市场运输成本问题，最经济实惠的还是天然散养。所以，围栏限制不住牧民致富的欲望。如果强行限制，则将付出高昂的监督管理成本。

7. 荒漠化防治的出路

调整现行荒漠化防治的思路和模式。第一，变人工生态建设为主、自然恢复为辅的防治模式为自然恢复为主、人工建设为辅的防治模式。除了城镇周边、重要铁路干线和公路干线两侧需要实施人工治理外，绝大多数地区应主要依靠自然恢复，这样将极大地节约投资成本。第二，调整生态建设投资结构，将主要投资于土地转变为主要投资于农牧民，实行大规模的生态移民外迁，辅以必要的劳动技能培训，使农牧民能够掌握脱离土地而生存的本领，从而彻底实现生产和生活方式的转型。为此，需要采取以下对策措施：

（1）重新普查真正需要人工治理的沙地，核定投资额度。

（2）大规模开展生态移民外迁工程，移民地可选择在水源有保障的县城或大中城市的郊区（不局限于本旗）。按照 2.2 万牧民数量，人均 2.5 万元投资额（其中 1.5 万元作为住房补贴、0.5 万元作为职业技能培训费、0.5 万元作为生活补贴）确定生态移民投资额度 5.5 亿元，可分批分期组织实施。

（3）牧民外迁后，牧民原承包的草场收归国家所有，可建立自然保护区予以永久保护。

（四）样本点四——河北省丰宁县土地荒漠化调研报告

1. 区域自然地理概况

丰宁县位于河北省北部，距省会石家庄508公里，距北京186公里。北接内蒙古，南临北京，东邻隆化、滦平两县，西壤张家口的沽源、赤城。土地面积8765平方公里。丰宁地处内蒙古高原南缘和燕山北麓，由内蒙古高原和接坝深山区及坝下浅山区三个截然不同的地貌单元组成，地势东北高、西南低。坝上川阔山缓，地势平坦，平均海拔1500米，最高2293米；接坝地区山峦起伏，川谷纵横，海拔860~2047米；坝下浅山区海拔360~860米。

丰宁的气候属中温带大陆型半湿润半干旱季风高原山地气候，年平均气温坝上0.9℃，接坝3.4℃，坝下6.3℃，无霜期76~142天，降雨量325~450毫米。坝上大风扬尘日达56天。

丰宁是潮河、滦河两河的发源地，境内分布有潮河、滦河、牤牛河、汤河、天河五条河，县内主流和支流总长1445公里，水资源总量6.54亿立方米，其中潮河为密云水库的主要入库水源；滦河为潘家口水库水源的主要入库水源，境内流域面积3134平方公里，水量2.21亿立方米，占潘家口水库容量的91%。

全县植被属暖温带落叶、阔叶林区域和温带草原区域以及草甸草原地带。坝上为草甸草原，坝下为针叶、阔叶林植被，植物种类繁多。草场面积3273平方公里，林地面积3320平方公里，森林覆盖率37.9%。

2. 区域社会经济发展状况

2002年全县总人口37.4万人，人口密度为43人/平方公里。其中，城镇人口4.2万人，城镇化率为11.2%，农业人口33.2万人。

2002年全县国内生产总值166518万元，其中第一产业52263万元，占31.4%；第二产业55273万元，占33.2%；第三产业58982万元，占35.4%。农业在该县占有很重要的地位。

2002年全县财政收入8080万元，财政支出30186万元，农民人均纯收入1282元。

该县自然条件恶劣，灾害频繁，经济状况困难，属于国家级贫困县。

连续五年干旱，导致植被大面积干枯死亡，水土流失严重。再加上人口迅速增长，土地不堪重负，农业结构落后，属于广种薄收的粗放式经营，畜牧业也是零散式放养，生态破坏严重，农民收入微薄，并形成了二者的恶性循环。

3. 荒漠化扩展情况

由于历史上自然和人为原因，丰宁的土地荒漠化形势十分严峻。根据2000年统计，全县沙化面积达2700平方公里，水土流失面积4959平方公里，占全县总面积的56.5%。其中强度侵蚀区667平方公里，中度侵蚀区1804平方公里，轻度侵蚀区2488平方公里。在水土流失面积中，以滦河发源地的坝上地区为重点，草场退化面积1571平方公里，土地沙化面积1129平方公里，已与内蒙古和张家口市形成通体沙化区，成为全国戈壁、荒漠十三大片区之一。位于潮河源头的小坝子乡，沙化面积达113.3平方公里，占全乡总面积的36%，已形成大小沙丘82处、沙坡19个，水土流失面积225平方公里，占总面积的70%。恶化的生态环境，不但引发了沙尘天气，导致水源流量减少，而且危及京津地区的生态环境和饮用水安全。

4. 荒漠化治理情况分析

丰宁的生态恶化现象在20世纪80年代就引起了人们的关注，新闻媒体曾经发出了“风沙紧逼北京城”的呼吁。2000年我国北方地区连续12次遭受沙尘暴的猛烈袭击，导致国家在丰宁组织实施了一系列重大工程，同时也开展了大批国内外组织的资助工程。

（1）退耕还林还草工程

该工程是目前实施范围最广，规模最大的生态建设工程。整体工程安排在接坝和坝上地区。

2000年，完成退耕还林还草工程3万亩，其中退耕1.5万亩，还林还草1.5万亩。

2001年，规划退耕还林工程3万亩，实际共完成造林种草30477.5亩。

2002年，已规划退耕10万亩，还林还草10万亩，合计造林还草20万亩，春季计划完成造林5万亩。

截至2003年共完成退耕还林38.6万亩，其中人工造林16.8万亩，荒山匹配造林15.2万亩，封山育林5万亩，围栏种草1.6万亩，完成投资

4027.5万元。

（2）千松坝林场建设项目

该工程是国家京津周边防护林建设重点工程，总体建设规模187.5万亩，封山育林1.19万亩。从1999年到2003年分五年实施。

2000年，共完成造林6.3万亩；2001年完成造林7.3万亩。

到2003年共完成人工造林23万亩，封山育林1.19万亩，完成投资4153.8万元，附属工程修林路34公里，防火线44.9公里，架设金属围栏14万米，建设现代化育苗中心一处和营林区三处。

（3）京津风沙源治理工程

该工程自2000年开始实施，已累计完成人工造林4万亩，封山育林4万亩，建藤本植物科技示范基地230亩。

截至2003年，已累计完成投资9470万元，其中国家投资4253万元，治理面积47万亩，草地治理29.4万亩，林业工程治理10.6万亩。小流域治理46.7平方公里。禁牧草场218万亩。

（4）生态环境建设造林工程

2000年，规划造林27060亩，实际完成造林28410亩。

2001年，设计造林16600亩，工程规划在潮河两侧，共完成17729亩。

到2002年，此工程已全部完成，共造林96640亩（其中1999年造林50500亩）。

（5）外援造林工程

外援造林项目截至目前共引进建设资金2585万元，完成造林绿化面积6.6万亩。

一是丰田工程。该工程由日本丰田公司援建，2000年开始实施，建设期10年，投资1.5亿日元，规划造林7.5万亩，分三个阶段实施，第一个阶段3年，投资4500万日元，计划治沙2.25万亩，每年在小坝子乡治沙造林7500亩。目前，工程进展顺利。

二是本田工程。由广州本田公司援建，项目总投资300万元，建设期三年，自2001年4月29日开始，到2003年12月底结束，计划治沙造林3560亩，实际完成造林3100亩，占计划的87%。

三是北京市林业局援建的潮河水源涵养林工程。该工程于2001年6月正式实施，建设期三年，规划造林 3000 亩，投资 60 万元，已经完成核心区建设 161 亩，外围工程建设完成 2875 亩，总计造林 3036 亩。

四是世行造林工程。该工程为世行贷款三期工程，自 1999 年启动，建设期 6 年，还贷期 15 年，项目总投资 1325 万元，造林面积 41600 亩，实际造林任务已全部完成，处于后期管理阶段。

此外，还有即将组织实施的“21 世纪初期首都水资源可持续利用”项目。同时，丰宁县还吸引了 5 万人次的国内外志愿者参加义务植树造林活动。

截至 2003 年底，全县压缩劣质羊 30 万只，新增奶牛 5000 头，全县奶牛饲养规模已达 1.6 万头。建设舍饲试点 10 个，发展舍饲养殖户 3200 户。

5. 荒漠化防治模式的初步总结

历史上的丰宁曾是个水草丰美、树木繁茂的地方。清朝开始允许平原地区百姓移民到这里，不到 250 年，这里就成了一个严重荒漠化的地区。可见，人对环境的破坏是主要因素。近年来，丰宁人口由 20 万人迅猛增长到 37 万人，仅烧荒就对生态造成极大破坏，也造成对土地的掠夺性经营。近年来分田到户后，村民比着开荒、养羊，由 20 世纪 80 年代的平均 20 亩地一头羊，发展到前几年的不到 10 亩地一头羊，超载严重。这样，贫困与生态环境交织在一起，形成了恶性循环。

从三年来的一系列治理来看，其效果尚有待验证，但具有以下三个特点。

（1）投资强度高。仅四个新上的重点项目总投资就高达 113150 万元。（中德政府合作造林项目，总投资 2000 万元；千松坝林场续建，总投资 5000 万元；防沙治沙项目，总投资 105000 万元；天然林保护工程，总投资 1150 万元。）

（2）试图在不改变人地关系现状的前提下，主要通过生物措施和工程措施增加地表植被，特别是人工植被，以减轻天然饲草对牲畜供给的压力，从而达到保护天然草场的目的。

（3）试图通过大规模的人工生态建设，包括植树种草、小流域治理、饲草料基地建设、水利配套设施建设、围栏封育等改变天然放牧状态，实行集约高效养殖方式，达到农牧民增收的目的。

6. 对现行防治模式的疑虑

现行防治模式存在如下缺陷：

（1）投资成本高。全县沙化面积达 2700 平方公里，水土流失面积 4959 平方公里。正在同时实施的几个大工程已出现资金短缺问题，且尚有 270 万亩荒地等待绿化。此外，该地区连年干旱，迫切需要增加科技投入，提高造林成活率。

（2）生态建设的成果难以保障。国家要生态，地方要财政，百姓要致富。现行生态建设工程，基本上将农牧民隔离于生态用地之外，相对缩小了农牧民的生存空间，减少了可经营的农业资源。治沙与脱贫这一对矛盾十分突出。现阶段生态建设过程中，地方政府的财政收入尚可维持。工程结束后，地方政府将面临财政短缺的压力。如何确保生态建设的成果是一道难题。

7. 荒漠化防治的思路

调整现行荒漠化防治的思路和模式。第一，变人工生态建设为主、自然恢复为辅的防治模式为自然恢复为主、人工建设为辅的防治模式。第二，调整生态建设投资结构，将主要投资于土地转变为主要投资于农牧民，实行真正的义务教育，并对农牧民辅以必要的劳动技能培训，使他们能够掌握脱离土地而生存的本领，从而彻底实现生产和生活方式的转型与升级。第三，加大财政转移支付力度，探索实行生态补偿机制的办法。第四，淡化以 GDP 增长率作为评价地方官员政绩的考核指标。

（五）样本点五——内蒙古额济纳旗土地荒漠化调研报告

1. 区域自然地理概况

额济纳旗是内蒙古最大的和最西边的旗县，北与蒙古国接壤，西、南与甘肃省毗邻，位于我国第三大沙漠——巴丹吉林沙漠中，三面低山环绕，一面沙龙阻隔，是阿拉善高原西部与马鬃山和北山东段北缘山地的连接地带，属于内蒙古西部荒漠戈壁地区，海拔 1200～1400 米，属极强大陆性气候，年温差 80℃，气候极端干旱，年均降水量 37 毫米，蒸发量 3842 毫米，四季多风，年均沙尘暴日数 30 天以上。

发源于祁连山的黑河是额济纳旗的生命线，黑河进入额济纳境内为额济纳河，古称“弱水”。黑河大小河道沿岸，大面积生长着额济纳绿洲的特色优势建群种和指示植物——胡杨林，胡杨林具有强耐旱能力和极为顽强的生命力，是自然界的稀有树种之一，目前世界仅存三处，额济纳是其中保存最完好的一处。沙枣、红柳、梭梭、苜蓿、芨芨草、骆驼刺、沙葱等也是这里荒漠草原生态系统的建群种植被。全旗乔灌木林38万公顷，占全旗土地总面积的3.77%，主要分布在额济纳河沿岸。草场总面积730万公顷，占全旗土地总面积的69%，其中可利用草地面积320万公顷，占全旗土地总面积的31.2%，主要为疏林灌木草地。草地以天然草场为主，全旗草场的特点是荒漠化程度高，植被覆盖小，产草量低，平均亩产鲜草从数公斤到200公斤不等。双峰驼、羊、马是这里的主要家畜。

2. 区域社会经济发展状况

额济纳绿洲自远古时期就有人类居住，先秦时期被称为“流沙”和“弱水流沙”，西汉时期称“居延”，唐朝之后曾繁衍着灿烂的西夏文明。清朝成立额济纳旗，中华人民共和国成立后曾属甘肃省管辖，1979年属内蒙古阿拉善盟。

2002年，额济纳旗总人口1.66万人，其中非农业人口1.34万人，农牧业人口0.32万人，70%为蒙古族，旗域面积11.5万平方公里，人口密度0.14人/每平方公里。全旗生产总值19004万元，地方财政收入1213万元。

3. 荒漠化与沙尘暴的活动情况

额济纳旗境内沙漠面积为156万公顷，占全旗总面积的16%，沙漠区以流动沙丘为主，流动沙丘占整个沙漠面积的83%。沙漠中部是高大密集的沙山，平均高度200~300米，沙山排列方向为北东30度~40度，明显反映了强大的西北向风力的作用。沙山的形态多为链状沙丘，也有锥角状沙山，沙漠边缘是低矮的沙丘链和灌丛沙堆，沙山之间的低地分布有半干涸内陆湖沼。

额济纳旗境内西部和东部有61万公顷的戈壁，占全旗总面积的6%。其中西戈壁31万公顷，占戈壁面积的50%，东戈壁27万公顷，占戈壁面积的45%，另有5%（约3万公顷）的戈壁位于额济纳中部，西、东、中三大戈壁主要由额济纳河和三角绿洲分割而成。戈壁荒漠生态系统表面，在人类活动破坏不大的历史时期，发育着稳定的戈壁覆盖层，不生草木，也不起扬尘，是荒漠化发育到稳定期的自然生态特征，但是随着人类对荒漠戈壁的不合理开发利用和战争的破坏，荒漠戈壁的稳定状态受到了破坏，成为我国北方沙尘暴的主要源地之一。

额济纳地区的沙尘暴自20世纪70年代进入多发期，平均每年5~7次7级以上沙尘暴，瞬间风力可达10级，沙尘暴主要集中在3~5月，风灾、雹灾、冻害经常伴随发生，风暴扬起疏散的地表土覆盖层，使牧草根系裸露，草株积聚沙土逐渐枯死。散生的胡杨、沙枣树被风刮断或连根拔起，流沙掩埋了低洼处的草地、农田和水渠、湖泽，牧民的蒙古包顶起屋倒，畜群被吹散，给人畜生存造成威胁，也使越来越多的绿洲变成荒漠戈壁。

4. 荒漠化治理情况分析

额济纳地区荒漠化与沙尘暴的治理工作始于20世纪90年代初期，额济纳旗人民政府制定了《额济纳旗1992-2000年治沙工程规划》，规划的原则有三，其一，实行沙、水、林、田综合治理；其二，统一规划，调动社会力量；其三，以生物措施为主，工程措施为辅，人工造林与封沙育林草相结合。在此原则指导下，1992~1995年治理开发总面积29万亩，占规划治理面积的50%，其中，人工造林0.5万亩，封沙育林育草25万亩，种植中药材3.8万亩。到2000年，完成综合治理开发总面积59万亩，其中人工造林1万亩，树种以沙枣、胡杨、梭梭林为主，形成了纳林河防护林带和赛汉陶来防风固沙林带、农田保护林带。封沙育林育草50万亩，种植中药材7.5万亩。

额济纳的荒漠化治理除当地政府组织的工程和规划外，还有国家组织的“三北”防护林体系建设的第一期和第二期工程，这两期工程合计人工造林2.3万亩，保存率54%。

额济纳地区也被包括在国家西部大开发退耕还林还草工程计划中，目前两项共还林还草合计112万亩。

2002年，额济纳旗居延海断流受到国家领导人的重视，指示要恢复居延海“碧波荡漾”的景观，为此，黑河流域水资源管理委员会策划黑河治理工程，主要任务是修建由甘肃境内穿过额济纳直达居延海的混凝土输水渠，工程取得显著成效。

5. 荒漠化防治模式的初步总结

经过旗政府组织的十年治沙工程，额济纳的荒漠化治理取得了显著成效，封沙育林育草工程使近1/3的胡杨残林得到复壮更新以至成林，增加了地表的粗糙度，降低了风速，减少了风蚀，减缓了沙进人退的进度。据测算，9 年治沙工程建设减少了达来呼布镇（旗政府所在地）的风沙危害，防护道路铁路 10 余公里，保护农田 3 万亩，保护牧场 91 万亩。这一时期的地方治理工作应该说取得了较好的生态效果，但是生态治理的关键在于水资源的合理调配，而额济纳地处黑河下游，由于其上游地区甘肃省境内的黑河沿岸农区的截流扩灌规模过大，额济纳境内黑河断流严重，生态治理计划难以持续，很多已经复壮的林木又逐步枯死。额济纳地区人口相对稀少，牧民只有 2000 多人，人口和基于人口数量的载畜量对生态的压力并不是最突出的问题，跨区域水资源的合理调配是额济纳旗荒漠化治理的关键所在。

由于地下水位低，降水稀少，蒸发强劲，风力大，“三北”防护林建设的保存率在额济纳地区普遍不高，而人工林的大面积种植又进一步增加了蒸发，降低了地下水位，某种程度上起到了适得其反的作用，其生态效益无法与减少生态负荷，修复天然林木、封育草场效果相比。

黑河治理工程对目前额济纳地区的生态修复用水关系重大，但由于采用了封闭式混凝土输水渠设计，额济纳河沿岸并不能得到地下渗漏的自然径流补给，而且不能分水，虽然可以实现居延海“碧波荡漾”，但是对额济纳地区的荒漠化生态治理无济于事，可能还会雪上加霜。

6. 改善现行防治模式的建议

国际防治荒漠化的经验和教训说明，只有用生态的手段治理生态恶化，才能真正改善生态。生态的手段最基本的前提是实施流域治理，而我国目前荒漠化治理中存在严重行政地域分割和部门分割现象，严重制约着流域治理的实现。由于额济纳位于地跨甘肃和内蒙古的黑河流域下游，这种根本性的制约在额济纳地区表现得最为突出和有代表性，这一体制问题能否得到解决是额济纳荒漠化状况能否得到遏制的关键所在。解决这一问题建议借鉴西方区域管治理论，采取相关地区和层面的政府、城镇企业、农民和牧民经济实体代表、科学家多方参与的决策模式，实施全流域整体治理和保护战略，具体可以从以下四个方面入手：

（1）协调内蒙古西部与甘肃省黑河流域用水分配问题，把甘肃省西部列为西北荒漠化生态退化的缓冲区。调整产业结构，尽快减少高耗水低效益的种植业比重，发展集约农业，鼓励“退一进二”“退一进三”和“退耕还林还草”，解决当地传统大农业用水与下游城镇工业、居民生活用水、生态用水之间的矛盾。

（2）在黑河下游额济纳等地区鼓励发展生态旅游产业、现代节水农业和舍饲圈养畜牧业，取代传统的自然放养畜牧业。

（3）在甘肃、内蒙古进行城市化水平和生态承载力评价，在相对发达的城市化地区和生态承载力相对较强的地区，制定鼓励吸收移民的政策，培育新经济增长点，发展职业教育和新型产业，实现跨行政地域移民。通过异地城镇化减轻额济纳地区的人口和产业造成的生态压力，为额济纳生态系统自然修复创造条件。

（4）在流域水利基础设施建设方面，改变甘肃西部过度截流扩灌的现状，停止混凝土输水渠建设，恢复黑河自然径流，保护和培育额济纳荒漠草原生态系统中指示植被胡杨林等建群种植被。

（六）样本点六——甘肃省民勤县土地荒漠化调研报告

1. 自然地理概况

民勤县地处河西走廊东北部、石羊河流域下游，南依凉州，西毗金昌，东北和西北与内蒙古阿拉善左、右旗相接。除西南一角与金昌、武威绿洲相接外，其余均被腾格里和巴丹吉林两大沙漠包围，是深居沙漠腹地的一块绿地。总面积 1.6 万平方公里（2402.4 万亩），其中各类荒漠化土地面积 2280 万亩，沙漠面积达 1279.3 万亩，占总面积的 53%；绿洲面积仅占总面积的 9%。绿洲边缘风沙线长达 408 公里，是一块“无边沙海一叶舟”之地。县境四周隆起被沙漠和低山残丘环绕，中部低平，具有盆地地貌特征。红崖山以南的重兴、蔡旗两乡属武威盆地的尾端，其余大部分均属民勤—潮水盆地之内。境内地势平坦，自西南向东北缓倾，坡度为 1‰至 5‰，海拔 1460～1295 米。

县境内沙质荒漠化景观十分突出，植被多以沙生、旱生、泌盐等灌木为主，以白茨、红柳分布最多，红砂、沙蒿、碱柴、芦苇等次之，盖度为 10%～25%。

民勤属温带大陆性极干旱气候区，是全国最干旱、荒漠化危害最严重的地区之一，具有明显的蒙新沙漠气候特征。其气候特点是：常年干旱，降水稀少，蒸发量大；冬冷夏热，昼夜温差大，无霜期短；光照充足，太阳辐射强，生长季热量充沛；风大沙多，灾害性天气频发。民勤年降水量113.0mm，蒸发量 2623.0mm；年日照时数 3028.4 小时；年平均气温7.8℃，平均气温日较差 15.1℃；无霜期 185 天（见表 7.1）。

表 7.1　1953~2000 年民勤县主要气候要素值

年代	年日照时数（时）	年降水量（mm）	年蒸发量（mm）	年平均气温（℃）			平均气温日较差（℃）	年均气象灾害日数（日）	无霜期（日）
				平均	最高	最低			
1953~2000 年	3028.4	113.0	2623.0	7.8	16.0	1.1	15.1	89	185

资料来源：民勤县气象局。

民勤县气象灾害繁多（见表 7.2），各类气象灾害年均出现次数达 89 次，有干旱、大风、沙尘暴、干热风、霜冻、低温、寒潮、高温热浪等。目前对工农业生产、人民生活及生态环境危害严重的气象灾害主要有四点。①干旱。干旱是制约民勤经济建设、造成民勤生态环境恶化、影响人民生活的最主要灾害，这是由民勤特殊的地理位置所决定的。民勤县年平均降水量仅为 113.0mm（最少年份 38.6mm），蒸发量却高达 2623.0mm，蒸发量是降水量的 23 倍。自 1953 年有气象记录到 2000 年底，民勤共出现干旱 56 次，其中 1959~1968 年最为严重，10 年间发生重干旱 10 次，轻旱 4 次；1969~1978 年较轻，出现重干旱 4 次，轻旱 3 次；1979~1988 年最轻，出现重干旱 1 次，轻旱 4 次；1989~2000 年较重，出现重干旱 4 次，轻旱 5 次。根据资料分析，民勤四季干旱中，持续时间长、危害强度大、范围广、损失严重的主要是 5~6 月干旱和 7~9 月干旱。其中，春末初夏干旱发生年率为 64%，约 3 年 2 遇；伏秋干旱的发生年率为 47%，约 2 年 1 遇。②大风。大风是民勤农牧业生产中常见的气象灾害之一。年平均达 25 天之多，最多年份达 63 天，极端最大风速有 30 米/秒的记录。据资料记载，1958 年因风灾全县粮食减产 20 万斤，1979 年仅昌宁乡就有 140 亩农田因风沙危害毁种了 3 次，1993 年仅 5 月 5 日一天的大风就给全县造成了 2965.3 万元的经济损失。近年来，从强度到受灾次数均有增加的趋势。③沙尘暴。民勤地处腾格里沙漠和巴丹吉林沙漠的包围之中，全县沙漠、戈壁、低山残丘有 0.98 万平方公里，占甘肃省沙漠面积的 1/11，占全县总面积的 84%，沙尘物质极为丰富，由此成为西北区强沙尘暴多发区。平均每年出现沙尘暴天气达 37 天，最多达 58 天。近 10 年来，沙尘暴年均次数虽有所减少，但其强度增大，对民勤工农业生产和人民生命财产造成了极大的威胁和危害。④民勤“黑风”（强沙尘暴）。黑风是沙漠地区特有的自然灾害，它所造成的危害可与沿海地区的台风相提并论，其持续时间在 3~9 小时不等，风速大，破坏力极强。新中国成立后，民勤县共出现黑风 10 次，在甘肃省乃至西北地区都位居榜首。近年来，由于生态环境的不断恶化，黑风强沙尘暴给民勤县工农业生产和各行各业带来的危害与损失也越来越大。

表 7.2　民勤县主要气象灾害出现次数

名称	干旱	干热风	大风	沙尘暴	极端高温（≧32℃）	冰雹	霜冻	大到暴雨	寒潮
出现次数	56	69	1183	1439	1216	10	250	19	42

资料来源：民勤县气象局，资料年代为 1953~2000 年。

民勤县是甘肃省乃至全国荒漠化面积较大、危害最严重的县份之一，各类荒漠化土地面积占全县土地总面积的 94.5%，在地理和环境梯度上，处于全国荒漠化监测和防治的前沿地带，历来是全国防沙治沙的重点县，是北方风沙线上的一座桥头堡。民勤绿洲的存亡直接关系到河西走廊的安危，防治荒漠化、改善生态环境具有举足轻重的战略地位。

2. 社会经济发展状况

民勤县辖 23 个乡镇、244 个村，2002 年总人口 30.7 万人，其中农村人口占 83.3%。全县国内生产总值达到 10.49 亿元，其中第一产业 5.86 亿元，占 55.9%；第二产业 1.8 亿元，占 17.2%；第三产业 2.83 亿元，占 26.9%；人口径财政收入达到 4349 万元；农民人均纯收入达到 2483 元，城镇居民人均可支配收入 3746 元。

民勤县是一个典型的农业县。全县经济以农业为主，农业以种植业为主，粮食作物以小麦和玉米为主，年总产量 1.6 亿公斤。特色经济作物主要有黑瓜子、黄河蜜瓜、白兰瓜、啤酒大麦、棉花、茴香、葵花子等，年总产量达 1.4 亿公斤。工业有煤炭、建材、酒类、食品、地毯、农产品加工等。

3. 民勤绿洲生态环境的历史演变

夏、商、周、春秋时期，民勤为古谷水（今石羊河）与金川河（云川、水磨川）流潴形成的湖泊。由于当时石羊河主流（旧大西河）的冲积及风沙堆积，陆地面积不断扩大，逐渐成为水草丰美的滨湖绿洲，以游牧为生的部落民族，环湖放牧。西汉时，湖泊退缩后，石羊河（汉谷水）至红崖山分为东大河与大西河两支注入潴野（都野）泽，其范围南北宽 40 公里，东西长 100 多公里。这时境内有较好的水泊、草原、森林生态，人类活动的范围和强度不大。

从西汉领河西到西晋末的 437 年间，武威—民勤绿洲的社会经济得到了迅速发展，灌溉绿洲面积不断扩大。由于汉族灌溉农业技术的发展，在原来自然河流的湖积平原垦出许多农田，开辟了不少灌溉沟渠，以大面积的人工农业生态代替了原来的自然生态。农业经济与原有的畜牧经济相互促进，使整个经济日趋繁荣。同时人们为解决燃料和饲料问题，在绿洲边缘草原区，无计划地樵采放牧，破坏了固沙植被，给流沙随风移动创造了条件。尤其是到西汉末，武威绿洲得到迅速开发，农业用水增加，谷水上中游各支流被拦截利用，使下游来水逐年减少，导致部分耕地弃耕，裸露的土地因风蚀而成为流沙的起源。东汉至西晋，继续保持着农牧结合的生态环境，但以水资源利用条件恶化为主因，人类活动为诱因，使植被退化，土地风蚀，造成境内沙化面积扩展。东晋十六国至元末的 1050 年中，武威—民勤绿洲经历多次农牧交替的历史时期。这一阶段，区内王朝频繁更迭和不同民族的割据，时农时牧，耕地兴废不定。以农为主时，垦荒辟地；以牧为主时，退耕弃田，撂荒裸露土地，植被未及恢复便被风蚀起沙。

明王朝领河西以后，为了巩固边防，推行“寓兵于农”政策，绿洲农业生产迅速得到恢复，新的灌溉农业生态在红崖山以南的石羊河两岸和其支流大西河、东大河之间的平原上建立起来，筑坝截流，开渠引水，移民垦荒。此时大西河已经不再是石羊河下游的主流河，而成为夏秋溢洪的季节河。汉代大西河沿岸老垦区已被风沙侵袭，几乎是一个植被稀疏的沙荒带，垦区被迫向东南发展，止于明边墙以内和红崖山以南的蔡旗一带。洪武十一年（公元 1378 年），军民合力屯垦近 20 万亩。但与汉代垦区相比，明显缩小。汉唐以来的主要城镇及较大居民点、兵营据点等早已荒废。明嘉靖二十五年（公元 1546 年），风沙已危及县城，埋压田庄甚多。明永乐十六年（公元 1418 年），大旱，民不聊生，死者枕藉，逃亡者无计其数。此时，河流改道，垦区移位，向草原沙化生态农业系统转变。

清代向民勤境内移民开垦耕地规模超过了历史上的各个朝代。到道光初年（公元 1825 年），境内人口曾达 18.45 万人，耕地近 38 万亩。进入民国，“边疆隙地，莫不广垦”。但是“户口较昔已增十倍，土田仅增二倍”“将有人满地减之忧”。同时，武威绿洲农垦迅猛发展，石羊河上游各支流水流大多被拦截，下游的民勤县只能依靠河道渗漏、溢出地表的泉水和灌溉回归水及汛期洪水灌溉，成为石羊河流域的余水灌区。民勤县与中上游争水事件屡有发生。石羊河支流大西河完全干涸，东大河的水全被引入农田，湖泊干涸而变为沙滩、碱盆。昔日阻沙天堑，此时成了沙源。与此同时，湖滨河滩，农业绿洲外的过牧和樵采也加速了土地沙化进程。资源过度利用，环境遭到破坏，水干沙起，沙逼人退。曾繁荣一时的头坝地区，原有青松堡、南乐堡、沙山堡等 20 多个村庄，2300 多户人家，2 万多亩耕地，被近 200 年来的流沙吞没，到新中国成立时只剩下化音沟、薛百沟、小东沟 3 个小村庄。民国 18 年（公元 1929 年）6 月，“西外渠、东渠等处几被沙压殆尽。流亡之众，遍布荒途”。民国 26 年（公元 1937 年）至民国 31 年（公元 1942 年）连续 5 年大旱，“田园萧条，与沙漠无异”。新中国成立初期调查，仅沙井子一带被埋没的村庄就有 65 个，埋压而荒芜的农田 4 万多亩。

4. 新中国成立后荒漠化与沙尘暴活动及防治情况

新中国成立后，党和政府发动组织广大群众，以群体的力量防治风沙进逼，进入了有计划和具有规模的建设治沙时期。自 20 世纪 50 年代以来，民勤县一直是全国防沙治沙的先进典型，多次被国家、省、地树为“治沙造林先进县”和“造林绿化先进县”，先后建成了三角城林场、薛百宋和村、红崖山水库西线、勤锋滩等具有示范带动作用的治沙样板点，探索出了适宜干旱荒漠区规模连片治沙的“三角城治沙造林模式”和“宋和模式”。

从 1950 年到 1985 年，经过 30 多年艰苦卓绝的努力，民勤的治沙造林取得了辉煌成就。累计造林面积 158 万亩，保存人工林面积 69.16 万亩；封沙育草，封育柴湾 353 万亩，现有柴湾面积 103 万亩；设置人工沙障，栽育梭梭、花棒等沙生旱生植被18万亩；在风沙前沿形成长达250公里的防风固沙林带60多条，治理流沙口子200个；建成护田林带3087条，总长3051公里，零星植树1700多万株，全县50%以上的耕地基本上形成农田林网化。1985年森林面积97.99万亩（含天然林28.83万亩），森林面积万亩以上的乡7个，造林面积千亩以上的村64个，比较完整地建立了草、灌、乔结合，带、网、片联防的防风固沙体系。近些年，在西部大开发和退耕还林的背景下，民勤县生态环境保护和治理的力度进一步加大。截至2002年，全县人工造林保存面积达到124.29万亩，封育天然沙生植被73万亩，在408公里的风沙线上建成了长达330公里的防护林带，有效治理风沙口188个，全县森林覆盖率由20世纪50年代初的3.4%提高到现在的8.3%。

另外，治理速度赶不上沙化扩展速度，生态环境整体恶化的趋势还没有从根本上得到扭转，沙漠化危害十分严重。近些年来气候干旱，上游来水逐年减少，地下水资源严重超采，导致大面积天然沙生灌草植被和人工林衰败死亡，部分原本固定和半固定的沙丘重新活化，流沙四起威逼绿洲。有关资料显示：自20世纪80年代后期以来，全县原有的38.97万亩沙枣林，现已减少了57%，其中13.5万亩已成片死亡，8.7万亩梢枯残败；原有的70.13万亩人工灌木林现已有11.25万亩干枯死亡；3.6万亩天然柴湾灌木接近死亡，1.3万亩枯萎残败；原有草原面积1978.95万亩，现已有300万亩退化，800万亩变为荒漠，草原绿色覆盖率大幅度下降。流沙每年以3~4米的速度向绿洲腹地逼近，个别地段风沙前移速度达8~10米。同时，在我们实地调查中发现，绿洲内部沙化弃耕土地也随处可见。每年有30万亩耕地直接遭受风沙的袭击，10万亩耕地被沙化，仅湖区就有近30万亩农田被迫弃耕。“5.5”（1993年）、“5.30”（1996年）、“4.12”（2000年）、“6.5”（2000年）四次特大沙尘暴给全县农业生产造成直接经济损失达1亿多元，每次农田受灾面积达50多万亩。仅2001年就出现8级以上大风16次，沙尘暴14次，农作物受灾面积38万亩。石羊河最下游的被称为湖区（实际早已没有了湖）的5个乡镇，近10年来自然外流人口6489户26453人，个别社已整社外流。民西、民昌等县乡公路因风沙侵袭和埋压而影响交通，红崖山水库受风沙危害，每年进入库区的流沙淤积量高达30万立方米。根据国家林业局调查规划设计院沙尘暴的卫星遥感监测与灾情评估项目小组对全国600多个站点的监测数据分析，确定民勤县是全国浮尘、扬沙、沙尘暴最严重的地区之一。近年来，民勤县荒漠化的范围在扩大，程度在加剧，危害在加重。沙尘暴的频繁发生，已对兰州、甘肃中部地区、内蒙古河套平原及华北地区的环境质量产生重大影响，已成为全国沙尘暴的主要策源地之一。

从调查情况来看，民勤县荒漠化治理呈现“局部改善，整体恶化”的局面，一方面投入大量的人力物力植树造林，另一方面树木、灌木大面积死亡，草原退化，流沙推进。为什么会出现这种“治沙速度赶不上沙化速度”“沙进人退”的现象呢？

5. 对荒漠化趋于严重的探析及思考

调查发现，民勤县荒漠化趋于严重有其气候原因。近几十年来，民勤县降水量有所减少，而气温升高，蒸发量加大。有关资料显示，民勤县1980~2000年最冷月（1月）、最热月（7月）年平均气温分别比前20年（1960~1980年）上升了1.3℃、0.6℃，年平均气温上升了0.5℃。1981~2000年的年平均蒸发量比前20年（1960~1980年）的年平均蒸发量增加了25.9mm。同时1961~1980年的年平均降水量为116.3mm，1981~2000年的年平均降水量为108.3mm。20年间，年平均降水量减少了8mm，从而使旱情明显加重，旱段拉长，强度增加。1954~2001年的48年中，年最长连续无降水日数平均为78天，最短38天，出现在1978年和1981年；最长194天（6.5个月），出现在1999年。这期间，出现连续无降水日数大于100天的有8年（次），其中1996~2001年6年中就出现了4次，占总次数的50%。

但气候变化的速度和强度远低于土地荒漠化的速度，从根本上讲，整个流域水资源的不合理开发利用是民勤绿洲生态环境恶化的主要原因，防治荒漠化的关键在于解决水资源的合理配置问题。

（1）上下游水资源的合理配置问题

民勤县境内不自产地表径流，唯一的地表水资源是发源于祁连山区汇流入境的石羊河。多年来随着人类活动的日益频繁，石羊河中上游水资源开发利用的强度不断加大，地表径流在中上游被层层拦截，通过水库被引入新灌区，原来统一的水系变成了一些各自分散的小水系，造成水资源被大量使用消耗，流域水循环系统发生了很大变化，整个流域系统水资源损耗严重，灌溉用的循环水比过去减少了近一半，中下游泉水资源衰竭，原来泉水溢出带的湖泊、沼泽全部消失，对整个流域生态环境造成了严重影响。石羊河中上游的干支流上有 21 座水库，总库容为 3.5 亿立方米，年供水能力可达 11 亿立方米，流域多数水资源在中上游已消耗殆尽，民勤段河床现在仅季节性的有少量汛期洪水和冬春余水。进入民勤境内的地表径流逐年减少，由 20 世纪 50 年代的 5.42 亿立方米/年，60 年代的 4.54 亿立方米/年，70 年代的 3.2 亿立方米/年，80 年代初的 2.7 亿立方米/年，一直减少到 90 年代的 1.52 亿立方米/年，2000 年为 0.84 亿立方米，近几年来仅能维持在 0.8 亿立方米左右。由于地表水资源的不断减少，民勤境内不得已大面积开发利用地下水，民勤灌区由一个以河水灌溉为主的灌区逐步演变为一个以井水灌溉为主、河水灌溉作补充的井河水混合灌区，河水灌溉面积由 20 世纪 50 年代的 90 万亩减少到 2002 年的 14 万亩。

按照 1995 年制定的《石羊河流域规划》，到 2000 年民勤用水量应达到 3 亿立方米（加外调水）。但从目前情况看，石羊河来水增加不仅不可能实现，而且将进一步减少。武威市凉州区将在石羊河上游支流杂木河修建毛藏水库，建成后将会增加杂木河灌区的灌溉面积，对中游地区来说效益明显，但从长期来看则可能危害整个流域的生态安全。在西北普遍缺水的情况下，应当慎修水库。水库的修建将改变原有水资源的空间配置系统，中上游可利用水资源的增加必然会造成下游水资源的减少。同时水库修建后，当地政府很自然地会加大开发力度，增加耕地面积，并向灌区移民，有的甚至还新设立乡镇。为了满足不断增加人口的致富渴望，新灌区资源开发利用的强度会不断增加，从而进一步扩大水资源的需求，而使下游水资源进一步减少。在这样全流域普遍严重缺水的地区修建水库，往往会顾此失彼，应站在全局的高度进一步进行深入论证，以免得不偿失，严重危害整个区域的生态安全。

石羊河流域水资源利用缺乏统一规划管理，上下游水资源配置的不合理，显然不能适应可持续发展的需要。为保证下游绿洲经济发展和维护良好生态环境的需要，必须加强石羊河流域水资源的协调管理，加快流域的综合治理工程，抓紧制定实施流域内水资源分配方案，协调上下游用水，通过行政、经济、技术、工程等手段促使全流域的节水工作，减少全流域的用水量。

（2）生态需水与经济用水的合理配置问题

民勤县是一个完全依赖于灌溉的农业县，俗有“十地九沙，非灌不殖”之说。作为深入沙漠腹地的天然绿洲，只有水资源达到供需平衡，保证了生态用水的持续供给，绿洲才不会持续萎缩。在上游来水不断减少的情况下，经济用水严重挤占了生态用水。全县现状需水量 7.72 亿立方米，而现状可供水量只有 1.594 亿立方米，其中地表水可供水量 0.858 亿立方米（只能供 14 万亩耕地的一次储灌水和 2 万~4 万亩耕地的一次苗灌水）、地下水允许开采量 0.736 亿立方米。水资源供需差为 6.126 亿立方米，目前全部依靠超采地下水供给。为了维持生产、生活的需要，全县有 1 万多眼机井常年抽取地下水，每年平均净超采 3 亿立方米，使地下水位以每年 0.4~1.0 米的速度下降。地下水的过量开采，导致地下水矿化度不断升高，土壤沙化、盐碱化程度逐年加重，生态环境急剧恶化，成百上千亩天然草场和防风固沙林、农田防护林枯萎死亡。前面提到的天然和人工植被的大量枯败、死亡，就是地下水位已经降到植物根系无法吸收的深度。盐碱地面积已由 20 世纪 50 年代的 18.7 万亩，增加到 2000 年的 30 万亩。地下水的矿化度年升高幅度达 0.1 克/升以上，尤其是湖区的地下水矿化度平均高达 4.18 克/升以上，并且大部分区域地下水已不能用于农业灌溉，更不能用于人畜饮水。为解决群众饮水困难，水利部门投入巨资，打井抽取深度 300 米以下的地下水。在这种情况下，根本不可能解决民勤绿洲的生态需水。据民勤水利局分析，在内部节水工程完成后，水资源供需平衡的生态需水量为 2.3 亿立方米，以石羊河目前的情况显然是不可能满足的。近期实施的 25 万亩退耕还林需水量为 6075 万立方米，也很难满足，即使从民调工程引水解决，也需支付调水水费 1276 万元。对于民勤这样一个大口径财政收入仅为 4349 万元，而财政支出高达 1.66 亿元的国家级贫困县，根本无力负担。要维持民勤绿洲的存在，就必须协调解决民勤县的生态需水，确保生态恢复和生态建设用水。

（3）水资源污染问题

有“亚洲第一沙漠水库”之称的红崖山水库，是民勤县唯一的地表水源，始建于 1958 年，设计总库容 9930 万立方米，灌溉面积 87.91 万亩，被视为民勤沙漠绿洲的生命工程，民勤不多的地表水资源自石羊河全部流蓄在这里，不仅保障着民勤的耕地，还是当地 30 万人饮用水的补充水源。

但是随着中上游工农业和生活用水量的大幅度增加，石羊河水量锐减，除发洪水时上游有补给水外，其余时间，石羊河已成为承纳武威城区废水和生活污水的纳污河道。据环保部门透露，武威目前每年排入石羊河的工业废水达 2933 万吨，同时古浪、武威、永昌等中上游城市，每年还向石羊河倾倒 2000 万吨以上的生活污水。近年来，上游沿岸化肥、农药、农膜和禽畜养殖污染的问题也凸显出来，加重了水污染。1999 年以前，石羊河水系为轻污染或中污染，2000 年以后为重污染或严重污染；1997 年，红崖山水库为轻污染，1998 年以后，为中污染或重污染，目前水质属劣五类。就是这样的水，每年也只有春耕时才能供部分耕地浇灌一次。自 2002 年起，红崖山水库接连发生严重污染事件：2002 年 4 月 16 日，一场大风过后水库中突然漂起上万斤死鱼，2003 年 3 月 20 日水面再次出现大量死鱼。甘肃省水利厅调研组调查表明，上游干流来水逐年减少，水体纳污能力降低，而上游废污水排放量逐年增加，是导致红崖山水库近年来出现严重水体污染的主要原因。不得已，2003 年 5 月甘肃水利部门调来 3000 万立方米的黄河水，通过排出污水清洗水库，水库水质暂时好转。这种状况使人十分痛心，一方面西北地区水资源短缺日益严重，经济用水挤占生态用水，生态环境趋于恶化；另一方面，水污染严重，大多数生产、生活污水未经处理直接排入河道，使可利用水资源进一步减少，生态环境恶化进一步加重。

水污染治理应当成为解决水资源合理利用的首要问题。在流域水资源利用规划中，必须树立先治污后用水的原则，将水污染防治纳入整个流域水资源统一规划，禁止水污染企业进入，关闭、搬迁污染企业。

（4）水资源利用效率和效益问题

民勤县农业生产条件较差，水资源利用粗放，用水效率偏低，加剧了水资源的供需矛盾。全县现建成有各级输配水渠道 7101 公里，其中 4000 公里的渠道仍为土渠输水，河水渠系水利用率只有 47%，年输水损失达 5800 万立方米。井水利用率也只有 76%。尽管渠系输水损失的相当部分可补给地下水后再利用，但在水资源如此宝贵的情况下，利用更为精细的灌溉方式对农业生产和生态建设会更好，节水灌溉的潜力还很大。在前些年，民勤存在不顾水资源严重不足的客观实际，盲目开荒打井、种植籽瓜等高耗水作物的问题。结果，用高矿化地下水灌溉，带来了土壤盐渍化加重。近年民勤县提出，调整种植业结构与发展节水型农业相结合，加快了节水型农业的发展，饲草、棉花、食葵、茴香等节水高效作物面积大幅扩大，粮食、籽瓜、甜瓜等高耗水作物面积相应压缩。2013 年全县累计完成节水作物播种面积 38 万亩，占总播种面积的 42%；同时，逐步优化林木品种结构，沙枣、梭梭、红枣等耐旱抗沙树种比重不断增加，从而提高了有限水资源的利用效率。

在目前的条件下，提高水资源利用效率，调整农业用水结构，发展节水农业是民勤县自己所能把握的最有效的途径。但发展节水灌溉，改变农业结构，需要大量资金和技术的投入，并且受到市场需求的影响，完全兼顾生态和经济效益的难度很大。如在民勤种植籽瓜、甜瓜等农作物的耗水量大，但效益很好，大规模压缩必然会影响农民收入。

（5）水资源开发利用强度问题

目前，民勤县的土地开发利用程度已经超过其当地水资源的承载能力，必须采取生态移民措施，以退为进，减少水资源的开发利用强度。20 世纪 80 年代中期以前的 20 年间，民勤县耕地播种面积一直维持在 67 万亩左右。从 1986 年开始，在向面积要效益的陈旧观念和部分农产品价格上涨因素的影响下，全县一度出现了大规模的打井开荒热，绿洲边缘及腹地大量的可耕荒地被开荒利用，农作物播种面积迅速增加，至 2000 年，全县播种面积达 94 万亩，导致地下水开采过量，严重破坏了脆弱的生态环境，一些人被迫流离失所。目前湖区 5 乡镇有 12.4 万多人，其中 8 万多人处于贫困线以下，贫困面达 66%。按水资源量计算，湖区仅能养活 5 万人。为达到改善生态环境和增加农民收入"双赢"的目的，逐步缓解湖区水资源供需矛盾，民勤县动员西渠镇苦水区群众向县境内外搬迁，2003 年已分四批向新疆生产建设兵团等地移民 377 户 1037 人。在西北地区，对于像民勤湖区这样"一方水土已经不能养活一方人"的地方，生态移民是唯一的选择。只有这样，以退为进，才能缓解人口压力，减少水资源的开发利用强度，给自然生态一个喘息的机会，并配以生物措施、工程措施进行综合防治，有计划、有目的地保护和恢复生态植被，遏制生态环境恶化的趋势。

但现在进行生态移民的难度很大，应当注意解决以下几个问题：一是类似民勤县湖区这样严重缺水的地区，甘肃省还有 28 个，省内适合移民安置的地方很少，需进行跨省安置，而省、县政府组织跨区域移民的难度很大，需要国家协调；二是移民经费当地政府难以承受，自筹资金组织移民的积极性不高，需国家给予支持；三是从一个生态恶化的地区移到西北另一个水资源也很缺乏的地区，移民的生态效益是否合算，值得商榷。如果能移到东、中部地区，生态效益肯定会更好一些；四是如果能结合劳务输出、教育等方式自然渐进移出，加以政策配合鼓励，肯定比政府直接组织更有效。

三　荒漠化治理样本的系统总结

各地实践证明，我国荒漠化和沙尘暴防治必须坚持“防为主，治为辅”“自然恢复为主，人工修复为辅”“社会经济调控为主，生物、工程措施为辅”三大理念。现将六个样本点及六大防治区情况总结说明如下：

1. 六大防治区的提出只是一个粗略的概念

由于研究经费和时间的限制，本课题未覆盖新疆和青藏高原。加之，六大防治区内部的情况也很复杂，很难说六个样本点能够完全代表所在防治区的情况。所以，科学地划分防治区还需要做进一步的工作。

2. 从六个样本点调查情况来看，发现导致土地沙化的原因各不相同

额济纳绿洲的萎缩是由于黑河来水量的减少，而这一切又可归因于中上游地区肆意拦截地表水以发展农业和维持城市的扩张；民勤县这个 20 世纪 50 年代的治沙样本如今重新沙化的原因，除了与额济纳绿洲相似的情况外，还与自身水资源总量无法支撑以种植业为主的地方经济体系及其数量庞大的农业人口有关；苏尼特右旗几乎没有地表河流，水资源主要依靠降水补给，这就决定了人口和牲畜承载力极其低下，过牧超载是草原沙化的关键因素；丰宁县历史上是优良的牧场，土地沙化的关键是把草原开垦为耕地，造成水土流失；呼伦贝尔市一直有我国保护最好的草场，近几年草场沙化的原因不仅有局部地区的过牧超载，而且还有林场职工开垦耕地过量拦截地表水和抽取地下水；奈曼旗由一个牧业旗一步步地走向农业旗，大量牧民放下牧鞭就地转化成地道的农民，而当地水资源总量无法支撑庞大的农业经济，由此而出现了掠夺式开发水资源情况，土地沙化与此有很大关系。

3. 六个样本点的防治模式各不相同

呼伦贝尔草原应走以水源涵养为中心、整体保护、适度开发的道路；奈曼旗应走结构转型的道路，变耕地为草场，变农民为牧民，变种植业经济为草业经济和畜牧业经济；苏尼特右旗应走退人禁牧、自然恢复植被的道路，加大生态移民外迁的力度，同时大力撤并地方政府，建立自然保护区；丰宁县应加大退耕还林还草的力度，为了确保生态建设的成就，实现经济社会的可持续发展，应建立生态补偿机制；额济纳旗应走流域协调发展的道路，由国家有关部门干预，保证黑河供水；民勤县应将退耕还林还草与退人结合起来，同时调整农业结构，压缩种植业，扩大畜牧业。

4. 六个样本点的调查给我们的启示

历史地看，荒漠化与沙尘暴是草原文化被农耕文化取代的结果。

在草原地区，水资源贫乏，发展畜牧业是符合自然规律的选择。数千年来，我们一直在自觉不自觉地向草原进军，将农耕文化移植到草原地区，而水资源难以满足农耕文化的需求，导致生态用水被挤占，大片草场退化。将草原开垦为耕地，向草原地区移民，拦截地表水和开采地下水以发展种植业都是农耕文化的具体表现。

5. 六个样本点正在进行的生态建设工程同样给我们以巨大的震撼

毫不夸张地说，许多生态建设工程与其说是在进行生态建设，还不如说是在破坏生态。用工程的办法进行生态建设，虽然看起来效果很明显，但客观上破坏了自然地理系统的完整性，尤其是水系的完整性。孤立地看，样本工程是成功的，但扩大区域视野，发现这些样本工程是靠掠夺周边地区水资源支撑的。所以，成功的样本工程周边往往是沙化最严重的地区。这就是“局部好转，整体恶化”的真正原因。

6. 国家花费大量资金用于退耕还林还草和禁牧移民还草工程存在不少问题

从这六个样本点的调查来看，一是资金被截流、挪用、浪费现象严重；二是人工建设的生态工程经不住大自然的考验；三是许多生态工程打乱了水循环体系，造成了难以挽回的生态灾难。观察发现，自然恢复的植被比人工植树种草有更强的生命力，除极少部分地区需要人工植树种草外，绝大多数地区应主要依靠自然恢复植被。国家应调整防治思路，反其道而行之，将人工建设生态工程的款项转移到荒漠化地区的“人”的身上，加强义务教育和职业技能培训，使生存在荒漠化地区的“人”真正有能力脱离土地另谋生计，这不失为一条“釜底抽薪”的良策。

四　警惕我国北方荒漠化治理中的生态破坏

当我们完成考察并撰写完研究报告后，我们的心情久久难以平静。我们始终在考虑一个问题，“为什么我国的荒漠化土地越治理越多？”考察过程中的所见所闻再次浮现在我们的眼帘。荒漠化并不可怕，可怕的是治理过程中的无知和蛮干。我们愿以“警惕我国北方荒漠化防治中的生态破坏”一文作为本研究的结束语。

2000 年的特大沙尘暴敲响了我国生态安全的警钟，从中央到地方掀起了防治荒漠化的热潮。三年来，国家开展了一系列生态建设工程，效果如何尚需实践检验。课题组经过三年多的实地考察，行程上万公里，足迹遍及内蒙古、甘肃、宁夏、青海以及辽西、陕北、承德等地区，从沙地、沙漠到戈壁，从草原、林区到农区，从牧户到农户，从座谈、采访到实地观察，对我国北方荒漠化的现状和成因有了一个基本的认识，对中央政府高度重视生态安全感到由衷的高兴，对地方政府和各族人民不畏艰辛、斗天斗地的精神感到由衷的敬佩，同时对防治荒漠化中的生态破坏感到震惊。为什么我国的荒漠化土地越治理越多？为什么会出现“‘局部治理、整体恶化’，‘一边治理、一边恶化’”的现象？答案大概就在于此。

（一）当前的生态建设工程从自身来看都具有合理性，但从区域整体来看，恰恰可能是造成土地沙化的致命因素

一是农业综合开发项目。由财政部门组织实施的农业综合开发项目，通过科技投入和集约高效管理，已成为各地农业发展的样板工程，对大幅度增加农产品供给，缓解我国农产品供应紧张状况做出了突出贡献。但在北方干旱、半干旱地区组织实施这类项目得不偿失。笔者亲眼看到项目区大肆抽取地下水或拦截地表水，造成周边地区因缺水而出现大面积土地沙化。

二是退耕还林（草）工程。由林业部门组织实施的退耕还林（草）工程旨在增加地表植被，从而起到防止水土流失和防风固沙的作用。笔者不

敢完全苟同退耕还林（草）工程具有“再造秀美山川”的作用。在北方荒漠化地区，原生植被是灌木和草，不适合高大乔木的生长。一味强调种树是“逆天行事”。尤其是在西北干旱地区，种一棵树的成本是200元，还不包括养护费用。当地人说，种树比养孩子还难。更为严重的是，种树形同铺设了抽水机，把涵养在地下的宝贵水资源白白地蒸发掉，实在可惜，并造成地下水位下降和自然固化土壤的松化和风蚀。笔者沿途所见大片树木枯死就是水资源供应不上的佐证，绝不是气候干旱或寿命老化造成的。

三是水利工程。水利是农业的命脉，在西北干旱地区尤其如此。农业是耗水大户，为了确保农业高产稳产，我国在北方荒漠化地区修建了大量水库，并配套修建了防渗水渠。多年来我们一直在庆喜“人定胜天”的丰功伟绩，殊不知正是这些“伟绩工程”才破坏了水系的完整性，并造成了河水断流、天然湖泊干涸、湿地消失、土地沙化。直到今天，一些地区仍然在生态建设工程中继续干着破坏水系完整性的“伟绩工程”，比如在黑河流域治理工程中为了确保东居延海再现“波涛汹涌”而修建了防渗渠道，使沿途地下水位得不到有效补给。所有这些现象值得我们深思。

四是生态移民。将生态严重退化而又脱贫无望地区的人口迁移出来，使重负的土地获得休养生息的机会，是一项很有战略眼光的生态建设工程，也是北方荒漠化地区正在大力推广实施的一项生态建设工程。从实施效果来看，负面效应不少。比如新的移民点人口增加而使需水量急剧增加，或者抽取地下水，或者拦截地表水，从而造成周边地区树木枯死或草场退化和沙化。

五是牧区的禁牧舍饲。针对草场日益退化而出台的围栏封育、禁牧舍饲政策本身的愿望是好的，但往往事与愿违。牧区地广人稀，舍饲后冬天的饲草料不好解决。有的地区靠农区调拨，因运输成本太高，牧民无法承受；也有的地区就地取材，允许牧民开垦若干亩农田种植饲料，靠抽取地下水灌溉，几年后就会出现新的沙化。

（二）造成北方荒漠化的直接原因是人地关系失衡，深层次原因是“重农文化思想”

我们一直试图把草原变成耕地，把牧民变成农民，面对不断扩展的荒漠化，我们应该好好反思一下我们的行为。

按照传统思维，北方荒漠化地区地广人稀，似乎还有进一步容纳人口的容量。实际上，扣除人类不宜生存的戈壁、沙漠后，人口密度并不低。自西汉以来，为了对抗北方游牧民族的入侵，我们的祖先修建了万里长城，实施了军屯、民屯，大量移民戍边。当我们赞叹祖先的丰功伟绩、炫耀兴盛一时的丝绸之路时，笔者看到的却是掩埋在茫茫戈壁和沙海中的古代城池和墓葬，心中感到无限悲凉，这一切是谁的过错？有关资料研究表明，我国北方地质历史时期形成的荒漠化极少，绝大多数为汉代以来形成的。今天，我们仍然在不知不觉地沿着祖先曾经走过的道路向现代化迈进。面对不断扩展的荒漠化，我们要从心灵深处反思一下我们的“重农思想”，只有这样才能制定出切实有效的防治荒漠化的行动纲领。

（三）防治北方荒漠化，需要实行重大战略调整

第一，统一领导，完善组织。当前，农、林、水、土、计划、财政等部门都具有生态建设的职能，各部门开展的生态建设工程都具有各自的计划标准和验收体系。但生态建设具有综合性和全局性，各部门的生态建设目标与全局目标有时并不一致。为改变各自为政、自我评价的弊端，建议国务院和各级地方政府主抓生态建设，由国家发改委及地方发改委具体负责实施。

第二，改变生态建设投资结构。当前生态建设的主要目标是增加地表植被，且主要是依靠人工手段。总体看，耗资巨大，效果并不理想。除了体制运行中的贪污腐化挪用侵蚀生态建设资金外，更重要的是人工修复的生态系统难以与自然形成的生态系统实现“无缝链接”。所以，应大规模削减人工生态建设工程，除了需要重点保护的城市、铁路、机场、公路周边实施人工生态建设工程外，其他地区应主要依靠自然恢复修复生态系统，没有必要花费大量资金实施人工干预。节约下来的大量资金应主要用于“造成荒漠化关键的人”的身上，比如，实施教育援助计划和就业培训计划，提高科学知识的普及和农牧民的社会保障水平等提高人口素质和完善社会保障的社会工程。从表面看，社会工程似乎与防治荒漠化风马牛不相及。实则不然，这些社会工程对防治荒漠化具有“釜底抽薪”之功效。

第三，实行市场引导下的大规模移民外迁计划。为调整失衡的人地关

系，必须实行大规模的移民外迁。目前实行的生态移民拘泥于行政区划，以县（旗）甚至乡镇（苏木）为单元，不能从根本上解除人口压力，必须实行跨地域的人口外迁，特别是向东部沿海地区迁移。靠政府组织动员，负担太重。靠市场引导是上策。政府作用的空间，一是对义务教育阶段的儿童实行真正意义上的义务教育；二是对非义务教育阶段的青少年实行教育援助计划，使他们能够上得起学；三是对劳动适龄人口进行技能培训，使他们能够掌握一技之长；四是对老年人口实行社会保障。鼓励劳动适龄人口到东部沿海地区打工和创业，国家征兵计划指标分配也应向北方荒漠化地区倾斜。这些计划的实施，不需要国家增加投入，只要改变生态建设工程的投资结构即可。也不需要国家实行整体移民搬迁计划，只需要对不同适龄人口实行分类援助计划，靠市场引导即可完成荒漠化地区的移民减人。

第四，评价生态建设工程，不看地表植被，只看地下水位变化。生态建设工程，应注重长期效应，短期内难以评价得失。一些地区只管植树造林，不管地下水涵养，甚至大量抽取地下水养护地表植被，以博取上级检查团的好评。这种行为不是在搞生态建设，而是在搞生态破坏，后果不堪设想。在北方荒漠化地区，水系是生态系统的中枢神经。破坏了水系，也就是破坏了生态系统。所以，地下水位的变化更能科学地反映生态建设工程的得失。

第五，暂时终止当前正在进行的生态建设工程，待多学科评价和论证后再行实施。新上马的生态建设工程也应慎重，要经过多学科论证。生态建设工程不同于一般的工程，它具有长期性、综合性和复杂性，必须经过多学科论证。现行生态建设工程的负作用很大，应该经过多学科论证决定是否续建。新上马生态建设工程，客观上讲应限量，更应慎重。

第八章　北京沙尘暴成因及治理途径*

一　北京沙尘暴的形成及源地变化

（一）沙尘暴内涵及形成条件

沙尘天气是指空气中带有大量沙尘，致使空气相当混浊的天气现象。根据气象观察，风速达到 5 米/秒时，粒径 0.05 毫米以下的尘土便可腾空而起悬浮在空中；风速达到 6.2 米/秒时，粒径 0.05 毫米的细沙可被卷入天空；风速接近 10 米/秒时，粒径 0.2 毫米的沙粒将发生滚动，粒径大于 1 毫米的颗粒仍保持不动。在更大的风速下，尘土、细沙等小颗粒物质将被吹出很远的位置，甚至飘到数十、数百公里以外。沙尘天气按水平能见度的大小分为浮尘、扬尘、沙尘暴三种类型。浮尘通常是指尘土被卷入气流悬浮在空中，使水平能见度小于 10 公里的天气现象。这些尘土多从远地经上层气流传播而来，也有的是沙尘暴、扬沙天气出现后尚未下沉的小颗粒物质。扬尘通常是指大风将地面尘土吹起卷入空中，使空气相当混浊，水平能见度在 1~10 公里之内的天气现象。沙尘暴通常是指强风将地面大量尘沙吹起并带入天空，使空气非常混浊，水平能见度小于 1 公里的天气现象。

沙尘暴的形成需要具备以下三个条件，缺一不可：其一是强风。风速只有等于或大于起沙临界值，才能裹挟沙砾尘进入大气层，一般要求风速在 10 米/秒以上。其二是热力不稳定。大气边界层气温的垂直分布处于不稳定状态，有时是绝对不稳定状态，在边界层中储存有大量不稳定能量，

* 本章成文于 2002 年 6 月。

如局地性龙卷风或其他不稳定天气，皆可造成十几公里乃至几十公里宽度的局地性沙尘暴。其三是地表有沙源。在冷空气路径上锋面气旋经过的地区，如果地表干燥疏松、细粒物质较丰富，并且没有良好的覆盖，则沙、尘物质很容易被吹扬，为沙尘暴提供沙源。

从沙尘暴形成的三个条件来看，我国西北、华北、东北等地区，在冬季，受蒙古高压控制，具备形成强风的气象条件，但冰天雪地，地表冻结，虽然没有良好的覆盖层，亦不易起沙，加之冷空气长驱直入，热力稳定，因而冬季不易形成沙尘暴。在春季，干旱少雨，地表解冻，植被尚未生长，具备形成沙尘暴的沙源条件，加之冷暖气流交替出现，热力极不稳定，如出现强风，很容易形成沙尘暴。在夏秋季节，基本上为东南季风控制，热力稳定，全年降雨量多集中在这个季节，雨水较多，地表植被覆盖较好，不具备起沙的条件，即使有强风，也不易形成沙尘暴。因而，春季是我国沙尘暴的多发季节。

沙尘暴与荒漠化联系密切。荒漠化是沙尘暴形成的基础和必要条件，但不是充分条件。沙尘暴是荒漠化的一种表现形式，但不是唯一的。沙尘暴的频繁发生，反过来又加速了土地的荒漠化过程。北京沙尘暴与我国整个北方地区荒漠化发展有着密切的内在联系，是生态环境恶化的一种表现形式。因而，治理北京沙尘暴，重在根除北方地区的荒漠化。

（二）北京沙尘暴的历史脉络及活动规律

历史上，北京地区的自然环境十分优美。中华民族的祖先黄帝、炎帝、九黎族领袖蚩尤等均在永定河谷地带栖息过。但是，随着人类活动的增多，伐木为薪，纵火狩猎，在社会不断进步的同时，自然生态环境逐渐变化。尤其是近七百多年来，北京作为五代封建王朝的都城，大兴土木，乱伐林木，使周围原始森林破坏殆尽，仅在西部、北部边远山区残留少量成片次生林。森林的破坏，导致雨量减少，水土流失加剧，风沙侵袭北京城。

根据景爱所著的《警报：北京沙尘暴》[①] 一书，北京早在元代就有沙尘暴的记载：

---

① 景爱：《警报：北京沙尘暴》，人民出版社，2001，第1~8页。

元至元十五年（1278 年），元大都（即今北京）有童谣说："一阵黄风一阵沙，千里万里无人家，回头雪消不堪看，三眼和尚弄瞎马。"很显然，当时风沙活动很强烈，且出现在冰雪消融后的春天。

元至正二十七年（1367 年）三月，"京师有大风，起自西北，飞沙扬砾，昏尘蔽天，逾时，风势八面俱至，终夜不止，如是者连日。"说明这是一次很强的沙尘暴，前后持续了数日才结束。

明正统十四年（1449 年）二月六日，京师"大风，黄尘蔽日，骑驴过大通桥者，风吹人、驴皆堕水中溺死"。大通桥在今通州区，风沙将桥上行走的人和驴吹到河中淹死，说明风沙活动相当猛烈，属于强沙尘暴。

明成化六年（1470 年）二月，清明节后三天，"都下大风，从西北起，下雨如血，天色如降纱，日色如暮夜，空中非灯烛不能辩。"这是一种降尘现象，沙尘与水蒸气相遇，形成了"泥雨"。

明嘉靖二年（1523 年）二月二十三日，"蓟州狂风大作，吹沙蔽天，行人压埋于沙中。"这是一次很强烈的沙尘暴。

明万历四十八年（1620 年）春三月，"昌平暴风扬沙"，即飞沙走石现象。

清康熙十四年（1675 年）三月二十六日，"异风自巳至戌，黄霾蔽天，瓦飞如燕，茅屋尽揭。"

清康熙十五年（1676 年）五月一日，北京出现了更加强烈的沙尘暴。这一天"京师大风，昼晦。有人骑驴过正阳门，御风行空中，至崇文门使堕地，人、驴亡恙。又有人在西山黄姑寺前，比风息，身已在京城内"。由此估计，当时大风至少应在 10 级以上。

清康熙二十四年（1685 年）一月二十三日，"大风霾，白昼如夜"；五月二十八日，"密云大风。"

清康熙五十四年（1715 年）六月，"顺义大风，树木拔尽。"

清康熙六十年（1721 年）三月，京师"黄雾四塞，霾沙蔽日。"

清乾隆五年（1740 年）三月，"通州大风拔木。"

清乾隆十三年（1748 年）五月，"通州大风拔木。"

清嘉庆十二年（1807 年）三月十二日，"大风霾，有火随物，着物有燃、有不燃。"

清嘉庆二十四年（1819 年）四月八日，“有怪风自东南来，阴霾蔽天，昼晦，京师尤甚，室内燃灯。”

清道光十七年（1837 年）八月，“昌平大风拔木。”

清道光二十八年（1848 年）六月，“通州飓风大作，毁屋。”

清咸丰十年（1860 年）二月，“昌平怪风伤人。”

民国年间，北京的风沙活动进一步加强，在城郊出现了流沙堆积。

1949 年新中国成立后，北京的风沙活动一直没有间断。20 世纪 50 年代，北京平均年风沙活动日达 60.5 天；20 世纪 60 年代的风沙活动有所减弱，1964 年风沙活动日只有 10 天，但 1965~1966 年的风沙活动又突然增多，每年风沙活动日达到 26 天；20 世纪七八十年代，风沙活动时强时弱，1988 年 4 月 8 日和 4 月 17 日，北京持续发生了两次强度很大的沙尘暴。

据北京气象台的观察统计，在 1951~1985 年的 35 年中，北京地区共出现风沙活动日 1256 天，每年平均风沙活动 36 天。其中，春季最多，占全年的 53.8%，冬季次之，占全年的 29.5%，夏秋两季较少，占全年的不到 17%。4 月份是风沙活动的高发期，月平均为 8.8 天，平均每 3~4 天就出现一次风沙天气，沙尘暴、扬尘、浮尘往往同时出现，所造成的危害十分严重。

2000 年春天，北京地区风沙活动在缓和数年以后，突然连续出现了浮尘、扬尘和沙尘暴。据中央气象台和北京气象台的观察记录，从 2000 年 3 月 3 日到 5 月 17 日，北京地区先后出现了 13 次风沙活动，既有浮尘、扬尘，也有很强的沙尘暴①。

2001 年和 2002 年北京强沙尘暴活动日数有所减少，但强度有所加强。

从历史脉络来看，北京沙尘暴具有如下活动规律。

（1）自元代以来，北京就不断受到沙尘暴的侵袭，从未间断过。

（2）沙尘暴主要发生在每年的春季，特别是三、四月。

（3）沙尘暴出现的频率年际变化大，随机性强，到目前为止尚没有可靠证据证明沙尘暴活动是趋于加强还是减弱。

（4）北京沙尘暴受周边地区，特别是河北坝上地区和内蒙古中西部地区荒漠化形势的影响较大。

---

① 景爱：《警报：北京沙尘暴》，人民出版社，2001，第 16~18 页。

（三）北京沙尘暴沙尘源地的变化

北京沙尘暴的沙尘究竟来源于本地，还是外地，是一个至关重要的问题，因为它牵涉到防沙治沙战略重点的确定。围绕这个问题，学术界有以下三种争论。

1. 就地起沙说

认为北京沙尘暴的沙尘主要来源于本地。支撑这种观点的依据如下。

（1）科学研究。20 世纪 80 年代中期，中国科学院兰州沙漠研究所组成“北京地区的风沙及其治理”课题组，经过实地考察和研究，认为北京地区的主要沙源是在本地，部分沙尘来自外地。解决北京地区的风沙威胁，必须从植树造林、禁封绿化入手，对环境进行综合整治。此后，北京加大了植树造林的力度，在城区和郊区大规模植树造林、绿化荒山秃岭。这种生物措施的作用很明显，20 世纪 90 年代北京的风沙活动有所缓和即是明显例证。

（2）科学检测。科学研究人员 20 世纪 80 年代中期测定了北京地区风成沙的重矿物和不稳定矿物含量，结果发现与科尔沁沙地、浑善达克沙地、毛乌素沙地的沙砾有较大的差异，而与永定河等本地河谷沙砾比较接近。在沙砾磨圆度方面亦是如此。对 1986 年春季采集到的降尘样品的分析，亦得出了同样的结论。

（3）北京本地有沙源。根据 1996 年北京市土地资源统计①，北京市域范围内有沙地 2082 公顷，主要分布在顺义区的小店、尹家府、李遂、天竺、北小营、南彩、牛栏山，大兴区的榆垡、礼贤、安定、定福庄、黄村、大兴庄、孙村，通州区的郎府、宋庄、渠头、觅子店、余辛庄，房山区的窑上，门头沟区的雁翅、斋堂、军饷，延庆县的沈家营、旧县、红旗甸，怀柔县的范各庄、桥梓、怀北等七个区县的 30 个乡镇沿永定河、潮白河和一些古河道的两侧。这些沙地是冲积和风积两种作用形成的。历史上，永定河曾不断泛滥和改道，涉及的泛区面积达 4800 平方公里，今天北京的沙地与此很有关系。另据有关资料②，北京有五条大沙带，主要分布

① 宋迎昌：《北京市土地利用现状分析》，《北京市土地利用总体规划专题报告（1997~2010 年）》，北京市人民政府，1999。

② 景爱：《警报：北京沙尘暴》，人民出版社，2001，第 12~14 页。

在丰台区、大兴区、房山区，面积达440平方公里。

2. 异地输沙说

认为北京沙尘暴的沙尘主要来源于异地，特别是河北坝上地区、内蒙古中西部地区、晋西北地区、陕北榆林地区，甚至蒙古国东南部和哈萨克斯坦东部。支撑这种观点的依据如下。

（1）自20世纪80年代中期以来，北京不断加大防沙治沙的力度，大力开展植树造林，使林木覆盖率由解放初期的1.3%~3.5%提高到2000年的43%，沙尘暴活动的频率和强度理应有所减少和减弱。如延庆县康庄地区通过大规模的造林绿化，森林覆盖率由1993年的37.8%提高到2001年的79.9%，风速由过去的每秒5米减为现在的3.5米，每秒大于17米的风日由每年的39天减到15天，降尘量减少了20%以上，防沙治沙效果相当明显[①]。然而，2000年沙尘暴突然加强，说明沙尘来源并不主要在本地，而在异地。

（2）2000年北京出现的13次沙尘暴绝大多数受到了来自河北坝上地区、内蒙古中西部地区的沙尘暴的影响；2002年3月18日，我国北方大部分地区自西向东经历了20世纪90年代以来最强的一次沙尘天气过程，影响甘肃、宁夏、山西、陕西、河北、天津和北京等地120多个县的428万亩耕地和3540万亩草地。

（3）沙尘暴活动波及范围甚广，据美国一环保组织说[②]，“来自中国北部的沙尘暴已到达美国，使从加拿大到亚利桑那州的地区蒙上一层沙尘，……这些沙尘暴通常会运行成百上千英里，刮到中国东北部的人口稠密的城市，其中包括北京。朝鲜、韩国、日本经常抱怨来自中国西北地区的尘土不仅遮住了阳光，还使大地上的一切蒙上一层土”。从这则报道看，北京沙尘暴的沙尘应主要来源于异地。

（4）2002年初国家环保局“沙尘暴与黄沙对北京地区大气颗粒物影响研究”课题组宣布，已初步查明了北京沙尘暴的源区和传输路径。北京沙尘暴大多来自境外源区，包括蒙古国东南部戈壁荒漠区和哈萨克斯坦东

---

① 《大风减少24天》，《北京青年报》2001年6月26日，第1版。

② 《美国一环保组织说　中国沙漠化严重　沙尘暴波及美国（问题与建议）》，《参考消息》，2001年5月27日，第8版。

部沙漠区，境内源区在内蒙古东部的苏尼特盆地或浑善达克沙地中西部、阿拉善盟中蒙边界地区（巴丹吉林沙漠）及新疆南疆的塔克拉玛干沙漠和北疆的古尔班通古特沙漠。沙尘暴的进京路线有北路、西北路、西路三条传输路径，北路传输自内蒙古的二连浩特、浑善达克沙地、朱日和、四子王旗起，至化德、张北、张家口、宣化，到达北京；西北路传输路径为阿拉善的中蒙边境、贺兰山南，北至毛乌素沙地、乌兰布和沙漠、呼和浩特、大同、张家口，直入北京；西路的源地在哈密和芒崖，经河西走廊、银川、西安，过太原、大同，落于北京等地。

3. 复合来源说

认为北京沙尘暴的沙尘既来源于本地，也来源于异地，即初始源地为蒙古高原及冷涡移动路径上的沙漠戈壁地区，后续源地为裸露沙尘的北京周边地区。支撑这种观点的依据是李令军、高庆生的研究成果①。

该项研究采用 GMS 卫星资料、地面气象观测资料和中尺度数字模式 MM5 资料，对象是我国 2000 年 4 月 3 日~9 日连续 3 次东北气旋过程形成的沙尘暴天气。通过研究，认为北京沙尘暴有两部分沙尘来源，即远周边的自由大气输送和近周边的边界层输送。上游蒙古高原及冷空气移动路径上扬起的沙尘，沿锋面辐合带卷入气旋中心，细小沙粒被垂直输送到边界层以上的大气中，沙尘随西北气流输送到北京上空。冷锋经过北京地区时形成明显的气流辐合，将近周边沙尘汇聚到辐合带中，造成北京地区沙尘的浓度继续增高。浑善达克沙地西部和南部属农牧交错带，气候相对干旱，分布着广阔的小型沙地、严重沙化的农耕地、退化的草地等。前期地表干旱，土层疏松，成为初始沙尘暴形成的主要源地。沙尘暴移入北京后多有加强，与北京近周边（包括冀北高原、河北平原及京津地区）存在着众多的分散沙尘源，如小型沙地、裸露荒地、闲置耕地、干河道、建筑工地、垃圾场等有关。

我们认为，就地起沙说、异地输沙说、复合来源说都是在特定时空背景下形成的，都有其依据，但又都有一定的局限性。20 世纪 80 年代中期以前，就地起沙权重可能较大。其后，北京加大了生态环境建设的力度，

① 李令军、高庆生：《2000 年北京沙尘暴源地解析》，《环境科学研究》2001 年第 2 期，第 1~3 页。

就地起沙在一定程度上受到了扼制；而农牧交错带和草原地区由于整体生态环境趋于恶化，异地输沙的成分大大提高，所以当前的复合来源说可能更为准确。将来，随着北京生态环境建设力度的进一步加大，就地起沙将受到根本扼制，届时异地输沙说的定位将符合实际。可见，北京沙尘暴的源地在变。北京治理沙尘暴，应根据沙尘来源适时调整战略行动。

二 北京沙尘暴的成因及趋势判断

（一）北京具备出现沙尘暴的自然条件

1. 从地理位置来看，北京处于我国北方沙尘暴的聚焦点

我国北方地区自西向东分布着塔克拉玛干沙漠、古尔班通古特沙漠、腾格里沙漠、巴丹吉林沙漠、乌兰布和沙漠、库布齐沙漠、毛乌素沙地、浑善达克沙地、科尔沁沙地、呼伦贝尔沙地和正在沙化的锡林郭勒草原、察哈尔草原等，它们是我国沙尘暴的高发区。由于沙尘暴可以将细小沙尘输送到自由大气层，垂直高度达 9 公里左右，水平输送距离可达数百乃至上千公里，而北京正处于沙尘暴移动路径的下游和沙尘暴影响可及的范围内。加之，北京本地有三大风口，即永定河谷、潮白河谷和南口关沟，来自北方地区的沙尘暴经过三大风口可以长驱直入北京城。

2. 北京本地有就地起沙的条件

北京地处黄土高原、内蒙古高原向华北平原的过渡地带，在气候带上亦处于半湿润向半干旱的过渡地带。北京的西部和北部系太行山脉和燕山山脉，东南部是平原。山地面积约占全市土地总面积的三分之二，平原约占三分之一。从地形地貌和气候条件来看，北京地区属于生态比较脆弱的地区。历史上，北京地区森林茂密，河水清澈。自辽代以来，北京作为五朝古都，为建造宫殿和薪材而砍伐森林，因人口增多而毁林开荒，大肆破坏地表植被，导致水土流失频繁发生。永定河和潮白河，因上游地区人口增多而不断破坏地表植被，将大量泥沙挟带进入北京地区，为今天北京就地起沙型的沙尘暴出现埋下了祸根。

新中国成立以后，北京生态建设取得很大成就，森林覆盖率明显提高。然而，存在的问题也不少，如树种结构单一，大面积连种，易于病虫害发生；防护林比重较低，涵养水源、保持水土等功能难以充分发挥，水土流失仍在继续，新的沙源还在不断产生。加之，郊区土地利用结构中种植业占有较大的比重，冬春季节地表裸露；城区及近郊建筑工地和垃圾场遍布，为北京本地就地起沙创造了条件。内蒙古中西部地区出现的沙尘暴进入北京后，多有加强就是北京存在就地起沙的证据。

3. 我国北方地区，特别是河北坝上地区、内蒙古中西部、晋西北、陕北榆林地区等生态恶化严重，为沙尘暴源源不断地提供沙尘源，使北京无法幸免于沙尘暴的危害

北京北部是农牧交错带，再往北是牧区。自清末以来，不断毁林开荒，毁草种地，导致沙漠化土地面积不断扩大，昔日“风吹草低见牛羊”的景象早已不复存在。北方地区，特别是河北坝上地区、内蒙古中西部、晋西北、陕北榆林地区等土地沙化的形势十分严峻。我国荒漠化土地面积达 262 万平方公里左右，约占全国土地总面积的 27.3%，其中风蚀荒漠化面积最大，达 160 多万平方公里，在上述地区多有分布。沙尘暴就是典型的风蚀荒漠化。新中国成立后，中央和地方政府非常重视治理荒漠化问题，在上述北方荒漠化重点地区有组织地开展大规模的防沙治沙工作，取得了很大的成绩。特别是改革开放以来的 20 多年，防沙治沙工作更是卓有成效。然而，荒漠化“局部治理，整体恶化”的趋势并没有遏制住，甚至愈演愈烈。从全国来看，土地沙化面积 20 世纪 50 年代平均每年扩展 1500 多平方公里，80 年代为 2100 平方公里左右，进入 90 年代高达 2460 多平方公里①。内蒙古大草原牧草的平均高度，在 20 世纪 70 年代是 70cm 左右，现在不足 25cm②。我国北方地区每年发生沙尘暴的次数，20 世纪 50 年代是 5 次，60 年代是 8 次，70 年代是 13 次，80 年代是 14 次，90 年代是 23 次③，呈现愈演愈烈的态势，反映了整体生态环境的恶化。近几年，荒漠化加速扩展，沙尘暴活动频繁，北京无法幸免于沙尘暴的危害。

---

① 张定龙：《我国荒漠化形势及治理对策》，《宏观经济管理》2000 年第 3 期，第 20~24 页。

② 丁伟：《山川秀美会有时——国土荒漠化现状透视》，《人民日报》2001 年 6 月 15 日，第 6 版。

③ 陈志清、朱震达：《从沙尘暴看西部大开发中生态环境保护的重要性》，《地理科学进展》2000 年第 3 期，259~265 页。

（二）全球气候变化是北京沙尘暴出现的自然基础，人地关系不协调则是其出现的社会原因

沙尘暴的形成，既有自然方面的原因，也有人类活动方面的原因，是这两种因素综合作用，并形成恶性循环的结果。全球变化导致我国北方地区干旱和暖冬现象加剧，大面积森林和牧草枯死，这是北京沙尘暴出现的外部原因。虽然国际社会一直在努力控制温室气体排放，但由于错综复杂的矛盾，难以采取统一行动。人口过多，远远超过土地合理承载能力，人地关系不协调则是北京沙尘暴出现的内部原因。支持笔者观点的依据如下。

1. 全球气候变化使我国北方地区土地沙化加速，也使我国治理北京沙尘暴多年的不懈努力事倍功半，这是北京沙尘暴形成的自然基础

全球气候变化对我国北方地区的直接影响是，干旱和暖冬现象加剧，地表蒸发加大，河流断流，湖泊枯竭，地下水位下降，森林和牧草枯死，地表沙化加速。这就使我们为治理北京沙尘暴多年以来辛勤构筑的绿色长城——“三北”防护林大面积枯死。我国北方地区由于特殊的地理位置和气候条件，成为全球生态最脆弱的地区之一，也是全球气候变化最大的受害者之一。

2. 自辽代以来，北京作为首都吸引了越来越多的人口，因人口压力加大而出现了大规模的毁林开荒行为，导致北京地区水土流失和流沙出现

北京地区属暖温带半湿润大陆季风性气候，年平均气温为 11～12℃，多年平均降水量为 470～660mm，原生植被类型为针叶林、落叶阔叶林、山地灌丛和灌草丛以及山地草甸。北京地区虽然很早就有人类活动，但在辽代以前只是地方性行政中心，人口集聚不多，对生态环境的破坏并不严重。进入辽代以来，北京连续成为五朝古都，是北方少数民族南下和南方汉民族北上的集中地。王公贵族、达官显要为建造宫殿、豪宅而不断砍伐周边山区森林，为满足人口日益增多的需要而不断毁林开荒种地、砍树为薪，导致山区水土流失和平原地区冬春季节地表裸露，为北京地区流沙的出现埋下了祸根。可以设想，假使北京不是五朝古都，那么北京地区不可能集聚这么多的人口，生态环境恶化也就不会像今天这么严重。

3. 人口迁入过多，远远超过土地合理承载能力，导致北方半农半牧区毁林毁草开荒和土地沙化

我国北方地区在自然地理分异规律的作用下，形成了一条东北—西南走向的介于半湿润区和半干旱区的生态过渡地带，它东起大兴安岭，穿过内蒙古东部和东南部、河北北部、山西北部和陕西北部以及甘肃东部，一直到青海东北部。在行政区划上大部分位于内蒙古，以及与内蒙古相邻的诸省。它的宽度为100~250公里，长度为2000多公里，年降水量在300~400mm之间。这条过渡地带是农区与牧区、耕地与草原的交错地带，所以叫农牧交错带[①]，俗称半农半牧区。这一地带的原生植被是稀疏森林和草原，土层薄，土壤质地为沙质土，破坏植被很容易造成土地沙化。目前这一地带已成为我国土地沙化的重灾区和北京沙尘暴的重要源地，我国土地沙化扩展最快的科尔沁沙地、浑善达克沙地、毛乌素沙地等都分布在这一地带。清朝末期以前，这里还有茂密的森林和水草丰美的大草原。虽然零星开垦了少量耕地，但地表植被状况良好。随着清朝的衰败，民间自发出现了“闯关东”“走西口”，大量移民迁入这一地带开垦耕地。新中国成立后，在“以粮为纲”的口号下，组织生产建设兵团开荒种地，20世纪70年代动员城市知青“上山下乡”接受再教育，这些都起到了增加人口的作用。人的基本需求是吃饭、穿衣，为解决生计问题而不惜毁林毁草开荒，在今天看来是愚蠢之举，但在当时是不得已而为之，有其合理的一面。比如，河北省承德地区的丰宁县小坝子乡，处于潮河源头，原始自然景观是森林和草原。在辽代仅有少量开垦的耕地。清代驻有八旗官兵，主要靠朝廷俸禄维持生计。清末，国库紧张，八旗官兵开始开垦耕地自谋生路。民国年间，自发迁入一些汉族居民。20世纪50年代初，有居民3100多人，耕地1.9万亩，人均6.1亩；大小牲畜9300头（只），人均3头（只）；到80年代初，人口增加到5300多人，耕地2.6万亩，人均4.9亩；牲畜1.2万头（只），人均2.3头（只）。30多年来，人口增加了2200多人，耕地增加了7000多亩，牲畜增加了近3000头（只），人地关系明显趋于紧张，造成的后果是沙化土地113.3平方公里，占全乡土地总面积的1/3，重度沙化面

---

① 吴波：《我国荒漠化现状、动态与成因》，《林业科学研究》2001年第2期，第197页。

积 37.3 平方公里，出现大小沙丘 82 处，水土流失面积 225 平方公里，占全乡总面积的 70%以上[①]。为了生计，大量青壮年被迫远赴他乡打工。小坝子乡距北京怀柔县界 30 公里，距北京城区 110 公里，是北京沙尘暴的一个重要源地。

4. 牧区人口过多，生活成本高，产业单一，必须保持一定数量的养畜量才能维持最基本的生存，这是牧区草原牲畜超载的根本原因

在谈到北京沙尘暴的源地时，人们往往想到了北京就地起沙和半农半牧区的土地沙化，而忽略了牧区的草原退化和沙化。其实，自 20 世纪 80 年代以来牧区的沙化已触目惊心，人们普遍认为过牧超载是主要原因。笔者认为，掩盖在过牧超载背后的深层次原因是牧区人口过多，生活成本高，产业单一，必须保持一定数量的养畜量才能维持最基本的生存。以西乌珠穆沁旗为例，该旗位于内蒙古锡林郭勒盟东部，是个纯牧业旗。全旗土地总面积 22343 平方公里，人口 7.3 万人，其中牧业人口 4.2 万人，人口密度 3.3 人/平方公里，虽然没有超过联合国规定这类地区 7 人/平方公里的人口密度上限，但草原牲畜超载的现象十分严重。该旗可利用草场面积有 19687 平方公里，养畜规模连续 7 年稳定在 200 万只（羊单位）以上，平均每只（羊单位）牲畜占有草场 14.8 亩，而合理的载畜量应为 20 亩/只（羊单位），超载 35%以上。造成超载的原因是：第一，地方财政 70% 来源于畜牧业，财政增收的最有效途径是增加牲畜头（只）数。据该旗同志介绍，养 1 头牛要交 26 元税收给地方财政，1 只羊 11 元，1 匹马 30 元。第二，改革开放后，牧区也实行家庭联产承包责任制，把草场分给牧民承包经营。牧民因为没有一技之长，外出务工经商的也不多，增收的途径主要就是多养牲畜。第三，牧民生活成本高。在牧区，牧民居住分散，牧民子女上学难，小学阶段要到苏木寄宿，初中阶段要到旗里寄宿，就学成本高；吃粮也靠商品粮，因运距远，到牧民手里粮价很高；为了解决人畜饮水，每个牧民家庭还需要打机井，深度一般在 10~50 米，一眼机井需 3 万~4 万元；牧民定居建房所用的木材、水泥、砖瓦等也靠远距离运输，建房成本也很高；牧民外出办事，现在很少骑马，多数购买摩托车和汽车，用油成本也很高，而且对草场破坏很大。正是由于上述三方面的原因，牧民

① 景爱：《警报：北京沙尘暴》，人民出版社，2001，第 72~76 页。

要维持基本的生存，必须饲养一定数量的牲畜。据一些牧户反映，户均养羊（折合成羊单位，以每户4人计）必须保持在200只以上才能维持最基本的生存，以此推算，该旗牲畜饲养量必须保持在210万个羊单位才能维持全旗人口的基本生存。由此而导致草原牲畜超载的后果是，“一年退化，二年沙化，三年流沙”。该旗现已形成了一条乌珠穆沁沙带，横亘全旗的18个苏木、1个镇和2个国营牧场，总面积达83万公顷，为北京沙尘暴的一个初始源地。

（三）北京沙尘暴趋势判断

未来，北京沙尘暴是趋于加强，还是减缓？这是一个确定北京沙尘暴治理行动轻重缓急的关键。北京沙尘暴是自然因素和人类活动相互作用的产物，大风天气过程、不稳定对流层和地表沙源是北京沙尘暴形成的三要素。大风天气过程和不稳定对流层都是自然现象，人们无法控制，而且变数太大，人类目前对其活动规律的认识比较肤浅，尚不能准确做出中长期趋势预测。因而，就这二要素而言，我们尚无法对北京沙尘暴做出趋势判断。地表沙源既是自然环境演变的结果，也是人类活动的产物。从全球变化趋势来看，我国北方地区冬春温度上升，干旱化程度将加重，地表沙化的程度也将进一步提高。就此而言，北京沙尘暴将趋于加强。然而，地表沙化的程度还受制于人类活动。人类活动具有两面性，人类破坏地表植被将加速地表沙化的程度，而人类植树造林种草将延缓地表沙化的程度，甚至可能出现“人进沙退”的局面。可见，人类活动是影响地表沙化的积极因素。由于人类活动是人类自己可以控制的，因而地表沙化的程度可以根据人类活动做出趋势判断。

前面已经分析，北京沙尘暴的沙尘来源于三部分，一部分是北京本地的沙源，另有一部分是半农半牧区的沙源，还有一部分是牧区的沙源。北京本地的沙源历史悠久，早在辽金时期就因生态环境的破坏而产生，元明清时期直至20世纪80年代中期以前，土地沙化一直在扩展。80年代中期以后，由于加强了植树造林，森林覆盖率大幅度提高，风沙活动明显减弱。为举办2008年奥运会，北京更加注重生态环境建设，全市规划形成三重生态屏障，第一层是山区的防护林体系，第二层是郊区平原地带的农田路网水系防护林体系，第三层是市区与十大边缘集团之间的绿化隔离带，全市森林覆盖率计划提高到50%以上。就此判断，因本地沙源而出现的沙尘暴将趋于减缓，甚至绝迹。半农半牧区的沙源，历史文献早有记载，但沙化扩展始于清末民初，主要是因外来移民毁林毁草、开荒种地引起的。新中国成立后，一方面强调“以粮为纲”，继续开荒种地；另一方面又在构筑“三北”防护林体系，试图遏制土地沙化的势头，但“一边治理，一边破坏”，“局部治理，整体恶化”。最近，国家加大了生态建设的力度，出台了一系列优惠政策，实施了一系列生态建设工程，如退耕还林还草政策、“三北”防护林第四期工程、环京津周边生态建设工程等，对防风固沙必将起到积极作用。但是，“积重难返”，要有效地遏制土地沙化和沙尘暴的发生，不只需要付出长期的努力和高强度的投入，而且还需要制定出正确的治理战略和行之有效的治理措施。牧区的沙源，产生于新中国成立后，主要是草原牲畜超载引起的，强化于改革开放后，主要是实行家庭联产承包责任制后因经济利益驱动引起的。目前，沙化的速度正在加快，而治理力度跟不上。虽然内蒙古地方政府实行了禁牧还草政策，但还没有上升到国家高度。如此下去，因牧区沙源引起的北京沙尘暴将越来越严重。

综合上述分析，因就地起沙而引起的北京沙尘暴将趋于减缓，甚至可能绝迹。因半农半牧区沙源引起的北京沙尘暴，从短期来看，不会减弱，甚至可能加强；从长期来看，如果仍然延续过去的治理方式，则“局部治理，整体恶化”还会继续下去，北京沙尘暴的发生概率还会加大。因牧区沙源引起的北京沙尘暴，如果不加以重视，不采取行之有效的对策，则发生的概率将大大增加。从空间尺度来看，北京沙尘暴的沙尘来源将日趋广泛，来自本地的沙源将日趋减少，来自半农半牧区和牧区的沙源将趋于增多。所以，治理北京沙尘暴，不能局限于本地考虑，应从更广阔的地域空间考虑，一方面开展广泛的国际合作，共同寻求减少温室气体排放的有效途径，接受国际组织和友好国家的资金和技术援助；另一方面北方地区各省市区应携手合作，共同治理沙源。治理北京沙尘暴，不能过分乐观，应充分考虑到治理的难度。如果采取正确的治理战略和行之有效的措施，加大治理力度，付出长期的努力，则完全可能减缓甚至根治北京沙尘暴。

三　北京沙尘暴治理的经验教训及治理新途径

（一）20世纪80年代中期以前风沙危害持续不断缘于历史上对沙尘暴治理无动于衷

自元代北京有沙尘暴记载以来，历朝历代对北京沙尘暴的治理基本上没有采取任何行动，任其发展，造成了持续不断的风沙危害。新中国成立后，解决吃饭和生产问题是面临的首要问题，环境保护还没有提到议事日程上来，加之政策上强调“以粮为纲”、公民环境意识缺乏和北京作为首都持续不断的人口增长压力，导致山区毁林开荒种地和平原区破坏沼泽湿地资源肆意扩大耕地面积，这些一直到20世纪80年代中期以后才有所改观。历史经验告诉我们，必须加强对北京沙尘暴的治理，否则后患无穷。

（二）北京地区植树造林仅是治理北京沙尘暴的开端，但不是全部内容

自20世纪80年代中期以来，北京加大了植树造林的力度，北部和西部山区的森林覆盖率显著提高，防风阻沙的效果很明显。近些年来，借助举办奥运会的契机，北京进一步加大了生态环境建设的力度，全方位营造“绿色奥运”的氛围。但是，这只是治理北京沙尘暴的第一步，而不是全部内容，不要认为解决了北京地区的生态环境问题就可以根治北京沙尘暴，因为行政区划界限是无法阻挡北京出现沙尘暴的。就地治理只解决了就地起沙问题，林木再高也无法阻挡来自半农半牧区和牧区沙源引发的沙尘暴。所以，治理北京沙尘暴的行动才刚刚开始，还有漫长的路要走。

（三）现行政策为沙尘暴治理带来了希望，但设计上的缺陷导致效果不甚理想

自20世纪50年代以来，我国为治理北方荒漠化启动了多项防沙治沙工程。经过几十年的治理，荒漠化土地不仅没有减少，反而越来越多①，

① 王贤、周心澄、丁国栋：《对我国荒漠化治理现状的一些认识与建议》，《北京林业大学学报》1999年第5期，第100页。

其原因值得我们深思。“局部治理，整体恶化”“一边治理，一边破坏”是后人给出的总结，然而其深层次原因并没有多少人探究。笔者认为，荒漠化和沙尘暴是自然条件和人类活动复合作用的产物，其根源是人地关系不协调。治理荒漠化和沙尘暴的重点不应在“治沙”上，而应放在“退人”上。世界银行农村发展部中国和蒙古司负责人于尔根·弗格勒认为，沙漠化在很大程度上是人为的灾难，人和牲畜正在破坏亚洲草原脆弱的生态平衡，自然资源养活不了那么多人。将人口从受影响地区搬迁出去，彻底改变农业生产方式之类的措施都是极为关键的因素①。遗憾的是至今也没有多少人能够真正领会它的含义。长期以来，我们缺乏人地关系协调的理念，只在“治沙”上做文章，将治理荒漠化和沙尘暴这样一个复杂的系统工程简单化为植树种草和防沙治沙工程，以为这样就可以万事大吉，出现“局部治理，整体恶化”“一边治理，一边破坏”的现象也就不足为奇了。这里，笔者并没有否定植树种草和防沙治沙工程的作用，但这些只是治理措施，而非治理战略。

为了治理北京沙尘暴，国家在半农半牧区实行退耕还林还草政策和在环京津周边75县实施防沙治沙工程，可以说迈出了治理北京沙尘暴的第二步。然而，由于治理系统设计上的缺陷，我们很可能重蹈“局部治理，整体恶化”“一边治理，一边破坏”的覆辙，这是每一个关注北京沙尘暴治理的人所不愿看到的。治理系统设计上的缺陷，第一是理念上的缺陷，缺乏人地关系协调观、系统观和可持续发展观。第二是战略上的缺陷，将治理沙尘暴的重点放在“治沙”上，而非“退人”上，本末倒置。第三是制度设计上的缺陷，将治理沙尘暴这样一个需要全社会采取协调统一行动的复杂系统工程简单化为植树种草和防沙治沙工程，难免治标不治本。第四是政策设计上的缺陷，其表现是（1）退耕还林还草的力度不够。国家退耕还林还草的重点是西部地区25度以上的坡耕地，在北方荒漠化地区虽然参照此项政策，但力度太小，覆盖面不大。实际上半农半牧区的耕地绝大多数已不适合耕种，应该退耕还林还草。（2）退耕还林还草的指标按行政区划层层分解，最后落实到农户，这样分配下去往往是星星点点，达不到

---

① 《中国如何控制荒漠化？鼓励各地因地制宜是最好办法》，《参考消息》2001年7月22日，第8版。

集中连片治理的目的。(3) 退耕还林还草工程和环京津防沙治沙工程不重叠使用，这种“撒胡椒面式”的资金投放方式，照顾了各方利益，但达不到重点治理的目的，因为土地沙化的程度和面积并不是按行政区划平均分配的。(4) 退耕还林还草项目资金管理采取报账制，即国家下达计划指标，地方政府组织，农民实施，上级政府验收合格后给予资金和粮食补助。从表面上看，制度设计规范，实则漏洞不少，违规操作屡见不鲜，上级政府肆意截流和挪用资金，一些地方政府欺上瞒下，农民只有退耕还林的积极性，缺乏养护的积极性，养护费用不在报账制范畴内。而且，为了监督地方政府组织实施情况，还需要付出大量人力、物力和财力，成本高昂。(5) 退耕还林还草工程中，还林由林业部门组织实施，还草由农业部门组织实施。还林的投入远远大于还草的投入，林业部门对还林的积极性很高，对还草没有积极性。而半农半牧区气候干旱，并不适合种乔木，而适合种灌木和草，植树耗水量大，养护成本高，成活率低。一味强调种树，早已被证明是失败之举。(6) 退耕还林还草工程中，树种和草种的选择往往是人为决定的，而不是自然选择的，这样往往造成单一树种和草种，生物多样性受到破坏，而且极易受到病虫害的袭击，后果不堪设想。

（四）禁牧移民应成为国家政策，牧区草场的退化和沙化问题不容忽视

当前，牧区草场的退化和沙化问题十分严重，内蒙古二连浩特、苏尼特左旗、苏尼特右旗几乎寸草不生，赤地千里，是北京沙尘暴的一个重要沙尘源地。治理北京沙尘暴不能忽视牧区草场的日益退化和沙化问题。针对沙化草场出现的问题，内蒙古自治区政府实行了禁牧政策，对沙化严重牧区的牧民实行了生态移民政策，取得了一定的效果。但由于禁牧和生态移民政策还没有上升到国家政策层次，政府支持力度明显不足。禁牧至今也没有享受到与国家退耕还林还草同等的政策待遇；生态移民补贴标准是平均每人 5000 元，40%用于生活建房，60%用于生产。如以每户 4 口人计，则合计 1 户补贴 2 万元。实际开支需求情况是，以每户 $70m^2$ 建筑面积、成本价 380 元/m^2计，建房需 2.66 万元；以户均 3 头奶牛，7000 元/头计，共需 2.1 万元；自来水 0.7 万元/户；牛棚 2 万元/户，合计达 7.46 万元，这还不包括公共设施的投入。

禁牧政策本身有不完善之处：第一，禁牧政策中强调围栏封育，以户为单位。由于牧区户均草场面积有数千亩，甚至上万亩，围栏成本很高。第二，围栏后实行舍饲养畜，冬天的饲草料不好解决，故允许每户开垦10亩耕地种青饲料。牧民为了追求利益最大化，尽可能多地开垦耕地，尽可能多地打机井抽取地下水，以增加养畜的头（只）数，这样可能解决了过度放牧引起的沙化，但又造成了因开垦耕地而出现的新的沙化。第三，禁牧期3至5年，由于没有其他生活来源，禁牧期间牧民生活困难。对牧民来说，存在着三种现实选择：一种是挨饥受饿，等待政府的救济；另一种是多开垦耕地，造成上述第二种后果；还有一种是禁而不止。谁来监督禁牧的执行情况？监督成本由谁支付？这个问题并没有解决。由于牧区范围辽阔，尽管理论上存在监督禁牧的可能性，但操作难度很大。据笔者实地观察，牧民仍在自己围封后承包的草场上放牧，甚至有不少山羊在啃草根。禁牧，只起到了禁止别人家的牲畜在自己家的草场上不经允许而放牧的可能。据一些牧民反映，如自己家的草场因产草太少而无法放牧时，可以以每只羊5元/月的代价到产草较多的别的牧民家的草场上放牧。这样做的后果是，养畜量尽可能最大化，直至把草场吃干吃尽为止。第四，牧区当地政府的财政收入与当地牲畜饲养头（只）数呈正相关。减少牲畜头（只）数，就意味着减少地方财政收入。所以，理性地看地方政府并不真正愿意看到牲畜头（只）数的减少，在这一点上，地方政府和牧民有共同的利益追求和价值取向。对牧民肆意增加牲畜头（只）数的行为，地方政府多采取放纵的态度。第五，禁牧期过后，拟实行“草畜平衡”政策，即通过科学测定，确定每块草地的最高载畜量，超过这个载畜量就要受到相应的处罚。表面看，政策设计合理，但由于牧民和地方政府的共同价值取向，这种政策不具有可操作性。禁牧期过后，仍然会恢复过度放牧的状态。总之，禁牧是内蒙古自治区政府提出的，牧区地方政府和牧民不会有多大的积极性。禁牧政策很可能不了了之。

从生态移民政策来看，也有不完善的地方。这项政策设计的初衷是把沙化严重地区的牧民迁移到城镇附近，搞城郊畜牧业，主要是饲养奶牛，逐步引导他们走上从事商品农业和非农产业的道路，最后实现城镇化，从而使沙化地区的草场实现自然恢复。单就政策设计本身而言，生态移民政策很有战略眼光。但由于政府投入资金有限，需牧民自己拿出5万~6万元。而在沙化严重的牧区，牧民生活十分困难，无法凑足搬迁的费用，导致生态移民进展不大。一些旗搞的生态移民试点，有违生态移民政策设计的初衷，将旗所在地附近分散居住的牧民在禁牧后集中到旗政府所在地附近，建立生态移民新村。名为“生态移民”，实则为“形象工程”，并没有达到生态移民政策设计的初衷。

综上所述，治理北京沙尘暴是一项综合的复杂系统工程，需要系统设计。过去的治理行动，不能说政策设计不周全，但缺乏理念和战略的指导，只是在政策和措施上打圈圈，形成了一种理不清、道不明、行不通的死结。治理北京沙尘暴刻不容缓，我们不能再沿袭过去的做法，应有新理念、新战略、新制度和新政策。

（五）治理北京沙尘暴的新理念

理念是制定战略、政策和措施的前提。缺乏理念的指导，战略、政策和措施是没有灵魂的。治理北京沙尘暴需要具备如下理念：

一是要有长期观。北京沙尘暴的出现是全球气候变化和人地关系不协调经历了数百年量的积累后发生质变的结果。俗话说，“破坏容易，建设难”。沙尘暴沙源地区的生态重建工作至少需要50年，不能奢望短短几年或十几年就能取得明显成效。不要被北京沙尘暴的短暂平静现象所迷惑，治理北京沙尘暴要有长期奋斗的思想准备。

二是要有人地关系协调观。要把北京沙尘暴治理工作放在人地关系协调的系统框架中考虑，要从人和自然互动关系入手，不能就治沙而治沙，要对人地关系进行系统协调。

三是要有生态观。北京沙尘暴的沙源地区是生态脆弱地区，也是我国的一道生态屏障，其战略地位绝不亚于西部“三江”源头，因此国家应高度重视该地区的生态重建工作。对该地区，国家应有明确的战略定位，即生态建设第一，经济发展第二，至少保证50年。虽然我们非常希望看到生态和经济发展能够形成良性循环，但勉为其难，其结果是生态建设和经济发展都没有搞上去。

四是要有自然观。沙源地区的生态重建要尊重自然规律。原生植被是自然环境长期演化的选择，不要凭人的喜好而取代自然选择。宜乔（木）则乔（木），宜灌（木）则灌（木），宜草则草。在水资源开发利用上，应适度，不可过量开采地下水，不要人为破坏水循环系统。不尊重自然规律，必然要受到大自然的惩罚，我们在这方面的教训不可谓不深刻。

五是要有区域合作观。治理北京沙尘暴，不能局限在北京地区，应将北方半农半牧区和牧区也纳入北京沙尘暴治理的系统中予以考虑。不能认为北方半农半牧区和牧区的防沙治沙工作是当地自己的事情，与北京无关。因为这些地区的防沙治沙工作不仅关系到当地人民群众的切身利益，而且也关系到全国其他受沙尘暴威胁的地区，特别是北京地区人民群众的切身利益。事实上，北京的生态环境不是封闭的，而是一个开放系统，其环境状况在很大程度上为我国北方整个农牧区的大环境所左右。在这里，北京与北方地区的关系，就像前庭与后院一样，组成一个共有的生态家园。北京要想拥有一个良好、稳定的生态环境，就必须从区域整体出发，帮助北方地区尽快恢复原有的自然面貌，进行生态重建。因此，治理北京沙尘暴，必须打破行政区划界限，综合考虑整个沙源系统，广泛开展区域合作。

六是要有可持续治理观。治理北京沙尘暴，不能只考虑沙源地区的防沙治沙，还应考虑沙源地区地方经济发展、农牧民增收和素质提高等问题，否则，即使政策设计周全，也不具有可持续性。政策到期后，还会陷入继续破坏地表植被的境地。

七是要有因地制宜观。沙源地区的自然和社会经济条件差异很大，因此治理北京沙尘暴，不能采取一刀切的办法，使用同一种治理模式。应允许沙源地区根据自己的特点采取有差别的治理模式。

（六）治理北京沙尘暴的新战略

1. 广泛开展国际合作，减少温室气体排放，为治理北京沙尘暴创造良好的外部条件

北京沙尘暴不是北京和我国北方地区的“国产品”，而是全球气候变化的恶果。因此，北京和我国北方地区是全球气候变化的受害者。北京沙尘暴的恶果由我国北方地区独自承担是不公平的。发达国家的工业化已有200多年的历史，它们是全球能源的主要消耗者，它们对全球气候变暖应承担主要责任。从这一角度来说，它们是北京沙尘暴的始作俑者之一，治理北京沙尘暴是它们不可推卸的职责。因此，第一，应广泛宣传北京沙尘暴和全球气候变化的相关关系；第二，应促使国际合作，减少温室气体排放；第三，寻求国际援助，以此来改善治理北京沙尘暴的外部条件。

2. 重构人地关系，以此作为治理北京沙尘暴的内部突破口

由于人们目前无法改变大气环流，因此治理北京沙尘暴的着眼点应放在沙源地区地表植被的恢复和人地关系协调上。这里有两种办法：一种是人工增加供给，即增加单位土地面积的生物产出量。生物产出量既受制于经济技术水平，更受制于自然条件，特别是降雨和气温。不可否认，通过一定的经济技术手段可以增加生物产出量，但难度很大，成本高昂。另一种是减少需求，即减少沙源地区的人口数量。通过人口数量的减少，减轻对大自然的索取，保持生态平衡。围绕这两种办法就出现了以下两种治理战略。

一种是“正面强攻”，也就是人工治理，重点是人工恢复植被，核心是通过增加生物产出量来实现生态平衡。我们过去和目前采取的都是这种战略，相应的政策措施是退耕还林还草、宜林荒山绿化、小流域治理、飞播造林等。其作用值得肯定，但是实施中面临的问题也不少：第一，没有和地方经济有机结合起来，地方政府关注的是财政收入的增减和生态工程款项这样的现实问题，而对需要较长时期才能显示效益的生态工程本身并不特别关注。为了政绩，有时把生态工程当作形象工程，偏离了生态工程建设的目的。第二，没有和农牧民的增收结合起来，农牧民关心的是眼前的个体经济利益，而这些生态工程显示的是长远的、宏观经济利益。这对矛盾激化的结果是生态建设工程流于形式，并出现“重建设、轻管理”的现象。“年年种树，年年不见林”就是这种情况的真实写照。

另一种是“釜底抽薪”，也就是在沙源地区“移民减人”，重在自然恢复植被，核心是通过减少人口数量来减少生物资源的需求量，实现生态平衡。其思路是将沙源地区生态退化、植被破坏严重、没有人类生存和发展条件地区的人们迁出来，实行生态移民政策。将人彻底迁出来，植被的破坏程度将大大减轻。经过若干年后，有望自然恢复植被。将国家和地方政府下拨的生态建设工程款项用于补贴生态移民，其效果将大不一样。

对比这两种战略，前一种是“正面强攻”，后一种是“釜底抽薪”。前一种战略囿于既定的人地关系，只在增加生物产出量这样一个较小的伸缩空间上修修补补，并没有减轻人口对土地的压力，是一种治标不治本、高成本和不可持续的生态重建战略；而后一种战略重新调整了人地关系，减轻了人口对土地的压力，是一种治本的、低成本和可持续的生态重建战略。治理北京沙尘暴，协调沙源地区的人地关系，应采取标本兼治、对症下药的战略，即“移民减人”为主、人工治理为辅。

（七）治理北京沙尘暴的新措施

北京沙尘暴是区域性的生态环境问题，既需要国家出台一系列相关政策，也需要北京拿出具体的行动计划。

1. 成立组织机构

国家应尽快成立全国可持续发展与荒漠化治理委员会，由国务院领导兼任主任，中央各相关部委（包括计划、财政、税收、教育、民政、社保、农业、林业、水利、国土建设、交通等部门）、沙源地区政府（包括新疆、内蒙古、甘肃、宁夏和陕北、晋西北、河北坝上、东北三省西部地区）和受沙尘暴影响地区政府（包括北京、天津、河北、山东、辽宁、吉林、黑龙江、陕西、山西、河南等省份）参与，办公室可设在国务院办公厅内。形成统一组织、统一规划、统一行动、统一监督、成本分担、利益共享的新机制。

2. 创新体制

当前，国家对沙源地区的生态建设资金开支范畴限制很严，仅允许退耕还林还草、小流域治理、禁牧、宜林荒山绿化等生态建设工程以及与之相关的管理支出。这是一种“小沙源治理观”，其局限性显而易见，它迫使我们只能把沙源治理的着眼点放在“治沙”上，而对“退人”，或者说“对引起沙化的关键因素——人的战略撤退”无能为力。因此，树立“大沙源治理观”，将城镇基础设施建设和教育投入列入生态建设资金开支范畴尤为重要。特别是教育，更应实现真正的免费义务教育，国家有义务追加教育资金投入，只有这样才能使农牧民真正脱离土地，融入城镇化的大潮之中，为此必须更新观念和创新制度。

3. 落实经费

除了中央财政拨款开展生态建设工程外，还可以开辟其他渠道筹集沙源治理资金：（1）接受国际环保组织和友好国家的捐款。（2）接受国内外热心环保人士的个人捐款。（3）面向全国发行生态建设彩票，切出一块用于沙源治理、草场恢复和生态移民。（4）治理沙尘暴受益地区，如北京、天津、河北、山东、辽宁、吉林、黑龙江、陕西、山西、河南等省份通过利益补偿机制向沙源地区的财政转移。建立良好的区域合作机制，特别是北京要与周边各省份之间建立起有效的生态补偿机制，是确保北京免受沙尘暴威胁的重要条件。

4. 免除国税

国家对沙源地区应有明确的功能定位，即生态保护第一，经济发展第二。针对沙源地区普遍存在的开发过度状况，国家应对沙源地区实行休养生息政策，免除国税，至少50年不变。这样才能为沙源地区招商引资，发展工商业，给生态移民提供就业机会创造有利条件。

5. 因地制宜，分步治理

在治理北京沙尘暴的第一步行动，即植树造林治理本地沙源完成后，应将治理重点及时转移到半农半牧区和牧区。如果错过了治理时间，即使付出成倍代价也难以奏效。治理措施应因地制宜，在北京地区，因降水量相对较多，宜采取植树造林、增加森林覆盖率的手段治理沙源。在半农半牧区，宜采取退耕还林还草的手段治理沙源，且应该加大投入的力度和扩大地区覆盖面。在牧区，宜采取禁牧的手段治理沙源，且应该享受到与退耕还林还草同等的政策待遇。特别需要指出的是，不论是在半农半牧区还是牧区，都应通过城镇化实现移民减人，这样退耕还林还草和禁牧的效果会更好。另外，治理沙源的模式也不应一刀切，应允许各地探索适合自己的治理模式。比如，在半农半牧区退耕还林还草，不应一味强调还林，还林的时间也不应统一确定在春季，而应确定在夏季第一场降雨后，这样还林的效果会更好。

6. 生态移民

按照人地关系协调原则，科学测算沙源地区土地人口承载力。以此为依据，确定农牧民数量。多余的农牧民应实现生态移民，要像三峡库区移民那样，对口落实，并从政策和资金上予以保障，给牧民出路和生计。

7. 建立生态保护区

对北京沙尘暴的重点源地，特别是新疆一些绿洲、内蒙古阿拉善地区、苏尼特盆地，应实行整体移民、封禁，建立生态保护区。

8. 对口支援，共同发展

北京正在向国际化大都市迈进，申办2008年奥运会成功为北京进一步发展带来了极大的机遇。但是，沙尘暴是跨区域的生态环境问题，北京难以独善其身，必须与沙源地区政府和人民一道共同治理，以求得共同发展，因此对口支持是必不可少的。特别是北京与内蒙古、天津与新疆等地区间的对口支援工作，应进一步加强，全面展开。可供选择的手段有（1）干部交流：北京和沙源地区地方政府可以定期交流干部，以扶持沙源地区经济发展和生态环境建设。（2）教育支持：北京既可以扩大对沙源地区大学生招收的比例和名额，也可以促使北京中小学与沙源地区中小学结成伙伴关系，以提高沙源地区的教育质量。（3）劳务合作：在同等条件下，北京可优先接纳沙源地区的劳务输入，以体现对沙源地区居民就业的支持。（4）工程支持：北京以“绿色奥运”作为举办2008年奥运会的主题之一，生态建设是重要的一环。北京应把奥运生态工程建设款项的一部分投入到半农半牧区和牧区治理沙源和正在沙化的土地与草场。

总之，当前北京沙尘暴频发的直接原因是我国北方日趋严重的荒漠化形势，而其深层次原因则是普遍存在的人地关系失调。要想从根本上遏制北京沙尘暴，必须以“生态后院”理论为指导，建立良好的区域合作机制，并以协调人地关系为突破口，采取远近结合、标本兼治的策略，跨地区联合行动，变“挡沙”为“压沙”，对沙尘暴实行“釜底抽薪”，确保北京的生态安全。

第九章　荒漠化治理措施*

一　政策措施

我国是世界上受荒漠化危害最严重的国家之一，同时也是防治荒漠化行动走在前列的国家。我国政府历来高度重视荒漠化防治工作。从20世纪50年代中期起，国家就陆续投入了大量的人力、物力和财力用于荒漠化治理活动，也取得了一定成效。但是，荒漠化地区人口增长较快，生产活动规模持续扩大，对生态环境的压力不断增强，致使治理效果总体上并不令人满意，荒漠化一直呈恶化趋势。

进入21世纪以来，面对北方地区日益严重的荒漠化和沙尘暴形势，国家显著加大了治理力度。自2000年以来，陆续推出了一系列新的防沙治沙规划和政策措施，并加大了中央财政投入力度，以确保规划和措施得到有效实施（见表9.1）。

表9.1　21世纪以来国家有关部门出台的防沙治沙政策法规和措施

政策文件	颁布年份	颁布机构	主要内容
《关于进一步做好退耕还林还草试点工作的若干意见》	2000	国务院	对退耕还林还草试点工作中出现的新情况、新问题进行总结分析，提出了“省级政府负总责”“完善退耕还林还草政策”“健全种苗生产供应机制”等指导意见，对退耕农户提供粮食（长江上游地区每年每亩补助300斤，黄河上中游地区补助200斤）、现金（每年每亩补助20元）、种苗（造林种草每亩50元）补助。粮食和现金补助年限，经济林补助5年，生态林补助8年

*　本章成文于2013年11月，2016年8月修订。

续表

政策文件	颁布年份	颁布机构	主要内容
《中华人民共和国防沙治沙法》	2001	全国人大	将防沙治沙工作提升到国家战略高度，对防沙治沙规划、土地沙化的预防、治理、法律责任及保障措施等做了相应规定，要求推行省级政府防沙治沙目标责任制
《关于进一步完善退耕还林政策措施的若干意见》	2002	国务院	明确退耕还林包括退耕地还林、还草、还湖和相应的宜林荒山荒地造林。在干旱、半干旱地区，重点发展耐旱灌木，恢复原生植被。要求退耕还林后必须实行封山禁牧、舍饲圈养。要彻底改变牲畜饲养方式，实行舍饲圈养，严禁牲畜对林草植被的破坏。对居住在生态地位重要、生态环境脆弱、已丧失基本生存条件地区的人口实行生态移民。对迁出区内的耕地全部退耕、草地全部封育，实行封山育林育草，恢复林草植被。中央对生态移民生产生活设施建设给予补助
《关于加强草原保护与建设的若干意见》	2002	国务院	提出要建立和完善三大草原保护制度：一是基本草地保护制度，二是草畜平衡制度，三是轮牧、休牧和禁牧制度。要求牧区转变畜牧业经营方式，大力推行舍饲圈养（国家对实行舍饲圈养给予粮食和资金补助），并调整和优化畜牧业区域布局，逐步形成牧区繁育、农区和半农半牧区育肥的生产格局。同时提出对有沙化趋势的已垦草原逐步实施退耕还草（近期重点放在江河源区、风沙源区、农牧交错带和对生态有重大影响的地区），国家对退耕还草的农牧民提供粮食、现金和草种补助
《退耕还林条例》	2002	国务院	条例对退耕还林活动进行规范，明确指出退耕还林应当与国民经济和社会发展规划、农村经济发展总体规划、土地利用总体规划相衔接，与环境保护、水土保持、防沙治沙等规划相协调。纳入退耕还林范围的土地，主要包括水土流失或沙化、盐碱化、石漠化严重的土地，并优先安排江河源头及其两侧、湖库周围的陡坡耕地以及水土流失和风沙危害严重等生态地位重要区域的耕地。强调退耕还林必须坚持生态优先原则，因地制宜，宜林则林，宜草则草。规定退耕地还林营造的生态林面积，不得低于退耕地还林面积的80%（以县为单位核算）

续表

政策文件	颁布年份	颁布机构	主要内容
《关于下达2003年退牧还草任务的通知》	2003	国务院西部开放办 国家计委 农业部 财政部 国家粮食局	国务院西部开发办和农业部于1月10日联合召开退牧还草工作电视电话会议，全面启动退牧还草工程。会议提出，要用5年时间，在蒙甘宁西部荒漠草原、内蒙古东部退化草原、新疆北部退化草原及青藏高原东部江河源草原，先期集中治理10亿亩严重退化草原（约占西部地区严重退化草原的40%）。2003年先行试点，安排退牧还草任务1亿亩，其中内蒙古3048万亩，甘肃1180万亩，宁夏460万亩，青海1540万亩，云南160万亩，四川1440万亩，新疆2060万亩，新疆生产建设兵团112万亩
《全国防沙治沙规划》(2005-2010)	2005	国务院	阐述了当前我国沙化土地的现状、成因及危害，将沙化土地治理区划分为五大类型区、十五个亚区，明确治沙的主攻方向，提出治沙的建设内容、总体布局、重点治理工程及区域性示范区示范点建设等，对投资来源进行说明
《草畜平衡管理办法》	2005	农业部	国家对草原实行草畜平衡制度，在一定时间内，草原使用者或承包经营者通过草原和其他途径获取的可利用饲草饲料总量与其饲养的牲畜所需饲草饲料总量保持动态平衡，各级主管部门应做好草畜平衡的宣传教育培训、建立草畜平衡档案、核定载畜量、定期抽查等工作
《中央财政森林生态效益补偿基金管理办法》	2007	财政部 国家林业局	对公益林的营造、抚育、保护和管理进行生态效益补偿，中央财政补偿基金平均标准为每年每亩5元，其中4.75元用于国有林业单位、集体和个人的管护等开支；0.25元由省级财政部门（含新疆生产建设兵团财务局）列支，用于省级林业主管部门（含新疆生产建设兵团林业局）组织开展重点公益林管护情况检查验收、跨重点公益林区开设防火隔离带等森林火灾预防以及维护林区道路的开支
《关于全面推进集体林权制度改革的意见》	2008	国务院	明确了集体林权制度改革的指导思想、基本原则和总体目标，将明晰产权、勘界发证、放活经营权、落实处置权、保障收益权、落实责任等确定为改革的主要任务

续表

政策文件	颁布年份	颁布机构	主要内容
《关于进一步加快发展沙产业的意见》	2010	国家林业局	要求正确把握当前沙产业发展的形势，充分认识加快沙产业发展的重要性，准确把握加快沙产业发展的指导思想、原则和目标，科学确定五大类型区沙产业发展的总体布局和重点领域，加大促进沙产业发展的政策支持力度
《关于促进牧区又好又快发展的若干意见》	2011	国务院	分别提出了到2015年和2020年的发展目标，重点指出要做好基本草原划定和草原功能区划、加大草原生态保护工程建设力度、建立草原生态保护补助奖励机制、强化草原监督管理等工作，草原生态保护补助奖励的标准：禁牧补助为每年每亩6元，草畜平衡奖励为每年每亩1.5元
《关于完善退牧还草政策的意见》	2011	国家发改委 财政部 农业部	要求合理布局草原围栏，对禁牧封育的草原，不再实施围栏建设，重点安排划区轮牧和季节性休牧围栏建设，并与推行草畜平衡挂钩。配套建设舍饲棚圈和人工饲草地。提高中央投资补助比例和标准。围栏建设中央投资补助比例由现行的70%提高到80%，地方配套由30%调整为20%，取消县及县以下资金配套。青藏高原地区围栏建设中央投资补助由每亩17.5元提高到20元，其他地区由14元提高到16元。补播草种费中央投资补助由每亩10元提高到20元。人工饲草地建设中央投资补助每亩160元，舍饲棚圈建设中央投资补助每户3000元。按照中央投资总额的2%安排退牧还草工程前期工作费
《全国防沙治沙规划》(2011-2020)	2013	国务院	总结了我国防沙治沙工作取得的重要进展，分析了当前防沙治沙面临的问题、困难、机遇及有利条件，并对五大类型区、十五个类型亚区防沙治沙的总体布局和建设重点进行了总体规划
《关于加快推进生态文明建设的意见》	2015	中共中央 国务院	提出要坚持节约优先、保护优先、自然恢复为主的基本方针，加快推进生态文明建设。要求到2020年，资源节约型和环境友好型社会建设取得重大进展，经济发展质量和效益显著提高，生态文明建设水平与全面建成小康社会目标相适应。重点在四个方面取得重大进展：国土空间开发格局进一步优化，资源利用更加高效，生态环境质量总体改善，生态文明重大制度基本确立。强调树立底线思维，设定并严守资源消耗上限、环境质量底线、生态保护红线，将各类开发活动限定在资源环境承载能力之内

续表

政策文件	颁布年份	颁布机构	主要内容
《关于健全生态保护补偿机制的意见》	2016	国务院办公厅	要求按照权责统一、合理补偿及谁受益谁补偿的原则，进一步健全生态保护补偿机制。到2020年，要实现森林、草原、湿地、荒漠、海洋、水流、耕地等重点领域和禁止开发区域、重点生态功能区等重要区域生态保护补偿全覆盖，补偿水平与经济社会发展状况相适应，跨地区、跨流域补偿试点示范取得显著进展，初步建立多元化补偿机制，基本确立符合我国国情的生态保护补偿制度体系

资料来源：国务院、财政部、农业部、国家林业局等政府部门网站。

同时，各地政府也结合本地实际，在投资、税收、金融等方面逐步完善了防沙治沙政策措施，调动了企业、个人等社会主体参与防沙治沙工作的积极性，初步形成了全社会参与、多元化投资防沙治沙活动的新局面。以内蒙古自治区为例，当地政府有关部门也出台了一系列防沙治沙配套政策和措施（见表9.2）。

表9.2　21世纪以来内蒙古自治区政府有关部门出台的防沙治沙政策法规

政策文件	发布年份	颁布机构	主要内容
《内蒙古自治区退牧还草试点工程管理办法（试行）》	2002	内蒙古自治区人民政府办公厅	试点旗县退牧还草期限为5年。退牧还草期间，政府给予牧户必要的饲料粮补助及围栏资金补助。饲料粮补助标准为：全年退牧草场每年每亩补助5.5公斤，半年退牧补助2.75公斤，季节性退牧补助1.375公斤。草原围栏资金补助标准由年度计划确定
《内蒙古自治区实施〈中华人民共和国防沙治沙法〉办法》	2004	内蒙古自治区人大常委会	要求沙化土地所在地区的旗县级以上人民政府，应将防沙治沙纳入国民经济和社会发展计划，编制本行政区域防沙治沙规划，并认真组织实施。沙化土地所在地区各级人民政府，应建立行政领导防沙治沙任期目标责任考核奖励制度，按照年度防沙治沙任务，逐级签订目标责任状。城镇、村庄、厂矿、旅游区、机场、农牧场、湖泊、水库周围及铁路、公路两侧的沙化土地，由旗县级以上人民政府依据有关规定划定责任区，实行单位治理责任制。鼓励单位和个人以自愿捐资、投劳等形式开展公益性治沙活动

续表

政策文件	发布年份	颁布机构	主要内容
《内蒙古自治区人民政府关于切实加强防沙治沙工作的决定》	2008	内蒙古自治区人民政府	要求自治区各级人民政府及各部门充分认识到土地沙化形势的严峻性，认真编制和落实防沙治沙规划，进一步完善防沙治沙扶持政策，综合治理沙化土地
《内蒙古自治区财政森林生态效益补偿基金管理实施细则》	2010	内蒙古财政厅、林业厅	对内蒙古自治区森林生态效益补偿基金的补偿标准、开支范围、资金拨付与管理、检查与监督，在2007年文件的基础上进行了重新规定
《关于进一步加强飞播造林、封山（沙）育林工作的通知》	2012	内蒙古林业厅	提出要进一步提高飞播、封育作业设计质量；搞好生产组织管理，加快飞播、封育项目实施重点工程；严格工程管理和技术管理，确保飞播封育建设成效；强化资金管理，保证国家专项投资真正用于飞播、封育；搞好信息沟通与传递，及时上报飞播、封育实施进度和工作总结

资料来源：内蒙古自治区政府及相关部门网站。

二　治理工程

在国家层面上针对荒漠化所实施的重大措施，主要有以下几项。

1.“三北”防护林工程（四、五期）

“三北”防护林工程是指在“三北”地区（即西北、华北和东北）建设的大型人工林工程。按照总体规划，“三北”防护林工程从1978年开始到2050年结束，分三个阶段共八期工程。四期工程规划的实施期限为2001~2010年共10年，以蒙、新地区为主。四期工程建设的主要内容，包括森林资源管护和造林两个部分。在管护方面，对工程区内森林资源分三个层次进行管理：国家公益林由国家生态效益补偿基金进行投入予以重点管护；一般公益林按事权划分原则以地方管护为主，国家视财力状况适当给予补助；商品林由集体或群众自行管护。在管护好现有森林资源的基础上，大力开展造林工程，因地制宜地采取造、封、飞三种造林方式，大规模植树种草，扩大和恢复森林植被，并根据不同类型区治理的需要分别营造农田牧场防护林、防风固沙林、水土保持林和水源涵养林等。四期工程规划森林资源管护任务为2787万公顷，其中国家公益林为930万公顷；规划造林950.0万公顷，并划分到北方各省（区），其中内蒙古157.5万公顷，新疆144万公顷，青海86万公顷。自2011年起，“三北”防护林五期工程启动。五期工程共分4个区域进行布局，分别为风沙区、西北荒漠区、黄土高原丘陵沟壑区及东北华北平原农区。

2. 京津风沙源治理工程（一、二期）

2000年春天我国北方连续出现10余次沙尘天气，使京津地区遭受严重的风沙灾害。党中央、国务院对此高度重视，当年紧急启动京津风沙源治理工程试点，有关部门也积极组织编制《京津风沙源治理工程规划》。2002年3月，国务院正式批准实施《京津风沙源治理工程规划》（2001~2010年一期）。京津风沙源治理工程的实施范围，西起内蒙古自治区达茂旗，东至河北省平泉县，南起山西省代县，北至内蒙古自治区东乌珠穆沁旗，东西横跨近700公里，南北纵贯约600公里，涉及北京、天津、河北、山西、内蒙古5省（区、市）75个县（旗、市、区）。工程实施范围内土地总面积为45.8万平方公里，其中沙化土地面积10.18万平方公里。

治理工程的主要建设活动包括：一是封山育林，全面保护现有植被，杜绝一切经营性采伐活动和破坏行为；二是大力营造防风固沙林带，在荒山荒地上营造乔灌草相结合的复合型水土保持和水源涵养林；三是对区域内陡坡耕地和粮食产量低而不稳的沙化耕地实行退耕还林还草；四是开展小流域水土流失综合治理，减少入库泥沙；五是加快转变传统的农牧业生产方式，实行划区轮牧、休牧和舍饲圈养；六是积极营造农田牧场防护林网，确保农牧业生产安全；七是对生态极其恶劣，不具备生存条件的地区，实行生态移民，促进生态自然修复。根据规划，到2010年，工程建设可完成退耕还林263万公顷，造林494万公顷，草地治理1063万公顷（其中禁牧568万公顷），建设水利配套设施113889处，水源工程66059处，节水灌溉4783处，小流域综合治理234万公顷，生态移民18万人。

2013年，京津风沙源治理二期工程启动，规划期限为2013~2022年。二期工程范围扩大到包括陕西在内的6省（区、市）138个县（旗、市、区），主要有以下任务：加强林草植被保护和建设，提高现有植被质量和覆盖率；加强重点区域沙化土地治理，遏制局部区域流沙侵蚀；稳步推进易地搬迁 37.04 万人，降低区域生态压力等。计划安排总投资 877.92 亿元。

3. 退耕还林还草工程

针对世纪之交日益严峻的生态环境形势，党中央及时做出了实施退耕还林还草工程的重大战略部署。退耕还林工程于 1999 年在四川、陕西和甘肃 3 省率先启动试点。随后，试点范围逐步扩大。2002 年 1 月 10 日，国务院西部地区开发办公室召开全国电视电话会议，对全面推进退耕还林工作做了动员部署。随后，国家林业局会同有关部门，编制了《退耕还林工程规划》（2001-2010 年）。按照规划，退耕还林还草工程建设范围包括内蒙古、山西、陕西、宁夏、甘肃、青海、新疆、西藏等 25 个省（区、市）和新疆生产建设兵团，共 1897 个县（市、区、旗），其中长江上游、黄河上中游、京津风沙源区、重要湖库集水区、红水河流域、黑河流域、塔里木河流域等地区的 856 个县作为工程建设重点。计划到 2010 年，完成退耕地造林 1467 万公顷，宜林荒山荒地造林 1733 万公顷。

对于退耕的农户，国家无偿提供粮食和生活费补助。粮食补助标准为：长江流域及南方地区每公顷退耕地每年 2250 公斤；黄河流域及北方地区每公顷退耕地每年 1500 公斤（从 2004 年起，原则上补助粮食改为现金）。生活费补助标准为每公顷退耕地每年 300 元。粮食和生活费补助年限：1999~2001 年还草补助 5 年，2002 年以后还草补助 2 年；还经济林补助 5 年，还生态林补助 8 年。同时，国家还向退耕农户提供种苗造林补助，补助标准为退耕地和宜林荒山荒地造林每公顷 750 元。

2007 年，国家适时调整了工作方针，决定将退耕还林工程从全面推进转入巩固成果阶段，并延长和调整了对退耕农户的直接补助。截止到 2013 年，中央累计投入资金 3542 亿元，全国共完成退耕还林任务 4.47 亿亩，直接惠及 3200 万农户、1.24 亿农民，工程区森林覆盖率提高了 3 个百分点，生态环境明显改善。

但是，水土流失和风沙危害仍是我国当前最突出的生态问题。在一些生态环境脆弱、生态条件恶劣地区，很多农民仍在耕种陡坡地和沙化地。为此，2014 年中央决定开展新一轮退耕还林还草工作。按照国务院批准的《新一轮退耕还林还草总体方案》，规划到 2020 年，全国具备条件的约 4240 万亩耕地实施退耕还林还草，其中包括：25 度以上坡耕地 2173 万亩，严重沙化耕地1700万亩，丹江口库区和三峡库区15~25度坡耕地370万亩。新一轮退耕还林还草调整了补助标准：退耕还林中央补助每亩1500元，退耕还草中央补助每亩1000元。与第一轮相比，不再区分生态林和经济林，也不分南方和北方，统一了补助标准。同时，新一轮退耕还林还草转变了工作思路，充分尊重农民意愿，允许农民自主选择树种，并在确保不破坏植被、不造成水土流失的前提下，允许农民间种豆类等矮秆作物，发展林下经济，从事多种经营。

4. 草原生态保护建设工程

草原生态保护建设工程包括天然草原退牧还草工程和草原自然保护区建设工程。天然草原退牧还草工程的主要内容，是以保护和恢复草原植被为核心，以改善草原生态环境、增加牧民收入为目标，采取禁牧、休牧、补播等综合措施对退化、沙化草场进行治理和保护，遏制草原生态环境恶化的趋势，实现草原生态效益、社会效益、经济效益协调发展。根据《国务院关于促进牧区又好又快发展的若干意见》（国发〔2011〕17号），启动草原自然保护区建设工程，对具有代表性的草原类型、珍稀濒危野生动植物以及具有重要生态功能和经济科研价值的草原进行重点保护。继续加强三江源、青海湖流域、甘南黄河水源补给区等地区草原生态建设，加快编制实施科尔沁退化草地治理、甘孜高寒草地生态修复、伊犁河谷草地保护等重点草原生态保护建设工程规划，恢复和提高水源涵养、水土保持和防风固沙能力。

5. 草原生态保护补助奖励

2011年，国家在内蒙古等8个主要草原牧区省份实施草原生态保护补助奖励政策。2012年，又将政策实施范围扩大到黑龙江等5个非主要牧区省的36个牧区半牧区县，覆盖了全国268个牧区半牧区县。草原生态保护补助奖励政策的财政措施，主要有以下几项：一是禁牧补助，中央财政按照平均每年每亩6元标准，对禁牧牧民给予禁牧补助；二是草畜平衡奖励，对禁牧区域以外可利用草原实施草畜平衡的，中央财政按照平均每年每亩1.5元的标准，对未超载的牧民给予奖励；三是牧草良种补贴，中央财政按照每亩10元的标准，实施人工种植牧草良种补贴；四是牧民生产资料综合补贴，按照每户500元的标准，中央财政对牧民生产用柴油等生产资料给予补贴。中央财政将资金切块下达到各省（区），由省（区）组织实施。

中央每年还对地方政府的工作绩效进行评价，对工作突出、成效显著的省份给予奖励。为增强地方政府防沙治沙的责任意识，中央授权国家林业局与各重点省（区）政府签订防沙治沙责任书，将行政领导任期内的绩效考核与荒漠化治理目标完成情况挂钩。省（区）政府又与所属各盟、市、旗、县政府层层签订责任书，定期考核和评估奖惩，以有效调动地方政府防沙治沙的积极性。

第十章　荒漠化治理成效*

一　治理效果

（一）荒漠化和沙化土地面积不断减少

根据国家林业局发布的第三、四、五次《中国荒漠化和沙化状况公报》，2014年全国荒漠化土地总面积为261.16万平方公里，分别比2009年、2004年和1999年减少12120平方公里、24574平方公里和62498平方公里；2014年全国沙化土地面积为172.12万平方公里，分别比2009年、2004年和1999年减少9902平方公里、18489平方公里和24905平方公里。荒漠化治理工程重点实施的内蒙古、新疆、西藏、青海、甘肃、宁夏6省（区），1999~2014年荒漠化及沙化土地面积变化情况如表10.1和表10.2所示。

表10.1　北方六省区荒漠化土地动态变化情况（1999~2014年）

单位：平方公里，%

省（区）	1999~2004年增减	2004~2009年增减	2009~2014年增减	1999~2014年累计增减
内蒙古	-16059	-4672	-4169	-24900
宁夏	-2329	-757	-1097	-4183
甘肃	-1900	-1349	-1914	-5163
青海	+4647	-284	-507	+3856

* 本章成文于2013年11月，2016年8月修订。

续表

省（区）	1999～2004年增减	2004～2009年增减	2009～2014年增减	1999～2014年累计增减
新疆	-14226	-423	-589	-15238
西藏	+629	-789	-149	-309
合计	-29238	-8274	-8425	-45937
全国	-37924	-12454	-12120	-62498
六省区增减面积占全国增减总数的比重	77.10	66.44	69.51	73.50

资料来源：第三、第四、第五次《中国荒漠化和沙化状况公报》。

表 10.2　北方六省区沙化土地面积动态变化情况（1999～2014年）

单位：平方公里，%

省（区）	1999～2004年增减	2004～2009年增减	2009～2014年增减	1999～2014年累计增减
内蒙古	-4882	-1253	-6768	-12903
宁夏	-254	-204	-350	-808
甘肃	-836	-1121	+2523	+566
青海	+1229	-548	-435	+246
新疆	+521	+400	+364	+1285
西藏	+1980	-657	-307	+1016
合计	-2242	-3383	-4973	-10598
全国	-6416	-8587	-9902	-24905
六省区增减面积占全国增减总数的比重	34.94	39.40	50.22	42.55

资料来源：第三、第四、第五次《中国荒漠化和沙化状况公报》。

综合起来看，自国家大规模实施荒漠化治理工程以来，我国北方地区荒漠化及沙化土地面积呈持续减少之势。

（二）荒漠化和沙化程度有所减轻

根据监测结果，我国北方地区荒漠化和沙化土地出现了由极重度向轻度转化的良好趋势（见表 10.3、表 10.4）。1999～2014年，全国荒漠化土地面积的下降，主要表现为重度和极重度荒漠化土地面积大幅度减少。同期，全国沙化土地面积也有着类似的变化趋势，极重度沙化土地面积同样是快速减少的。

表 10.3　不同程度荒漠化土地面积动态变化情况（1999～2014 年）

单位：万 km^2

	1999～2004 年增减	2004～2009 年增减	2009～2014 年增减	1999～2014 年累计增减	1999～2014 年均增减
轻度	+9.07	+3.46	+8.36	+20.89	+1.3927
中度	+11.73	-1.69	-4.29	+5.75	+0.3833
重度	-13.17	-0.68	-2.45	-16.30	-1.0867
极重度	-11.42	-2.34	-2.83	-16.59	-1.1060
合计	-3.79	-1.25	-1.21	-6.25	-0.4167

资料来源：第三、四、五次《中国荒漠化和沙化状况公报》。

表 10.4　我国不同程度沙化土地面积动态变化情况（1999～2014 年）

单位：万 km^2

	1999～2004 年增减	2004～2009 年增减	2009～2014 年增减	2004～2014 年累计增减	1999～2014 年累计增减
轻度		+2.73	+4.19	+6.92	
中度		-0.99	+0.41	-0.58	
重度		-1.04	+1.89	+0.85	
极重度		-1.56	-7.48	-9.04	
合计	-0.64	-0.86	-0.99	-1.85	-2.49

资料来源：第三、第四、第五次《中国荒漠化和沙化状况公报》。

（三）生态状况明显好转

沙尘天气是荒漠化状况最直接的反映。以内蒙古自治区呼伦贝尔市新巴尔虎左旗、锡林郭勒盟正镶白旗、鄂尔多斯市乌审旗和阿拉善盟阿拉善左旗为例，近 10 多年来沙尘天气（包括扬沙、浮尘和沙尘暴）总体上呈减少趋势（见表 10.5）。

表 10.5　内蒙古自治区典型旗县沙尘天气出现频率

单位：天/年

年份	新巴尔虎左旗	正镶白旗	乌审旗	阿拉善左旗
2000	10	13	56	31
2005	4	11	19	11
2012	4	2	16	12

资料来源：内蒙古自治区各相关旗气象局。

根据国家林业局的监测结果，北方地区整体的沙尘天气也是趋于减少的。2010~2014 年，平均每年出现沙尘天气 9.4 次，较上一个监测期减少 2.4 次，下降了 20.3%；同期北京地区平均每年出现 1.8 次，较上一个监测期减少 3.6 次，下降了 66.7%（见表 10.6）。沙尘天气的减少，也使风沙危害明显减轻。2009~2014 年，我国中东部沙区（包括呼伦贝尔沙地、浑善达克沙地、科尔沁沙地、毛乌素沙地和库布齐沙漠等）土壤风蚀模数由 50.3t/（hm^2·a）降低到 33.6t/（hm^2·a），下降了 33%；地表释尘量由 2406 万 t/a 下降到 1508 万 t/a，下降了 37%。①

表 10.6　北方地区沙尘天气变化情况

单位：次

监测期	2000~2004 年	2005~2009 年	2010~2014 年	合计
北方地区	68	59	47	174
北京地区	25	27	9	61

资料来源：屠志方、李梦先、孙涛：《第五次全国荒漠化和沙化监测结果及分析》，《林业资源管理》2016 年第 1 期，第 1~5 页。

（四）植被状况逐步改善

根据国家林业局开展的第五次荒漠化和沙化土地监测结果，2014 年我国沙区植被平均盖度为 18.33%，比 2009 年增加了 0.7 个百分点。尤其是东部沙区，植被盖度增加了 8.3 个百分点，固碳能力也相应提高了 8.5%。②

① 屠志方、李梦先、孙涛：《第五次全国荒漠化和沙化监测结果及分析》，《林业资源管理》2016 年第 1 期，第 1~5 页。

② 国家林业局：第五次《中国荒漠化和沙化状况公报》。

据研究，自京津风沙源治理工程实施以来，在工程区范围内，植物群落层片开始由单一草丛向灌草或乔灌草复合植被转变，群落趋于稳定，生物量增加，地表土层性状也出现了明显的改善（见表 10.7）。

表 10.7　京津风沙源治理工程区植物群落及表土性状动态变化情况（2001~2010 年）

项目	2001 年	2005 年	2010 年
植被总盖度（%）	40.91	52.65	49.07
净第一性生产力总量（亿 t）	1.94	2.14	1.98
净第一性生产力固碳总量（亿 t）	1.06	1.16	1.08
土壤风蚀模数［t/（hm^2·a）］	26.34	22.01	18.71
地表释尘总量（万 t）	3124.20	2629.14	2650.13

资料来源：高尚玉等：《京津风沙源治理工程效益》（第二版），科学出版社，2012。

二　治理成效综合分析

（一）荒漠化总体得到有效遏制

综上分析，进入 21 世纪以来，在国家和地方各级政府的积极主导下，以及全社会的共同努力下，我国北方地区荒漠化形势开始发生逆转。从总体上说，荒漠化和沙化土地面积得以减少，荒漠化和沙化程度有所减轻，植被状况有了改善，生态条件明显好转，自 20 世纪 50 年代以来持续恶化的荒漠化基本上得到遏止。

进入 21 世纪以来，防治荒漠化已成为国家重大战略，行动力度大幅度提升。自 2000 年以来，国家陆续启动了京津风沙源治理、退耕还林还草、草原生态保护补助奖励等一系列行动计划并颁布政策措施，中央财政也加大了投入力度，荒漠化防治行动规模空前。经过 16 年的实施和建设，目前已有了显著成效。尤其是在项目治理区，流动沙丘大部分得以固定下来，沙地退缩，植被覆盖面积扩大，生物多样性增加，生态状况显著改善。

更重要的是，在党和政府的积极主导下，已初步建立起防治荒漠化的长效机制。从中央到地方，从政府到民众，从法制到实践，从科技到市场，从经济到社会，基本上构成了一套全方位、综合性、可持续的防治体系，治理荒漠化开始成为一种自觉、自愿和有利的行动。一方面，社会各界已充分认识到荒漠化危害的严重性，在政府的主导下，各地都在积极主动地调整产业结构，转变经济发展方式，并配合国家的扶持政策，普遍地推行退耕还林、退牧还草、退人减畜等措施，从而有效地减轻了生产活动对土地的压力，使土地开始有了一定程度的休养生息，生态机能有所恢复。另一方面，在各地政府的积极努力下，根据各自的实际条件，大都将荒漠化治理与经济发展紧密地结合起来，科学调整种植结构，取得了经济效益与生态效益的共同提高。例如，在科尔沁沙地，沙地治理与农户生态圈建设结合在一起，不仅提高了治沙活动的经济和社会效益，也使治理沙化土地开始成为农牧民内在的需求；在毛乌素沙地，红柳、柠条种植与生物质发电结合起来，提高了治沙、固沙活动的可持续性；在柴达木盆地，通过种植枸杞等经济作物，提高了当地民众治理荒漠化土地的积极性；在塔里木盆地绿洲边缘，防风固沙林建设和荒漠化土地治理与红枣种植结合在一起，产生了很高的经济效益，使当地农民的收入水平有了大幅度提高，同时也激发了社会各界治理荒漠化土地的积极性。总之，荒漠化防治活动不再是单纯的投入，已开始产生一定的经济效益，使治理行动有了内在动力。我国的荒漠化治理实践，自 20 世纪 90 年代及其以前的“边治理边破坏”和“破坏大于治理”以来，经过 21 世纪初的“治理与破坏相持”，目前已步入“治理与发展良性互动”阶段，荒漠化防治模式发生了重大转变。

（二）荒漠化治理任务仍然十分艰巨

虽然进入 21 世纪以来我国北方地区荒漠化形势已出现明显好转，但必须看到，目前荒漠化治理仍然任务艰巨。

第一，治理效果在不同区域间差别很大。荒漠化形势在一定程度上逆转和取得比较显著治理成效的地段，主要是在贺兰山以东的内蒙古中东部地区，尤其集中在该地区东南边缘农牧交错地带（也就是京津风沙源治理项目区）。这一带是半湿润半干旱过渡地区，自然条件较好，降水多，植被恢复能力强，人为干扰和破坏是导致土地荒漠化的主因，故只要采取一些措施，很快就能够重现生机，使沙化形势得到有效抑制，而且付出的成本也比较低。但是，在贺兰山以西的西北广大地区，除了局部地段之外，绝大部分地区仍然是荒漠格局，与10年前相比没有明显的变化，在个别地区甚至还有所加重，如河套平原西部、河西走廊西段、塔里木盆地东部等地即是（这些地区主要是工业化快速推进的结果）。2013年9月课题组在塔里木盆地东南部若羌一带调研途中，就遇到小规模的沙尘暴仍在劲吹。即使在内蒙古中东部地区，在高原深处，尤其是靠近中蒙国境线一带，荒漠化形势仍然非常严峻。在有些地段，如二连浩特附近，与2001年课题组考察时看到的严重形势相比，没有大的差异。

第二，荒漠化治理机制比较脆弱。事实上，目前初步形成的荒漠化治理机制，是在国家财力大规模投入后产生的效应。一旦国家财政支持力度减弱，这种有利于荒漠化治理的良性机制很可能就不复存在。实际上，当前实施的以工程建设为主的荒漠化治理模式，本身就具有很大的不可持续性。一方面，物价和工资水平不断上升，治理成本快速提高。而且，由于治理难度越来越大（因为容易治理的地段已先期治理过了），若继续治理下去，成本将成倍增长，国家财力难以负担。另一方面，工程治理主要是靠人工去植树种草，这就需要消耗大量的水资源，而北方地区普遍缺水，尤以西北地区更甚。要想保证树苗和草类正常生长，就必须抽取地下水经常浇灌。这样，治理荒漠化和植树种草就与生产建设及城市发展一样，都在争夺有限的地下水资源。长此以往，水资源也不够用。目前，北方地区地下水普遍超采，在个别地带已非常严重，水生态问题十分突出，直接威胁到当地经济社会发展的可持续性，甚至有些地方连人的生存都成为问题。

第三，荒漠化形势的好转是在降水趋于增多的有利气候条件下取得的。近年来，我国北方地区的降水普遍呈增多趋势。尤其是自2012年秋天以来，北方降水量显著增加，夏季许多地方经常发生水灾。在这样的形势下，草木生长旺盛，生态状况改善，对荒漠化形成很大的抑制作用。但是，如果再遇到不利的气候条件，荒漠化形势很可能还会反弹。

事实上，现行的工程治理总体成效也是十分有限的。工程治理是按地块实施的，有具体的边界范围。在边界以内，由于排除了人畜干扰，再加上植树种草并浇水，效果自然很好。但在边界以外，就大不一样了。从实施治理地块上撤出来的人和牲畜，就要转移到治理区外，这自然增加了非治理区的人、畜压力，致使土地退化的形势进一步加重。即使在治理区内，工程治理的效果也是呈边际递减趋势的。大量实践表明，工程治理往往在初期效果很好，但后期就不大明显了。如果是治理沙化草场，通常在1-3年内效果明显，时间长了也就趋同于一般地块。例如，京津风沙源一期治理工程自2000年试点实施以来，至2005年生态效益达到最大，但到了2010年多项指标变化不明显，有的反而有所下降。而且，相对于大范围荒漠化土地而言，实施治理的地块通常只占很小一部分，治理区内的植被状况再好，也难以改变区域整体的荒漠化形势。所以，对于荒漠化治理工程的总体效益，不能做过高的估计。

综上所述，进入21世纪以来，我国防治荒漠化的总体成效是非常显著的，半个世纪以来持续恶化的荒漠化态势基本上得以遏止。但必须认识到，一方面，目前的治理成效仍然是十分有限的，荒漠化继续演进的格局并没有发生根本性改变；另一方面，取得这样的初步成就，也是多种有利因素综合作用的结果，而不宜将这一成就完全归功于工程治理措施。仅就工程项目而言，对荒漠化治理的总体成效是有限的。

总之，自进入21世纪以来，通过全社会的共同努力，我国北方地区的荒漠化形势确实发生了一定程度的好转，自20世纪50年代以来持续恶化的严峻态势已得到有效遏止，目前总体的荒漠化形势趋于稳定，有些地区明显好转。但是，荒漠化继续演进的格局并没有发生根本性逆转。国家林业部门监测到的全国每年减少数千平方公里的荒漠化土地面积，相对于262万平方公里的荒漠化土地总面积来说，是微不足道的，不能据此判定我国北方整体的荒漠化格局已发生根本性转变。事实上，当前的荒漠化形势依然是非常严峻的，近两年春天北方地区的沙尘暴天气有所抬头（尤其是在西北地区）就是例证。所以，荒漠化依旧是我国最大的生态难题，也是建设美丽中国的最大障碍，防治荒漠化仍然任重道远。

第二部分

分论篇

第十一章　科尔沁地区荒漠化态势与治理成效*

一　区域概况

（一）自然环境基础

科尔沁，早期蒙古族一部落之名，后逐渐成为该部落所分布的嫩江右岸至西辽河流域及其周围地区的代名词。现在所称的科尔沁沙地，行政区域上包括内蒙古自治区通辽市、赤峰市，吉林省的西部和辽宁省的西北部，是中国北方四大沙地之一，闫妍等（2014）[①] 采用遥感和 GIS 方法确定科尔沁沙地面积大约 5.26 万平方公里。

科尔沁地区西部高，东部低。西辽河水系贯穿其中。地貌类型主要为沙丘、低缓起伏沙地、丘间低地、洪积平原和石质山丘，其中沙丘的相对高度一般在 10 米左右。地貌最显著的特点是沙层分布广泛，丘间平地开阔，形成了坨甸相间的地形组合，当地人称它为“坨甸地”。沙丘多是西北-东南走向的垄岗状，在沙岗上广泛分布着沙地榆树疏林。西辽河上游老哈河流域还有沙黄土堆积，植被以虎榛子灌丛和油松人工林为主。科尔沁沙地西部翁牛特旗松树山及附近沙地分布有油松林，沙地东南部大青沟内分布有水曲柳林。

科尔沁地区属于温带半干旱大陆性季风气候，年平均气温 5.2℃～6.4℃，≥10℃积温为 3000～3200℃。科尔沁地区离海洋较近，受湿润气流的影响，年平均降水量可达 300～500mm。降水空间分布为北部少南部多、

---

* 本章成文于 2013 年 11 月。

① 闫妍等：《基于遥感和 GIS 方法的科尔沁沙地边界划定》，《地理科学》2014 年第 1 期，第 122～128 页。

西部少东部多。沙地南部、东部由于受海洋气团影响相对较大，降水量高于沙地北部和西部。降水量多集中于7~9月，约占全年降水量的70%~80%。受蒙古冷高压和太平洋暖低压消长变化影响，冬春季以西北风和偏北风为主，夏季以东南风为主。

流经科尔沁地区的主要河流有西拉沐沦河、西辽河、霍林河、新开河、老哈河等河流。其中，西拉沐沦河发源于大兴安岭山地赤峰市克什克腾旗红山北麓白槽沟，古称潢水、饶乐水、吐护真水等，全长380公里，流域面积32171平方公里，全河总落差1134米。西辽河于通辽市开鲁县台河口分为南北二支，南支为主流西辽河，北支为新开河。霍林河是嫩江的一条支流，发源于通辽市扎鲁特旗北部大兴安岭后福特勒罕山北麓，全长590公里，流域面积31320平方公里。老哈河发源于河北省平泉县西北山区柳溪满族乡，从宁城县甸子乡入内蒙古赤峰市境内，流经赤峰市东南部（喀喇沁、元宝山、松山区、敖汉），在翁牛特旗大兴乡以东与奈曼旗交界处，与西拉沐沦河合流为西辽河南源。老哈河全长约426公里，在内蒙古境内为368公里，流域面积33076平方公里，河道总落差1215米。

科尔沁东部和东北部有少量钙土分布，科尔沁西部大兴安岭山前冲积扇上主要为栗钙土；南部黄土丘陵山地主要是褐土、黑垆土。科尔沁沙质平原广泛分布，其中风沙土是主要土壤。按土壤分类，可分为：流动风沙土、生草风沙土和栗钙土型风沙土。流动风沙土是风沙土中分布面积最广的。生草风沙土主要分布在科尔沁沙地的东部，翁牛特旗松树山的沙地油松林生长在其中，成土时间较早，土层较厚，是草原植被长期作用形成的。栗钙土型风沙土主要分布在科尔沁沙地西部和西北部，有钙积层和盐酸反应，沙地榆树疏林分布其中。

科尔沁地区的植被类型有以下5种：①流动、半流动沙地先锋植被；②固定、半固定沙地灌木、半灌木植被；③固定沙地草本植被；④沙质草甸植被；⑤沙地森林植被。

（二）地区开发历程

科尔沁地区在历史上曾是水草丰美的科尔沁大草原，但由于在清朝的放垦开荒和新中国成立初期“以粮为纲”大力发展农业的政策刺激下，科尔沁草原下的沙土层逐渐沙化和活化，再加上气候干旱，使这个秀美的大草原，演变成中国北方地区四大沙地之一。

历史地看，科尔沁地区的开发历史，是一部汉族移民垦荒的历史，也是一部土地沙化扩展的历史。

1. 清末前的游牧阶段

清末前，科尔沁大草原是蒙古族的世居牧场，汉族移民极少。清政府为了保护自己的“发祥地”而采取了封禁政策，禁止汉族移民垦荒。乾隆三十五年（1770 年）哲里木盟（今通辽市）蒙古族人口为 18.3 万人，约为当时哲里木盟人口的全部，平均人口密度为 0.86 人/平方公里。可以用人口稀少来形容，当时并没有出现明显的土地沙化。

2. 清末至民国时期的鼓励移民垦荒阶段

20 世纪初清政府正值签订“辛丑条约”（1901 年）之际，迫于国家安全压力、庚子赔款需要和国内人口生存压力，1902 年清政府在“移民实边”的思想指导下推出了所谓的“新政”。“新政”在内蒙古地区具体实施的主要内容之一就是改变“封禁蒙地”的政策，放垦蒙地，这样就全面拉开了开垦科尔沁草地的序幕，也引发了一次涌向科尔沁草地的移民潮。至清末哲里木盟总人口已达 249.3 万人，其中原住地蒙古族人口仅占 7.7%，外来移民及其后裔成了人口的主体。

1911 年民国成立之初，对蒙地曾采取了“暂不放垦”的短暂政策，但稳定局势后北洋政府迅速改变了初衷，制定了“垦辟蒙荒奖励办法”，1915 年又颁布“边荒条例”，明文规定可以放垦游牧地，使奔向科尔沁草地的农业移民有了充分的政策保障和经济驱动。

伪满时期，虽然垦荒移民人数急剧减少，但是科尔沁地区总人口仍然呈现快速增长态势，如作为科尔沁主体的兴安南省和兴安西省，1932 年至 1941 年的 10 年内总人口净增 101.5 万人，年平均增长速度达 13.4%。

3. 新中国成立初期至 20 世纪 70 年代末的有组织垦荒阶段

新中国成立初期至改革开放前，为促进边疆少数民族地区开发，落实“以粮为纲”国策，国家有计划地组织移民垦荒队伍屯垦戍边，包括军垦和民垦，国有农场垦殖和知识青年上山下乡垦殖。内蒙古自治区的南部、东南部的农业区和半农半牧区是移民垦殖的主要地区。包括通辽市全部、赤峰市阿鲁科尔沁旗和兴安盟科尔沁右翼中旗的科尔沁人口总数和人口密度继续攀升。1981 年中共中央做出了“不向内蒙古大量移民”的决定，标志着有组织垦荒阶段的结束。

4. 20世纪80年代至20世纪末的生态超载阶段

20世纪80年代开启了改革开放序幕，科尔沁农村地区普遍推行“家庭联产承包责任制”，将耕地承包给农户，将草场承包给牧户。由于农牧民缺乏致富技能，只能将致富希望寄托在多开垦耕地、多饲养牲畜上。在经济利益驱动下，掠夺式开发土地造成地下水位下降、耕地沙化、草场退化，科尔沁地区面临严重的生态危机。

5. 21世纪初以来的草原保护与生态建设阶段

进入21世纪以来，国家和内蒙古自治区高度重视草原地区生态环境建设，加大了“三北”防护林工程和“小流域治理工程”投入力度，开启了“草原地区禁牧移民还草工程”。这些工程落实到科尔沁沙地，取得了良好的治理效果。

（三）经济发展总体态势

通辽市地处科尔沁地区腹地，沙地面积2.7万平方公里，分别占全市土地面积和科尔沁沙地总面积的45.4%和52.7%，是科尔沁沙地的主体地区。通辽市的经济发展状况基本上可以代表科尔沁地区的经济发展状况。

1. 基本特征

（1）游牧民族的发祥地

通辽历史悠久，是中华民族璀璨的红山文化[①]和富河文化[②]的发祥地。早在五千多年前，科尔沁草原就已经开始有人类生息。大约三千年前，这

① 红山文化以辽河流域辽河支流西拉沐沦河、老哈河、大凌河为中心，分布面积达20万平方公里，距今五六千年左右，延续时间达两千年之久。红山文化的社会形态初期处于母系氏族社会的全盛时期，主要社会结构是以女性血缘群体为纽带的部落集团，晚期逐渐向父系氏族过渡。经济形态以农业为主，兼以牧、渔、猎并存。红山文化以独具特征的彩陶与之字形纹陶器共存且兼有细石器的新石器时代文化。

② 富河文化是赤峰北部乌尔吉沐沦河流域发现的一种新石器时代文化，距今5300年左右，属于森林草原经济形态，早期卜骨的发现，大量动物骨骼的伴出，为蒙古草原地区提供了新的文化类型。房址地穴以方形为主，中央置方形灶炕。陶器种类单纯，特征鲜明，其中之字纹筒形罐是其代表性器物。生产工具有打制石器和大量的细石器，锄形石器和骨柄石刃刀是其典型器物。富河文化主要分布在西拉沐沦河以北地区，是赤峰新石器时代考古文化中年代略晚于兴隆洼文化、与赵宝沟文化在某些方面有着一定相通之处的另一种考古文化类型。

里的古代居民已进入了奴隶社会。考古发现，通辽土地上的早期居民是东胡族和山戎族。西汉初，匈奴主宰了包括通辽在内的大漠南北广大地区，继之而起的是被匈奴控制的东胡族的后裔鲜卑和乌桓族。南北朝时期，在鲜卑人生活了近五百年的科尔沁草原上，又兴起了新的民族契丹。辽代，通辽畜牧业已经十分发达。金王朝建立后，通辽行政上归北京路临潢府管辖。公元1206年，成吉思汗统一蒙古各部，建立蒙古帝国，通辽纳入蒙古帝国的版图。清崇德元年（公元1636年）建哲里木盟。一直到清末前，通辽的经济始终以畜牧业为主体。

（2）农牧业地位突出

2010年统计资料显示，通辽市第一产业增加值178.26亿元，在内蒙古自治区12个盟（市）中位居第二，仅次于呼伦贝尔市（见表11.1）。三次产业结构中，第一产业占比15.15%，在自治区12个盟（市）中位居第六。第一产业就业人数115.2万人，在数量上仅次于赤峰市的127.9万人，位居全自治区第二；第一产业就业人数占通辽全部就业人数的70.6%，在全自治区占比最高。

表11.1　2010年内蒙古自治区12个盟（市）三次产业结构对比

单位：亿元，%

地区	生产总值	第一产业		第二产业		第三产业	
		增加值	比重	增加值	比重	增加值	比重
呼和浩特市	1865.71	91.33	4.90	678.95	36.39	1095.43	58.71
包头市	2460.80	66.48	2.70	1331.45	54.11	1062.87	43.19
呼伦贝尔市	932.01	182.39	19.57	392.60	42.12	357.02	38.31
兴安盟	261.40	83.16	31.81	87.72	33.56	90.52	34.63
通辽市	1176.62	178.26	15.15	689.71	58.62	308.64	26.23
赤峰市	1086.23	177.37	16.33	556.58	51.24	352.28	32.43
锡林郭勒盟	592.05	59.60	10.07	398.87	67.37	133.58	22.56
乌兰察布市	567.60	93.96	16.55	296.74	52.28	176.90	31.17
鄂尔多斯市	2643.23	70.81	2.68	1551.43	58.69	1020.98	38.63
巴彦淖尔市	603.33	119.06	19.73	339.68	56.30	144.59	23.97

续表

地区	生产总值	第一产业		第二产业		第三产业	
		增加值	比重	增加值	比重	增加值	比重
乌海市	391.36	3.71	0.95	280.52	71.68	107.13	27.37
阿拉善盟	305.89	8.50	2.78	248.02	81.08	49.37	16.14

资料来源：《内蒙古统计年鉴 2011》。

（3）经济发展水平中等偏下

2010 年，通辽市人均地区生产总值 37489 元，在全自治区 12 个盟（市）中位居第七；农牧民人均纯收入 6002 元，排名第九位；地方一般预算收入 648330 万元，排名第四位（见表 11.2）。从总体上来看，经济发展水平中等偏下。

表 11.2　2010 年内蒙古自治区 12 个盟（市）主要经济发展指标对比

地区	人均生产总值（元）	农牧民人均纯收入（元）	地方一般预算收入（万元）
呼和浩特市	65518	8746	1267616
包头市	93441	8766	1391830
呼伦贝尔市	36552	6295	559851
兴安盟	16203	3712	102464
通辽市	37489	6002	648330
赤峰市	24967	5010	563261
锡林郭勒盟	57727	6153	415766
乌兰察布市	26459	4451	173344
鄂尔多斯市	138109	8756	2390774
巴彦淖尔市	36048	8240	382787
乌海市	73801	9245	336632
阿拉善盟	133058	7836	231660

资料来源：《内蒙古统计年鉴 2011》。

2. 发展趋势

通辽市“十二五”规划提出，到 2015 年要以高于全自治区和东北地区的平均水平发展经济，地区生产总值年均增长 17%左右，地方财政总收入年均增长 20%，固定资产投资年均增长 22%以上，农牧民人均纯收入年均增长16%，农村牧区劳动力年均稳定转移就业45万人以上，三次产业比重调整到10：57：33，城镇化率达到50%。科尔沁沙地得到有效治理，生态得以较快恢复。

在农牧业生产方面，规划提出落实《全国新增1000亿斤粮食生产能力规划（2009-2020年）》粮食增产任务。搞好建设规划和实施方案，以旗县为单位集中连片，整体开发。重点进行中低产田改造，实施旱改水标准农田建设、井灌区节水改造工程和高标准旱作基本农田建设，提高标准粮田比重，挖掘粮食增产潜力。新增粮食生产能力600万吨以上，粮食综合生产能力稳定在1600万吨以上。提高畜牧业产品供给能力，大力发展肉牛产业，稳定发展奶牛、肉羊、生猪和禽业，加快发展畜禽规模化标准化养殖，搞好饲草料基地建设和秸秆饲料加工。牲畜存栏达到2000万头只。

与经济发展对应的生态保护方面，规划划定限制开发区域，包括科尔沁左翼中旗、开鲁县、库伦旗、奈曼旗、扎鲁特旗和科尔沁左翼后旗等科尔沁沙地防治区，提出要实施以收缩生态脆弱地区农牧业生产活动，转移农牧民人口，加快转变农牧业发展方式为核心的收缩转移战略，与社会主义新农村新牧区建设，推进工业化、城镇化和农牧业现代化相结合，统筹城乡发展，采取"转（转移农牧民、转变发展方式）、封（围封转移、建设若干无人区）、禁（禁牧舍饲）、退（退耕还林、退牧还草）、建（加快舍饲现代畜牧业基础建设）"等综合措施，减人减畜与发展二、三产业并举，转移人口与转变生产经营方式并进，引导农牧民向城镇和工业园区转移，向非农非牧产业转移。按照草畜平衡的原则，在草原区继续执行"以草定畜"制度，实施退（耕）牧还草、禁牧舍饲、种草养畜等工程。退化沙化严重地区或沙漠沙地边缘实行禁牧；中度退化沙化草原，以休牧为主，适度禁牧。半农半牧区旗县实施已垦草原退耕还草工程，使植被得到有效恢复。积极发展节水灌溉饲草料基地，缓解天然草原过牧压力，草原植被盖度达到75%以上。

二　荒漠化基本态势

（一）荒漠化总体形势

科尔沁地区的荒漠化始于清末，原因是移民垦荒。后来，随着人口大规模增加，人地关系紧张，五滥——滥垦（开荒）、滥牧（牲畜超载）、滥挖（矿产、中药材）、滥樵（薪材）、滥用水资源（截留地表水、抽取地下水）成了土地荒漠化的主因。乌兰图雅（2000）① 研究了科尔沁地区的主体哲里木盟（今通辽市）新中国成立后近 50 年来耕地面积变化，发现新中国成立以来有四次大规模的垦荒，体现为耕地面积的大幅度增加和草地等其他用地面积的减少以及沙地农耕北界的北跃和耕地重心的北移。可以说，新中国成立以后土地荒漠化的快速扩展与大规模垦荒息息相关。

自 20 世纪 70 年代末期开始实施“三北防护林工程”以及 21 世纪初期开始实施“退耕还林还草工程”“小流域治理工程”“禁牧移民还草工程”等一系列生态建设工程以来，科尔沁地区的土地荒漠化扩展势头得到了初步遏制。

中国科学院寒区旱区环境与工程研究所的监测结果显示，内蒙古境内科尔沁地区 1975 年的土地荒漠化面积是 51394 平方公里，1987 年缩小了 385 平方公里，2002 年又缩减至 50197 平方公里。目前，科尔沁地区沙化土地面积为 5 万平方公里左右。2011 年最新公布的全国第四次荒漠化和沙化监测数据显示，通辽市从 1999 年至 2009 年通过采取治沙造林、围封禁牧、搬迁转移人口、建设封禁保护区、防止水土流失等措施，全市荒漠化、沙化土地面积减少了 583 万亩②。全市森林面积达到了 2258 万亩，森林覆盖率由 1978 年的 8.9%上升到 2012 年的 25.12%。科尔沁沙地在全国四大沙地中率先整体实现了逆转。昔日茫茫的沙海变成了片片绿洲，当地环境和小气候的良性变化让科尔沁沙地腹地的居民搞起了特色沙地葡萄、紫花苜蓿、沙地水稻、肉牛饲养等种植业和畜牧业等多种经营，依托沙地小环境走上了致富路③。

（二）不同区块荒漠化状况

虽然科尔沁地区土地沙化整体上实现了逆转，土地荒漠化治理成效初

① 乌兰图雅：《科尔沁沙地近 50 年的垦殖与土地利用变化》，《地理科学进展》2000 年第 3 期，第 273~278 页。

② 内蒙古通辽市林业局：《内蒙古通辽市十年减少沙漠化、荒漠化面积 583 万亩》，国家林业局三北防护林建设局网站（http：//sbj. forestry. gov. cn），2011 年 8 月 16 日。

③ 《中国最大沙地——科尔沁沙地治理显成效》，新华网，2012 年 8 月 16 日。

步显现，但是局部地区仍然不容乐观。张华等①以通辽市的科尔沁区、科尔沁左翼中旗、科尔沁左翼后旗、开鲁县、库伦旗、奈曼旗和扎鲁特旗（含霍林郭勒市），赤峰市的阿鲁科尔沁旗、巴林左旗、巴林右旗、翁牛特旗和敖汉旗，以及兴安盟的科尔沁右翼中旗等 14 个旗（市、县、区）为科尔沁沙地研究区，基于 2000、2005 年土地利用数据、土地沙漠化监测数据、环境状况公报数据以及统计年鉴数据，依据《生态环境状况评价技术规范（试行）》（HJ/T192—2006），对科尔沁地区退耕还草工程实施初期、实施 5 年后的生态环境状况及动态变化进行定量分析和评价。结果表明：退耕还草工程实施 5 年后，科尔沁地区整体生态环境状况虽有所改善，但仍属于“较差”级别。研究区各旗县的生态环境状况表现为阿鲁科尔沁旗、科尔沁左翼后旗、扎鲁特旗（含霍林郭勒市）和科尔沁右翼中旗的生态环境状况属于“一般”级别，而巴林左旗的生态环境状况则由退耕初期的“一般”级别退化为“较差”级别。研究区反映荒漠化治理成效（或者生态环境质量）的主要指标体现如下。

1. 生物丰度指数

科尔沁地区 2000 年、2005 年的生物丰度指数分别为 37.91 和 38.42，增幅为 1.34%，表明退耕还草工程实施 5 年后，科尔沁地区的生物物种数量有所增加。研究区各旗（市、县、区）的情况是，翁牛特旗、敖汉旗、科尔沁区、科尔沁左翼中旗、库伦旗、奈曼旗、扎鲁特旗（含霍林郭勒市）的生物物种数量有不同程度的增加，增幅为 1.82%～12.29%，而阿鲁科尔沁旗、巴林左旗、巴林右旗、科尔沁左翼后旗、开鲁县和科尔沁右翼中旗的生物物种数量有不同程度的减少，减幅为 0.87%～5.16%。

2. 植被覆盖指数

科尔沁地区 2000 年、2005 年的植被覆盖指数分别为 46.22 和 47.52，增幅为 2.81%，表明退耕还草工程实施 5 年后，科尔沁地区的植被覆盖度有所增加。研究区各旗（市、县、区）的情况是，阿鲁科尔沁旗、巴林左旗、巴林右旗、扎鲁特旗（含霍林郭勒市）、科尔沁右翼中旗的植被覆盖度相对较大，其植被覆盖指数高于研究区平均值，其余各旗县的植被覆盖

① 张华等：《基于退耕还草背景的科尔沁沙地生态环境质量评价》，《干旱区资源与环境》2011 年第 1 期，第 53～58 页。

指数低于研究区平均值，尤其是科尔沁区和奈曼旗相对较小。

3. 水网密度指数

科尔沁地区2000年、2005年的水网密度指数分别为24.21和28.44，增幅为17.49%。研究区各旗县的水资源丰富程度及变化趋势有显著差异，表现为科尔沁区、科尔沁左翼后旗和科尔沁右翼中旗的水资源丰富度相对较大，而巴林左旗的水资源丰富度相对较小；相对于2000年而言，由于年平均降水量的增加，以及水域、湿地面积的变化，2005年科尔沁地区仅有翁牛特旗和敖汉旗的水网密度指数略有减小，其余旗县的水网密度指数有不同程度的增加，增幅为0.27%~74.43%。

4. 土地退化指数

科尔沁地区2000年、2005年的土地退化指数分别为5.26和5.08，降幅为3.49%，表明退耕还草工程实施5年后，科尔沁地区的土地沙漠化程度有所减小。研究区各旗县退耕还草工程实施初期及实施5年后的土地退化指数分别在0.78~13.57、0.46~13.54之间变动，总体反映出各旗县的土地荒漠化程度及变化趋势有明显差异，表现为翁牛特旗、科尔沁左翼后旗、库伦旗和奈曼旗的土地荒漠化相对较严重，其土地退化指数高于研究区平均值，其余各旗县的土地退化指数低于研究区平均值，尤其是巴林左旗的土地沙漠化相对较轻。退耕还草工程实施5年后，科尔沁沙地除科尔沁区和奈曼旗的土地退化指数略有增加外，其余旗县的土地退化指数有不同程度的减小，减幅为0.23%~40.87%。

整体看，2000~2005年，科尔沁地区的生态环境质量有所改善，但是地区内部各旗（市、县、区）的情况并不一样：趋于好转的有翁牛特旗、敖汉旗、科尔沁区、科尔沁左翼中旗、科尔沁左翼后旗、开鲁县、库伦旗、奈曼旗、扎鲁特旗（含霍林郭勒市）、科尔沁右翼中旗，趋于恶化的有科尔沁地区西北部的阿鲁科尔沁旗、巴林左旗和巴林右旗。

三　荒漠化治理措施与成效

奈曼旗是新中国成立以来防沙治沙的样本，中国科学院寒区旱区环境与工程研究所在奈曼旗设有沙漠化研究站，长期以来一直致力于防沙治沙的观察研究。奈曼旗在科尔沁沙地有代表性，为此本次调研选定奈曼旗为研究案例。

（一）奈曼旗自然概况

奈曼旗源于奈曼部，最早称“乃蛮”。“奈曼”意为“八”。最初由八鄂拓克或和硕形成。奈曼旗住民，大约在秦汉时期就有，元朝，已经形成部落。

奈曼旗处于通辽市西南部，科尔沁沙地南缘。全境东西宽 68 公里，南北长 140 公里，总土地面积 8137.6 平方公里。奈曼旗的地形地貌一般称为“南山、中沙、北河川，两山、六沙、二平原”。南部为辽西山地北缘，多为海拔 400~600 米的低山丘陵；中部属冲积、湖积沙地，地域宽阔，丘沙连绵，土壤类型以风沙土为主；中北部平原属西辽河、教来河冲积平原的一部分，地势平坦开阔。奈曼旗的气候属于北温带大陆型半干旱季风气候。春季干旱多风；夏季短而炎热，雨量集中；秋季气温变化快，霜冻来临早；冬季漫长，寒冷少雪。全年风沙大，日照长，热量足，雨量少，无霜期短。

奈曼旗地处生态环境比较脆弱的地区，长期以来饱受土地沙化之害。据统计，20 世纪 80 年代初沙漠化面积为 811.5 万亩，占土地总面积的 66.3%；而到了 90 年代初，沙漠化面积达到 858 万亩。奈曼旗农业局 2001 年统计数据显示，全旗仅流动半流动沙漠化面积就达 798 万亩，占总面积的 65.1%，而且，在全旗 21 个苏木乡镇中，有 20 个境内都有沙化土地分布。全旗草地退化面积为 532.5 万亩，约占全区可利用草场面积的 88.8%。全旗水土流失面积达 360 万亩，占土地总面积的 29.4%①。

（二）奈曼旗经济社会发展状况

2010 年统计资料显示，奈曼旗是“人口大旗”，人口数量在内蒙古自治区 101 个旗（县、市、区）中排名第 9 位；同时也是“农业大旗”，粮食产量和年末牲畜存栏头数分别位居第 11 和第 9；但却是“经济弱旗”，地区生产总值排名第 42 位，在岗职工年平均工资排名第 86 位，农牧民人均纯收入排名第 83 位，一般预算财政收入排名第 47 位（见表 11.3）。奈曼旗是名副其实的国家级贫困旗，贫困人口数量基本维持在 8 万人以上（见图 11.1）。

---

① 沙日娜、陈立平：《内蒙古奈曼旗生态环境现状与治理对策》，《干旱区资源与环境》2004 年第 9 期，第 54~57 页。

表 11.3　2010 年奈曼旗主要经济社会指标及其在内蒙古自治区旗县的排位

指标	数量	排位
年末总人口（万人）	44.18	9
地区生产总值（亿元）	92.11	42
粮食产量（万吨）	62.50	11
年末牲畜存栏头数（万头/万只）	155.59	9
农牧民人均纯收入（元）	4647.00	83
在岗职工年平均工资（元）	26541.00	86
一般预算财政收入（万元）	33206.00	47

资料来源：《内蒙古自治区国民经济与社会发展统计年鉴 2011》。

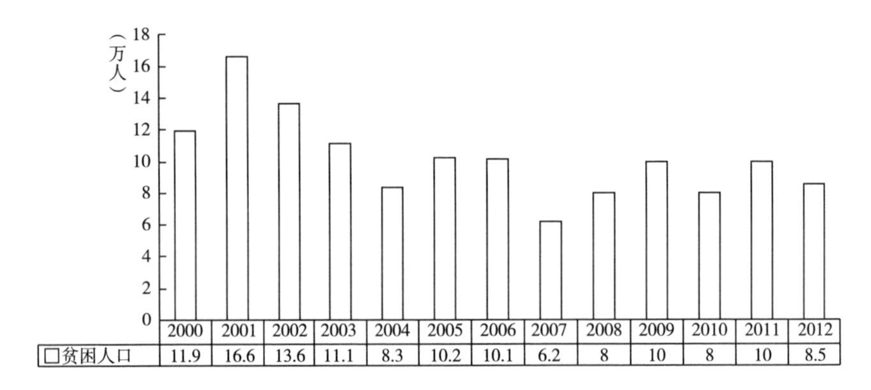

图 11.1　奈曼旗 2000 年以来的贫困人口数量变化

资料来源：奈曼旗扶贫办提供。

（三）奈曼旗荒漠化治理主要措施及实施情况

自 20 世纪 70 年代末期开始，奈曼旗高度重视生态环境治理工作，把防沙治沙、改善生态环境作为全旗经济社会发展的战略目标，把生态环境建设作为全旗的生命线，相继提出了“两种三治”“生态立旗”基本旗策。大力宣传贯彻《中华人民共和国防沙治沙法》《内蒙古自治区人民政府关于切实加强防沙治沙工作的决定》等各级法律法规和防沙治沙相关政策。在国家“三北”防护林工程、退耕还林、退牧还草等重点工程带动下，坚持“两结合、两为主”的林业生态建设方针，大力开展人工造林和封山

(沙) 育林。经过30多年的艰苦奋斗，已初步建设成乔灌草、带片网相结合的区域性防护林体系，林种结构得到优化，农牧民生产、生活条件得到明显改善，全旗水土流失和土地沙化退化现象得到有效遏制，生态环境得到明显改善。

1. 国家重点生态工程及实施情况

自1978年国家“三北”防护林体系建设启动以来，奈曼旗掀起了建设防护林体系的高潮。特别是2001年以后，国家“三北”防护林体系四期工程、退耕还林、退牧还草、牤牛河流域治理等国家生态重点工程相继启动，为奈曼旗的防沙治沙工作注入了强劲动力。截至2008年底，全旗共完成“三北”四期工程建设任务28.5万亩，完成退耕还林工程102.28万亩，完成退牧还草290万亩，完成牤牛河流域治理82.5万亩。林业生态建设、草原流域治理均取得了较好效果。

2. 收缩转移战略及实施情况

2007年，根据通辽市委、市政府《关于实施收缩转移战略，调整生产力布局，加快社会主义新农村新牧区建设的意见》，奈曼旗制定了收缩转移战略实施方案。基本原则是把恢复生态作为收缩转移战略的首要目标，将收缩生态脆弱地区农牧业生产活动和转移农民有机结合，统筹推进。按照农牧业功能区划，优先转移生产生活条件最差地区的农牧民，突出重点区域，科学规划，量力而行，稳步推进。主要目标是到2015年，对全旗17个嘎查村和35个自然村实行移民搬迁，将5382户21935人从生态脆弱地区转移出来，计划投入资金2.1亿元，其中争取上级项目资金1.1亿元，地方财政和群众自筹1亿元。建房标准根据搬迁农民的自筹能力设计确定，原则上户均不小于50平方米砖木结构住房。2013年前计划搬迁40个村。每年完成山沙两区封育20万亩，人工造林20万亩，到2015年完成围封治理面积300万亩。通赤高速公路两侧各1公里范围内的草牧场，从2008年开始实行全面禁牧，规划建设教来河两岸和老哈河南岸沙地封禁区，从2009年开始全民禁牧。到2015年完成25度以上坡耕地、坨沼地和封禁区内退耕还林44万亩，15度以上坡耕地逐步退耕。

3. 规划和政策制定及实施情况

《奈曼旗防沙治沙“十二五”规划》提出，“十二五”期间完成沙地综合治理任务474万亩，其中林业治理任务219万亩，沙地草原治理150

万亩，山区水土保持治理任务 105 万亩。力争到 2015 年，全旗森林覆盖率达到 35%以上，重点治理地区生态状况明显改善。建设布局为：（1）老哈河南岸沙地类型区，沙地治理面积约 190 万亩，治理措施是牧区推行划区轮牧、休牧、围栏封育、舍饲圈养，同时在沙化严重地区实行生态移民；农牧交错区在搞好草畜平衡的同时，加强人工草地建设。目前无力治理的沙化土地实行严格的封禁保护。（2）教来河两岸沙带类型区，沙地治理面积约 170 万亩。防沙治沙的重点是降低草场载畜量，实行退耕退牧还草。（3）南部丘陵水土流失区，水土保持治理面积约 105 万亩，采取工程措施与生物措施相结合的办法，比如挖鱼鳞坑、水平沟，修水平梯田，建设小塘坝、谷坊、生态经济沟等多种形式。

奈曼旗林业局 2012 年编制的《通辽市奈曼旗科尔沁沙地自然保护区规划（2012-2017 年）》提出用 5 年时间在奈曼旗北部老哈河南岸沙带建立沙化土地封禁保护区 90.5 万亩，通过禁伐、禁樵、禁牧、禁垦、禁猎和有计划的移民搬迁等措施实行严格的封禁保护，保护现有林草植被，促进林草植被自然恢复，增加生物多样性，遏制沙化扩展，维护生态安全，促进人与自然和谐相处。主要建设内容包括：（1）围封禁牧。设置机械围栏，保护区东西平均长 42 公里，南北平均宽 18 公里，须架设总长约 100 公里的防护围栏，每隔 6 米设围栏桩 1 个，共需 1.7 万个围栏桩。（2）生态移民。搬迁保护区内 2 个行政村，总户数 121 户，总人口 430 人。（3）转移牲畜。保护区内需转移牲畜 1560 头（只）。（4）建立保护区管理组织机构 1 处，建设房舍 10 间，配备 8 名人员及相关设备。（5）在保护区外每隔 5 公里建管护站 1 处，配备巡护人员 4 名。（6）在封禁保护区外设观察塔 10 个，以钢架结构为主体，塔高 15~20 米。投资估算 9775 万，其中围封管护资金按 70 元/亩，需资金 6335 万，移民安置按每人 8 万元，需资金 3440 万。投资来源由国家和地方配套两部分组成，其中国家投资 7820 万，地方配套 1955 万。规划实施后，全旗将有 90.5 万亩严重风沙危害和水土流失地区得到有效封禁和保护，草牧场得到休养生息，林草植被覆盖度将增加 40%~60%。

奈曼旗政府发布的《奈曼旗禁垦禁牧暂行办法》规定：禁垦范围包括奈曼旗境内天然及人工草地、退牧还草地、退耕还林地、不符合营林技术规程要求的未成林林地、有林地、疏林地、灌木林地等。常年禁牧范围包括：（1）老哈河南岸封禁保护区；（2）教来河两岸封禁保护区；（3）通赤高速公路沿线两侧封禁保护带；（4）重点封育禁牧区；（5）“三北”防护林工程、退耕还林工程封山（沙）育林保护区；（6）经济林项目区；（7）各级重点自然保护区、公益林管护区、南部山区小流域治理工程区域；（8）各苏木镇（场）确定的保护区。常年禁牧范围以外的区域，实行季节性禁牧和划区轮牧制度。每年12月1日至第二年6月30日确定为禁牧期，全旗境内所有家畜一律禁止外出放牧，全部实行舍饲圈养；每年7月1日至11月30日为轮牧期，家畜可以在划定的轮牧区内放牧。对违反禁垦禁牧规定进行非法开垦活动或者违规放牧者，给予经济处罚，甚至刑事处罚。

（四）奈曼旗荒漠化治理成效

奈曼旗政府关于《奈曼旗防沙治沙目标责任完成情况自查报告（2010年1月10日）》总结奈曼旗30多年的防沙治沙成就时讲道，“经过全旗广大干部群众30多年的艰苦奋斗，全旗沙化土地减少了594万亩，其中林地沙化面积减少了396.5万亩，草原沙化减少了115万亩，水土流失面积减少了82.5万亩，土地沙化退化现象得到有效遏制，科尔沁沙地在奈曼旗率先实现了治理速度大于沙化速度的良性转变，生态环境得到明显改善，林草植被得到迅速恢复。尤其是2005年以来，全旗每年完成生态建设和沙地综合治理面积均在30万亩以上。根据全区二类资源清查统计，截至2008年底，全旗森林覆盖率达到29.58%，位居通辽市第二，远高于全市、全自治区乃至全国森林覆盖率的平均水平”。

赵杰等[①]利用1980年和1996年的1∶10万的TM遥感影像及GIS获得的数据，从土地覆盖/利用结构变化、数量变化、空间景观特征变化以及主要变化过程等方面对奈曼旗20世纪80年代以来土地覆盖/利用变化进行了研究，结果表明，20世纪80年代以来奈曼旗耕地与难利用土地大幅减少，林地和草地大幅增加；土地覆盖/利用结构变化的主要过程为：耕地退耕还草、还林，难利用土地恢复为草地，在适宜的草地上植树造林。具体数据见表11.4。

---

① 赵杰、赵士洞、郑纯辉：《奈曼旗20世纪80年代以来土地覆盖/利用变化研究》，《中国沙漠》2004年第3期，第317~322页。

表 11.4　1980 年和 1996 年奈曼旗土地覆盖/利用结构变化

类型	1980 年（平方公里）	1996 年（平方公里）	1996 年比 1980 年增减（%）
耕地	2688.32	2367.72	-11.3
高覆盖度草地	847.25	970.85	14.6
中覆盖度草地	1156.48	1355.71	17.2
低覆盖度草地	260.15	341.21	31.2
有林地	15.01	262.11	1646.2
灌木林	166.34	187.16	12.5
疏林地	11.89	101.29	752.0
其他林地	0.8	25.70	3112.5
工矿与居民点	207.12	224.85	8.6
水域	289.37	272.21	-5.9
流动沙丘	2211.17	1721.89	-22.1
盐碱地	113.35	122.73	8.3
沼泽地	153.81	147.64	-4.0

李莉等①采用《生态环境状况评价技术规范（试行）》（HJ/T 192—2006）规定的生态环境状况评价指标体系和计算方法，对奈曼旗 2000 年、2005 年实施退耕还林还草工程初期及 5 年后的生态环境质量进行定量分析和评价。结果表明，奈曼旗 2000 年、2005 年生态环境质量指数分别为 33.94、36.93，根据生态环境状况变化度分级表，分别属于“较差”和“一般”；奈曼旗生态环境质量指数的变化幅度为 8.8%，实施退耕还林还草工程 5 年后，生态环境质量明显提高。具体数据见表 11.5、表 11.6。

表 11.5　奈曼旗土地利用结构变化数据

单位：平方公里，%

土地利用类型	2000 年	2005 年	变化值	变化率
林地	550.28	680.25	129.97	23.6
草地	2445.36	2991.78	546.41	22.3

① 李莉、张华：《基于退耕还林还草背景的奈曼旗生态环境质量评价》，《国土与自然资源研究》2010 年第 1 期，第 48~49 页。

续表

土地利用类型	2000年	2005年	变化值	变化率
水域、湿地	421.42	300.99	-120.43	-28.6
耕地	2631.38	2346.80	-284.58	-10.8
建筑用地	224.79	256.04	31.24	13.9
未利用地	1827.85	1525.23	302.62	-16.6

表11.6　奈曼旗生态环境质量评价

单位：%

生态环境指数	2000年	2005年	变化率
生物丰度指数	22.01	30.17	37.1
植被覆盖指数	25.25	38.85	53.9
水网密度指数	24.98	21.50	-13.9
土地退化指数	17.32	12.55	-27.5
环境质量指数	99.50	98.69	-0.8
生态环境质量指数	33.94	36.93	8.8

四　荒漠化治理存在的问题与策略

（一）存在问题

1. 奈曼旗政府总结出的问题

奈曼旗政府在总结荒漠化治理存在的问题时，归纳出了以下几点。

一是国家重点工程建设任务不能满足实际需要。以奈曼旗当前的财力状况和群众生活条件，很难有大的投入，只能依靠国家投入。但是自2001年国家“三北”防护林工程进入四期以来，建设任务较少，投资数额较小。全旗尚有200多万亩沙地亟须治理，群众要求政策和项目扶持的意愿十分强烈。

二是宜林荒山荒沙治理难度加大。全区未治理区域主要集中在老哈河南岸、教来河两岸及山区，面积300多万亩。未得到有效治理的区域多为远山大沙，沙丘高差大，沙地流动性强，植被盖度低，交通不便，治理难度大。这一区域既是少数民族聚集区，也是生态环境脆弱区和牧业集中区，更是集中连片贫困区。

三是治理成本高。由于奈曼旗未治理区域立地条件越来越差，山沙两区林业生态治理首先要从减轻沙地压力入手，转移人畜是首要目标，其次要从采取架设围栏、埋设沙障、挖鱼鳞坑等工程措施做起。同时，气候持续干旱，土壤墒情极差，涉农物资及劳动力价格不断攀升，使得造林成活和抚育成本越来越大，仅搬迁转移农牧民一项，每人就达 4 万元以上（包括房屋、发展设施农业等）。

四是气候变化影响治理效果。从 1999 年到现在，全旗境内河流全部断流，湖泊、水库干涸，土壤水分得不到有效补充，全旗地下水不断下降。中国科学院奈曼沙漠化研究站的观察数据显示，1998 年至 2009 年期间，奈曼站站区地下水埋深由 3.57 米下降至 7.05 米，导致全旗大量杨树固沙林发生枯梢甚至死亡现象。初步统计，全旗中北部沙区，包括兴隆沼地区在内，树木枯死 1/3 以上的林木面积近百万亩。同时，干旱导致沙地大量草本植物枯死，地表裸露，沙土活化，许多已经治理的区域出现反弹，多年治理成果受到严重威胁，需要重新进行治理造林。

五是群众生存状况日益艰难。持续干旱造成土地退化、沙化，粮食减产甚至绝收，牧草枯黄，树木大片枯死，损失惨重，严重影响了全旗农牧民生产生活及经济收入，基础设施得不到巩固，农牧林业生产和农牧民生活受到严重影响，尤其是中部教来河流域，是少数民族相对集中的地区，部分已经脱贫的农牧民因此返贫，群众生存受到严峻挑战。

2. 调研发现的问题

通过对科尔沁沙地，尤其是奈曼旗的实地考察，结合奈曼旗政府介绍的荒漠化治理情况，我们认为荒漠化治理存在的深层次问题有以下几点。

一是不能忽略人地关系账。荒漠化发展有自然变迁的原因，但更重要的原因是人类活动，即不顾资源环境承载能力，盲目开荒，过度放牧，滥挖矿产和中药材，滥樵薪材，滥用水资源。不改善人地关系，只在治沙上做文章，比如植树造林、退耕禁牧还草、围禁封育等，监督管理成本太高，不具有可持续性，建设成果难以确保。真正要改善人地关系，不仅要“治沙”，更要“治人”，规范人的行为，为人找出路。为此，要科学测算资源环境承载能力，定量评估可承载人、畜、粮食的最高阈值，超出部分应该作为规划内容寻找出路。

二是不能忽略了投入产出账。治理荒漠化需要巨额投资，单纯依靠当地政府投资难以为继，全部依靠中央政府投资也不现实，依靠民间投资更不可靠。治理荒漠化，不能不计成本，不计得失，要考虑投资产出效率，用最少的投资获取最大的收益。其实，绝大多数荒漠化不需要人工治理，只需要自然恢复。只要封禁措施得当，恢复时间足够长，荒漠化是可以得到缓解的。因此，治理荒漠化要算投入产出账，不能简单说投入越多，治理效果越好。对历史时期的投入，应该总结性算一下账，测算一下治理成本，评估其是否合理，为下一步科学治理提供依据。

三是不能忽略了水资源账。水与地表植被是相互匹配的关系，地表植被消耗水资源，同时也涵养水源；水资源供养地表植被生长，同时也应该有一个合理开发量，不能竭泽而渔。但在荒漠化治理过程中，常常忽略了算水资源账，地表植被的恢复，往往建立在过度开采地下水的基础上。表面看，植被恢复形势喜人，但地下水位连年下降，形势十分危急。比如，奈曼旗经过治理，生态环境质量明显提高，但算水账很不乐观，如水网密度指数下降。再比如，蒋德明等（2004）[①] 对科尔沁沙地的考察报告显示，自 1999 年以来，科尔沁沙地已有近 70%的湖、泡干涸，水泡水量减少了近 90%。通辽市科尔沁区 20 世纪 60 年代的地下水位为 0. 9-2. 2 米，70 年代为 3. 2 米，80 年代为 4. 0 米，90 年代为 4. 5 米，到 2000 年已经下降到 7. 2 米，在 40 年间地下水位下降达 6 米左右。本次在奈曼旗考察发现，大量抽取地下水灌溉耕种作物的现象普遍存在。因此，评价荒漠化治理成效千万不能被地表植被的表面现象所迷惑，要观察地表水是否减少，地下水位是否下降。治理荒漠化不能建立在水资源无限供给的基础上，要算水账。任何治理方案的出台，都要通过水资源评价。

四是不能忽略了农牧业账。科尔沁草地沙化，根源在于宜牧地被开垦为耕地，或者说过度农耕化。历史上经过多次垦殖，科尔沁沙地的耕种界限已经大大北移，但是气候条件和土壤条件并不支持耕地北移。为了耕地北移，盲目拦截地表水，过度开采地下水，以生态环境恶化为代价获取农

---

① 蒋德明等：《科尔沁沙地生态环境及其可持续管理——科尔沁沙地生态考察报告》，《生态学杂志》2004 年第 5 期，第 179~185 页。

耕收益，实在得不偿失。治理荒漠化，实施退耕还林还草政策无疑是正确的选择，但是不能仅仅以“25度以上坡耕地”为退耕依据，而应以“降水量和地表积温”作为退耕的依据。以前者论，大大低估了应该退耕的数量；以后者论，才是真正应该退耕的数量。遗憾的是，科尔沁沙地竟然成为内蒙古著名的“粮仓”，如通辽市科尔沁左翼中旗、科尔沁区、开鲁县、科尔沁左翼后旗、奈曼旗、库伦旗，赤峰市松山区、宁城县、敖汉旗、翁牛特旗这10个旗（县、区）的粮食产量位居内蒙古自治区101个旗（县、市、区）的前二十。我们一边在治理荒漠化，又一边在发展农耕业，可以说，边治理，边破坏，永无治愈荒漠化的可能。

五是不能忽略如何算政绩账。治理荒漠化是一个长期过程，需要50年甚至100年的时间。绝不可能三五年看出成效。因为生态系统的恢复，不仅仅是地表植被盖度的提高，更重要的是生物多样性的增加、土壤的改良和地表、地下水资源的恢复以及生态系统的稳定。以短期成效衡量治理效果和地方政绩并不科学。因此，对荒漠化治理成效，不能简单下结论，不能只看短期效果，而应该看长期效应。治理荒漠化，不能急功近利，要有打长期仗的思想准备。

（二）治理目标与策略

科尔沁沙地在我国四大沙地中降水量最多，治理难度最小，借科尔沁沙地在我国四大沙地中率先实现逆转的契机，近期应以恢复地表植被、增加植被覆盖度为目标；中远期应以改良土壤、增加生物多样性、恢复水系直至恢复生态平衡，农牧民脱贫致富，人与自然和谐相处为目标。

具体治理策略主要应包括以下几个方面。

1. 收缩农牧业生产活动

科尔沁地区沙化的主要原因是人类活动方式不适应生态环境要求，人类活动强度超过当地资源环境承载能力。治理荒漠化，要从收缩人类活动入手：一是限制人口数量，特别是从事农牧业活动的人口数量。农牧业活动的人口数量不减少，农牧业生产规模就不可能缩小，对土地的索取就不可能减少，土地荒漠化治理的成果难以确保；为此，要科学测定资源环境承载能力，定量评估当地可以承载的农牧业人口极限，多余人口应该向外转移，包括向二、三产业转移和向区外可以开发地区转移。要科学编制人口阶段性缩减规划，确立人口缩减阶段性目标，分解人口阶段性缩减任务，制定人口阶段性缩减政策。二是限制农牧业规模。在农牧业人口承载力测算的基础上，科学确定农牧业生产规模。要下决心调整粮食生产基地职能，压缩粮食生产规模；将牧民增收的主要途径放在延伸畜牧业产业链条上，而不是扩大牲畜饲养规模上。三是放手发展非农产业，推进城镇化。将非农产业作为农牧业人口转移的重要选择，将城镇作为农牧业人口转移的主要居住地。在制定防沙治沙规划时，将工业化与城镇化作为重要内容，并列入国家政策支持的范围。

2. 分区治理与发展结合

根据自然条件和自然环境，因地制宜进行荒漠化治理，切忌一刀切。对科尔沁地区土地沙化，可以分为以下三个区片进行治理。

（1）西辽河南部与教来河以东地区

该区气候湿润，降水较多，年均降水 450 毫米左右，丘间滩地面积较大，低湿地较多，植被组合复杂而茂密；在东部边缘的西辽河与东辽河汇流地区，水热、土地、生物等资源十分充足，是农、林、牧的高效生产区。今后应对土地利用进行更科学的合理规划，加强自然保护，并营造防护林，或进行草田轮作，增加牧业生产比重，使农、林、牧更有效地结合起来，促进全面综合发展。在西部广大坨甸地区，适宜耕种的土地较少，只能利用一小部分作为农业用地。总之，教来河以东沙地，除东部边缘外，其余地区粮食作物种植面积不宜过大，并营造防护林，增加植被。对流沙要尽快采取植物治沙措施或栽植防风固沙林加以治理。

（2）西拉木伦河南部与教来河以西地区

这里气候比较干旱，年降水量 300 毫米左右，流沙面积增大，沙丘间滩地数量少，面积小，植被覆盖度较低，由沙蒿、乌丹蒿等沙生半灌木群落及一年生的先锋群落组成最基本的植被类型，灌丛和疏林都不发达，仅在老哈河以东有一些榆树疏林分布。本小区生态环境脆弱，风沙危害较重。今后发展方向应以牧业为主，林牧结合；对固定沙丘和甸子地草场进行轮牧，严禁滥垦、滥牧；对水土条件较好的土地进行围封，播种沙生植物，并栽植灌木和乔木；选择适宜地段，营造以锦鸡儿为主的灌木饲料林等经济林和杨柳用材林；逐步形成乔、灌、草结合，带、网、片配置，建立林牧经济区，达到治理沙害、发展生产的目的。

（3）老哈河与教来河的中上游地区

该区基质为黄土丘陵区，水土流失较严重。沙地面积不大，约占科尔沁沙地总面积的1%。因受东南季风的影响，降水较多，气候比较温和湿润。河谷滩地可作农业用地；陡坡应种草植树。

（4）科尔沁地区北部

科尔沁地区北部，即大兴安岭东南侧山前的低丘漫岗及西拉木伦河、查干木伦河、乌尔吉木伦河、呼虎尔河、霍林河等洪积平原上的沙地治理，应从这里的自然条件出发。该区地带性土壤为暗栗钙土，草原植被为优势群系，灌丛化草原为常见群落，大都已开垦为农田，沙丘多集中于河流中下游一带，沙地面积267万公顷，占科尔沁沙地总面积的53%，其中流动沙丘占5.5%，半固定沙丘占20%，固定沙丘占27.5%。从治理角度，此区可分东、西两个小区。在西半部，即西拉木伦河与新开河西北部沙地，占科尔沁沙地总面积的42%，其中流沙占5%，半固定沙丘占15%，固定沙丘占22%。这里的天然草原是良好牧场。今后应加强草原建设，对不合理的耕地，应退耕还林还牧；对退化的沙化草场，采用围封和人工种植优良牧草，逐渐恢复草场生产力；对现有森林资源应加强保护和抚育，同时要建立农田、牧场防护林、防风固沙林、水土保持林，因地制宜营造薪炭林和灌木饲料林，逐步扩大森林覆盖率，发挥其综合效益。在东半部，即新开河与西辽河之间的冲积平原，由于历史上河流频频改道，形成了冲积沙堆与河流故道的低湿地交错分布的景观特色。沙地镶嵌其上，占科尔沙沙地总面积的11%。这里沙地面积少，流沙比例小，水土条件优越，是重要的农业区，如今农田防护林已成林网。今后在搞好商品粮基地建设的同时，应扩大林牧比重；对现有草甸可建立基本草牧场或粮料基地，促进猪、羊、肉牛的饲养；在搞好防护林的基础上，选择适宜的树种营造多种林种；促使农林牧结合、协调发展，可建设成为岭东沙地的高效经济区。

3. 放手发展沙产业

早在1984年，钱学森就提出沙产业的概念。所谓沙产业是指在“不毛之地”上，利用现代科学技术，包括物理、化学、生物等科学技术的全部成就，通过植物的光合作用，固定转化太阳能，发展知识密集型的农业型产业。沙产业的核心思想是“多采光、少用水、高技术、高效益”。可见，沙产业是沙区可持续发展的必由之路，也是寓防沙治沙于经济发展之中的科学选择。

科尔沁地区沙地面积5.2万平方公里，其中在内蒙古自治区境内的4.8万平方公里（山丹等①，2007）。发展沙产业大有可为。要大胆借鉴国内外先进地区发展沙产业的经验，针对科尔沁沙地资源环境特点，科学选择发展沙产业的路径，力争循序渐进，找准特色，以点带面，务求实效。一是做好沙产业发展规划。根据科尔沁沙地资源环境特点，科学确定沙产业发展的目标，优选沙产业发展的主要行业和主要地区，将沙产业发展的任务分解到各旗（县、市、区）；二是制定沙产业发展的政府支持政策。任何产业发展都有一个孵化并发展壮大的过程，沙产业也不例外。根据沙产业发展特性，制定金融、财政、人才、土地等一揽子优惠政策体系，吸引社会投资沙产业；三是整合扶持一批领军企业。对已有相关企业进行整合，提高资产集中度和技术含量，引进区外大型企业，形成一批沙产业骨干企业，带动科尔沁沙区沙产业发展。

在沙产业发展方面，奈曼旗探索出了一条可行之路②。奈曼旗立足5045平方公里的沙资源优势，积极培育发展沙产业，在工业企业用沙、沙生植物开发利用、发展沙地规模化养殖、沙地旅游业等方面进行了有益的探索和实践。“吃”沙用沙、点沙成金、因沙兴旗的科学发展之路正在形成，并形成了四种沙产业模式：①科技创新型沙产业，围绕丰富的硅砂资源，以建材、机械精密铸造、石油开采支撑剂、玻璃制造等为重点，依托科技创新提升沙产业的知名度和影响力，引进、鼓励兴建了38家企业，年用沙量超过50万吨；②政府主导型沙产业，以增强地区发展实力为目标，充分发挥政府主导作用，在不占用耕地的情况下，综合利用沙地建设工业园区6个，利用沙地资源发展亩纯收入超千元的沙地高效特色作物95万亩，成立以沙地养殖小区为主的模式化养殖场104处，积极培育沙地旅游业，年接待游客44万人次；③群众自发型沙产业，利用固定、半固定沙地和坨间低地的水资源条件，以户或联户为单位，四周营造防护林网，大力发展林粮、牧草等产业，依托沙地资源，群众积极种灌种草、发展林果经济，

---

① 山丹、包庆丰：《关于科尔沁沙地沙产业发展的思考》，《内蒙古农业大学学报》（社会科学版）2007年第2期，第106~109页。

② 奈曼旗政协：《大力发展沙产业，走科学发展之路》，《通辽日报》2013年9月29日，第2版。

目前全旗果树经济林发展到12万亩；④连锁经营型沙产业，为规避沙地种养殖业风险，提高农副产品的市场竞争力，奈曼旗西瓜协会采取“协会+专业合作社”“基地+市场”等形式，大力推广沙地无籽西瓜种植技术，注册了“曼沙”西瓜品牌，现已发展种植基地2万多亩，影响带动全旗西瓜种植面积达到10万亩。奈曼旗的经验和做法完全可以在科尔沁沙地推广。

（三）重点工程

通过本次考察，我们建议针对科尔沁地区土地沙化治理，应该实施以下工程。

1. 人口规模压缩工程

在科学测算人口承载力的基础上，确定人口压缩规模，并制定阶段性压缩目标，由政府投入解决。义务教育、职业培训、创业扶持、生态移民、社会保障补贴、保障性住房建设等项目与支出可以纳入该工程。

2. 农牧业规模收缩工程

构建与人口承载力相适应的农牧业生产体系，压缩种植业与畜牧业生产规模，延伸农牧业生产链条，提高农牧业附加值，将农牧民增收的途径由扩规模转变为提效益。由此造成的经济损失，政府可以给予一定的补偿。退耕还林还草、禁耕、禁牧等项目与支出可以纳入该工程。

3. 自然保护区建设工程

将生态治理难度大，农牧民生存条件恶劣的地区划定为自然保护区，依靠自然恢复修复生态系统，由此发生的管护费用应该由政府投入解决。

4. 沙产业发展工程

将治理与发展有机结合，发展沙产业是必由之路。为此，要科学界定沙产业的范畴，制定沙产业发展规划，鼓励发展沙产业示范区和示范企业，可以采取政府鼓励与社会投入相结合的模式。政府可以以适当补贴的形式介入沙产业发展。

5. 人工生态建设工程

重要地段、资金投入不大、短期可以见效的地方可以采取人工生态建设的手段。该工程要讲求实效，力求投入少，见效快。该工程投入应该由政府解决。工程建设时，应该遵从自然法则和经济效益原则，切忌成为生态破坏工程和劳民伤财工程。

五　政策建议

本次考察，我们更加坚信“防为主，治为辅”“自然恢复为主，人工修复为辅”“社会经济调控为主，生物、工程措施为辅”的三大防治理念。荒漠化并不可怕，可怕的是治理过程中的无知和蛮干。为了有效地遏制和扭转科尔沁地区土地沙化的趋势，建议国家和科尔沁地区相关地方政府对有关治理荒漠化的体制和政策进行必要的调整。

第一，自上而下统一领导，完善组织。当前，农、林、水、土、计划、财政、环保、城建等部门都具有生态建设的职能，各部门出台的生态建设工程都具有各自的计划标准和验收体系。但生态建设具有地域性、综合性和全局性，地方生态建设的目标与内容在服从中央统一要求的基础上要更多地体现地方特色，各部门的生态建设目标与内容也要服从中央大局和地方全局。为改变管得太死、各自为政、自我评价的弊端，建议由国务院统领全国生态建设大局，由国家发展和改革委员会会同相关部门具体负责实施。科尔沁地区由各级地方政府负总责，由地方发改委根据各地具体情况组织相关部门具体实施。

第二，优化生态建设投资结构，强化社会工程投入。从当前科尔沁地区生态建设方式来看，生物——工程措施是治沙的主要手段，其主要目的是增加地表植被，且主要是依靠人工手段。从总体上来看，耗资巨大，治理成本太高。除了体制运行中的贪污腐化挪用侵蚀生态建设资金外，更重要的是人工修复的生态系统难以与自然形成的生态系统实现“无缝链接”。所以，科尔沁地区应大规模削减人工生态建设工程，除了需要重点保护的城市、铁路、机场、公路等周边实施人工生态建设工程外，其他地区应主要依靠自然恢复修复生态系统，没有必要花费大量资金实施人工干预。节约下来的资金应主要用于“造成荒漠化关键的人”的身上，比如，实施教育援助计划和就业培训计划，普及推广科学知识，提高农牧民的社会保障水平等提高人口素质和完善社会保障的社会工程。

第三，进一步加大生态移民搬迁力度。科尔沁地区表面看地广人稀，但扣除地表裸露的沙地和严重退化的草场等不适宜人类居住生活的土地外，人口密度并不低。为调整失衡的人地关系，必须实施大规模的移民外迁计划。目前实施的生态移民工程拘泥于行政区划，以旗（县）甚至苏木（乡镇）为单元，不能从根本上解除人口压力，必须实施跨地域的人口外迁计划，特别是向科尔沁以外地区迁移。靠中央政府和地方政府的组织动员，负担太重。以市场引导是上策。政府作用的空间，一是对义务教育阶段的儿童实行真正意义上的义务教育；二是对非义务教育阶段的青少年实行教育援助计划，使他们能够上得起学；三是对劳动适龄人口进行技能培训，使他们能够掌握一技之长；四是对老年人口实行社会保障。鼓励劳动适龄人口到科尔沁以外地区打工和创业，国家征兵计划指标分配也应向类似科尔沁地区这样的沙化严重地区倾斜。

第四，改变生态建设工程实施效果评价办法。评价科尔沁地区生态建设工程的成效，不应只看地表植被变化，更要看地下水位变化；不应只看当期效果，更要看长期效果。生态建设工程，应注重长期效应，短期内难以评价得失。从科尔沁地区考察来看，一些地方只管植树造林，不管地下水涵养，甚至大量抽取地下水养护地表植被，以博取上级检查团的好评。这种行为不是在搞生态建设，而是在搞生态破坏，后果不堪设想。在科尔沁地区，水系是生态系统的中枢神经。破坏了水系，也就破坏了生态系统。所以，地下水位的长期变化更能科学地反映科尔沁地区生态建设工程的得失，应该成为评价科尔沁地区生态建设效果的最重要指标。

第五，强化生态监测力度，为科学研究提供数据支撑。加大科尔沁地区荒漠化监测研究资金投入力度，强化监测研究队伍建设，定期评估荒漠化治理成效，并向社会公布实情，以此作为政策调整和公众支持的依据。本次调研，深感监测数据陈旧，而且公众难以获取，造成科学研究缺乏数据支撑。实有必要调整政策，为科学研究提供便利。

第十二章　呼伦贝尔地区荒漠化态势与治理成效*

历史上呼伦贝尔草原曾是优美的天然草场，土地肥沃，生物品种多样，区位优势显著，生态条件优越，是我国保护相对完好的一块少有的“绿色净土”和“北国碧玉”。随着经济的发展和人口的增长，由于过度放牧和不合理开发，呼伦贝尔草原生态环境恶化，草场退化、沙化、盐渍化速度加快，土地变得贫瘠，湿地面积在逐年减少。当前，呼伦贝尔荒漠化蔓延的趋势尽管得到了有效遏制，但仍然需要引起高度重视。

为了解呼伦贝尔荒漠化态势及其治理成效，课题组专门对呼伦贝尔草原荒漠化及其治理情况进行了调研。

一　区域概况

（一）自然环境基础

呼伦贝尔市位于内蒙古自治区的东北部，地处东经 115°31′~126°04′，北纬 47°05′~53°20′。总面积 25.3 万平方公里，是“我国行政辖区面积最大的地级城市”，相当于山东省与江苏省两省之和。东邻黑龙江省，西、北与蒙古国、俄罗斯相接壤，是中俄蒙三国的交界地带，与俄罗斯、蒙古国有 1723 公里的边境线，有满洲里、额布都格、室韦等 8 个国家级一、二类通商口岸，其中满洲里口岸是中国最大的陆路口岸。

境内矿产资源储藏量巨大。探明或初步探明的矿产 52 种，主要有煤炭、石油、铁、铜、铅、锌、钼、金、银、铼、铍、铟、镉、硫铁矿、芒硝、萤石、重晶石、溴、水泥灰岩等。煤炭探明储量是辽宁、吉林、黑龙

* 本章由寇子明（呼伦贝尔市发展和改革委员会主任）撰写，成文于 2013 年 11 月。

江三省总和的 1.8 倍。21 世纪初，呼伦贝尔又发现了石油资源。

水资源丰富，总量为 316.19 亿立方米，占内蒙古自治区的 56.4%。其中，地表水总量 298.19 亿立方米，占中国地表水资源量的 1%。全市人均占有水资源量为 1.1 万立方米，高于世界人均占有量，是中国人均占有量的 4.66 倍。水能资源理论蕴藏量 246 万千瓦，水域面积 49.12 万公顷。

呼伦贝尔境内生活着汉、蒙古、回、满、朝鲜、达斡尔、俄罗斯、白、黎、锡伯、维吾尔、壮、鄂温克、鄂伦春等 32 个民族。国家确定的 22 个人口在 10 万以下的少数民族，内蒙古自治区只有鄂温克、鄂伦春和俄罗斯 3 个民族，全部聚居在呼伦贝尔市的 8 个旗市 33 个乡镇 106 个行政村。

呼伦贝尔地处蒙古高原东部，大兴安岭以东北-西南走向纵贯呼伦贝尔市中东部，将市域划分成三大地形单元和经济类型区域。

大兴安岭山地为林区，海拔 700~1700 米。大兴安岭在蒙古高原与松辽平原之间，自东北向西南，逶迤纵贯千余里，构成了呼伦贝尔市林业资源的主体。呼伦贝尔市林地面积 2.41 亿亩（含松加地区），占内蒙古自治区林地总面积的 83.7%；森林覆盖率 51%，森林活立木总蓄积量 11.3 亿立方米，森林活立木蓄积量占内蒙古自治区的 93.6%，占中国的 9.5%。呼伦贝尔市林区的主要树种有兴安落叶松、樟子松、白桦、黑桦、山杨、蒙古柞等。

岭西为呼伦贝尔大草原，海拔 550~1000 米，是草原与林地的过渡地带，土壤多是黑钙土，适于发展种植业，形成以农牧企业为主要成分的农牧结合经济带。呼伦贝尔大草原是当今世界四大草原之一，是中国北方少数民族和游牧民族的重要发祥地，是多民族聚居区。大草原由东向西呈规律性分布，地跨森林草原、草甸草原和干旱草原三个地带。除东部地区约占本区面积的 10.5%为森林草原过渡地带外，其余多为天然草场。天然草场总面积 1.22 亿亩。多年生草本植物构成呼伦贝尔草原植物群落的基本特征。草原植物资源约 1000 余种，隶属 100 个科 450 属。

岭东地区为低山丘陵与河谷平原，形成种植业为主的农业经济区，海拔 200~500 米。

（二）地区开发历程

在二、三万年前，古人类——扎赉诺尔人就在呼伦湖一带繁衍生息，创造了呼伦贝尔的原始文化。自公元前200年左右（西汉时期）直至清朝，在2000多年的时间里，呼伦贝尔以其丰饶的自然资源孕育了中国北方诸多的游牧民族，被誉为“中国北方游牧民族成长的历史摇篮”。东胡、匈奴、鲜卑、室韦、突厥、回纥、契丹、女真、蒙古等十几个游牧部族，或在此厉兵秣马，或在此转徙、征战、割据，创造了灿烂的游牧文化。公元一世纪，活动在现鄂伦春旗一带的拓跋鲜卑族“南迁大泽”（即呼伦湖），在呼伦贝尔草原上的海拉尔河、伊敏河、根河和呼伦湖一带安家落户，由狩猎业转向游牧业。在100多年的时间里，新的生产方式使他们壮大了自己的民族，取代了匈奴的统制，建立了强大的鲜卑部落联盟，并由此入主中原，建立了北魏王朝。这是中国历史上第一个少数民族政权。

新中国成立之后，呼伦贝尔行政区划经历了数次调整。直至1979年7月，呼伦贝尔重新划归内蒙古自治区管辖。2001年10月10日，国务院批准设立地级呼伦贝尔市。呼伦贝尔市辖阿荣旗、莫力达瓦达斡尔族自治旗、鄂伦春自治旗、鄂温克族自治旗、陈巴尔虎旗、新巴尔虎左旗、新巴尔虎右旗和海拉尔区；代内蒙古自治区人民政府管辖满洲里市、牙克石市、扎兰屯市、额尔古纳市和根河市。

（三）生态区位

呼伦贝尔草原是呼伦贝尔沙地的主要分布区，也是沙尘暴多发区，风沙危害十分严重。该区有红花尔基樟子松国家森林公园、达赉湖国家级自然保护区、辉河及维纳河湿地，生态区位重要（见表12.1）。

区域内植被受人为影响很小，大多处于基本原始状态，生态脆弱（见表12.2）。

表12.1　呼伦贝尔生态区位重要性等级划分

旗（市、区、局）	因子	生态区位重要性等级	
		等级	生态区位重要性描述
海拉尔区	沙地	重要	影响省会级（含省会）以上城市的风沙源区
	沙尘暴		沙尘暴多发区
满洲里市	沙地	重要	影响省会级（含省会）以上城市的风沙源区
	沙尘暴		沙尘暴多发区

续表

旗（市、区、局）	因子	生态区位重要性等级	
		等级	生态区位重要性描述
鄂温克族自治旗	河流	重要	伊敏河发源地，干流长 359 公里
	湿地		辉河国家重要湿地
	沙尘暴		沙尘暴多发区
新巴尔虎左旗	湖库	重要	呼伦湖和呼和诺尔湖泊面积 1960.66 平方公里
	自然保护区		达赉湖国家级自然保护区
	湿地		辉河国家重要湿地、达赉湖国家重要湿地
	沙地		影响省会级（含省会）以上城市的风沙源区
	沙尘暴		沙尘暴多发区
新巴尔虎右旗	湖库	重要	呼伦湖、贝尔湖、乌兰诺尔等，水域面积 2217.4 平方公里
	自然保护区		达赉湖国家级自然保护区
	湿地		达赉湖国家重要湿地
	沙地		影响省会级（含省会）以上城市的风沙源区
	沙尘暴		沙尘暴多发区
陈巴尔虎旗	沙地	重要	影响省会级（含省会）以上城市的风沙源区。
	沙尘暴		沙尘暴多发区
红花尔基林业局	自然保护区	重要	红花尔基樟子松国家森林公园

资料来源：《呼伦贝尔沙地综合治理规划（2014-2018）》。

表 12.2　呼伦贝尔生态敏感性等级划分

旗（市、区、局）	因子	生态敏感性等级		
		等级	脆弱区植被	亚脆弱区植被
海拉尔区	植被自然度	脆弱	处于基本原始状态	
满洲里市	植被自然度	脆弱	处于基本原始状态	
鄂温克族自治旗	植被自然度	脆弱	处于基本原始状态	
新巴尔虎左旗	植被自然度	脆弱	处于基本原始状态	
新巴尔虎右旗	植被自然度	脆弱	处于基本原始状态	
陈巴尔虎旗	植被自然度	脆弱	处于基本原始状态	
红花尔基林业局	植被自然度	亚脆弱		有明显的人为干扰，自然植被处于演替后期的次生群落

资料来源：《呼伦贝尔沙地综合治理规划（2014-2018）》。

（四）经济社会发展形势

近年来，呼伦贝尔经济总量、财政收入、固定投资、社会消费品零售总额、居民收入均快速增长（见图 12.1～图 12.7）。经济社会发展一方面给资源环境带来了更大压力，同时也为荒漠化治理提供了更好的经济基础。

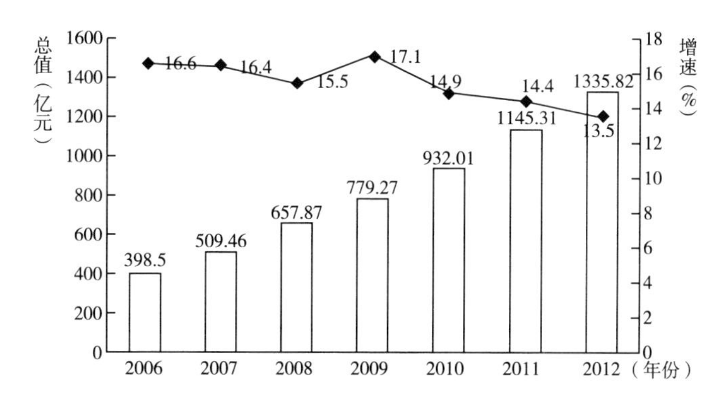

图 12.1　呼伦贝尔市地区生产总值增长情况（2006～2012 年）

资料来源：《2012 年呼伦贝尔市国民经济和社会发展统计公报》。

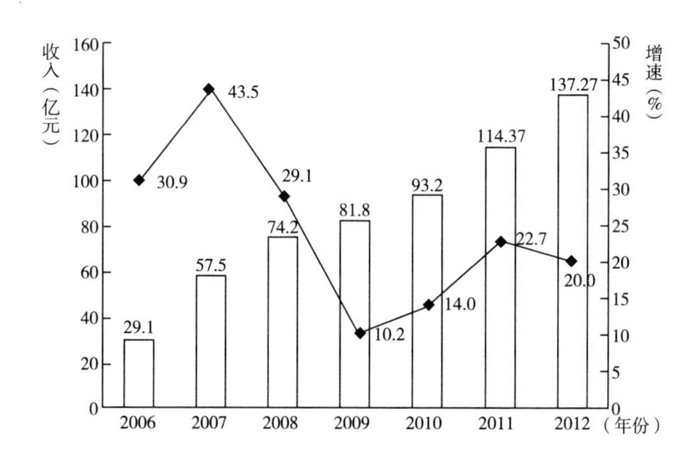

图 12.2　呼伦贝尔市财政收入增长情况（2006～2012 年）

资料来源：《2012 年呼伦贝尔市国民经济和社会发展统计公报》。

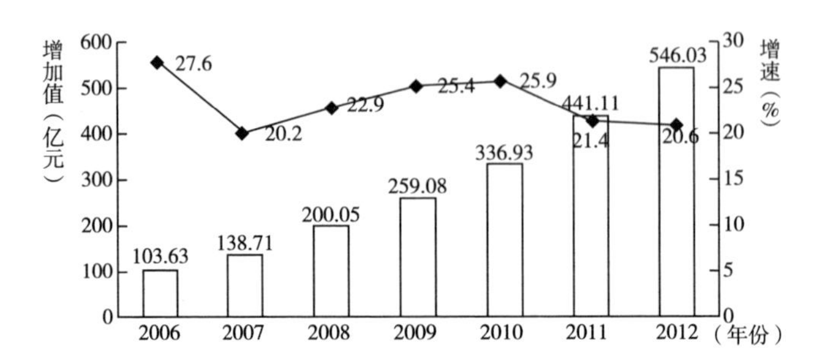

图 12.3 呼伦贝尔市工业增加值增长情况（2006~2012 年）

资料来源：《2012 年呼伦贝尔市国民经济和社会发展统计公报》。

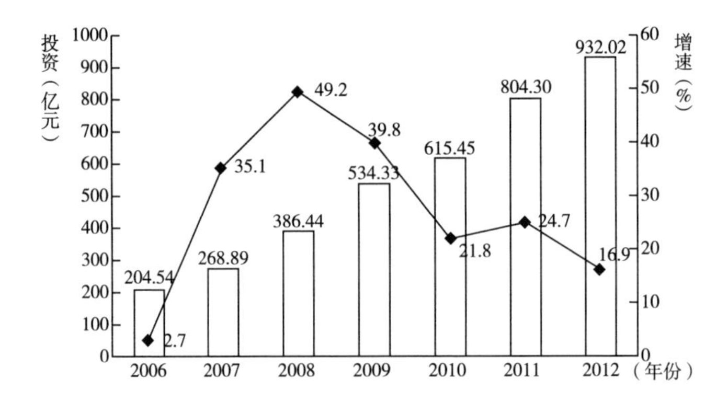

图 12.4 呼伦贝尔市固定资产投资增长情况（2006~2012 年）

资料来源：《2012 年呼伦贝尔市国民经济和社会发展统计公报》。

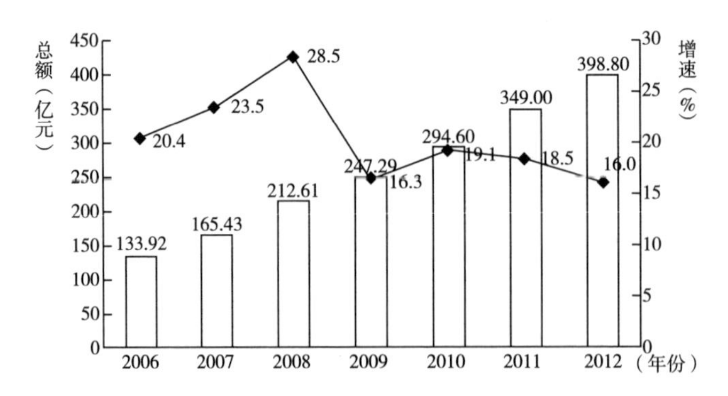

图 12.5 呼伦贝尔市社会商品零售总额增长情况（2006~2012 年）

资料来源：《2012 年呼伦贝尔市国民经济和社会发展统计公报》。

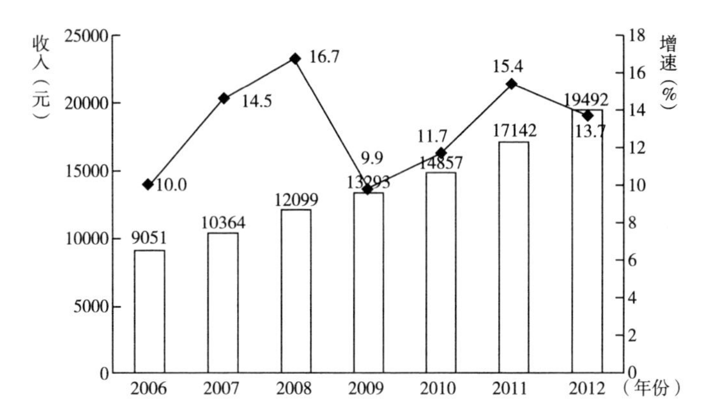

图 12.6　呼伦贝尔市城镇居民人均可支配收入增长情况（2006~2012 年）

资料来源：《2012 年呼伦贝尔市国民经济和社会发展统计公报》。

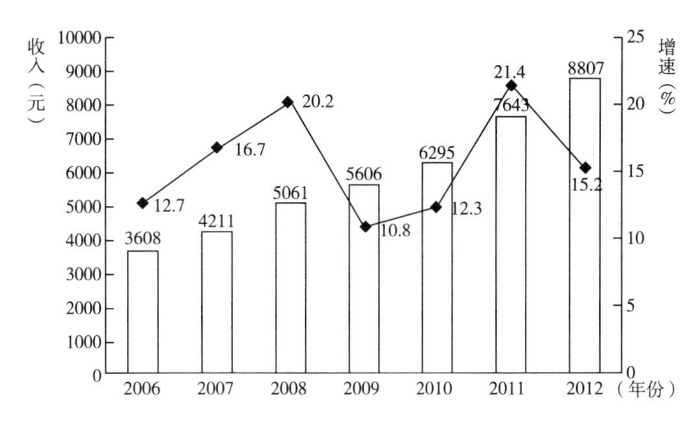

图 12.7　呼伦贝尔市农牧民人均纯收入增长情况（2006~2012 年）

资料来源《2012 年呼伦贝尔市国民经济和社会发展统计公报》。

二　荒漠化现状及态势

呼伦贝尔沙地位于呼伦贝尔草原腹地，而呼伦贝尔草原被认为是我国东北地区的重要生态屏障，也是东北临近省区生态安全线的起始点。经过治理，呼伦贝尔荒漠化蔓延的趋势目前已得到有效遏制，但仍需高度重视。

（一）荒漠化现状

根据2009年第四次全国荒漠化和沙化土地监测结果，呼伦贝尔沙地现有沙化土地面积1921.2万亩，占监测区域土地总面积12539.1万亩的15.32%；有明显沙化趋势的土地面积为1650.2万亩，占监测区域土地总面积的13.16%。

按沙化土地类型分，流动沙地（丘）面积13.3万亩，占沙化土地总面积的0.69%；半固定沙地（丘）面积86.9万亩，占沙化土地总面积的4.52%；固定沙地（丘）面积1201.3万亩，占沙化土地总面积的62.52%；露沙地面积619.65万亩，占沙化土地总面积的32.25%。

按沙化程度分，轻度沙化土地面积1687.4万亩，占沙化土地总面积的87.83%；中度沙化土地面积133.5万亩，占沙化土地总面积的6.95%；重度沙化土地面积86.9万亩，占沙化土地总面积的4.52%；极重度沙化土地面积13.3万亩，占沙化土地总面积的0.69%。

沙化土地动态变化情况，可以从2004年与2009年两期监测结果按可比口径进行比较（见表12.3）。

（1）沙化土地总面积2009年比2004年减少了36.5万亩，年均减少7.2万亩，减少速率为0.36%；有明显沙化趋势的土地面积2009年比2004年减少了8.9万亩，年均减少1.8万亩，减少速率为0.1%。由此可见，近些年采取的保护和治理措施已初见成效，说明呼伦贝尔沙地可治。

（2）流动沙地（丘）2009年比2004年减少了28.7万亩，年均减少5.7万亩，减少速率13.57%。面积减少的原因是近些年重点治理了流动沙地，使其向半固定、固定沙地转化。

（3）半固定沙地（丘）2009年比2004年减少了49.8万亩，年均减少10.0万亩，减少速率7.3%。半固定沙地（丘）也是近些年治理的重点。

（4）固定沙地2009年比2004年增加了77.3万亩，年均增加15.5万亩，增加速率1.33%。固定沙地增加主要是由流动沙地和半固定沙地治理后转化而来的。

（5）露沙地2009年比2004年减少35.2万亩，年均减少7.0万亩，减少速率1.06%，主要是通过保护和治理后而减少。

表 12.3　呼伦贝尔沙化土地动态变化（2004~2009 年）

单位：万亩，%

监测年度	沙化土地面积					有明显沙化趋势的土地面积
	总面积	流动沙地（丘）	半固定沙地（丘）	固定沙地	露沙地	
2004	1957.6	42.0	136.8	1124.0	654.8	1659.1
2009	1921.1	13.3	87.0	1201.3	619.6	1650.2
两期差	-36.5	-28.7	-49.8	77.3	-35.2	-8.9
年均差	-7.2	-5.7	-10.0	15.5	-7.0	-1.8
变化率	-0.36	-13.57	-7.3	1.33	-1.06	-0.1

资料来源：《呼伦贝尔沙地综合治理规划（2014-2018）》。

总体看，呼伦贝尔沙化土地面积处于递减状态，说明近些年采取的保护和治理措施已初见成效，也说明呼伦贝尔沙地可治。但必须看到，呼伦贝尔沙地的生态形势仍很严峻，突出表现在两个方面：一是现有沙化土地面积大、分布广，治理任务艰巨，特别是流动沙地（丘）和半固定沙地（丘）治理难度非常大；二是有明显沙化趋势的土地广泛存在，如果保护措施不力，利用方式不当，极易演变成新的沙地。需要注意的是，沙地腹地沙层深达 900 米，潜在沙化形势非常严峻。沙地一旦活化，就会造成巨大的生态灾难，严重影响当地各族人民的生产生活和经济社会的可持续发展。

（二）荒漠化的危害

1. 沙化对农牧业生产安全造成严重危害

沙化土地快速扩展会埋没大面积草场，致使草地植被明显退化。有关资料显示，目前呼伦贝尔沙地退化草原面积已达 3.22 万平方公里，占可利用草原面积的 49%。1974 年以来，植被的盖度降低 10%~20%，草层高度下降 7~15cm，草地初级生产力下降 29%~48%，低劣杂类草比例上升 10%~45%，草原植被发生了逆向演替，牧草产量和质量明显下降。由于流沙蔓延，以栗钙土为主的典型草原也出现覆沙。据不完全统计，近几年，每年流沙导致草地覆沙变劣的草场面积达 5 万多亩。

土地沙化吞噬了农田和草原，加剧了土地贫瘠化。草场沙化使得草原植被矮化、疏化、劣质化，平均产草量减少60%~80%，草场承载力下降，物质基础逐步丧失，严重影响农牧民及畜牧业的生存与发展。例如，新巴尔虎右旗平均亩产干草量不足100公斤，草场载畜量明显下降。

2. 流沙埋没房屋，危及牧民生存安全

由于风沙危害，近几年新巴尔虎左旗、陈巴尔虎旗有140多户牧民因沙埋房屋而被迫迁往他乡，造成了大量的“生态难民”。目前仍有个别牧民房屋随时有被沙埋的危险。例如，新巴尔虎左旗嵯岗镇白音嘎查、阿木古郎镇周边，近100户牧民由于沙埋房屋，草场严重沙化，牲畜质量下降，数量减少。由于道路被流沙埋没，交通受阻，购买生活用品和越冬牧草过去走几公里的路程现在必须绕道几十公里，成本增加，生活质量下降，被迫搬迁。陈巴尔虎旗赫尔洪德办事处有40多户牧民因沙埋房屋而被迫迁往他乡，草原沙化严重危及牧民的生产和生活。

3. 对交通、水利等设施造成危害

土地沙化是造成沙尘暴等风沙灾害频发的根源，沙尘暴以沙埋、风蚀、大风袭击、污染大气环境等方式对铁路、公路、航空、通信、输电、水利等基础设施造成破坏，使沙区人民的生产生活空间严重受限，制约了沙区社会经济的可持续发展。

滨洲铁路海拉尔至满洲里段有90公里的路段存在不同程度的沙害，经常出现铁路路基积沙、沙埋铁路现象。

4. 导致生态状况日益恶化

由于沙化面积的扩大，每年春、秋两季大风季节沙尘暴天气逐年增多。2007年牧区已发生14次沙尘、扬沙天气，其中6次较为严重，个别地区出现沙尘暴。新巴尔虎左旗、陈巴尔虎旗、新巴尔虎右旗、满洲里市是沙尘暴多发区。土地沙化导致湖泊干涸，绿洲消失，气候异常，引发沙尘暴、扬沙等生态灾难，不但对当地生态环境造成重大破坏，而且对周边地区的生态环境构成严重威胁。

5. 草原生态功能严重失调

沙化导致草原蓄水保土功能明显下降，流经草原的河流水量明显减少。与20世纪80年代相比，河流水量减少近三分之一。2007年9月，伊敏河、克尔伦河先后断流。呼伦湖水位与1964年历史最高水位相比，已下降3.21米，水量减少60亿立方米，水面面积萎缩近440平方公里，比历史最大面积减少18.9%，周边近300平方公里湿地消失，其中147平方公里的新开湖彻底干涸。种种状况表明，呼伦贝尔大草原由于沙化扩展，沙化程度加重，生态状况正处于失衡状态。

（三）荒漠化治理的重要性

1. 生态环境脆弱

呼伦贝尔草原西南与蒙古国接壤，西北及北面与俄罗斯为界，纬度高、气候寒冷，保护好大草原有一定的国际影响。同时，由于植物生长期短，很多植物在该地区生长困难，加上水土流失、流沙面积增大，土层变薄、养分减少，生态平衡一旦遭到破坏则很难恢复。滨洲铁路横穿呼伦贝尔北部大沙带，草原沙化对国际交通大通道产生的危害和影响极大。

2. 北疆天然生态屏障功能重要

呼伦贝尔市位于内蒙古自治区东北部，总面积3.8亿亩。大兴安岭山脉由北向南纵贯，将呼伦贝尔分为东西两部。东侧是肥沃的松嫩平原，西侧是著名的呼伦贝尔草原，大兴安岭分布着浩瀚的森林，最北端是尚未开发的原始森林。呼伦贝尔湿地资源富集，森林景观、草原景观完整，生态资源丰富，是我国北方的一块绿色净土。大兴安岭森林和呼伦贝尔草原是我国东北以及亚洲东部的生态屏障，保护好呼伦贝尔大草原意义重大。

3. 改善沙区民生的客观需要

草原沙化导致部分牧民的生活水平下降，财产损失严重，生活环境日益恶化。实施防沙治沙可有效保护草场，防止沙埋房屋，提高牧草产量和质量，有效改善当地不良生态环境。沙地治理后的有效利用，变荒沙为绿地，治沙灌草可为牲畜提供牧草给牧民创收。

4. 保障民族团结、社会稳定、边疆安宁良好局面的现实需要

呼伦贝尔草原是一个蒙古族、达斡尔族、鄂温克族、满族等多民族聚居区，以畜牧业为主，并与蒙古国、俄罗斯接壤。保护好当地的生态环境，提高牧草产量和质量是促进当地经济发展的关键。按照党的十七大提出的科学发展观、提倡生态文明和构建和谐社会的要求，创造良好的生态环境是经济社会健康快速发展的重要保障，是维护安定团结局面的重要环节，是最终实现边疆少数民族地区人与自然和谐发展的必由之路。

综上所述，加强呼伦贝尔生态保护与建设，对维护我国东北地区生态安全，保护生物多样性，保持边疆地区稳定，促进少数民族地区经济社会可持续发展，树立良好国际形象等，都具有重大意义。

呼伦贝尔沙地生态地位重要，生态环境脆弱，同时也是资源富集区，资源开发密集区。既要开发资源又要保护好生态环境，既要建设生态屏障又要实现经济社会发展，是呼伦贝尔市必须处理好的重大问题。这就要求必须把生态文明建设放在更加突出的位置，进一步强化生态意识、环保意识，坚持节约优先、保护优先、自然恢复为主的方针，在保护中开发、在开发中保护，着力推进绿色发展、循环发展、低碳发展，努力建设美丽呼伦贝尔，实现永续发展。

三　荒漠化治理措施与成效

自 1986 年以来，林业部门依托“三北”防护林工程、退耕还林工程、农业开发等林业生态项目和自筹资金进行治沙。特别是自 2005 年以来，加大了治沙投入力度，每年投入 1000 万元左右，治沙 10 万亩以上。国家和自治区林业主管部门大力支持，增加了“三北”防护林工程、退耕还林等工程的任务量。呼伦贝尔市委、市政府高度重视，连续四年召开全市防沙治沙现场会，下发了《呼伦贝尔市防治草原沙化工作实施方案》，制定了防沙治沙工作的阶段性目标和具体措施。基本目标是：到 2008 年，基本遏制草原沙化扩展，流动、半流动沙地得到有效控制；到 2010 年，草原沙化得到整体遏制，局部好转；到 2015 年，呼伦贝尔草原沙化土地得到全面治理，消除沙害，生态环境得到有效改善，实现沙区经济、社会、资源、环境协调发展。为了确保防治沙化工作的有效开展，专门成立了防治草原沙化工作领导小组，沙区各旗、市、区根据全市防治草原沙化现场会议精神要求，成立了相应的防治草原沙化工作领导机构，并积极编制防沙治沙规划，加大投资力度。

（一）主要措施

1. 对三大沙带实施分类治理

呼伦贝尔沙地主要有三条大的沙带，在呼伦贝尔草原核心区域呈不规则分布。北部沙带沿海拉尔河两岸分布，东起海拉尔西山，西到海拉尔河与达兰鄂罗木河交汇处；中部沙带沿新左旗吉布胡郎图苏木，经阿木古郎至乌布尔宝力格苏木东部分布；东部沙带从鄂温克旗的白音查岗起，经锡尼河和伊敏河东岸至新左旗的罕达盖林场；另外还有宝东、额尔敦乌拉等零星分布的沙地。按土地沙漠化程度划分有明显沙化趋势的土地、露沙地、固定沙地、半固定沙地和流动沙地。根据土地沙漠化程度和自然气候条件采取相应的工程技术措施，将上述四种地类分为两种类型分区实施治理。

——恢复保护区。有明显沙化趋势的草原和固定沙地为恢复保护区域。治理办法是以封育原有沙地植被（樟子松、榆树、黄柳、锦鸡儿和草本植物等）为主，封育、造林、种草相结合，保护现有自然生态系统，使其尽快恢复原生林草植被。这个类型区严禁开荒、过度放牧等不合理的开发利用。通过禁牧、季节性休牧、营造防风固沙林带等措施，保护、恢复草原的生态功能。季节性休牧在每年的 3 月 20 日到 6 月 20 日进行，旗、市、区政府提前发布休牧令，并采取必要的管护措施。各旗、市、区结合实际，划定五年、十年和永久禁牧区。

——综合治理区。流动沙地和半固定沙地为重点治理区域。半固定沙地的治理办法是通过围封禁牧和固沙造林、种草等措施，以保护现有植被为主，造林、种草为辅的方式固定流沙，防止沙地活化、扩展。对流动沙地的治理，则在外围架设网围栏，在流沙移动快，风蚀、沙埋严重区域，采取设置沙障等工程措施后，再进行灌草混播固沙造林。治理区必须停止一切破坏植被行为，坚决禁牧。流沙已经危及牧民生存安全的地区，进行生态移民。气象部门根据天气情况，适时实施人工增雨措施，改善恢复植被的气候条件。

2. 突出重点区域的沙化治理

牧区四旗（陈巴尔虎旗、新巴尔虎左旗、新巴尔虎右旗、鄂温克旗）部分苏木、镇，海拉尔区和满洲里市局部地区，是呼伦贝尔沙地治理重点区域，总人口 12.5 万人，3.59 万户，牲畜 268.33 万头（只）。其中，沙化严重区域总人口 0.39 万人，0.1 万户，牲畜 26.1 万头（只）。

重点区域的治理办法：实施休牧禁牧，生态移民；在工程建设过程中实施围封固沙，采取飞播和人工种植乔灌草相结合的方式恢复植被；加大管护力度，按照“谁治理、谁负责、谁管护”的原则，把责任落实到苏木嘎查和治理责任人。

3. 实施草畜平衡，以草定畜，遏制草原沙化退化

实施草畜平衡是防止草原沙化的主要措施之一。从2005年起开始，沙区各旗（市、区）取消牲畜头数增长考核指标。由农牧业主管部门做好当年的草原生产力监测，按监测结果制订以草定畜计划并及时发布，与牧户签订草畜平衡责任书。草原载畜量由各旗（市、区）测定，报市农牧业局核准付诸实施。各级政府严格按照国家和自治区出台的草畜平衡管理规定，确定草畜平衡发展规划并由农牧业主管部门批准后实施。

4. 严格实行草原区建设项目评估制度

在呼伦贝尔草原实施任何建设项目，都必须进行生态环境影响评估，并经法定部门审批后方可实施。建设单位在实施开发建设项目过程中，同步编制防沙治沙方案，同步实施防沙治沙工程，同步验收防沙治沙项目。对未认真履行防沙治沙“三同步”建设的单位，按照国家、自治区相关规定，由市环保局、农牧业局、国土资源局和气象局组织有关部门和专家进行生态环境影响评估，没有草原植被恢复、防沙治沙、水土保持方案或评估论证不合格的项目，一律不予审核上报，严禁一切违规开发和破坏草原植被现象。禁止在风口、沙化土地重点治理区、流动沙地分布等地质环境危险区露天开采沙土、黏土等资源。开采矿产资源，坚持保护和恢复植被与合理利用自然资源相结合，遵循自然生态规律，避免因开采矿产资源出现沙化现象。各级政府在安排矿产、能源等综合开发项目时，应根据具体情况，设立相应的防沙治沙项目。国家、自治区为了公共利益需要和实施大的资源、能源开发建设项目时，占用草原的，依法缴纳草原补偿费、安置补助费和附着物补偿费。该项费用专门用于草原建设，并根据企业性质建立30~50米的草原隔离保护带。

5. 鼓励科技创新，发挥在建生态工程的整体效益

加大防沙治沙科学研究和实用技术交流、推广与合作力度。市科技局在每年的科技经费中安排不低于总经费5%的专项资金用于治沙技术研究。针对防沙治沙的关键性技术难题，开展多部门、多学科、多层次的联合攻关。健全林业、农牧业、水利科技推广服务体系，促进防沙治沙科技成果和实用技术的转化应用。沙区各级政府及有关部门，支持大专院校、科研院所和相邻国家、地区防沙治沙技术培训，加强对外防沙治沙技术合作，积极开展学术交流活动，引进、借鉴国内外先进治沙技术和管理经验，切实提高防沙治沙水平。

呼伦贝尔牧区实施的生态建设工程包括：农牧业部门有天然草场保护工程、退牧还草工程等；林业部门有“三北”防护林工程、防沙治沙示范工程、退耕还林工程和沙地樟子松行动项目；水利和农业综合开发部门有水土保持、草原灌溉、防沙治沙工程等。各项生态建设工程逐级建立责任制，实行招投标和监理制，各司其职，各负其责，确保工程质量和资金的安全运行。各相关部门按照职能分工，加强技术指导，增加科技含量，定期督促检查，严格把关，提高工程质量。

在草场严重退化沙化重点区域实施综合治理。林业、农牧、农业综合开发、水利、民政、扶贫等各部门的生态建设和生态移民项目集中安排到这一区域，集中人力、物力、财力打攻坚战，要求治理一块、保存一块、见效一块。沙区各旗（市、区）结合国家重点工程建设，建设一至两处面积在 5000 亩以上的自治区或国家级的高标准、高质量防沙治沙示范工程。

6. 制定优惠政策，引导社会力量参与防沙治沙

鼓励单位和个人在宜林荒沙地投资开展生态效益和经济效益兼顾的生产经营项目。对于以沙区初级生产物资为原料，对防沙治沙具有直接促进作用的生产企业，在投资阶段免征各种税收；取得一定收益后，可以免征或减征有关税收。

鼓励专业人才和先进技术向沙区输入。对防沙治沙技术转让、技术开发和与之相关的技术咨询、技术服务的收入，免征一切税费。经呼伦贝尔市政府批准建立的防沙治沙科学实验基地、实验场、示范区等非营利实体，免征一切税费。

全面落实退耕还林还草的各项政策。牧区的耕地，有计划地退下来还林还草。鼓励各种经济组织和个人承包治理荒沙，在建设投资和治理工作的条件下，可以依法取得不超过 50 年的沙化土地使用权或承包经营权。达到合同约定的投资金额并符合生态建设条件的荒沙治理成果，实行“谁治理、谁经营、谁所有”；林草和林地、草地使用权可依法继承、抵押、担保、转让、入股和作为合资、合作的出资条件；土地使用权期满后，可申请续期。建立沙区生态资产评估机制，根据治理难易、治理成本和生态区位等因素，确定资产价值。促进治理成果的有偿流转。

实行防沙治沙生态效益补偿制度。各种经济组织和个人都可以承包治理荒沙。通过承包、租赁、转让、拍卖、协商、划拨等形式落实荒沙治理经营主体。实施治理措施后取得的治理成果，经验收合格后，所在旗（市、区）政府应给予资金补偿。

鼓励国内外企业和民间组织参与防沙治沙。凡承包5000亩以上荒沙实施治理的单位和个人，政府在围封设施、林草种苗等方面给予适当补助；在规定期限内完成治理任务并经有关部门验收合格后，政府可给予以奖代投，补助对象和资金额度与治理效果挂钩；对在规定期限内未能完成治理任务或治理达不到标准的，由旗（市、区）人民政府收回其承包沙地，重新对外承包，并适当收取荒芜费。

鼓励科技人员和工程技术人员深入基层开展技术承包、技术推广等科技服务工作。在沙区从事防沙治沙工作的工程技术人员，凡在乡镇或同级基层单位工作一年以上的，可优先晋升技术职称。在防沙治沙工作中取得显著成绩的单位和个人，旗（市、区）以上政府给予表彰奖励，对做出突出贡献的单位和个人给予重奖。

7. 加大法制建设和舆论宣传力度，依法保护草原

认真贯彻落实《中华人民共和国草原法》《中华人民共和国防沙治沙法》、《内蒙古自治区草原管理条例》《内蒙古自治区实施〈中华人民共和国防沙治沙法〉办法》等有关法律、法规，推进依法保护草原和防沙治沙进程。加强防沙治沙执法机构和队伍建设，完善执法监督机制，加大执法力度，提高执法水平。强化普法教育工作，提高干部群众的法律意识。充实牧区林业公安、草原监理等草原保护执法部门的力量，加强对防沙治沙和草原生态建设成果的保护。对破坏防沙治沙成果和草原生态环境的案件依法快查严办。严禁破坏沙化区域内的一切植物，保护沙区植被。加强沙区水资源管理，禁止不合理开采地下水，推广节水技术。凡在沙化土地和防沙治沙、草原保护、生态建设项目区内新开垦耕地、砍挖树木、挖草皮、挖药材及其他固沙植物的，由旗（市、区）林业、农牧或者其他有关行政主管部门按照各自职责，依法责令其停止违法行为，限期恢复植被。有违法所得的，没收违法所得，并处违法所得一倍以上三倍以下罚款；构成犯罪的，依法追究刑事责任（依据《内蒙古自治区实施〈中华人民共和国防沙治沙法〉办法》第三十一条）。在已明确规定封禁期或者休牧期的沙化土地、防沙治沙、草原保护和生态建设项目区内放牧的，由旗（市、区）以上人民政府林业、农牧行政主管部门按照各自职责，依法责令其停止违法行为，并按每头（只）牲畜处5元以上10元以下罚款（依据《内蒙古自治区实施〈中华人民共和国防沙治沙法〉办法》第三十二条）。

各级新闻、宣传部门加大新闻宣传和舆论监督力度，大力宣传防沙治沙、保护环境和先进典型，并对破坏防沙治沙的典型案例适时曝光，形成一个防沙治沙保护环境光荣、破坏环境可耻的良好社会舆论氛围。

8. 加强组织领导，全面落实防沙治沙责任制

建立健全防沙治沙工作机构。成立由市委、市政府有关领导和相关部门负责人组成的全市防治草原沙化工作领导小组，负责组织、协调防沙治沙工作，研究解决防沙治沙重大问题。防沙治沙工作领导小组办公室设在市林业局，配备4~5名专业技术人员负责防沙治沙具体指导和日常工作。沙区旗（市、区）政府也建立相应的工作机构，在林业部门设立防沙治沙工作领导小组办公室，配备3~4名专业技术人员负责防沙治沙具体技术指导和日常工作。

实行防沙治沙目标责任制。沙区旗（市、区）人民政府是防沙治沙的第一责任单位，旗（市、区）长是第一责任人。沙区各级政府把防沙治沙工作纳入国民经济和社会发展规划，定期研究和解决存在的问题，并形成制度。沙区旗（市、区）实行各大班子领导包点治沙责任制，认真组织各乡镇苏木和有关部门积极开展防沙治沙工作，科学制定防沙治沙规划，认真实施防沙治沙、草原生态保护和建设的各项工程。沙区乡镇苏木政府按照要求，划定防沙治沙、草原保护的重点区域，确定该区域合理的载畜量，承担并落实好上级安排在本行政区域内的各项生态保护、建设工程任务，巩固建设成果。牧民以草原部门发放的草原使用证为依据，遵循“谁受益谁负责，谁破坏谁治理”的原则，承担环境保护和生态建设的责任。对于牧户过度放牧，不合理利用草原资源造成沙化的，由牧户进行治理；集体草场造成沙化的，由苏木、镇负责治理，否则按《中华人民共和国防沙治沙法》的有关规定进行处罚。市、旗（市、区）、乡镇苏木政府及建设施工单位层层签订责任状，将年度目标和任期责任目标完成情况作为考核各级领导班子和领导干部实绩的主要内容，并作为提拔、任用干部的重要依据。连续二年完不成上级下达任务的地区，主要领导和分管领导不能参加评优。由于工作失误造成草原严重沙化退化的，一律追究责任。考核乡镇苏木领导亦按上述原则掌握。

9. 加大检查和清退力度

对于非法毁草开垦耕地和机关、干部非法占用牧民草场的行为，各级纪检监察部门加大检查力度。非法占用牧民草场的，各级纪检监督和农牧业部门严加查处：非法开垦耕地的，坚决退下来，安排退耕还草；非法占用草场的，及时清退。

（二）实际成效

自 1986 年以来，林业部门依托国家“三北”防护林工程、退耕还林工程、农业开发等林业生态项目和自筹资金进行治沙造林，采用在实践中探索出的“沙地樟子松封育技术模式”“灌草混播治理流沙模式”“机械沙障与灌草混播固沙模式”“杨树大苗深栽治理模式”“樟子松野生大苗移植模式”“容器苗固沙模式”六种成功的治理模式取得了明显的治理成效。

据统计，截至目前，共完成治理沙化土地面积 322.7 万亩，其中人工造林 143.9 万亩，封育 178.8 万亩；农牧部门禁牧 554 万亩，休牧 4407 万亩，划区轮牧 222 万亩；在沙地飞播牧草和灌木 60 万亩。

通过实施防沙治沙工程，沙区生态环境明显改善，林草植被生长茂盛。经过治理的流动沙地植被恢复较快，由治理前的植被盖度不足 15%恢复到目前的 35%以上。通过实施沙地治理，保护牧场 500 万亩，年增产干草 1 亿公斤，每年可增收 1 亿元，同时改善了生态环境，提高了当地居民的生活水平。工程的实施还给沙区剩余劳动力创造了就业机会，促进了地区经济发展，加快了农牧民脱贫致富的步伐。随着环境的不断改善，当地旅游业得以快速发展。近些年来，大批国内外游客来呼伦贝尔大草原观光旅游，不仅繁荣了区域经济，也促进了当地“两个文明”建设，使呼伦贝尔大草原成为水清草绿、牛羊成群的北疆明珠。

四　荒漠化治理存在的问题与策略

要加快呼伦贝尔沙地治理，就必须认清目前存在的深层次问题，并在此基础上明确今后的治理目标和策略及主攻方向。

（一）存在问题

目前，呼伦贝尔全市对沙地治理已经达成广泛共识，积极性空前高涨，工作力度不断加大。但是，与沙化的形势相比，与地区的发展相比，与广大人民群众的期盼相比，还存在诸多困难和问题。

1. 治理资金总量不足、投入标准低

一直以来，呼伦贝尔沙区综合治理工程主要依托国家“三北”防护林工程及退耕还林工程项目。按照“三北”防护林工程和退耕还林工程荒山荒地造林投资标准，人工造林灌木 120 元/亩，乔木 200 元/亩。而在实际操作中，造林成本为直播灌木平均 500 元/亩（包括种子、沙障铺设、围栏等费用）；植苗平均 700 元/亩（包括苗木、人工、围栏、浇水等费用）。这种补助性质的资金投入与实际治理成本之间存在着很大的差距，导致工程治理标准低、成效差。而生态移民、发展替代产业等减轻治理区生态压力的有效措施根本无力实施，结果是草原负荷依然沉重。

2. 治理成果巩固难度增大

近年来，随着治理规模的加大，沙地治理和牧业生产的矛盾日益突出。尤其是生态严重脆弱的重度沙化区域内仍有生产活动，不仅加速了沙化进程，更不利于治理成果的管护。如果在沙化土地治理的同时不能很好地解决牧民生产生活问题，给治理区足够的植被恢复时间，治理成果会在短时间内损失殆尽。

3. 治理区的土地利用性质有待明确

在落实草原“双权一制”承包责任制时，治理区的沙地也分到了牧户。由于包括这些沙地在内的草地等土地是牧户赖以生存的主要生产资料，往往出现治理后植被恢复尚未稳定，牧民就开始放牧、刈草，导致治理与管护之间的矛盾。建议变更上述生态脆弱区域的土地利用性质，将其划定为生态用地，迁出牧户，退出一切生产活动，实施全面封禁，并将牧户转为管护人员，国家给予生态效益补偿。

4. 超载过牧等人为因素依然存在

呼伦贝尔草原理论载畜量 530 万个绵羊单位，实际上年年都超载，高的年份达 780 万个绵羊单位。近年来由于持续干旱，草原退化，载畜量降低，而牛羊价格飙升，超载过牧现象越来越严重。如果对超载过牧现象不加以制止，必将增加治理与保护的难度。

（二）治理目标与策略

呼伦贝尔沙化治理，必须以科学发展观为指导，以建设生态文明、建成我国北方重要的生态安全屏障为目标，以科技为先导，以法律为保障，坚持科学防治、综合防治、依法防治方针，贯彻落实生态立市发展战略，以重点生态建设工程、地方生态治理项目为工作基础，整合资金，集中扶持，创新机制，实现经济、社会和生态效益的有机结合。

1. 目标（2014~2018年）

五年内，呼伦贝尔沙地治理总体目标为：完成工程治理500万亩，其中，人工造林150万亩，封沙育林育草350万亩；实施休牧、禁牧2000万亩；完成移民360户1440人；至规划期末，沙区植被盖度比治理前平均提高35%。各项治理措施达到成效后，呼伦贝尔草原生态环境得到改善，草场年增加干草产量6.0亿公斤，年增加产值6.0亿元。

2. 原则

为实现上述目标，必须坚持以下原则：

——预防为主，保护优先。把沙区现有植被的保护置于优先地位，加强受沙化威胁地区基本牧场生态保护与建设。

——统一规划，先易后难，先急后缓。优先治理对社会经济影响大、沙化扩展快和相对易于治理的沙化土地，力争在短时期内取得明显效益。

——因地制宜，因害设防，分类施策，分区突破，注重实效。宜林则林、宜草则草、宜灌则灌，乔灌草结合，以生物措施为主，从实际出发，注重实效综合治理，有针对性地开展综合示范区建设。

——科学治沙。大力推广先进地区防沙治沙经验和模式，应用农、林、牧、水利领域先进实用技术和模式，增强防沙治沙工作中的科学技术含量。

——分区施策，重点治理，政府主导，社会参与。

——生态优先，社会效益与经济效益相结合。改善生态状况与有利于当地经济、社会发展和农牧民脱贫致富相结合，与调整产业结构和改善当地生产方式相结合。在条件适宜地区，要重视和加强沙产业的发展，推广先进技术，增加沙区人民群众的收入。通过政策引导，调动全社会一切力量参与防沙治沙工作，鼓励多元投资主体参与防沙治沙。

3. 策略

通过工程治理、休牧禁牧、生态移民实现沙地的全面保护和治理。沙地东部以樟子松森林生态系统为主体，建设林草复合生态系统；沙地中部及西部以草原生态系统为主体，建设灌草复合生态系统；沙地北部建设樟子松疏林与草原、河岸灌丛复合生态系统。最终建成比较完备的沙地生态体系，消除沙害，使沙区生态环境根本好转，人口、资源、环境相互协调，实现沙区经济社会可持续发展，把呼伦贝尔草原建设成为东北地区的重要生态屏障。

（三）治理类型区划分

根据沙化土地所处的地理位置、土地类型、植被状况、气候和水资源状况、土地沙化程度等自然条件，以及在当地发挥的生态效能、经济地位及其治理措施的相似性和地域上相对集中等因素，将治理范围内的沙化土地划分为 5 个类型区。

1. 森林草原过渡带樟子松固定沙地治理区

——位置与范围：位于伊敏河东岸呼伦贝尔草原与大兴安岭西麓森林过渡地区，南北长约 150 公里，东西宽 3~5 公里。地域上包括海拉尔区的哈克镇、奋斗办事处，鄂温克族自治旗的巴雁镇、莫和尔图林场、锡尼河镇北部、伊敏苏木南部、红花尔基林业局施业区东部，新巴尔虎左旗的乌布尔宝力格苏木南部。

——存在的主要问题：该区以樟子松固定沙地为主，但随着几次森林火灾和人为活动，樟子松林地面积逐渐萎缩，固定沙地活化趋势明显。固定沙地一旦活化，将导致沙地向外扩展，危害大兴安岭林区；同时，涵养水源功能降低，海拉尔河水源补给将会减少。

——主要治理措施：采取人工造林、封沙育林育草、休牧和禁牧，全面恢复林草植被。

2. 森林草原过渡带平缓流动半流动沙地综合治理区

——位置与范围：位于伊敏河及锡尼河两岸，地域上包括鄂温克族自治旗的巴彦塔拉乡、锡尼河镇西部、锡尼河林场、辉苏木、伊敏苏木北部、伊敏河镇、白音岱护林站、红花尔基林业局施业区中部。

——存在的主要问题：该区沙地分布于伊敏河及锡尼河两岸，对海拉尔河水量补给影响较大。伊敏河东岸建有维纳河温泉疗养区，西岸建有煤电工业园区，海拉尔至红花尔基公路及新建两伊公路穿行该区，人为开发活动频繁，沙地植被退化严重。

——主要治理措施：由于该区沙地分布于河流两岸，水资源条件较好，治理措施主要是人工造林。造林方法采用雨季方格状灌草混播及樟子松大苗造林，同时实施休牧、禁牧，依靠自然修复能力恢复植被。

3. 新巴尔虎左旗中部沙带综合治理区

——位置与范围：位于新巴尔虎左旗中南部，东西长约30公里，南北宽5~10公里。地域上包括新巴尔虎左旗的双娃工业园区、新宝力格苏木南部、阿木古朗镇、红花尔基林业局施业区西部。

——存在的主要问题：该区过牧行为突出，加之水资源缺乏，导致植被衰败，草场退化、沙化严重，流动沙地和重度沙化的半固定沙地集中。另外，新建两伊公路、铁路及海拉尔至阿木古郎公路通过该区，预防公路、铁路沙害是重点任务之一。

——主要治理措施：该区以保护、恢复林草植被及预防公路、铁路沙害为重点。主要治理措施：对零星分布的流动沙地设置沙障，混播灌草；对危害较大、集中分布的流动沙地、半固定沙地，实施飞播造林；对条件适宜的固定、半固定沙地实施人工造林；公路、铁路两侧营造乔灌混交林带，实现固沙防沙；沙地范围内实施休牧、禁牧。

4. 北部沙带综合治理区

——位置与范围：位于海拉尔河两岸，东始于海拉尔西山，西至海拉尔河与达兰鄂罗木河交汇处。东西长约190公里，南北宽3~35公里。地域上包括海拉尔区的建设办事处，新巴尔虎左旗的嵯岗镇（包括嵯岗牧场），陈巴尔虎旗的乌珠尔苏木、呼和诺尔镇、巴彦库仁镇、宝日希勒镇。

——存在的主要问题：该区直达海拉尔城区西山，地处城区西侧上风口，直接影响城区环境；滨州铁路及301国道穿行该区，且经常遭受沙害。该区沙地起伏大，海拉尔河两岸流动沙地分布集中，部分牧民房屋被流沙掩埋被迫搬迁；由于开发历史较早，过牧、过垦，造成植被退化、盖度降低，露沙地大面积增加。

——主要治理措施：该区以恢复林草植被，抑制流动沙地扩展及减少地表扬沙起尘为重点。主要治理措施：对地广人稀地段的集中连片分布、面积大、危害严重的流动沙地及半流动沙地采取飞播造林，尽快恢复林草植被；对零散分布的流动沙地及半流动沙地设置方格沙障，混播灌草修复植被；对具备自然恢复植被条件的地段，采取封沙育林育草措施，并辅以人工育林措施促进植被恢复；对条件较好的半固定、固定沙地采取人工造林措施；在沙地分布区内实施休牧、禁牧，沙化严重区域建立封禁保护区，消除人为活动危害，保护治理成果。

5. 沙地零散分布综合治理区

——位置与范围：位于达赉湖周边，地域上包括满洲里市（东湖区），新巴尔虎右旗的呼伦镇、阿拉坦额莫勒镇、阿日哈沙特镇、贝尔苏木、克尔伦苏木，新巴尔虎左旗吉布胡朗图苏木西缘。

——存在的主要问题：一是过牧活动导致沙地活化；二是气候干旱，达赉湖水位下降，湖底沙上扬，流动沙地频现，吞噬草场。

——主要治理措施：该区以保护达赉湖为重点，在达赉湖东岸和南岸封沙育林育草，阻止沙地扩展。主要治理措施：对流动沙地设置方格沙障，混播灌草；对半固定沙地实施封沙育林育草，并辅以人工育林措施；对条件适宜的半固定、固定沙地采取人工造林措施。

（四）主攻方向

根据呼伦贝尔沙地生态区位、沙化危害程度、治理的迫切性，主攻“五点、三带、两区”沙地，实施重点突破，并优先安排建设。

1. 两区

“两区”，即伊敏河以东地区、达赉湖周边地区。伊敏河以东地区治理后将阻止呼伦贝尔沙地蔓延，保护该区域的森林草原和水系的生态安全，改善周边环境。达赉湖周边地区治理后将有效遏制湖底沙的危害。

2. 三带

“三带”，即301国道海拉尔-满洲里公路两侧、海拉尔-红花尔基公路（包括新建两伊公路段）两侧、海拉尔-阿木古郎公路两侧。301国道海拉尔-满洲里公路呈东西走向，位于呼伦贝尔沙地北缘。海拉尔-阿木古郎公路呈东北-西南走向，穿越呼伦贝尔沙地腹地；海拉尔-红花尔基公路（包括新建两伊公路段）由北向南再折向西南穿行于呼伦贝尔沙地东部和南部。根据立地条件和沙化程度，在公路两侧各建一条宽 100 米以上的樟子松防风固沙林带，将在呼伦贝尔沙地北、东、南及腹地形成三条宽度达到 200 米以上的绿色走廊。“三带”治理后，一是防止公路沙害，二是起到阻断沙地流动的作用。

3. 五点

“五点”，即海拉尔东山台地，陈巴尔虎旗的乌珠尔苏木和呼和诺尔镇，新巴尔虎左旗的阿木古郎镇和嵯岗镇，治理后将覆盖海拉尔河两岸重点沙地。

（五）休牧、禁牧与生态移民

1. 休牧、禁牧

依据《休牧和禁牧技术规程（试行）》《草畜平衡管理办法》，主要采取下列休牧、禁牧措施，以减轻沙地生态压力，实现沙地治理与牧业生产的有机结合。

——按草场载畜能力，建立以草定畜、草畜平衡制度。在每年牧草返青和结籽的脆弱期实行休牧，从季节上找到草畜矛盾的平衡点，增强草场自我更新、自然修复能力；对严重退化、沙化草场实施禁牧，确保草场有休养生息结籽再生机会。

——合理划定休牧、禁牧区域和期限，并通告到牧户。

——在休牧、禁牧期实行舍饲。及时发放补贴饲料，并做到程序简化、节省费用、方便牧户。解决好牲畜饮水水源和活动场所，确保休牧、禁牧措施能够顺利实施。补贴饲料来源，一是利用营造的灌木林开发灌木饲料，二是造林后林地经营中割草储备。

——加强科技队伍建设，实行跟踪服务，入户指导，解决舍饲中遇到的技术难题及疫病防治工作，为牧户解决后顾之忧。

——通过现场会、座谈会以及利用广播、电视、报纸等媒体，加大有关休牧、禁牧政策法规的宣传力度，为休牧、禁牧的顺利开展提供舆论保障。

——建立休牧、禁牧责任制，逐户签订责任书；同时落实管理责任制，各级政府实行包片管理，落实相关责任。

——加大执法力度，对草场进行巡护，防止偷牧。

2. 生态移民

为了巩固治沙成果，结合休牧、禁牧，对现生活在无法继续居住的沙化严重地区的牧民实施有计划、有步骤的异地搬迁。预计将生态移民 360 户 1440 人，主要集中在陈巴尔虎旗、鄂温克旗、新巴尔虎左旗，移民后划建封禁保护区。

五　政策建议

为确保上述治理目标的实现，需要采取一系列政策措施，应着重突出以下五个方面。

（一）强化组织保障，确立荒漠化治理在政府工作目标体系中的重要地位

呼伦贝尔市各级政府部门，应该充分认识荒漠化对呼伦贝尔草原、东北地区乃至整个中国生态的严重危害，增强荒漠化治理的紧迫感和责任感，将荒漠化治理与经济增长、社会发展一道，作为政府工作的重要目标，作为政绩考核的重要指标。加大呼伦贝尔沙地治理宣传力度，采取多样化的方式和手段广泛宣传防沙治沙的重要性，使广大干部群众的防沙治沙意识、生态保护意识提高，形成全社会防沙治沙的良好氛围。

建议成立以市政府主要领导为组长的项目建设领导小组，下设办公室，各旗（市、区）也成立以党政一把手为组长的相应机构，对项目建设施行同步设计、同步实施、同步验收的管理办法。通过召开现场会议、整合项目、落实资金、深入现场检查指导等措施，把项目建设落到实处。由项目办公室组成检查验收小组，严格按照国家基本建设程序、遵循“按规划立项，按项目管理，按设计施工”的原则，建立健全工程质量监督检查验收制度。为使检查验收工作有章可循，应加快制定呼伦贝尔沙地治理建设标准和检查验收办法，对未达标或未能按时完成治沙任务的旗县、乡镇苏木，实行严格的问责。

（二）创新政策机制，为荒漠化治理创造良好的政策体制环境

变过去单纯的政府防沙治沙机制为政府组织、部门运作和经济利益驱动相结合的运作机制。认真落实“谁投资、谁治理、谁受益”的利益分配政策，积极推行承包造林种草和生态建设，将治理任务和管护责任承包到户、到人，将责、权、利紧密结合，调动农牧民群众参与防沙治沙的积极性。

积极争取沙区税费优惠扶持政策。根据沙区目前的状况，按照《国务院关于进一步加强防沙治沙工作的决定》的要求，制定相关的防沙治沙税收优惠政策，对单位和个人投资进行防沙治沙的，在投资阶段免征各种税收；取得一定收益后，可以免征或减征有关税收。对于沙区发展沙产业，依据《国家林业局关于进一步加快发展沙产业的意见》有关税收优惠政策，奖励沙区内参与治沙的企业，以提高开拓市场的能力。建议将沙化严重、集中连片且面积较大、不便于治理的沙地，从牧民手中调剂出来，变更权属，做到沙地所有权、使用权、经营权分离，以利于集中治理、集中管护，更有利于招商引资治理。

充分发挥法律在治沙中的作用。进一步做好防沙治沙法律法规的宣传普及工作，提高沙区广大干部群众的法律意识。特别是从事防沙治沙管理的领导干部，更要学法、知法、守法，依法行政。严格执法，依法打击各种破坏沙区植被的行为。坚持对沙化草原实行分类保护、综合治理和合理利用，分别按沙化草原封禁保护区、恢复保护区、治理利用区所发挥的生态、经济功能，实施有效管理。加强执法队伍建设，改善执法条件和手段，提高执法和监督水平。

（三）加大技术创新力度，为荒漠化治理提供强有力的技术支持

通过向上级争取和本级政府自筹两个途径，设立呼伦贝尔治沙技术创新专项基金。广泛吸收各方面的科技力量和先进技术，提升工程建设中的科技含量。与中国林科院、内蒙古林科院、地方林业科学研究所及相关专业规划设计单位加强科技合作，培训项目实施的管理人员和工程技术人员。专门针对呼伦贝尔沙地的特征，对治理手段、治理方法进行研究。组

织科技人员对工程建设存在的技术难题进行攻关，并加强防沙治沙科学技术的基础研究工作。有关旗（市、区）农、牧、林科研部门，负责防沙治沙技术指导和咨询，深入基层推广先进适用技术和治理模式。

有计划、有步骤地建立一批防沙治沙综合示范区。针对不同沙化类型区，在实践中探索防沙治沙的技术模式，以点带片，以片带面，确保防沙治沙工程建设的稳步推进。加大对现有科技成果及先进适用技术的推广和应用，遵循自然规律，采用生物和工程措施相结合进行综合治理，实现科学防沙治沙。鼓励沙区各级林业技术人员总结出符合当地实际的沙地治理模式，并积极引进治沙新技术、新树种，通过试验、示范、组装配套，为防沙治沙工程建设提供强有力的技术支撑。

（四）着力形成多元化投入格局，为荒漠化治理提供资金保障

着力培育各级政府、企业及社会经济组织共同投入的多元化投入机制。积极争取国家、自治区相关专项资金。市、旗（区）各级政府根据本级财政状况，每年在财政预算中安排一定比例的资金，专项用于防沙治沙，保证项目的实施。在沙区安排扶贫、农业、水利、交通、矿产、能源、农业综合开发等项目的同时，适当安排防沙治沙经费。

采取多种形式筹集防沙治沙资金。鼓励国内外、区内外社会组织和个人向防沙治沙事业捐资。鼓励单位和个人投资开展生态效益和经济效益兼顾的生产经营活动。鼓励企业、各种经济组织和个人承包治理荒沙。鼓励金融机构积极探索有效途径，改进服务，增加信贷品种，拓展担保方式，加大对经济效益显著的沙产业项目的信贷扶持力度。鼓励参与治沙的重点龙头企业利用资本市场筹集扩大再生产资金。支持沙区发展沙产业的企业，通过发行短期融资债券、中期票据和发行股票上市等形式多渠道融资，采取联营、合资、股份合作等方式，广泛吸收社会资金投资沙产业。

第十三章　浑善达克地区荒漠化态势与治理成效*

土地荒漠化是指人类不合理的经济活动和脆弱的生态环境相互作用而造成土地生产力下降直至土地资源丧失，地表呈现类似荒漠化景观的土地资源演变过程。[①] 因此，自然条件和经济社会发展情况是研究荒漠化问题的两个基本出发点。由于浑善达克地区大部分处于锡林郭勒盟行政范围内，因此本报告依据锡林郭勒盟资料来分析浑善达克地区荒漠化态势与治理成效。

一　自然状况

（一）整体自然条件

锡林郭勒盟位于内蒙古自治区中部，东经 115°13′~117°06′、北纬 43°02′~44°52′。2011 年，锡林郭勒盟国土面积 19.99 万平方公里，其中草原面积 17.96 万平方公里，森林面积 1.53 万平方公里（森林覆盖率为 7.13%），淡水面积 67133 公顷，人口密度 5.1 人/平方公里。锡林郭勒盟属中温带干旱、半干旱大陆性季风气候，四季分明，冬季漫长寒冷，春季干旱多风，夏季温热短促，降水集中，雨热同季。平均海拔 1000~1300 米，年均日照时数 2700 小时，无霜期 90~130 天。如图 13.1 所示，2000~2012 年，锡林郭勒盟年平均气温在-1.5℃到 1.3℃之间，最高气温为 2010 年的 39.4℃，最低气温为 2010 年的-37.7℃。2000~2012 年，年降水量（见图 13.2）在 150.5mm 到 511.7mm 之间，降水量偏少且年际变化较大，

* 本章成文于 2013 年 11 月。

① 朱震达等：《中国土地沙质荒漠化》，科学出版社，1994，第 188~198 页。

除2012年降水量达到511.7mm以外，其余年份降水量均低于400mm，13年间有10年的年降水量低于300mm，5年的年降水量低于200mm。锡林郭勒盟的降水量主要集中在夏季，平均占到全年降水量的60%以上。2000~2012年，年蒸发量（见图13.2）在1214.7mm到2270.1mm之间，蒸发量是降水量的2~14倍，年际变化也较大，2001年和2005年蒸发量分别为降水量的13.9倍和12.4倍，而2003年和2012年蒸发量为降水量的3.42倍和2.37倍。锡林郭勒盟常年干旱、降水量小、蒸发量大且多风的气候特点是造成土地风蚀荒漠化的主要自然条件。

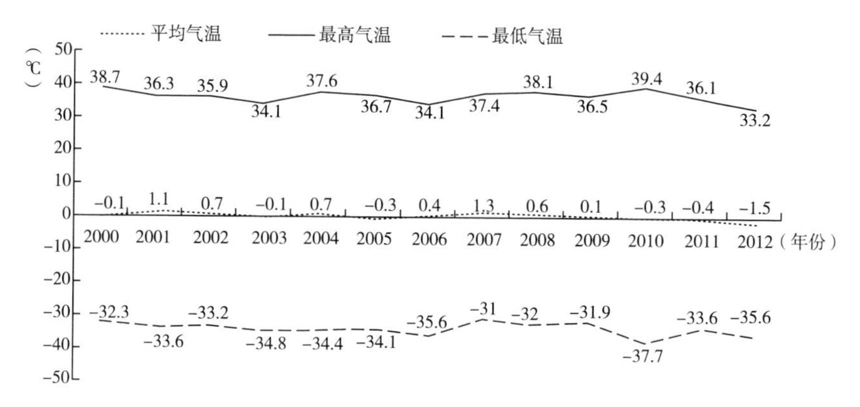

图13.1　2000~2012年锡林郭勒盟气温变化情况

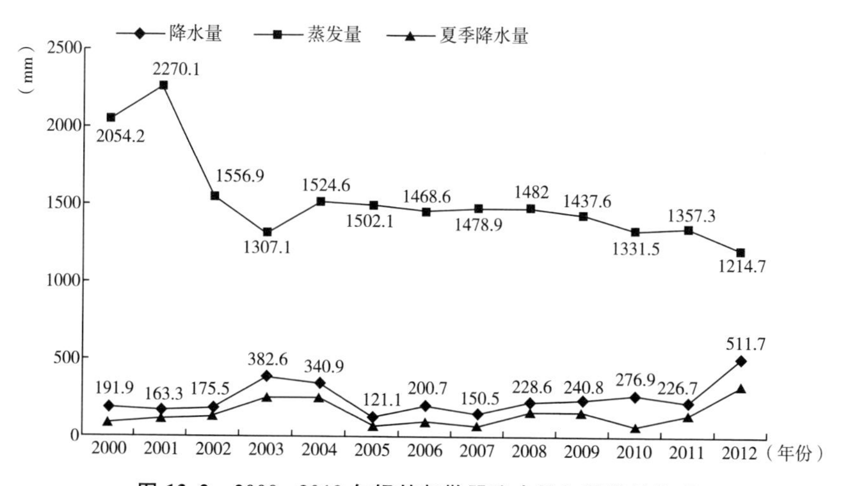

图13.2　2000~2012年锡林郭勒盟降水量和蒸发量情况

（二）旗县自然条件

我国四大沙地之一的浑善达克沙地横贯锡林郭勒盟东西，此次调研选取的正镶白旗、苏尼特左旗、苏尼特右旗等3个锡林郭勒盟所属旗县分别位于浑善达克沙地的南端、北端和西端。其自然气候特点如下：

1. 正镶白旗

正镶白旗位于锡林郭勒盟西南部，主要由浑善达克沙地和阴山北麓低山丘陵两大地貌单元组成，总土地面积6253.09平方公里，其中草原和森林面积共计5188.81平方公里（森林面积1422.67平方公里，森林覆盖率22.86%）。正镶白旗属于温带半干旱大陆性草原气候。如图13.3所示，2000~2012年间，正镶白旗年平均气温1.8℃到4.1℃，年最高气温30.5℃到36.3℃，年最低气温-35.5℃到-27.1℃。如图13.4所示，2000~2012年间，正镶白旗年降水量为199.6mm到534.5mm，除2005年外，其余年份降水量均在200mm以上，13年中有9年的年降水量集中在200~400mm，降水量主要集中在夏季，2000~2012年，年蒸发量1446.4mm到2217.9mm，是年降水量的2.71~9.35倍。2011年，正镶白旗年日照总时数为3233.8小时，年无霜期120天，年平均风速2米/秒，年大风日数13天。正镶白旗水资源总量为1.592亿立方米，其中地下水资源为1.538亿立方米；地表水资源主要是湖泊水，为0.054亿立方米。饮用水中含氟量超标。

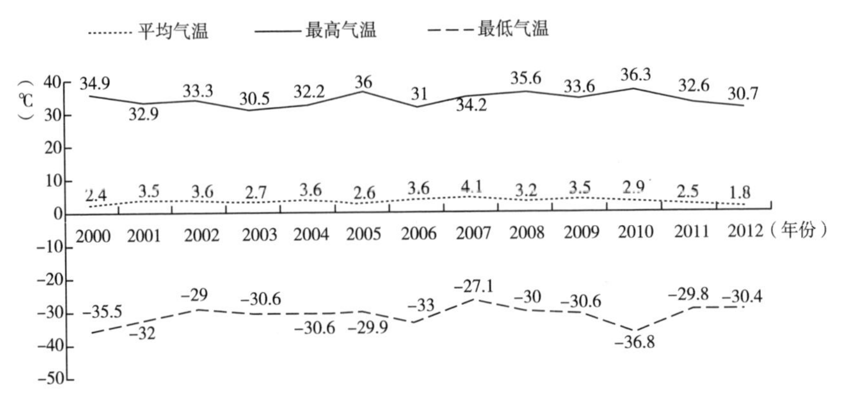

图13.3 2000~2012年正镶白旗气温变化情况

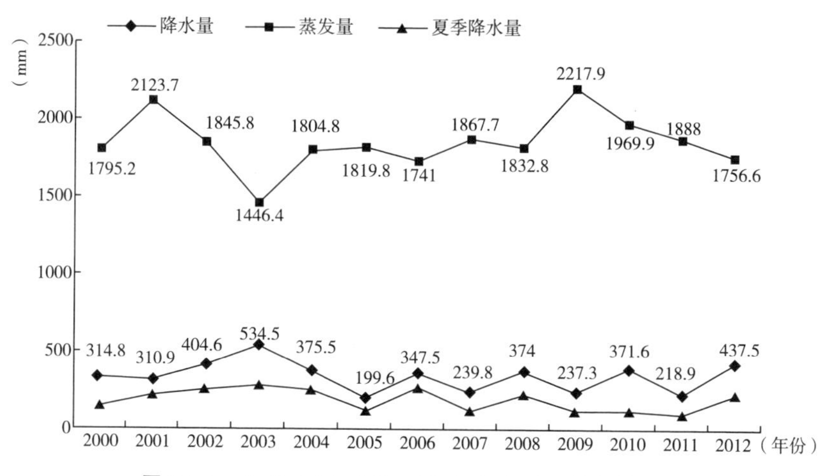

图 13.4　2000~2012 年正镶白旗降水量和蒸发量情况

2. 苏尼特左旗

苏尼特左旗位于锡林郭勒盟西北部，地处浑善达克沙地西北边缘，总面积 3.42 万平方公里，其中草原面积 3.14 万平方公里，主要为荒漠半荒漠草原类型，森林面积 1920 平方公里，森林覆盖率 5.61%。(苏尼特左旗属于中温带大陆性气候。2000~2012 年间，年平均气温 2℃到 5.2℃，1 月最冷，7 月最热，年最高气温 33.6℃到 40.2℃，年最低气温-36.8℃到-29.9℃见图 13.5)，无霜期 130~140 天。2000~2012 年，年降水量在 99.7mm 到

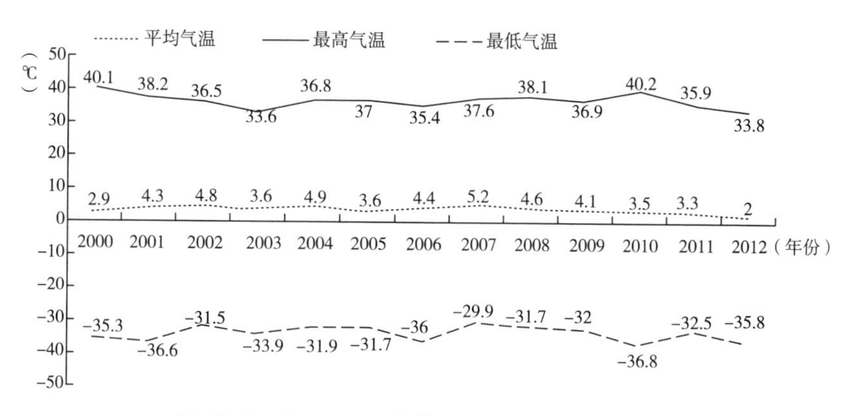

图 13.5　2000~2012 年苏尼特左旗气温变化情况

272.2mm之间，降水主要集中在夏季；年蒸发量为1557.3mm到3284.4mm之间，年蒸发量是降水量的5~26倍，13年中有8年的蒸发量是降水量的10倍以上（见图13.6）。苏尼特左旗阳光充足，2011年日照总时数为2682.4小时，平均每日照射7.35小时。年平均风速3.7米/秒，主风向为西北风，年大风日数30天。苏尼特左旗水资源总量不大，饮用水中氟、砷等含量超标。

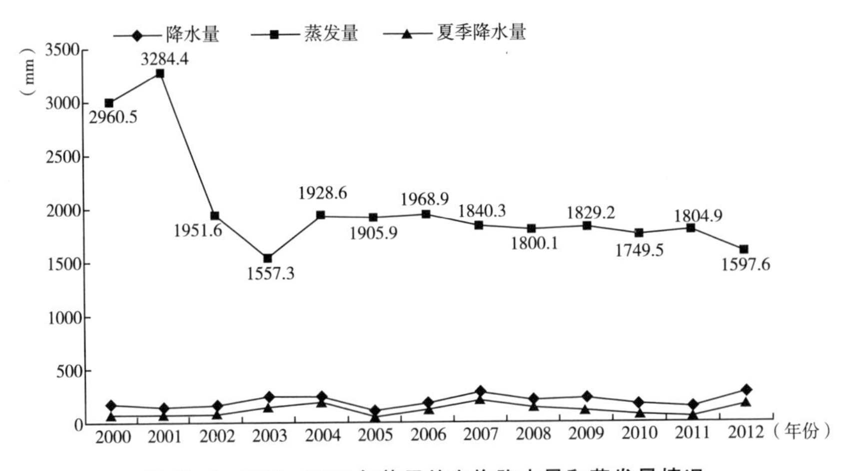

图13.6　2000~2012年苏尼特左旗降水量和蒸发量情况

3. 苏尼特右旗

苏尼特右旗位于锡林郭勒盟西部，地处浑善达克沙地西部边缘，总面积2.25万平方公里，其中草原及森林面积共计2.18万平方公里（森林面积1791平方公里，森林覆盖率7.96%），草原属于荒漠和半荒漠草原。苏尼特右旗属于干旱大陆性气候。2000~2012年，年平均气温4.5℃到6.6℃，年最高气温33.4℃到40.2℃，年最低气温-35.4℃到-26.6℃（见图13.7）。2000~2012年，年降水量在76.7mm到261.7mm之间，降水主要集中在夏季；年蒸发量2146.8mm到3039.7mm，年蒸发量是降水量的8到32倍，除2003年之外，年蒸发量均为降水量的10倍以上（见图13.8）。2011年苏尼特右旗年日照总时数为3034.7小时，年无霜期120天，年平均风速2.7米/秒，年大风日数8天。苏尼特右旗水资源总量为1.65亿立方米，全部为地下水资源，地下水埋深60~180米。饮用水中含氟量超标。

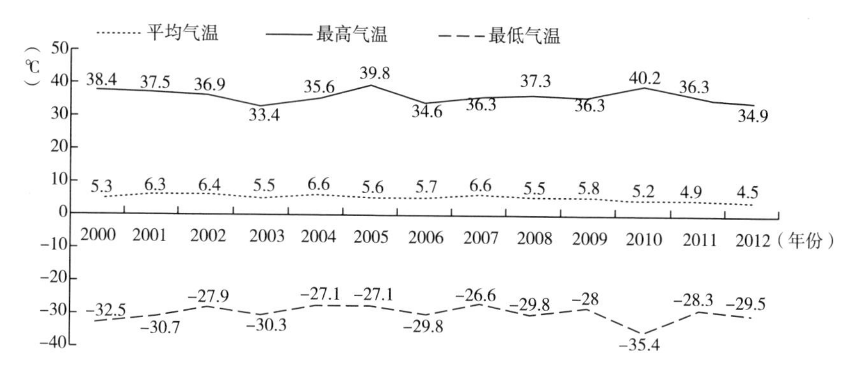

图 13.7　2000~2012 年苏尼特右旗气温变化情况

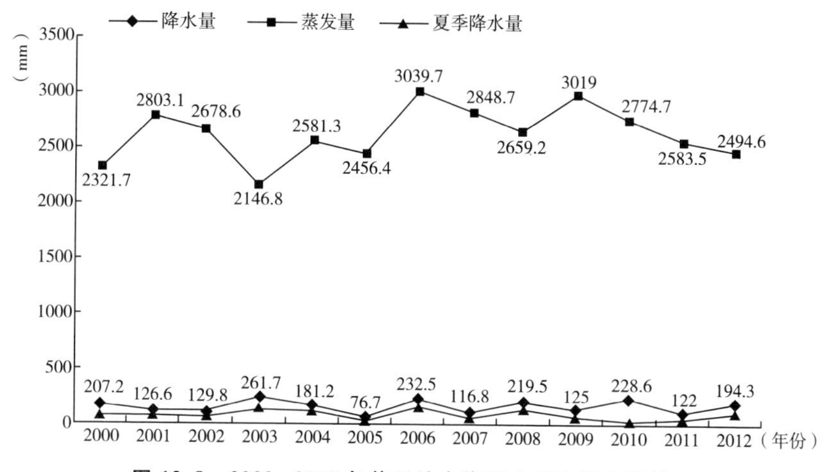

图 13.8　2000~2012 年苏尼特右旗降水量和蒸发量情况

对比典型旗的气候特点，三个旗均属于干旱、多风地区，但程度有所不同（见表 13.1）。从年降水量和年蒸发量是降水量的倍数两项指标来看，正镶白旗的气候要优于苏尼特左旗和苏尼特右旗，苏尼特左旗和苏尼特右旗相差不大。但从 2011 年大风天数来看，苏尼特左旗的气候特点比苏尼特右旗更加恶劣，更容易造成土地风蚀荒漠化。综合三项指标，仅从荒漠化产生和防治的自然条件角度考虑，苏尼特左旗更容易造成土地荒漠化的蔓延，且防治难度较大，其次为苏尼特右旗，正镶白旗相对容易。

表 13.1　锡林郭勒盟典型旗气候特点对比

	年降水量（mm）	年蒸发量是降水量的倍数	年大风天数（天）
正镶白旗	199.6～534.5	2.71～9.35	13
苏尼特左旗	99.7～272.2	5～26	30
苏尼特右旗	76.7～232.5	8～32	8

资料来源：根据正镶白旗、苏尼特左旗、苏尼特右旗气象局提供的 2000～2012 年气象资料整理。

二　经济社会发展情况

（一）总体情况

2000 年以来，锡林郭勒盟经济发展速度较快。按当年价格计算，锡林郭勒盟 GDP 由 2000 年的 68.68 亿元增长到 2012 年的 820.2 亿元，以 2000 年为不变价格，GDP 年均增长为 15.21%，略低于同期全国和内蒙古的平均水平。但总量较小，2012 年 GDP 总量在内蒙古 12 个盟市中排名第 8 位。三次产业结构由 2000 年的 34.9∶34.5∶30.6 演进为 2012 年的 9.9∶67.4∶22.7，国民经济实现了由畜牧业为主导向工业为主导的转变。目前，锡林郭勒盟的第一产业以畜牧业为主，2011 年全盟农林牧渔业总产值为 128.76 亿元，其中畜牧业为 91.13 亿元，占比 70.78%。第二产业以采矿业为主，2011 年全盟的工业总产值为 758.25 亿元，其中采矿业为 332.73 亿元，占工业总产值的 43.88%，产业层次较低。按公安部门的统计口径，城镇化率由 2000 年的 35.6%上升到 2011 年的 53.68%，社会结构实现了由乡村社会向城市社会的转变。地方财政收入由 2000 年的 4.34 亿元增加到 2012 年的 130.92 亿元，年均增长 30%；人均财政收入由 2000 年的 477.46 元增加到 2011 年的 9527.6 元，2011 年的人均财政收入高于全国和内蒙古的平均水平。农牧民人均纯收入由 2000 年的 2438 元增加到 2012 年的 8925 元，2012 年的农牧民人均纯收入高于内蒙古的平均水平。城镇居民人均可支配收入由 2000 年的 4608 元增加到 2012 年的 20508 元，2012 年城镇居民人均可支配收入低于内蒙古的平均水平。GDP、三次产业结构、城镇化率、地方财政收入、人口等数据见表 13.2。

表 13.2　锡林郭勒盟经济社会各项指标

年份	GDP（万元）	三次产业比例	总人口（万人）	城镇化率（%）	地方财政收入（万元）
2000	686803	34.9：34.5：30.6	90.95	35.60	43425
2001	731906	30.5：36.6：32.9	91.83	36.70	36179
2002	803497	29.4：37.7：32.9	93.31	43.52	37639
2003	976702	29.8：37.1：33.1	93.97	44.64	46317
2004	1276342	25.8：40.9：33.3	94.66	45.28	80064
2005	1692189	19.6：48.5：32	94.32	45.97	134700
2006	2154100	15.08：54.44：30.48	95.71	54.34	185954
2007	2911965	13.43：58.45：28.12	97.69	54.38	353254
2008	3941500	11.89：63.24：24.88	98.74	54.53	510553
2009	4850489	10.8：65.2：24	99.65	54.53	617251
2010	5912500	10.08：67.46：22.46	100.26	54.55	767916
2011	6966856	10.32：66.46：23.22	101.21	53.68	964288
2012	8202000	9.9：67.4：22.7	—	—	1309243

资料来源：《锡林郭勒盟统计年鉴 2012》《2012 年锡林郭勒盟国民经济和社会发展统计公报》。

锡林郭勒盟的经济发展态势良好，地方财政收入逐年大幅增加，治理荒漠化地方政府配套投入能力不断增强。农牧民人均纯收入不断提高，响应荒漠化治理政策的积极性较高。城镇化率逐年提高，人口逐步向城镇集中，土地、水等资源的消耗模式向集约型转变。与此同时，荒漠化治理仍然存在一定的制约条件。锡林郭勒盟第二产业以采矿业为主，采矿业耗水量和对环境的污染较大，对全盟稀缺的水资源和脆弱的生态环境构成了很大的威胁，是制约全盟荒漠化治理的一个重要因素。

（二）典型旗经济社会发展情况

1. 正镶白旗

正镶白旗土地面积 6253.09 平方公里，2011 年人口密度为 11.8 人/平方公里。牧区人口 42254 人，牧民人均草场占有面积 300 多亩。2011 年正镶白旗 GDP 总量为 18.53 亿元，人均 GDP 25113 元，远低于内蒙古的平均水平 57974 元和全国的平均水平 35181 元。2011 年，三次产业结构为 19.4：

47.4：33.2，第一产业以畜牧业为主，第二产业以煤炭产业为主，第三产业主要为住宿、餐饮等传统服务业，产业层次较低。2011年正镶白旗本级财政收入为8601万元（人均财政收入1165.66元），财政支出6.69亿元（人均财政支出9072.4元），缺额部分由上级转移支付补足。2011年城镇居民人均可支配收入15979元，农牧民人均纯收入5397元，均低于内蒙古平均水平和全国平均水平[①]。

2. 苏尼特左旗

苏尼特左旗土地面积34240.18平方公里，2011年人口密度为1人/平方公里。牧区人口17206人，牧民人均草场占有面积1000~3000亩。2011年苏尼特左旗GDP总量为29.29亿元，人均GDP 85533元，高于内蒙古平均水平和全国平均水平。2011年，三次产业结构为12.7：65.6：21.6，第一产业以畜牧业为主，第二产业以煤炭开采、黄金开采等为主，第三产业主要为住宿、餐饮等传统服务业，产业层次较低。2011年苏尼特左旗本级财政收入为2.8亿元（人均财政收入8187.46元），财政支出6.96亿元（人均财政支出20314.7元），缺额部分由上级转移支付补足。2011年城镇居民人均可支配收入17676.73元，农牧民人均纯收入7208元；城镇居民人均可支配收入低于内蒙古和全国平均水平，而农牧民人均纯收入高于内蒙古和全国平均水平，主要原因在于苏尼特左旗人均草场占有面积较大，且农牧民收到的财政补贴较高。

3. 苏尼特右旗

苏尼特右旗土地面积22455.47平方公里，2011年人口密度为3.1人/平方公里。牧区人口18600人，牧民人均草场占有面积1000~3000亩。2011年苏尼特右旗GDP总量为40.22亿元，人均GDP 58178.6元，高于内蒙古平均水平和全国平均水平。2011年三次产业结构为9.5：67.2：23.3，第一产业以畜牧业为主，第二产业以黄金开采为主，第三产业以住宿、餐饮等传统服务业为主，产业层次较低。2011年苏尼特右旗本级财政收入为4.12亿元（人均财政收入5953.7元），财政支出9.24亿元（人均财政支出13371.1元），缺额部分由上级转移支付补足。2011年城镇居民人均可支配收入17548.04

---

① 2011年全国和内蒙古的城镇居民人均可支配收入分别为21810元和20407.6元，农牧民人均纯收入分别为6977元和6642元。

元，农牧民人均纯收入5887元，均低于内蒙古平均水平和全国平均水平。

4. 各典型旗荒漠化防治经济状况对比分析

通过对典型旗的经济社会发展情况进行对比，发现浑善达克沙地涉及的锡林郭勒盟旗县均具有第一产业以畜牧业为主、第二产业以矿产开采为主、第三产以传统服务业为主等特点，产业结构单一，产业层次较低。各典型旗的财政状况均属于吃饭财政，财政支出主要依靠上级转移支付，城镇居民人均可支配收入均低于内蒙古和全国平均水平。从产业结构和财政状况来看，各旗的荒漠化治理均面临巨大挑战。但从人口密度、牧区人口、人均草场面积、人均财政支出、农牧民人均纯收入等指标（见表13.3）来看，各旗面临的形势各不相同。由于人口密度较大、牧区人口多、人均草场面积较小且当前财政补贴标准采取一刀切的方式（国家财政对禁牧的草场按6.36元/亩的补贴标准，未能考虑到人均草场占有量的问题），正镶白旗在人均财政支出和农牧民人均纯收入上均低于苏尼特左旗和苏尼特右旗。如果按当前的补贴政策，正镶白旗的牧民迫于生存压力放牧为生，将对草场造成很大的压力，土地荒漠化治理的形势十分严峻。相比正镶白旗，在国家财政补贴的支持下，苏尼特左旗和苏尼特右旗的草场压力较小，土地荒漠化防治的任务较轻。

表13.3　锡林郭勒盟典型旗各项指标对比

	人口密度（人/km^2）	牧区人口（人）	人均草场面积（亩）	人均财政支出（元）	农牧民人均纯收入（元）
正镶白旗	11.8	42254	300	9072.4	5397
苏尼特左旗	1	17206	1000~3000	20314.7	7208
苏尼特右旗	3.1	18600	1000~3000	13371.1	5887

资料来源：《锡林郭勒盟统计年鉴》（2012）以及典型旗提供。

三　荒漠化现状及态势

（一）荒漠化现状

1. 荒漠化面积及波及范围

锡林郭勒盟境内的浑善达克沙地区域面积5.8万平方公里，其中沙漠化土地 3.05 万平方公里，占沙地面积的 43%；潜在沙漠化土地 1.42 万平方公里，占 20%；非沙漠化土地 2.62 万平方公里，占 37%。沙地在锡林郭勒盟境内共涉及 10 个旗县市 30 个苏木乡镇（场）、248 个嘎查村，现有农牧民 4.33 万户 12.56 万人，现有牲畜总数 179.9 万头只，其中大畜 35.35 万头，小畜 114.55 万只。

2. 荒漠化形态分布

浑善达克沙地在地质构造上属于新生代的断陷沉降带，沉积有很厚的第三系湖相砂页岩、泥岩、薄层灰岩及中细砂岩等，为沙地的主要砂质来源；海拔 1100~1400 米，地势由南向北缓降，地面起伏不大。由于沙地孔隙充分吸收降水和拦截源于南部山地的地表水和地下潜流的补给，因而其潜水储量丰富，沙地中散布着众多大小不等的湖沼洼地。沙地边缘为剥蚀低山、丘陵，沙地内部为沙丘、湖泊、盆地及剥蚀高原交错分布，沙丘连绵不断。

3. 植被类型

浑善达克沙地植被以草原植被为主，针阔叶乔木、榆树疏林等超地带性植被发育。流动沙丘常见沙生植物有沙竹、沙米、黄柳以及少数的芦苇、沙芥等先锋植物，优势种为小红柳。沙地东半部覆沙较薄的地段，以固定和半固定沙丘为主，植被以疏林灌丛草地为主，主要生长有冷篙、细叶苔、百里香、星毛委陵菜等，植被盖度 20%~60%；沙地中部地区的固定沙丘仍有榆树疏林，同时内蒙古沙篙、冷篙群分布广泛；沙地西半部以固定和流动沙丘为主，植被以灌木（灌丛）半灌木和草地为主，主要生长有小叶锦鸡儿、内蒙古沙篙，混生有干枝梅、冷篙、蒙古莸、紫花苜蓿、沙蓝刺头、杨柴、隐子草、沙生针茅、羊草等，植被盖度 10%~50%。

4. 水文条件

浑善达克沙地地表径流不发达，本地形成的常年河流极少，外流水系只有滦河，内流河主要有锡林河、白音河、闪电河等。沙地湖泊较多，由临时性地表径流和地下水补给的湖泊 110 余个，面积比较大的有达里诺尔和库尔查干诺尔湖，东部为淡水湖，西部多为盐碱湖，碱矿储量高。沙地地下水资源丰富，分布广泛，埋藏浅，水量大，水资源总量为 30 多亿立方米。东部地下水丰富，水质良好；西部地下缺水，水质欠佳。流动沙丘上的干沙层厚 3~10cm，湿沙层含水量 3%~4%，可保证沙地先锋植物所需的水分。

（二）荒漠化演变态势

浑善达克沙地素来以植被繁茂、水草丰美、生物物种丰富、沙丘固定程度高而著称于世。但是，在干旱多风的自然因素以及过度放牧、滥砍滥伐等人为因素的双重影响下，浑善达克沙地原固定沙丘在不断活化，半固定沙丘在向流动沙丘转化，流动沙地不断扩大。根据锡林郭勒盟林业局提供的资料，20 世纪 70 年代至 21 世纪初期，浑善达克沙地沙漠化加剧，沙漠化土地由 2.57 万平方公里扩展到 3.05 万平方公里，流动沙丘由 20 世纪 60 年代的 172 平方公里扩展到 2970 平方公里，平均每年扩展 70 平方公里。沙地严重的沙漠化情况，造成了浮尘、扬沙和沙尘暴等天气频发。2000 年，沙尘暴日数达到 26 次，沙尘随着大风南下，造成了当年北京和天津等北方地区严重的沙尘暴天气。

2000 年以来，国家相继启动京津风沙源治理工程、草原生态奖补机制等，荒漠化演变的态势有所减缓。根据有关数据，2000~2007 年间，浑善达克沙地（既包括锡林郭勒盟境内的沙地又包括锡林郭勒盟境外的沙地）中度荒漠化、重度荒漠化、极重度荒漠化的面积在减少，而轻度荒漠化面积在增加，荒漠化总面积呈减少趋势（见表 13.4）。[①]

表 13.4 浑善达克地区荒漠化土地面积变化情况

单位：公顷

	2000 年	2007 年	2000~2007 年增减
轻度荒漠化面积	1119321.0	1176989.7	+57668.7
中度荒漠化面积	1265952.0	1220028.3	-45923.7
重度荒漠化面积	876000.0	845141.9	-30858.1
极重度荒漠化面积	419969.6	339870.3	-80099.3
荒漠化总面积	3681242.6	3582030.2	-99212.4

资料来源：宝玉：《对浑善达克沙地荒漠化现状及其气候的影响简析》，《北方经济》2012 年第 10 期。

① 按朱震达等的划分标准，植被覆盖度 60%以上是轻度荒漠化土地，59%~30%是中度荒漠化土地，29%~10%为重度荒漠化土地，9%~0%为极重度荒漠化土地。

土地沙漠化的含义：由固定沙丘经风力侵蚀、搬运、堆积变为半固定、半流动直到流动沙丘的过程。在国家重点工程的支持下，锡林郭勒盟土地荒漠化过程得到遏制，有些区域已出现了沙漠化的逆过程（即由流动沙丘经生草成土作用，变为半流动、半固定直至固定沙丘的过程）。但由于客观存在的脆弱的生态环境以及牧民的生存压力，锡林郭勒盟荒漠化整体态势将来存在很大不确定性，土地荒漠化及逆过程取决于国家重点工程的科学有效实施和锡林郭勒盟牧区农牧业生产经营机制的改变。

四　主要措施及治理成效

（一）主要措施

1. 明确思路、加强领导、落实责任

2000 年以来，面临生态环境恶化和农牧民增收的双重压力，锡林郭勒盟实施了“两转双赢”战略，即通过转移农牧业人口和转变农牧业生产经营方式，实现生态改善和农牧民增收双赢目标。以“转人、增收、减畜、增绿”为举措，开展防沙治沙工作。盟和旗县市都成立了以政府主要领导任组长，分管领导任副组长，相关部门领导为组员的生态建设领导小组。同时将防沙治沙工作纳入各级领导班子年度工作实绩考核目标，层层签订防沙治沙责任状，建立了行政领导防沙治沙任期目标考核责任制。每年盟里派出检查组对各地防沙治沙任务完成情况和保障措施落实情况进行督促检查。从 2007 年起，地方政府每年将防沙治沙工作情况向本级人大和上级主管部门报告。

2. 统筹规划、分类施策、综合治理

锡林郭勒盟根据自然类型及生态状况将全盟划分为“四区、六带、十四基点”，各有侧重分类施策。“四区”为沙地封飞造综合治理区、农牧交错退耕还林和农田草牧场防护林建设区、东南山地水源涵养森林植被保护建设区、荒漠草原灌木灌丛植被封育保护区。在浑善达克沙地综合治理中，沙地东部主要实施人工造林、封山育林、退耕还林等措施，保护培育乔灌草结合的复合型植被，扩大林草资源，增加植被稳定性，并注重培育以灌为主的林沙产业资源；沙地西部主要结合休牧禁牧政策，规模化实施飞播造林、封山育林措施，增加灌草植被，防止沙地流动，减轻沙化危害；在沙化南缘，以灌为主，乔灌草结合，建设平均宽3公里左右的生态防护体系；沙地北缘以禁牧、休牧自然修复为主，保护恢复沙地上自然植被。“六带”为浑善达克沙地南北两缘和国道、省道等主要交通干线治沙造林绿化。“十四基点”为全盟各旗县市区所在周边绿化。

3. 落实措施、加强监管、及时总结

根据总体战略和规划，锡林郭勒盟主要落实了以下措施。一是生态移民。通过提高农牧民子女受教育程度、提高农村牧区高校毕业生就业比例、培训青年农牧民从事二三产业就业技能以及落实移民补贴政策，探索将荒漠化严重牧区的农牧民向城镇转移。二是控制牲畜数量。锡林郭勒盟实施草畜平衡制度，加强草原监管，推行限量养殖，全盟牲畜头数从1999年的1820多万头只降到2012年的1170万头只。三是推行“三牧”制度。在普通坚持春季休牧的基础上，总结和推广与现阶段生产力水平相适应的多种休牧禁牧轮牧模式；在沙地治理项目区、生态移民区、自然保护核心区、城镇周边生态保护区和国省公路沿线实行长期严格禁牧。四是林业建设。主要采取“封、飞、造、退、管”相结合的方式，在流沙治理上突出飞、封措施。五是发展林沙产业。立足沙地主体植被，培育灌木柳、优质牧草等，同时探索沙地生态旅游和林产品加工利用途径。2012年锡林郭勒盟召开了全盟生态保护建设暨京津风沙源治理工程现场会，总结以往建设经验，完善政策措施，出台了《关于进一步加强生态保护与建设的意见》，决定精心实施四项工程（草原生态奖补工程、沙源治理二期工程、水系和湿地保护治理工程、宜居城镇与和谐矿区建设工程），建立完善八项政策（基本草原保护制度、草畜平衡制度、草场流转制度、林权管理制度、水资源管理制度、矿业开发管理制度、农村牧区人口管理制度、资金保障制度）。

（二）治理成效

1. 生态效益明显

锡林郭勒盟草原植被的平均盖度从2000年的23.1%提高到2011年的58%，平均高度从2000年的22.2cm提高到2011年的33cm，平均产草量从2000年的21.24公斤/亩提高到2011年的57.3公斤/亩（见表13.5）。

表 13.5　2000~2011 年锡林郭勒盟草原植被监测数据

年份	平均盖度（%）	平均高度（cm）	平均产草量（公斤/亩）
2000	23.1	22.2	21.24
2001	23	20	28.4
2002	30	22	32.4
2003	38	25	38.2
2004	45	28	40.1
2005	51	29.6	42.3
2006	57	31	43.7
2007	49	33	45.3
2008	51	34.5	51.9
2009	31	17.5	45.2
2010	45.7	21.3	46.6
2011	58	33	57.3

资料来源：锡林郭勒盟草原监测站提供。

浑善达克沙地植被恢复明显。2009 年与 1999 年相比，沙地中流动、半流动沙丘面积减少了 680 万亩。沙地南缘长 420 公里、宽 1~10 公里、横跨 5 个旗县的生态防护体系已初步形成，有效遏制了沙漠化的扩展蔓延。

2. 林业建设效果显著

2000~2012 年，锡林郭勒盟共完成林业建设 1552.1 万亩，其中人工造林 185.2 万亩，飞播造林 416.2 万亩，封山育林 681.4 万亩，退耕还林 265.5 万亩，林木种苗和采种基地 3.8 万亩，总建设投资 14.2 亿元。锡林郭勒盟森林覆盖率由 2002 年的 0.44%提高到 2011 年的 7.13%。

3. 林沙产业初具规模

锡林郭勒盟立足沙地主体植被，在沙区保护和培育灌木柳资源 1000 多万亩；通过退耕还林培育山杏资源 80 多万亩，并嫁接大扁杏 4.4 万亩；在沙地南缘退耕还林“两行一带”模式的林带内种植优良牧草 35 万亩；“以造代育”樟子松 15 万亩；开发森林沙地生态旅游区 10 余处。2012 年全盟实现林业产值 5.8 亿元，是 2000 年的 12 倍。

4. 农牧民收入增加

锡林郭勒盟农牧民人均纯收入由 2000 年的 2438 元增加到 2012 年的

8925 元，2012 年的农牧民人均纯收入高于内蒙古的平均水平。

5. 生态移民总量较大

根据锡林郭勒盟扶贫办提供的数据，2000~2012 年，锡林郭勒盟累计转移牧区人口 47654 人，生态移民资金累计投入 2.859 亿元，其中来源于国家补贴的资金 2.383 亿元，盟配套资金 0.476 亿元。

6. 牲畜结构调整合理

牧业年度，锡林郭勒盟牲畜数量由 2003 年的 1711.67 万头只减少到 2011 年的 1174.1 万头只，其中大畜数量由 2003 年的 81.87 万头增加到 2011 年的 124.6 万头，羊数量由 2003 年的 1629.8 万只减少到 2011 年的 1049.5 万只（见表 13.6）。由于牛、马等大畜的经济价值比羊大，而对草场的破坏比羊小，所以增加大畜数量而减少羊的数量，能在保证收入稳定增加的前提下保护草场，锡林郭勒盟的牲畜结构调整合理。

表 13.6　2003~2011 年锡林郭勒盟牲畜情况

年度	牧业年度		
	合计（万头只）	大畜（万头）	羊（万只）
2003	1711.67	81.87	1629.8
2004	1664.29	87.64	1576.65
2005	1577.26	91.11	1486.15
2006	1454.2	87.23	1366.97
2007	1432.33	102.62	1329.71
2008	1324.79	111.91	1212.88
2009	1275.41	123.33	1152.08
2010	1215.6	129	1086.6
2011	1174.1	124.6	1049.5

资料来源：由锡林郭勒盟农牧业局提供。

（三）典型旗的主要措施及治理成效

本次调研过程中，课题组深入锡林郭勒盟正镶白旗、苏尼特左旗、苏尼特右旗等旗考察荒漠化情况，选取正镶白旗和苏尼特左旗为典型旗介绍其荒漠化治理的主要措施及治理成效。

1. 正镶白旗

自2000年京津风沙源治理工程启动实施以来，正镶白旗制定了50年生态建设保护规划和近期目标，确立了“近抓四一”（即满沽线白旗境内公路防沙治沙生态建设为一纵，集通铁路和304省道绿色通道为一横，浑善达克沙地绿色屏障工程为一带，环明安图镇水土保持生态体系建设为一环），“远治三区”（即北部沙地飞播造林、封山育林、人工造林综合治理区，中部丘陵牧场防护林、基本草牧场和水土流失综合治理区和南部退耕还林、小流域治理区）的生态建设总体布局，制定了以旗政府明安图镇周边地区为中心，以治理与保护并重、以保护为主，分区域由近及远、先易后难、分步实施的林业生态建设发展思路，使林业生态建设与农牧业生产方式转变相结合，与增加农牧民收入相结合，并取得了显著成效。

（1）林业建设成果显著

2000~2012年，正镶白旗累计完成飞播造林面积74.3万亩。其中2009年、2010年、2011年、2012年连续四年飞播造林面积居全盟11个旗县之首。飞播造林累计资金投入9867万元。

2000~2012年，正镶白旗累计实施封山育林71.9万亩。根据封山育林特点，主要针对沙化、半沙化草场进行围栏设置，并辅以适合的人工措施，设置不低于5年的封育年限，让草场植被得以自然恢复。正镶白旗70%的封山育林项目选在中部丘陵地区实施，因为该地区地处浑善达克沙地与南部农区过渡地带，人口稠密，人均占有草场只有200亩左右，草场负载中，草畜矛盾尖锐，草场明显退化沙化，封山育林项目在一定程度上遏制了草场的沙化。

2000~2012年，正镶白旗累计完成人工造林16.13万亩。人工造林项目主要在南部农区和中南部丘陵区营造防护林带，带间距300~400米，苗木选用二年生杨、榆大苗，一次营造成林，达到防护作用；灌木饲料林选用大白柠条、沙棘、枸杞等苗木，营造二行一带式（行距5米、带距10米）灌木防护林网，以防风固沙，提供牲畜饲草料。

自2002年开始实施到2006年全部结束，正镶白旗累计完成退耕还林28.8万亩，其中退耕地还林11.3万亩，荒山荒地造林17.5万亩，共涉及全旗两个镇、两个苏木中的11018户、38317人。28.8万亩退耕还林造林地所营造的全部为生态林，其中杨、榆等乔木树种 6 万亩，山杏 5.3 万亩，柠条 10.5 万亩，其他灌木 2.5 万亩，以封代造 4.5 万亩。退耕地还林 11.3 万亩，年可享受国家政策性补助资金 1808 万元。

（2）退耕还林后续产业发展良好

正镶白旗鼓励农牧民在自家退耕地进行林草、林农、林药间作。以星耀镇河北村为例，该村实施退耕还林工程 2410.2 亩，造林成活率 92%，并实施了林草间种技术，在林间种植了羊草、冰草、批碱草、紫花苜蓿等优良牧草，年亩产草 150 公斤，发展黑白花奶牛 560 头。为充分利用剩余劳动力，该村从调整农业种植结构出发，搞特色种植业，建成蔬菜大棚 68 座，形成了林农结合、以林促农的循环经济网，村民人均纯收入由 2000 年前的 600 元提高到 2012 年的 4200 元，有三分之一的种植户人均纯收入突破了 6000 元。

（3）生态环境总体好转

正镶白旗林业生态项目区林草覆盖率由原来的 15% 提高到 70% 以上，产草量由治理前的每亩 35.5 公斤增加到 156.5 公斤，工程区减少风蚀 2cm，减少有机质损失 32.5 吨。150 万亩农田草牧场得到有效保护，土地沙化初步被遏制。环境条件明显改善，森林覆盖率由 2002 年的 0.37% 提高到 2011 年的 22.86%，沙尘暴日数由治理前的 13 天（2000 年）降至 2 天（2012 年）。

以两面井沙地综合治理示范区为例，该嘎查地处浑善达克沙地强烈发展区的最南缘，总土地面积 12.6 万亩，受自然条件限制和人为过度干扰所致，该地区的沙化土地达到 8.9 万亩，占土地总面积的 70%。2001 年实施了以飞播造林、封山育林和人工造林并举的生态建设，治理沙地面积达 1.6 万亩，现项目区内沙丘已全部固定，林草茂盛，杨柴、沙蒿、大白柠条株高达 1.5~3 米，项目区由过去的无草区发展到现在年产干饲草 120 万公斤，并对周边地区起到了辐射带动作用。

（4）林沙产业发展良好

正镶白旗鼓励农牧民发展黄柳种植业，已初见效益。黄柳可作为当地林业建设需要的物质材料，农牧民通过出售黄柳，年均可增收 3000 元。此外，2010 年在北部沙区试种梭梭林 16 万株，获得成功，为下一步嫁接肉苁蓉提供了有利条件，为农牧民开创了一条新的增收途径。

（5）生态移民情况

2000~2012年，正镶白旗累计转移牧区人口4208人，生态移民资金总投入3100万元，其中国家补贴资金2000万元，旗配套资金1100万元。

（6）草场围封情况

正镶白旗共有700多万亩草场，目前已围封了300多万亩，围封的草场按每亩6.36元进行补贴，或者按每人3000元补贴。

（7）尚未治理的荒漠化土地面积

正镶白旗共有450万亩荒漠化土地面积，目前已治理了一半，尚有一半未治理，且这些区域大多属于交通不便、荒漠化严重的地区，治理难度很大，成本也较高。

2. 苏尼特左旗

苏尼特左旗治理荒漠化主要有以下成功经验：

（1）认真落实国家政策，充分调动广大农牧民的积极性。落实承包到户政策，明确了治理、管护责任和获取收益的权利；农牧民从工程建设中真正得到实惠，参与工程建设的积极性大大提高。

（2）加强项目科技支撑，提高工程建设的质量。苏尼特左旗加强了对基层管理人员、技术服务人员和牧民的培训；应用乔灌草防护、灌草防护、封造结合等模式，普遍推广系列抗旱造林技术、ABT生根粉、保水剂应用等技术。

（3）严格管理项目。从设计、施工、验收、资金等方面严格管理项目。

（4）加强制度建设。制定一系列规章和规范性文件，保护建设成果。在项目区普遍推行禁牧制度，改变了过去边治理、边破坏、常年造林不见林的现象。

2000年以来，苏尼特左旗的荒漠化治理成效较为明显。主要体现在以下几个方面：

（1）完成预期任务。累计完成京津风沙源治理工程林业建设任务134.1万亩，其中人工造林1.6万亩，飞播造林69万亩，模拟飞播2.25万亩，封沙育林55.4万亩，退耕还林5.5万亩，人工草地0.075万亩，小生物圈建设0.175万亩。目前，南部浑善达克沙地北缘沿线已建成了一条东西长142公里、宽约2公里的沿边防护林带，同时飞播封育区也集中连片分布在浑善达克沙地内，初步形成了灌草、带网片相结合的区域性防护林体系。森林覆盖率由 2002 年的 0.0075%提高到 2011 年的 5.61%。

（2）植被覆盖度提高。工程项目区林草植被盖度普遍增加两成以上，沙化程度明显减轻。草高度平均增加了 6.5～25cm，盖度提高了 8.2%～50%，亩产鲜草提高了 35.6kg。西部荒漠半荒漠草场植被平均盖度由 23%提高到 41%。植被增加的同时，生物的多样性和植被恢复后的稳定性都有了进一步的提高。沙尘暴天数由 2000 年的 13 天下降到 2012 年的 4 天。

（3）完成生态移民任务。2000～2012 年苏尼特左旗累计转移牧区人口 4850 人，生态移民资金总投入 3249.04 万元，其中国家补贴资金 2425 万元，旗配套资金 824.04 万元。

五　荒漠化治理存在的问题及政策建议

21 世纪以来，锡林郭勒盟通过实施“三北”防护林工程、京津风沙源工程、草原生态保护建设工程、集体林权制度等一系列重点项目，浑善达克沙地植被状况明显好转，荒漠半荒漠草原急剧恶化的趋势得到了初步遏制，生态系统已经进入正向演替阶段。但锡林郭勒盟在今后的荒漠化治理工作中也面临着不少问题。根据调研组的调查分析，发现面临以下几个主要问题并提出政策建议。

（一）存在的主要问题

锡林郭勒盟在荒漠化治理上面临的问题可以概括为当地自然条件、荒漠化治理成本、政策可持续性及人才科技资源等几个因素。

1. 生态环境脆弱

降水量是影响荒漠化治理的关键因素。正常年份锡林郭勒盟的降水量在 400mm 以下，且降水多集中在夏季，而蒸发量在 1000mm 以上，干旱是锡林郭勒盟的主要特征。以苏尼特左旗为例，2000～2012 年间，其年降水量在 99.7mm 到 272.2mm 之间，多数年份年降水量在 200mm 以下，年蒸发量在 1557.3mm 到 3284.4mm 之间，13 年中有 8 年的蒸发量是降水量的 10 倍以上。干旱的气候条件给当地正常生产生活和治沙工作带来了诸多不便。

锡林郭勒盟干旱情况可见一组统计数字（见表 13.7）。

表 13.7　干旱级别标准

干旱级别	干旱程度	春夏季降水量距平百分率范围
1 级	不旱	≥100%
2 级	一般旱	-14%~-10%
3 级	轻旱	-29%~-15%
4 级	重旱	-49%~-30%
5 级	大旱	≤-50%

资料来源：马清霞、王星晨、高志国：《锡林郭勒草原荒漠化气候因素分析》，《北方环境》2011 年第 12 期。

将 1961~2006 年锡林郭勒盟春夏季（3~8 月）降水量距平百分率累积曲线图与干旱级别标准表格进行对比，得出该盟干旱情况数据。我们从图 13.9 中不难看出，锡林郭勒盟草原春夏季旱灾的基本特征是干旱出现的频率较高，但大旱的概率较低；明显的春夏连旱比率较高。特别是 20 世纪末到 21 世纪初锡林郭勒草原年降水量在波动中呈现明显的下降态势，干旱形势日益严峻。近几年降水水平虽有不同程度的提高，但部分地区的干旱情况仍不容忽视。这在无形之中增加了沙漠水分涵养的难度和防风固沙植被成活的难度。

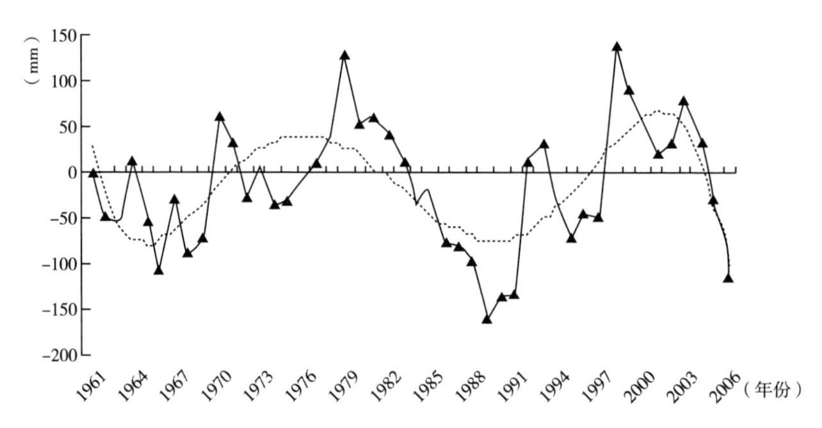

图 13.9　1961~2006 年锡林郭勒盟春夏季（3~8 月）降水量距平百分率累积曲线图①

① 马清霞、王星晨、高志国：《锡林郭勒草原荒漠化气候因素分析》，《北方环境》2011 年第 12 期。

多风也是锡林郭勒盟自然条件的一个主要特征，尤其在降雨量少的秋冬季节，大风不断侵蚀地表脆弱的植被，减少土壤有机质，很容易造成风蚀荒漠化，进而引起严重的沙尘暴天气。

2. 治理政策针对性不强

前期荒漠化治理政策缺乏有差别的统一规划，给目前荒漠化治理的可持续性带来了一定的困难。特别是一些职能部门在这一问题上认识不到位，不能积极及时地发现问题，难以因地制宜有创造性地攻克难关。荒漠化治理是一项长期的综合的甚至会出现阶段性反复的大工程，它不仅需要国家和地方政府的配合，更需要地方相关政府部门之间的协调配合。有些政府部门"各扫门前雪"的狭隘做法，造成了荒漠化治理整体力量的分散，项目与项目之间的衔接往往做得不到位，不利于治理荒漠化下一阶段工作的顺利开展。从典型旗县采取的主要措施来看，不同地区的防沙治沙方案较为单一，方式方法基本相同。实际工作中锡林郭勒盟各旗县地质气候条件千差万别，不同区域范围有不同的现实困难。从这方面看，针对不同地区、不同问题的精细程度上的政策设计目前还十分缺乏。例如草原禁牧补贴，现在锡林郭勒盟是按照每亩给予一定金额的补贴来补偿的，但具体到各旗县，每个旗县人均占有的草场面积不一样，苏尼特左旗的人均草场面积是苏尼特右旗的 3 倍左右，这样"一刀切"的政策人为地造成了不同旗县之间牧民的人均收入差距，影响旗县治理荒漠化的积极性，一些隐性的问题会在今后的治理工作中慢慢显现，这在无形当中增加了防沙固沙工作的难度。

3. 防沙治沙的效果难以维持

长期以来，只提供初级畜产品的放牧畜牧业是锡林郭勒草原牧民的唯一产业。草原生产能力的下降与牲畜饲草需求的增加两者间的矛盾日益尖锐，使草原进一步退化，并形成恶性循环。十年来，在"生态移民"等政策的实施下，锡林郭勒盟过度放牧的现象得到了初步遏制，但纵观全局，该问题历史遗留时间长、移民基数大、移民转移安置难度大，导致目前过度放牧现象依然比较严重。除此之外，有些地方群众面对禁牧、移民政策将要带来的暂时性利益损失过于计较，行动上不能积极配合，这也直接或间接阻碍了治沙政策的落实，给防沙治沙工作的顺利进行增加了难度。

4. 专业人才匮乏

近10年来，虽然国内外与荒漠化治理的相关研究取得不少成果，也不乏具有很强指导性的成果，但荒漠化治理方面的专业人才队伍相对不足，真正能付诸实践的研究相对较少，特别是能有效遏制荒漠化并能大面积推广投入生产的沙产业、绿色产业并不多。在锡林郭勒盟调研过程中，成立几年以上的研究机构数量并不算少，但真正取得的成果数量与质量却难以满足实际的需求。沙漠地区稀缺的研究人员和实地试验将成为下一步荒漠化治理工作的重点和难点。如何吸引一批高新技术人才走进艰苦地区，鼓励将实践与理论在实际问题中有效结合起来，也是摆在该地荒漠化治理工作面前的一道难题。

5. 治理成本加大

锡林郭勒盟荒漠化治理成本高，专项资金缺口大也是目前面临的主要困难之一。2000年京津风沙源治理工程启动以来，锡林郭勒盟的治沙工作取得了阶段性进展，但当地地理位置特殊、自然状况多变和生态环境脆弱等一系列困难也逐渐显露。目前荒漠化治理的规模和速度与构建京北绿色生态屏障的要求还有很大距离。特别是在前期“先易后难、由近及远”原则的指导下，2000年京津风沙源治理工程启动以来，锡林郭勒盟的治沙工作取得了阶段性进展，但这10年治理的都是在便于治理并且交通和水源条件较好的地方，这些地方一般处于荒漠化边缘，治理难度相对较容易。接下来治理的区域转向了交通更加不利、立地条件更加艰苦的远山大沙，而且受种苗、劳力、运输价格上涨等困难的限制，营林造林成本进一步增加。在这种情况下，原来各地政府投入的资金数额已很难适应实际需要。

此外，荒漠化治理过程中还有其他一些困难需要关注，如治沙环节繁多，各部门的工作协调问题，地方群众搬迁工作的落实问题，地方政府资金使用监管问题等。

（二）政策建议

荒漠化的严峻形势对下一步治理工作提出了更高要求。为进一步改善锡林郭勒盟草原生态环境，促进草原生态良性循环，应继续着眼于该地脆弱的环境问题，勇于面对尖锐的困难和矛盾，积极建立草原生态保护与建设长效机制。调研组针对锡林郭勒盟荒漠化治理的现状和问题，提出如下几点政策建议。

1. 加大资金投入

首先应继续加大对锡林郭勒盟的投资建设力度。京津风沙源一期工程建设投资标准从2000年到2010年一直沿用工程启动初期的标准，尽管后期进行了一定程度的上调，但仍达不到实际造林成本的50%，这在一定程度上影响了工程质量与效益，也影响了地方群众参与治沙的积极性。另外，区划界定公益林总面积达2818万亩，目前获得国家补偿面积为1600万亩，尚有1200万亩新增林地未获得补偿，给生态建设成果的巩固带来了不少困难。所以，建议国家在风沙源工程二期规划中，通过科学预算加大对锡林郭勒盟防沙治沙生态建设资金的扶持力度。在加大投入的同时要合理配置资源，防止资金投入“一刀切”现象的发生。浑善达克沙地涉及的锡林郭勒盟各旗县财政状况不均衡，基本特点是第一产业以畜牧业为主、第二产业以矿产开采为主、第三产以传统服务业为主，产业结构单一，产业层次较低，财政收入水平不高，主要依赖国家财政支持，财政支出主要依靠上级转移支付，城镇居民人均可支配收入均低于内蒙古和全国平均水平，荒漠化治理方面的资金均面临巨大挑战。同时在各旗县人口密度、牧区人口、人均草场面积等指标均不相同的前提下，若继续采用“一刀切”的财政补贴标准，就会造成不同地区的财政可支配数额差异进一步扩大，不利于防沙治沙工作的差异化管理和整体推进。所以在今后的工作中，国家政府部门应在充分调研的前提下，依据不同地区的基本情况，合理配置资源，采用划分更加精细的标准下拨资金，实现资源的高效利用。

2. 充分发挥政府主导作用

应以京津风沙源治理二期工程、“三北”五期工程等国家重点项目为依托，突出重点，规模推进。在治沙区域上，以浑善达克沙地为治理重点，封飞造管并举综合治理，在巩固前期治理成果的基础上，寻求进一步的发展；在治沙模式上，突出林草结合，加大有经济价值树种的比重，提高生态经济综合效益；在运作机制上，发动社会力量特别是农牧民主体参与工程建设，推动生态建设的多元化进程；在管理方式上，通过林权落实到位，保证补偿资金的积极兑现，将责权利落实到户，增强荒漠化治理主体的积极性。其次，应突出抓好重点区域造林绿化，促进城镇添绿、身边增绿，改善沙化区人居环境。坚持“以人为本”的原则，把国家项目与地方财政投资、企业出资、社会投入、全民义务植树有机结合起来，突出重点，整体推进。在城镇区域范围内，要采取“以点连带，织带成面”的方式，在把握灌溉条件和管护措施的前提下，开展城镇出入口、主要通道宜林地段绿化；建设旗县市所在地、重点苏木乡镇城防林体系；建设工矿区防护林和绿化隔离带，打造宜居环境，并通过小环境的改善逐步推及无人区的荒漠化治理。最后，应加强水系和湿地保护治理，合理涵养水源，从根源上促进经济发展和生态保护的协调统一。锡林郭勒盟地处干旱、半干旱地区，仅有的四个水系源头及河道汇水区森林资源总量不足，水涵养能力不高，水资源匮乏不仅成为生态恶化的主导因素之一，并且严重制约着全盟经济社会发展。建议结合当地的水资源实际情况，把水系湿地保护治理作为工作的重要组成部分，进一步加强森林公园、自然保护区和湿地保护建设，增强生态功能，提高生物多样性，争取形成具有地方特色的良好生态环境。积极落实各类建设项目，加大营林造林力度，继续扩大水系周边林地面积，提高林分质量。

3. 继续实施“生态移民”

草场退化发生荒漠化有两个方面的原因，一方面目前牧区的人口数量相对较多，必需的生产生活需求导致草场退化，另一方面则是牧区的牲畜对草场的影响。要继续将“生态移民”政策放在防沙治沙工作的重中之重，通过改变牧户单一的产业结构和压缩牲畜数量等措施，减少不利因素对草原的冲击。但压缩牲畜数量并不意味着减产减收、减少牧民的合理收入，而是通过选用优质畜种、优化畜群结构的方式来改变传统粗放的追求数量的生产方式，向追求质量提升的生产方式转变。牧民转移后的就业安置问题长期以来是荒漠化治理的大问题。目前锡林郭勒盟牧民草业合作社机制建立的比较完善，全境草业合作社数量达 900 多家，但缺少规模更大的移民转移安置点。建议国家提供相应的政策和资金支持，发动群众和民营企业家，从当地优势资源入手，建立民间经济组织，以推动当地经济发展，促进就业。

4. 大力建设人工草地

扩大人工草场面积，提高草场产草能力是缓解草场压力的主要内容之一。人工草地作为现代化畜牧业生产体系中的一个关键组成部分，现已成为衡量一个地区畜牧业发达程度的重要标志。一方面，它可以弥补天然草场产草量低的不足，另一方面，它又可以很好地为家畜提供量多质优的饲草。因此，人工草地对于维持畜牧业生产持续、稳定、健康发展，保护生态环境，提高畜牧业生产水平均具有重要作用。截止到2011年，锡林郭勒盟人工草场面积（包括多年生人工种草保有面积和一年生人工种草保有面积）仅有95646.6公顷，占可利用草原面积的0.54%①，这样的数据表明人工草场在未来还有很大的发展空间

5. 促进草原畜牧业转型升级

转变生产方式，实现传统草原畜牧业向产业化、集约化方向转变。传统粗放的放牧方式已经不适于内蒙古沙漠地区脆弱的环境特点，应转向以草原为依托的集约化、现代化畜牧业的生产方式。零散的、不成规模的、单纯依靠增加初级畜产品来谋求经济增长的行为，必然会导致草原的过度利用。因此，一方面当地企业应通过采用先进的技术手段和科学的经营管理方式，使各种生产要素优化组合，以获得更高的草地生产率、畜群生产率和劳动生产率；另一方面，国家和当地政府应通力合作，通过创造各种有利条件，吸引外资企业进驻锡林郭勒盟，注重畜产品的深加工和国际流通，从而在发展当地经济的同时提高农牧民就业率。

6. 加快发展林沙产业

加快林沙产业发展，促进农牧民增收。在防沙治沙的同时，发展以沙物质开发、种苗产业升级、林下种植养殖和森林旅游为主体的林沙产业。产业开发要以保护当地自然环境为前提，坚持“治理荒漠化，拯救生态环境”这个基本点不动摇。积极吸引外资和企业入驻，在提高地方经济效益的同时，为生态移民解决好就业问题。坚持“以环境保护为主体”的投资定位，拓宽农牧民增收渠道，带动政府财政收入，进而实现生态改善和农牧民增收的双赢，最终形成荒漠化治理的良性循环。

7. 进一步完善草原产权制度

课题组调研过程中发现锡林郭勒盟下属各旗县草原所有权、使用权和承包经营责任制的落实程度深浅不一，导致当地有些牧民在观念中仍将草场看作公有，并不能将自身利益和草场维护有机结合起来。建议锡林郭勒盟各地政府根据本旗县实际情况，适当延长草牧场有偿承包期，增强牧户

---

① 《2012锡林郭勒盟统计年鉴》，2012年。

对承包草场的责任感，鼓励牧户本着追求长远利益的原则对草场进行投资建设，从而变被动为主动，以寻求草场的良性可持续发展，从根本上杜绝草原的过度利用。

8. 巩固前期治理成果

要做好前期工程的提质增效工作。在防沙治沙推进过程中，应适度增加对一期工程抚育、改造等提质增效为主的建设内容和配套项目。京津风沙源治理工程前期在对流动、半固定沙丘的治理上，主要采取的是灌草为主营林造林的方式。虽然这些植被在防风固沙的治理项目中起到了前期示范性作用，但由于目前这些植被生长年限已久，开始逐步衰退，低质低效林多，综合效益未能充分发挥，已经出现了不进则退的趋势。因此建议在推进京津风沙源二期工程及一系列防沙治沙项目的同时，兼顾前期工程的提质增效工作，把二期开发与巩固前期成果自觉结合起来。

9. 做好前期勘查规划工作

锡林郭勒盟下一步要治理“远山大沙”，必须做好荒漠化核心地段的调查规划工作，以便为治沙工程的顺利展开打下坚实基础。要加大对锡林郭勒盟荒漠化核心地段的调查研究，完成前期调研工作，保证掌握资料的完整性和准确性。同时，要积极寻求社会各界的力量和支持，打好荒漠化治理的持久战。锡林郭勒盟沙漠化核心地段成沙历史久，成因复杂，治理难度大，针对该地段荒漠化治理这一综合性强、涉及领域多的难题，联合国家和地方的研究力量，包括高校、研究院所和民间组织，共同参与调查研究。建议国家有关部门在原来的基础上，适当增加相应项目，成立监管机构，建立起完善的反馈机制。同时各级研究与主管部门要充分合作，实现数据共享，共同推进荒漠化治理工作。

第十四章　毛乌素地区荒漠化态势与治理成效*

作为中国十大沙漠（地）之一的毛乌素沙地位于蒙、陕、宁三省区交界处，包括内蒙古南部、陕西榆林北部风沙区和宁夏盐池县东北部。毛乌素沙地中部和西北部基底以中生代侏罗纪与白垩纪的砂、页岩为骨架，东部和南部边缘覆盖在黄土丘陵上。在地质历史时期由于地壳变动，这里就形成一系列湖盆洼地，并堆积了厚约 100 米的第四纪中细沙层。在第四纪因气候干旱，经长期干燥剥蚀，并有强劲的西北风将古河湖相沙层吹扬、堆积，逐渐塑造了现代沙地的地貌形态。毛乌素沙地西北部以固定、半固定沙丘为主，逐渐向东南发展为流沙密集、成片出现的状态。流动沙丘以新月形沙丘占优势，占沙地总面积的 31.6%；半固定和固定沙丘以梁窝状沙丘和抛物线沙丘为主，各占 36.5%和 31.9%。

毛乌素沙地腹地在行政上属于内蒙古自治区鄂尔多斯市乌审旗，土地沙漠化由来已久，严重威胁当地人民生活生产，在类型和过程方面具有代表性，一直是中国荒漠化研究的重点地区。本文选择乌审旗作为研究区域，在实地调研的基础上，全面分析土地沙漠化现状、变化趋势，并对防沙治沙模式、措施、成效进行对比研究，为改善乌审旗生态环境和毛乌素沙地治理等工作提供参考。

一　区域概况

（一）自然环境

1. 地理位置

乌审旗位于内蒙古自治区最南端的鄂尔多斯市西南部，地处毛乌素沙

---

* 本章成文于 2013 年 11 月。

地腹部，九曲黄河三面环抱。地理坐标为东经108°17′36″~109°40′22″和北纬37°38′54″~39°23′50″。东北部与伊金霍洛旗、杭锦旗接壤，西北部、西部与鄂托克旗、鄂托克前旗为邻，南部、东南部与陕西省榆林市靖边县、横山县相望，全旗行政区划东西104公里，南北194公里，总面积12062平方公里。辖13个苏木（乡、镇），1个国有林场，2个国营治沙站，2个国营苗圃，1个自治区自然保护区，1个国有种羊场。

2. 地形地貌与水资源状况

乌审旗地势由西北向东南倾斜，平均海拔一般在1300米左右。境内沙丘、滩地相间分布，荒沙遍布，风蚀严重。北部是以流动沙丘为主的荒漠地带，滩梁相间，南部为宽阔的滩地和沙谷地段，其间分布有流动、半固定、固定沙丘。

有16条河流流经乌审旗，其中，有一条黄河一级支流——无定河。无定河在乌审旗境内干流长度89.2公里，河谷下切60~80米，流域面积2060平方公里，主要分布在河南乡、沙尔利格镇、纳林河镇。二级支流有海流图河、纳林河、白河。其他12条河流分别位于无定河流域、海流图河流域、纳林河流域、白河流域，均为季节性河流。境内湖泊（包括季节性湖泊）较多，大小湖泊56个，总面积101平方公里，其中较大的有16个，但多为盐碱湖，水深较浅，一般为1~3米。乌审全旗地表水净流量3.5亿立方米，地下水储存量538.5亿立方米。地下水埋深一般在0.5~3米，矿化度低。

3. 气候、土壤与植被

乌审旗属极端大陆性季风气候，具有干旱少雨、风大沙多、寒暑剧变的特点。年平均气温6.9°C，年平均日照时数2886小时，年平均降水量350~400毫米，年平均蒸发量2389.7毫米，平均风速3~4m/s，无霜期113~156天。

乌审旗的土壤类型与其地貌类型相对应，对应梁地、滩地、沙地地貌的土壤类型分别为：栗钙土、草甸土、盐碱土、黄绵土或沼泽潜育土以及各类风沙土共六大类，其中以风沙土地分布最广，约占全旗土壤总面积的78.4%。风沙土营养成分差，表现为有机质不足、肥力低、缺氮少磷、钾相对有余、土壤松散，是一个极脆弱的生态土类，极易在人为干扰下活化，丧失其资源价值并危害生态。

全旗植被以沙生植物为主，沙蒿群落、沙蒿小叶锦鸡儿群落分布最广，常见植物有沙嵩、麻黄等；其次为草甸植被，分布在丘间洼地、平滩地、河谷地等，以苔草、芦苇等占优势，此外尚有沼泽植被等分布。

（二）行政建置史

1. 1949 年以前

约在三万五千年前，鄂尔多斯人（亦称河套人）就在这里繁衍生息。

公元前 7 世纪下半叶，白狄、赤狄居萨拉乌素河一带。

公元 413 年，铁弗匈奴首领后裔赫连勃勃于此营造起国都，取名统万城。公元 1038 年，李元昊建立西夏，今乌审旗为西夏夏州地。公元 1649 年，设鄂尔多斯右翼前旗，亦称乌审旗，隶属伊克昭盟。

民国建立以后，承袭清制，设旗衙门为政权机构。1928 年，乌审旗首次独贵龙运动爆发。1934 年，民国政府将乌审旗衙门改为乌审旗政府。同年，中国共产党乌审旗工作委员会建立。1936 年 2 月，共产党组建“乌审县苏维埃政府”，3 月撤销此建制称谓。1944 年 12 月，共产党领导的乌审旗蒙汉自治抗敌联合会建立，1946 年，改为乌审旗蒙汉自治联合会。1948 年，共产党建立了乌审旗政务委员会。1949 年 3 月，乌审旗自治政府筹备处成立，同年 8 月 10 日，乌审旗人民政府成立。至此，国民党政府的政权机构消亡。9 月 22 日，因奇玉山部叛乱，人民政府夭折。

2. 1949 年以后

新中国建立后，1950 年 8 月 25 日，乌审旗人民政府再次成立。1956 年 12 月 1 日，乌审旗人民政府改称为乌审旗人民委员会。1967 年 12 月 30 日，乌审旗革命委员会成立，乌审旗人民委员会权力终止。1980 年 12 月 21 日乌审旗人民政府成立，撤销革命委员会。

1997 年，乌审旗辖面积 1.16 万平方千米，人口 9.2 万人，其中蒙古族占 29%。辖 2 镇 6 苏木 7 乡：达布察克镇、昌汗淖尔镇、沙尔利格苏木、嘎鲁图苏木、乌审召苏木、乌兰陶勒盖苏木、图克苏木、陶利苏木、纳林河乡、乌兰什巴台乡、浩勒报吉乡、呼吉尔图乡、巴彦柴达木乡、黄陶勒盖乡、河南乡。旗政府驻达布察克镇。

2000 年，乌审旗辖 6 个镇、7 个乡、2 个苏木。根据第五次人口普查数据：全旗总人口 9.69 万人，辖区内居住着汉、蒙古、回、满、朝鲜、达斡尔、俄罗斯、白、黎、锡伯、维吾尔、壮、鄂温克、鄂伦春等民族。

截至 2012 年底，乌审旗全旗人口已达到 12.5 万人，其中蒙古族 3 万人。

（三）社会经济发展态势

1. 1949 年至改革开放前

1980 年，乌审旗总户数 16542 户，总人口 7.79 万人，其中汉族人口 5.22 万人，蒙古族 2.57 万人，回族 9 人，满族 25 人，藏族 2 人，达斡尔族 5 人。

2. 实施西部大开发战略之后

随着改革开放和西部大开发战略的实施，乌审旗紧抓发展机遇，大力促进经济社会建设。截至 2000 年，乌审旗总户数 27489 户，总人口 9.38 万人，其中农业人口 7.41 万人，非农业人口 1.97 万人，汉族人口 6.47 万人，少数民族（蒙古族、回族、满族、藏族、达尔族、朝鲜族）人口 2.91 万人。

乌审旗城镇居民家庭平均每人全年可支配收入 4833 元，农民家庭平均每人纯收入 2739 元，牧民家庭平均每人纯收入 2572 元。

乌审旗主要农作物（玉米）产量 98583 吨，家畜总数 887276 头（只）。森林覆盖率 18.62%。

乌审旗农、林、牧、渔总产值 48158.9 万元，其中农业产值 22507.4 万元，林业产值 5332.4 万元，牧业产值 20055.5 万元，渔业产值 263.6 万元。

乌审旗财政总收入 6608 万元，地区生产总值 92336 万元。

3. 近十年经济社会发展形势

“十五”时期和“十一五”时期，是乌审旗发展的又一个高峰。树立和落实科学发展观，围绕鄂尔多斯“二次创业”，提出建设“绿色乌审”发展战略，不仅生产出更多更好的绿色产品，增加了绿色收入，而且全力培植壮大工业支柱产业、农牧业基础产业、城镇新兴产业、文化旅游朝阳产业，精心打造工业新旗、绿色大旗、畜牧强旗、文化名旗。到“十五”时期末，全旗 GDP 达到 30 亿元，财政收入达到 2.5 亿元，城镇居民人均可支配收入和农牧民人均纯收入分别达到 1 万元和 5000 元。到 2010 年，实现财政收入 23.1 亿元，地区生产总值 189.49 亿元，城镇居民人均可支配收入和农牧民人均纯收入分别达到 2 万元和 8798 元。

进入“十二五”时期，乌审旗牢固树立“建设更加美丽富饶的绿色乌审”发展理念，着力构建“一核两翼多循环”发展格局，大力实施“工业强旗”战略，培育壮大“六大产业”，促进全旗经济社会持续健康快速发展。2011 年，全旗实现地区生产总值 240.01 亿元，同比增长 14.0%。财政总收入累计完成 35 亿元，同比增长 51.0%，按新口径计算，全年完成地方财政总收入 21.3 亿元，同比增长 32.8%。其中，第一产业增加值 10.42 亿元，同比增长 5.2%；第二产业增加值 178.65 亿元，同比增长 13.6%；第三产业增加值 50.94 亿元，同比增长 17.1%。三次产业结构比为 4 ∶ 74 ∶ 22。2012 年，全旗地区生产总值完成 310.16 亿元，增长 19.9%。在第十一届县域经济基本竞争力评价中，一举跻身全国西部 23 强。全旗地方财政总收入累计完成 300116 万元，同比增长 40.9%。产业结构进一步优化，三次产业增加值比例调整为 3.7 ∶ 77.7 ∶ 18.6。农牧民人均纯收入和城镇居民人均可支配收入差距大幅缩小，总体发展水平进入全市前列。

2000~2012 年乌审旗主要经济数据如表 14.1 所示。

表 14.1　2000~2012 年乌审旗主要经济数据

年份	三次产业增加值（亿元）			GDP（亿元）	城镇居民人均可支配收入（元）	农牧民人均纯收入（元）
	一产	二产	三产			
2000	3.13	4.30	1.80	9.23	4860	2641
2001	3.35	5.05	2.20	10.60	5599	2662
2002	3.56	6.02	2.64	12.22	6089	2865
2003	3.92	6.68	3.04	13.64	6723	3435
2004	4.55	10.06	3.49	18.09	8360	4130
2005	4.83	20.17	5.45	30.46	9749	4783
2006	5.00	30.74	6.91	42.64	11774	5443
2007	5.88	54.01	10.12	70.01	15197	6289
2008	6.38	82.85	29.88	119.11	17829	7372
2009	6.81	110.27	36.05	153.13	19798	8097
2010	8.80	138.95	41.74	189.49	23320	8622
2011	10.42	178.65	50.94	240.01	25958	10054
2012	11.55	240.99	57.62	310.16	30393	11446

资料来源：根据乌审旗相关年份统计年鉴数据整理而得。

当前，乌审旗以绿色发展为契机，以牧区新型工业化为抓手，主动适应经济发展新常态，从“三北防护林建设先进单位”到“全国林业科技示范县”；从“全区防沙治沙先进集体”到“全国绿化模范县”；从亚洲第一家沙生灌木生物质发电厂到全球第一条风积沙路基填筑生产线；从国内最大的陆上整装天然气田到世界上规模最大的煤化工项目；从全国首家“创建中国人居环境示范城镇”到“中国全面小康生态文明县市”，用“绿色”音符谱写了以生态文明引领经济发展的恢宏乐章。

二　荒漠化现状及态势

（一）荒漠化现状

毛乌素沙地面积约为 3.21 万 km^2，内蒙古鄂尔多斯市约占有其面积的 80%。毛乌素沙地沙化土地面积为 4010 万亩，占鄂尔多斯市国土总面积的 29.8%。其中，乌审旗沙化土地面积 1736 万亩，其中流动沙地 361.39 万亩，半固定沙地 84.7 万亩，固定沙地 1289.91 万亩。

1. 沙地快速扩张期

从 20 世纪 60 年代起，乌审旗土地沙化逐年加剧，强度沙化面积为 465 万亩，20 世纪 70 年代中期达到 540 万亩，到 80 年代初扩张到 705 万亩，占总土地面积的 40%。

沙化面积的不断扩大，造成生态环境严重恶化，大面积草场、农田被流沙吞噬，许多村庄、房屋被掩埋，道路和电力、通讯线路时常受阻中断。沙逼人走，沙进人退，直接威胁到人民群众的生存，严重制约了地方经济发展。

2. 荒漠化逆转期

1978 年，乌审旗被列为“三北”防护林工程建设重点地区，有目的、有计划、有组织的造林、植树、防沙治沙活动真正拉开序幕，乌审旗的荒漠化进入逆转期。

乌审旗沙漠化土地面积 1977 年为 10961.0 平方公里，1986 年为 7253.60 平方公里，2000 年为 6075.66 平方公里，2005 年为 6285.16 平方公里，2012 年为 4010 平方公里，其沙漠化土地面积呈现持续下降趋势。

随着治理力度的加大，乌审旗土地沙漠化总体上逐渐逆转，不仅沙漠化土地面积逐渐减少，固定沙地在沙漠化土地中所占的比例也逐年增加。根据乌审旗林业生态建设的有关监测，乌审旗生态治理工程交错分布，沙漠化治理成效显著，固定沙地在沙漠化土地中所占比例由1982年的20.2%增加为1997年的46.9%，当前，固定沙地所占比例已经高达74.3%。

近几年，国家一系列的林业重点工程项目先后启动，乌审旗林业生态建设进入大规模快速建设阶段，每年以30万亩的造林面积推进，加上近几年来的风调雨顺，以及采取的一系列保护措施，森林面积大幅度增加。到2010年底，全旗完成人工造林190万亩，飞播造林135万亩，封山（沙）育林49万亩，全旗森林面积达到了559.2万亩，比“十五”末增加了83.8万亩，宜林荒沙面积由“十五”末的450万亩降至2010年底的330万亩；森林覆盖率和植被覆盖度分别达到了30.9%和78%，分别比“十五”末年提高了4.8和13个百分点，提前实现了“十一五”奋斗目标。2011年底，全旗林业用地893万亩，占国土总面积的51%，其中国家重点公益林达460万亩，沙地柏自然保护区近50万亩。2012年，乌审旗现有林业用地面积已达995万亩，占总土地面积的55.03%。累计完成林业生态建设244万亩、水土保持治理103万亩、退牧还草392万亩，建成生态自然恢复区369万亩；森林覆盖率和植被覆盖度分别达到31.6%和80%，沙区局部已形成了乔灌草、带网片相结合的区域性防护林体系，沙漠化发生逆转（见表14.2）。[①] 与此同时，乌审旗还将生态建设与产业发展相结合，自2007年起，乌审旗五年内建成40万亩原料林，累计发电3亿多度，逆向拉动森林覆盖率提高2个百分点；2012年，全旗农牧民来自林沙产业的收入达到2892元，占总收入的29.3%，实现了由单纯“防沙治沙”守护生存防线到“管沙用沙”发展经济、保护环境的转变，为持续、有效、规模治理荒漠化提供了一条全新的路径，荣膺“全国绿化模范旗”、“林业科技示范旗”、“中国绿色名旗”和“全国生态小康示范旗”等称号。[②]

① 数据来源：乌审旗林业局。

② 2011年1月12日在北京举办的毛乌素沙地（乌审旗）生态建设模式论证会上，中科院、工程院、国家林业局的20多位院士、专家对乌审旗60年来生态建设模式进行了全面论证和高度评价——“中国干旱与半干旱地区实现经济、社会与生态环境协调、持续发展的典型范例”。

表 14.2 1986~2012 年乌审旗各典型年份土地类型面积变化情况

单位：平方公里

年份	1986	1991	1996	2000	2005	2012
耕地	136.57	277.00	419.59	317.11	198.10	321.07
林地	710.61	896.92	—	1087.13	759.91	1274.26
草地	693.81	3486.44	3903.91	3268.55	4006.80	8531.07
水域	254.19	864.46	1551.18	1313.31	607.11	114.12
居民地	2.17	8.71	5.26	8.47	11.20	6.73
沙地	7253.60	6575.90	6864.12	6075.66	6285.16	4010.00
其他未利用地	84.37	264.49	77.99	279.49	202.94	—
工矿用地	0.00	68.15	1.69	67.89	68.22	7.02

资料来源：根据乌审旗国土资源局相关年份统计数据整理而得。

（二）荒漠化的危害

根据乌审旗社会经济统计资料和实地调查，荒漠化尤其是草原沙化对当地人民生产和生活造成的危害主要表现在以下三个方面。

1. 危害农牧业生产

荒漠化使农田表土、肥料、种子被风吹失。乌审旗沙化土地面积 1736 万亩，分为流动沙地 361.39 万亩，半固定沙地 84.7 万亩，固定沙地 1289.91 万亩。每公顷损失有机质 7770 千克、物理黏粒 39030 千克、氮素 390 千克、磷肥 549 千克。同时沙漠化使各类草场植被变得稀疏低矮、草质变劣，土地生产力明显下降（见表 14.3）。

表 14.3 荒漠化对农牧业生产力的影响

草场情况	总盖度（%）	高度（cm）	风干物重（g/m^2）	优质牧场重量（%）
封育	55	23~46	213	90.8
沙化	25	5~36	90	60

资料来源：吴晓旭等：《内蒙古乌审旗土地沙漠化退化过程研究》，《水土保持研究》2009 年第 1 期。

2. 可利用土地面积减少

根据乌审旗土地普查资料，流沙吞没了大片耕地和牧场。新中国成立初期全旗有可利用牧场73.3万公顷，到1976年减至72.6万公顷，而到了1981年可利用牧场只有60.6万公顷，每年以2.4万公顷的速度递减。乌审旗可利用土地面积逐年减少，农民收入降低。而且，由于草场沙化，植物生态系统不断退化，原有的由旱生植物构成的草原草场很少存在，多年生高大草本退化，一年生草本和沙生植物占据优势，梁地草场风蚀，滩地草场沙压，草场生产力降低，牧业经济收入也因此下降。

3. 环境污染加重

流沙埋压房屋、水井、畜棚、道路、水库，严重危害人民生活生产的正常进行。每年清理沙压公路、水井、房院、畜棚，耗用大量人力、物力和资金，制约了人民群众生活水平的提高。而由荒漠化形成的风沙天气，如沙尘暴、扬沙、浮尘，对环境造成严重污染。大风吹扬起沙漠化土地表层细粒颗粒物中，不仅含有沙尘颗粒，还含有土壤有机质和其他多种化学类物质，造成大气环境污染，严重危害人民身体健康。当地每年冬春两季，沙尘暴频现（见表14.4），沙尘遮天蔽日，大量牧场被污染，牲畜易发生疾病，经济损失巨大，有时还因能见度低而造成交通事故。

表14.4　乌审旗春冬两季多年平均风沙天气日数

单位：天

风沙天气	扬沙	沙尘暴	浮尘	大风
冬季	8.05	1.78	3.55	3.43
春季	18.24	7.05	10.05	10.88

资料来源：吴晓旭等：《内蒙古乌审旗土地沙漠化退化过程研究》，《水土保持研究》2009年第1期。

三　荒漠化治理措施与成效

（一）治理措施

1. 实施重点生态项目，改善生态环境

实施“三北”四期、天然林保护、退耕还林、退牧还草、水土保持等项目。一是按照项目建设要求，足额匹配地方配套资金，建立防沙治沙经费高于地方财政增长幅度的投入机制，仅近三年，就投入0.76亿元资金用

于防沙治沙，乌审旗财政局2004~2012年荒漠化治理资金投入使用情况见表14.5。二是在项目建设过程中，遵照建设程序进行严格管理，实行按规划立项，按项目搞设计，按设计组织施工，按工程项目安排资金，按效益考核的工程建设制度。三是积极推行工程项目法人负责制、资金使用报账制度、设计审核制、过程监理制度、竣工验收制度，实施的重大项目工程项目设计、施工实行招标制，采取合同制管理，对主要植物材料（包括苗木）和设施设备实行招标采购，确保了工程质量。改善生态环境，使沙化土地面积呈现快速下降趋势。

表14.5　2004~2012年乌审旗荒漠化治理资金投入使用情况

单位：万元

年份	林业局	农牧业局	水利局	水保局	人口转移办	房管局	环保局
2004	657.44	428.5	—	—	—	—	—
2005	1304.7	—	110	—	—	—	—
2006	1773.4	—	472.4	155	—	—	—
2007	772	1157.39	181	—	—	—	—
2008	2126.3	1800	292	—	—	—	—
2009	2761	—	549	100	572	—	—
2010	520	—	674	—	3629	—	—
2011	1796.85	1820	160	109	6043	3536.54	—
2012	1990.04	2068	1311.33	100	2806	—	20

资料来源：乌审旗财政局。

2. 禁牧禁垦，全面推行沙区植被保护制度

制定出台乌审旗禁牧、休牧、划区轮牧制度和禁垦及沙区植被保护制度。全面推行以牧区、禁垦为核心的生态保护制度，在牧草生长幼苗期，实行禁牧；在流动、半流动沙地实行围封禁牧；在丘间滩地和下湿草场实行划区轮牧。目前全旗禁牧草原面积370万亩，占草原总面积的40.7%；休牧草原面积540万亩，占草原总面积的59.4%；建设标准化养殖场223处，禁休牧总户数17000多户，圈养牲畜达到92万头只。草原牧草平均高度由禁牧前的17.2厘米提高到现在的25.5厘米，草地平均产草量由禁牧前的37.1公斤/亩提高到现在的88公斤/亩。

3. 市场化运作，调动全社会防沙治沙积极性

在政府防沙治沙的过程中，从单纯的驱动机制，转向政府推动与利益驱动相结合的新型运作机制，积极推行个体承包造林、管护等方式，调动农民群众参与防沙治沙的积极性。全旗先后培育出以殷玉珍、乌云斯庆等为代表的户均承包3000亩以上荒沙面积的大户240多户。目前造林大户累计承包荒沙150万亩，已完成造林近80多万亩。鼓励企业等各类经济组织承包治理，培育公司化等形式造林，莎拉乌素旅游公司、博源生态公司投资3000万元，开展了一系列美化、绿化工程。进一步明晰权益分配制度，实行谁造林、谁所有、谁受益；落实集体林权改革制度和公益林补偿制度，共有258.1万亩林地获得公益林补偿。

4. 集中集约，彻底转变发展模式

以生态环境保护为前提，“开发一小片，保护一大片”，用1%的用地，来治理和保护99%的自然生态。凡在沙化土地范围内从事开发建设活动者，必须事先就该项目可能对当地及相关地区生态产生的影响进行环境评价，依法提交环境影响报告。制定了严格规范的地下水管理机制，凡建设项目取用地下水，需履行审批手续，着力构建承载有力的生态网。一是摒弃粗放式的经营方式，收缩农牧业发展战线，培养集中、集约发展模式。将全旗的农牧业集中在水土资源条件好的无定河流域，按照林、路、喷灌、机“四配套”标准，高标准、高质量建设了8.8万亩现代农牧业生产基地，30万亩耕地实行了节水措施，切实保护宝贵的地下水资源，遏制因干旱导致的荒漠化。二是大力发展公司化农牧业。超载放牧是破坏全旗生态环境的重要因素。为此，围绕做大、做强牛、羊等主导产业，确立了公司化发展方向，将现代技术、现代理念，现代经营方式移植到农牧业中，培育出大力神、宏藤等5家规模肉牛养殖和细毛羊规模繁殖基地等农牧业公司，实行集中牧羊，以集中推动集约，以集约促进集中，走出依赖草牧场发展畜牧业的困境，进一步减轻了牲畜对生态环境的破坏，成功化解了养畜与保护草场这对矛盾，实现了生态环境保护与畜牧业发展的“双赢”。三是科学制定农村牧区“三区”发展规划。确立了优化开发区、限制开发区、禁止开发区。重点将占全旗土地面积49%（6000平方公里）生态环境恶化的嘎查村确定为禁止开发区，实行“生态移民”。以主体的转出求得客体的恢复，以人的转出、产业的转移求得生态的休养生息。2006年以来，投资4亿元，建设了3处精品移民小区，建成生态自然恢复区2460平方公里，安置禁止开发区转移牧民1447户共4856人。同时，按照生产资料总量核定从事农牧业人口（农村户均经营草牧场5000亩以上），并规划建设居民点，保护生态，摆脱了治理——恶化——再治理——再恶化的恶性循环态势，实现了生产发展、生活改善、生态恢复。

5. 引进产业化实体，逆向拉动生态建设

引进产业化实体，反弹琵琶，逆向拉动，加大沙生灌木的开发与利用，实现了由农牧民治沙为主向企业治沙为主的转变，生态建设和控制荒漠化均取得了重大突破。例如，引进了以转化利用沙柳为主的灌木原料的内蒙古毛乌素生物质发电厂等林沙龙头企业，每年治理荒漠20万亩，提供2.1亿度绿色电力和4000个相关就业岗位，为当地农民增收近5000万元，走出了一条生态建设产业化、产业建设生态化的良性发展道路，为持续、有效、规模化治理荒漠化国土提供了一条全新的治沙与产业并举的新路径。

6. 落实责任，保证防沙治沙的持续开展

成立由政府旗长任组长，分管副书记、副旗长担任副组长，宣传、组织、人事、监督、财政、发展改革、林业、农牧业、水利、交通、国土、科技、银信部门以及各苏木镇为成员单位的防沙治沙工作领导小组，建立会议制度、通报制度，定期考核各单位的防沙治沙工作开展情况，形成全旗治沙一盘棋的协调机制。实行目标考核责任制，与各苏木镇、旗各部门签订目标考核责任书，落实党政一把手负责制，将林业生态建设任务定性定量分配，把开展防沙治沙与单位争先创优，干部政绩考核挂钩，把生态建设成效作为苏木镇换届、干部提拔任用的主要依据，从而保证防沙治沙的持续开展。

（二）重点工程

1. 林草植被建设工程

1978年，乌审旗被列为“三北”防护林工程建设重点地区，从最初的种树、种草、种柠条，到建小草库伦、小水利、小流域治理、小农牧机具、小经济林种植；到家庭牧场建设，再到沙区经济圈开发，治理林草植被等建设工程，防沙治沙。

（1）封沙育林育草工程。即在原有植被遭到破坏或有条件生长植被的地段，或有天然下种和残株萌蘖苗、根茎苗的沙地实行封禁，采用一定的保护措施（如设置围栏），建立必要的保护组织（如护林站），按照规划地段的面积封禁起来，严禁人畜破坏，给植物以繁衍生息的时间，从而促进天然植被的逐步恢复。乌审旗在实施封山（沙）育林项目过程中，结合实际情况，通过“五个严格”来确保“三个效益”，圆满完成巩固封山（沙）育林项目各项任务。“五个严格”即：严格禁牧，严格签订责任状，严格使用良种苗木，严格资金到位和严格科技优先。“三个效益”即：生态效益明显提高，社会效益稳步提升，经济效益逐步增加。最终使项目区植被盖度达到60%～70%，并科学、合理地进行采种、打草等，以此增加农牧民收入。“十一五”期末，全旗已完成封山育林35.5万亩。截至2012年上半年，已累计实施完成封山（沙）育林任务47.5万亩，其中天保封育41万亩，退耕还林封育6.5万亩。[①]

（2）飞播造林种草工程。1978年，内蒙古自治区林业厅将飞播造林种草治沙列为重点科研项目，给鄂尔多斯市林业部门先后下达了“飞播造林种草治沙实验”和“飞播造林种草中间实验研究”等项目，治理毛乌素沙地和库布齐沙漠。1988年，自治区林业厅又下达了“推广应用飞播造林种草治理毛乌素、库布齐沙漠”项目，由鄂尔多斯市治沙造林飞播工作站牵头，与伊金霍洛旗、乌审旗、鄂托克前旗、鄂托克旗、杭锦旗和准格尔旗七个旗的林工站共同承担。经过几十年的探索，乌审旗选择适宜飞播的植物种花棒、杨柴、籽蒿、柠条、沙打旺等耐旱乡土植物种，实行混合播种，在高大流动沙丘上飞播，对治理毛乌素沙地已取得显著成效，并不断推广应用面积。“十一五”期末，全旗已完成飞播造林27万亩。

（3）人工造林工程。自1978年被列为“三北”防护林工程建设重点地区以来，乌审旗就开始了有目的、有计划、有组织的造林、植树等防沙治沙活动，进入20世纪90年代以来，特别是近几年，国家一系列林业重点工程项目先后启动（例如，日元贷款风沙治理工程和“三北”四期工程），组织调动全社会各方面的力量，积极参与项目建设，乌审旗林业生态建设步入了大规模快速建设阶段，按照因地制宜、适地适树的原则，每年以30万亩的

① 方弘：《鄂尔多斯市乌审旗封山（沙）育林47.5万亩》，《内蒙古日报》2012年7月8日。

造林面积推进。“十一五”期末，全旗已累计完成人工造林190多万亩。

2. 优质饲草料基地建设工程

在乌审旗的各个荒漠化治理区内，尚有部分河谷间地或下湿滩地，适宜畜牧业生产发展，现在仍有部分牧民在此生产生活。为了进一步改善其生产条件，防止形成新的沙漠化土地，乌审旗在治沙的同时，加大投入，帮助牧区建设高产稳产的饲草料基地和优质的人工打草场。该区域年降水量在300~450毫米之间，地下水较为丰富，建设以水为主的五配套草库伦，种植高产稳产的青贮玉米，引导牧民改变传统粗放的畜牧业经营方式，建设规模化、机械化、舍饲、半饲舍的集约化畜牧业经营模式，提高牧民的劳动生产率和收入水平。同时，加强节水工程建设和畜牧业基础设施建设。对现有的水利灌溉工程进行节水设备改造，由大水漫灌改为喷灌或管灌，新开发的饲草料基地水利工程全部实施节水灌溉，并有计划地帮助牧民购置耕作、收割及运输机械，如剪毛机械，青贮饲料的粉碎、切割机械等。围封改良草地，补种优质牧草，提高草牧场的生产能力。

3. “三低林”改造工程和种苗建设工程

2010年，乌审旗委旗政府为调整林分结构，提高林分质量，启动实施了“三低林”改造工程，决定利用3年时间完成50万亩樟子松基地建设任务。该工程是乌审旗近年来林业生态建设投资最大、标准最高、质量最好的生态工程、精品工程，使林分质量进一步提高，森林吸碳、减碳、固碳的特殊作用得到充分发挥，碳汇能力不断增强。

另外，为切实推进乌审旗林沙产业发展，拓宽农牧民增收渠道，乌审旗党委、政府将林木种苗产业作为全旗林沙产业发展的第一大产业，摆上当前林业重点工作议程，在全旗打造10万亩种苗繁育基地，成为我国西部地区占地规模最大、苗木品种最多、规格最全、建设档次最高、综合实力最强、苗木生产最稳定的高科技现代化种苗繁育基地。据统计，乌审旗现已建成自治区保障性苗圃1处，建设面积达到1万亩，5000亩以上的苗圃2处。现有各类苗木总量达到近2亿株。与此同时，还大力开展10万亩以樟子松为主乡土树种种苗培育基地建设，全旗以樟子松为主包括各类乡土树种的种苗繁育基地累计达到了5万多亩。

4. 生态移民工程

乌审旗的部分地区生态环境极度恶化。本着高起点、高标准、高科技、高效益、高质量的宗旨，按照宜种则种、宜养则养的原则，根据各地的地域优势和立地条件，乌审旗从2001年开始实施规模性生态移民工程，建设移民新村。移民迁入区确立了以种植业为基础产业，养殖业为主导产业，大力发展猪、牛、羊短期速效育肥的产业定位，引导移民剩余劳动力利用农闲有组织有计划进行劳务输出，搞运输、经商，从事服务业，以增加移民户的可支配收入。对迁出区的农田、草场及风蚀沙化区进行围封，使生态环境得到有效治理。

乌审旗近10年来，共计移民962户3754人，涉及全旗6个苏木镇20个嘎查村。他们把生态移民迁出区确定在偏远沙地腹地，生态环境脆弱、植被破坏严重的一些地区，对迁出区采取“围封复壮”等措施进行生态治理。同时，将迁入区选在水土资源条件较好、土地集中连片、易开发的地区，实行住宅区、养殖区、种植区、水、电、路、讯、林、渠统一规划，统一建设，配套服务。在移民的优惠政策上，根据具体情况安排退耕还林和退牧还草项目，原承包的草场权属不变，项目区享受国家补贴，人均直接受益1200元左右，解决了移民的后顾之忧。同时，积极开展帮观念、帮生产、帮培训、帮技术、帮经营、帮销售的“六帮”活动，将移民村纳入标准化养殖小区建设项目中，引导移民发展生产，从事二、三产业，改善生态环境，建设美好家园。

5. 林沙产业工程

乌审旗在荒漠化治理过程中，不断创新思维，用产业化的思路指导防沙治沙。按照“扶龙头、抓基地、扩规模、创品牌、提效益”的要求，着力抓好“六大产业林”基地建设、林能开发和森林旅游三大工程。

“六大产业林”基地包括：以乡土树种杨柴、柠条、紫穗槐为主的饲料原料林基地；以沙棘、枸杞、红枣、葡萄为主的经济林基地；以樟子松、沙地柏、云杉等各类种苗培育为主的种苗基地；以文贯果为主的生物质能源林基地；以特禽养殖为主的野生动物驯养基地；生态旅游基地等。

林能开发工程主要是积极寻找可再生能源，依托乌审旗丰富的灌木资源及利用灌木平茬复壮特性在生物质发电方面走出一条成功之路，开拓防沙治沙新领域。目前，乌审旗已经建成毛乌素生物质热电厂，形成治沙、发电、螺旋藻养殖的产业链。生物质能源作为产业的基础平台，其强大的边际效益也为自身注入强大发展动力，为内蒙古可治理的四大沙地、两大沙漠闯出一条产业治沙的道路，为生物质能源发展闯出一条独特的道路。

森林旅游工程包括已建成的莎拉乌苏旅游区、银海旅游区、巴图湾等10多处生态旅游景点。其中莎拉乌苏旅游区、银海旅游区被评为国家AAA级旅游景区，年接待旅客40万人次，创年产值4000万元。在全旗沙漠化最严重的牧区大赛乌审召建成了一处绿色的生态公园。

6. 水土保持与水源工程

1982年，全国第四次水土保持会议把无定河列为全国水土保持重点治理流域，乌审旗无定河流域先后开展了国家水土保持重点建设工程一期、二期项目和水土保持国债项目。1982~1992年，乌审旗开展了第一期重点治理，实施了6条重点小流域的治理工作。1993~2000年乌审旗启动了第二期重点治理工程，治理22条小流域。1980~2000年，各项累计治理保存面积1105.05平方公里。2003~2012年，继续实施国家水土保持重点建设工程第二期第二阶段项目和水土保持国债项目，治理了10条小流域。乌审旗水土保持工程，30年治理水土流失面积1441.87平方公里。治理程度80%，总投资713.48万元，其中国家投入390万元，地方和群众（投劳折资）投入324.48万元。①

乌审旗多年来还一直坚持先建水源工程，后实施生态项目的做法。主要是协调水利、水保等农口部门在有条件的荒沙边缘地带实施打井配套工程，或者是取用荒沙周边现成的湖群水源，采取由外向内、锁边蚕食、逐步推进的治理模式。水源工程的规划实施，为在沙漠地区实施生态项目提供了先决条件，使有限的苗木实现栽得上、保得住、绿起来、不反弹的目标，确保了苗木的成活率，有效避免了劳民伤财，巩固了治沙效果。

（三）治理成效

1. 沙区气候条件发生了明显变化

随着毛乌素沙漠化治理工作的不断深入，乌审旗沙区气候不断改善。根据乌审旗气象局的跟踪监测数据统计，无定河镇、图克镇等地平均风速由过去的4.5米/秒降到3.8米/秒，6级以上大风天数由过去65天降到47天，扬沙或沙尘暴天数由过去的56天降到16天。空气湿度春季增加8~9

① 参阅乌审旗水利水保局《旗区水土保持工作概要》。

个百分点，夏季增加 7~13 个百分点。地表温差明显缩小，5~7 月份日均温度下降 0.6~0.7℃，11~12 月份日均增温 1.0~3.3℃，这些都给当地人民的生活、生产及农作物生长创造了良好的条件（表 14.6 反映了近 10 年来乌审旗的天气气候变化情况）。

表 14.6　2000~2012 年乌审旗天气气候变化情况

年份	平均气温（℃）	最高气温（℃）	最低气温（℃）	年平均降雨量（mm）					每年沙尘天数（天）
				合计	四季度	一季度	二季度	三季度	
2000	8.1	37.0	-26.4	178.8	4.4	4.0	132.7	37.2	56
2001	8.5	35.7	-21.5	422.4	8.1	66.2	273.0	75.1	66
2002	8.7	34.3	-26.5	613.6	6.5	66.5	434.3	106.3	43
2003	7.9	33.7	-25.7	383.1	3.9	77.8	182.2	117.2	24
2004	8.4	33.3	-24.2	401.4	6.0	53.5	317.6	24.3	31
2005	8.1	37.9	-25.5	178.4	9.3	36.6	75.2	41.5	19
2006	9.0	36.0	-24.5	320.3	16.2	53.5	202.7	47.9	34
2007	8.9	34.7	-19.6	485.5	11.6	119.6	266.0	88.3	22
2008	8.2	34.7	-24.9	376.1	12.0	24.8	264.2	75.2	24
2009	8.8	35.6	-25.6	341.9	0.7	63.6	182.6	95.0	12
2010	8.5	36.1	-22.5	310.3	13.8	85.7	132.6	78.2	30
2011	7.9	34.4	-23.1	367.3	4.8	44.4	172.9	144.3	14
2012	7.8	33.2	-25.2	604.1	2.9	142.5	390.0	103.6	16

资料来源：根据乌审旗气象局的相关年份数据整理而成。

2. 沙化面积减少，沙化程度减轻

经过几十年的持续建设，乌审旗全旗以大面积荒沙治理为主要内容的防沙治沙工作取得了显著的效果，森林资源总量大幅度增加，林草植被迅速恢复，生态环境质量明显提高。截至 2012 年底，全旗完成人工造林 251 万亩，飞播造林 135 万亩，封山（沙）育林 55 万亩，全旗森林面积达到了 565.347 万亩，森林覆盖率达到了 32.28%，现有乔木 74 万亩，灌木 479 万亩，柠条 105 万亩，杨柴 109 万亩，紫穗槐 2 万亩。宜林荒沙面积由“十五”末的 450 万亩降至“十一五”末的 330 万亩。

3. 林沙产业蓬勃发展，经济发展活力不断增强

通过产业结构调整和风沙治理产业链的循环发展，乌审旗林沙产业蓬勃发展，成为乌审旗新的经济增长点。一是种苗产业发展迅速，全旗现已建成自治区保障性苗圃2处，建设面积达到2万亩。全旗以常绿树种为主的种苗繁育面积累计达到7万多亩，2012年乌审旗被国家林业局正式命名为“乌审旗国家林木种苗基地”。二是全力打造优厚的林业发展政策环境，使优质生产要素、优惠扶持政策向林业集中，为林业发展开通快捷、高效、顺畅的绿色通道，全旗万亩以上企业碳汇林基地建设正式启动。三是从资源保护、产业开发、基础建设等方面筛选了一批林沙产业新项目，“协会+企业+基地+农户”的生产模式广泛推广，为实现资源增长、企业增效、农牧民增收、生态良好、林区和谐新局面打下坚实基础。截至2012年底全旗农牧民年人均来自林沙产业的收入达到2700元。

4. 生态建设全面提升，生态文明繁荣发展

乌审旗通过转变生态建设思路，加快产业、人口布局调整力度，全面推进人口转移，构筑农村牧区“大集中、小集聚”发展格局，走生态建设产业化，产业建设生态化发展之路，生态建设的档次、质量、速度全面提升，实现了由荒到绿、由绿到精、由量变到质变的巨大跨越，基本达到了生态效益、社会效益和经济效益“三效”统一。生态文明繁荣发展，除了继续深化“我为乌审种棵树”主题全民义务植树活动，继续打造“公仆林”基地之外，在乌兰陶勒盖治沙站启动实施毛乌素沙地生态监测与优化模式集成示范项目，目前累计完成造林1.7万亩，沙障设置1.2万亩，铺设防火通道8.8公里，修建防火瞭望塔2处，项目区基础设施建设全面展开；无定河镇玉珍生态园启动实施了总投资4000万元、建筑面积5400平方米的“乌审旗生态建设教育基地”建设工程，目前项目主体框架正在实施，而“内蒙古萨拉乌苏国家湿地公园”项目已正式启动建设，全民生态文明大力弘扬，生态文化理念广泛传播。

四　荒漠化治理存在的问题及对策

（一）存在问题

乌审旗境内的毛乌素地区荒漠化治理取得了比较显著的成效，但面临的形势也十分严峻，存在的困难和问题也很多，尤其有以下几个新问题值得重视。

1. 治理任务艰巨，难度倍增

最新监测结果表明：目前乌审旗有流动、半固定沙地36.13万公顷，沙化程度等级全部在重度以上，且分布区域交通不便，人迹罕至，治理难度大，成本高。课题组实地调研了一条南北走向的大沙带，只见裸露的流动沙丘连绵起伏，一眼望不到边，有的沙丘竟高达20多米，除在丘间低洼处偶见一些呈点状分布的沙生灌草生长外，其余地段寸草不生，满目疮痍。从遥感影像初步量算，这条沙带南北长约100公里，东西最宽处达20多公里，贯穿乌审旗西部的3个乡镇，是今后该旗防沙治沙的主战场。[①]

2. 沙生灌木资源开发滞后，资源持续发挥效益面临挑战

沙生灌木不仅是治理毛乌素沙地的优势树种，而且也是耐干旱、耐盐碱、耐沙埋的先锋树种。乌审旗现有天然、人工灌木林资源27.59万公顷，占全旗森林资源总面积的87%。主要树种是沙柳、花棒、柠条等。这些灌木树种有一个重要的生物学特性就是每隔3~5年需平茬扶壮才能“永葆活力”，否则几年、十几年之后就会自然枯死。而平茬扶壮最根本的动力是有效地利用平茬后的灌木资源。通过调研发现，目前利用得最好的就是沙柳，这主要得益于沙柳人造板产业的逆向拉动作用（沙柳鲜重收购价为80~120元/吨，而每亩沙柳平茬可获鲜重300公斤，每亩可获益24元）。柠条等除部分直接用于饲养牲畜外，加工转化尚处在起步阶段，没有形成规模。加之沙区劳动力资源十分短缺，大面积的灌木林资源因不能及时有效地平茬面临自然枯死的“噩运”，这种现象应引起重视。据统计，目前乌审旗仅天然、人工沙柳林就有26.51万公顷，按4年平茬一次，每公顷产沙柳鲜重4500公斤计算，则可平茬沙柳30万吨/年，理论上可满足30万立方米/年的刨花板生产线，但目前的实际生产能力也不过1万立方米左右。[②]

---

① 潘迎珍、刘冰、李俊：《毛乌素沙地“十一五”综合治理研究》，《绿色中国》（理论版）2006年第7期。

② 潘迎珍、刘冰、李俊：《毛乌素沙地“十一五”综合治理研究》，《绿色中国》（理论版）2006年第7期。

3. 沙区农业扩张和过度利用地下水资源，为生态系统的长期平衡埋下了严重“隐患”

乌审旗是一个典型的农牧交错区。目前，全旗有耕地面积3.67万公顷，其中水浇地3万公顷，农牧业人口人均0.4公顷。据了解，大部分水浇地是近10年来通过平整固定沙地“造”的田，其灌溉用水全部取自地下水，除少量在引水渠道采取了衬膜等防渗措施外，浇地大部分采取“大水漫灌”方式，水资源浪费相当严重。在一些丘间低地，农业过量开采地下水，引起沙丘上植被干枯。一些平沙“造”的田撂荒后成为潜在的沙化土地。①

4. 部分风沙地区经济落后，土地利用失调

乌审旗全旗范围内苏木镇之间差别比较大。有些交通不便，人口稀少的苏木、镇，群众生活贫困，荒漠化还很严重，森林覆盖率仅达19%，农田林网不健全，春季农作物几次复种，粮食产量低而不稳。有些地方由于受经济利益的驱动，环境保护和防治荒漠化意识淡薄，思想上还存在着“重开发，轻环保”“重经济行为，轻环保工作”的陈旧观念，造成土地利用上的失调，加之农牧民开荒、毁林占地现象时有发生，使被林草固定的沙地，又成为活动的沙质耕地，等等。

5. 新造林和幼林受鼠兔危害日益严重

近年来，随着沙区植被增加和生态环境的改善，鼠兔种群迅速膨胀，泛滥成灾。对于新造林和幼林，当年验收合格，但是经过冬春两季鼠兔的啃食后，常常损害严重，导致造林失败的现象十分普遍。据不完全统计，全旗遭鼠兔危害的幼林地和未成林造林地面积在2万公顷/年以上，需要补植、补造多次。② 鼠兔问题成为影响当前造林保存率的主要因素。

6. 经济投入不足，环保基础工作薄弱

乌审旗县域经济发展中较多是粗放式发展，高投入低产出，高新技术企业不多，县域经济大部分科技含量低，市场竞争力弱。加大环保方面的

---

① 潘迎珍、刘冰、李俊：《毛乌素沙地“十一五”综合治理研究》，《绿色中国》（理论版）2006年第7期。

② 潘迎珍、刘冰、李俊：《毛乌素沙地“十一五”综合治理研究》，《绿色中国》（理论版）2006年第7期。

投入会增加企业成本，无疑会削弱企业的市场竞争力，这就影响到了企业在环境保护方面的投入，造成一些环保项目无法运行，直接影响到了环境治理工作。而环保单位资金不充足，基础设备落后，也影响环境治理工作进展和目标的实现。在管理体制上，旗经济发展部门与环保部门各自为政，造成经济政策与环保政策不能很好地融合，从而导致环境保护部门对企业造成的环境破坏行为，不能有效地进行监督管理。

（二）治理策略

1. 合理协调林牧用地之间的关系——宜林则林、宜牧则牧

一是现有林地应该作为防护林的一部分，不能再毁林开荒。二是绿洲边缘的荒地与绿洲之间的灌草地带，不能盲目开垦，主要用于种树种草，发展林业与牧业。三是对已造成荒漠化的地方，应退耕还林，退耕还牧。

2. 采取生物措施和工程措施构筑防护体系

对于干旱地区的绿洲地区，在绿洲外围的沙漠边缘地带进行封沙育草；在绿洲前沿地带营造乔、灌木结合的防沙林带（积极保护、恢复和发展天然灌草植被）；在绿洲内部建立农田防护林网，组成一个多层防护体系。对于缺乏水源的地区，利用柴草、树枝等材料，在流沙地区设置沙障工程，拦截沙源、巩固流沙、阻挡沙丘前移。

3. 合理开发利用水资源

一是在农作区主要是改善耕作和灌溉技术，推广节水农业，避免土壤的盐碱化；二是在牧区草原，减少水井的数量，以免牲畜的大量无序增长；三是在干旱的内陆地区要合理分配河流上、中、下游水资源，既考虑上、中游的开发，又要顾及下游生态环境的保护。

4. 优化调整产业结构和促进林沙产业升级

继续坚持“生态复兴、产业变革之路”，在着力抓好“六大产业林”基地建设的基础上，进一步大力调整产业结构，努力培植后续产业和新的经济增长点，实施林沙产业升级工程，以生态促发展，以发展养生态。

5. 综合施策，多途径解决农牧区的能源问题

营造薪炭林、兴建沼气池、推广省柴灶、发展生物质能等多方努力解决农牧民的能源问题，既保护了环境，又维持了生态。

6. 减轻人口压力，提高人口素质

控制人口过快发展，减轻人口压力，提高人口素质，建立一个人口、资源、环境协调发展的生态系统，对荒漠化的防治有着重要的意义。

五 政策建议

（一）统筹规划，因地制宜分类分区治理

规划先行，结合“三北防护林”等工程建设，由专业部门做出“沙漠化土地综合治理总体规划”，因地制宜，宜农则农、宜牧则牧，以求达到土地利用宏观上合理，提高土地生产力、加速沙漠化土地治理。分类治理总的目标要达到：发展经济效益高、生态效益好，符合当地防沙治沙要求的林种、树种、草种。分区治理主要是基于沙地实际状况，毛乌素沙地不是全为沙丘所覆盖，而是沙丘、湖盆、下湿滩地和河谷阶地交错分布，从各种沙丘分布的区域特征来说，西北部以固定、半固定沙丘为主，流动沙丘较少，向东南部方向过渡，中部流动沙丘渐多，而固定、半固定沙丘退居次要地位。东南部则是主要的农业区。据此，在治理安排上，西北部主要以保护、围封为主；中部以封育、飞播为主；东南部造林、封育结合。

（二）强化资源开发和管护，切实巩固生态建设成果

不断完善、规范环境保护综合行政执法和管理体系，提高执法队伍综合素质。充分利用并深入挖掘数字林业平台拓展功能，建设完成森林防火监测应用系统，实现林业管理的数字化、网络化、智能化和可视化。积极探索并着力解决好生态移民区森林资源的保护、开发和利用问题，加大森林草原防扑火队伍和基础建设力度，进一步完善森林草原防火远程监控系统功能，提高防火信息化水平。建立健全地方公益林生态效益补偿制度，根据国家级集体公益林每年每亩 10 元的补偿标准，争取将地方公益林国家每年 3 元的补偿标准提高到 10 元，切实解决补偿标准不一、补偿不平衡、社会矛盾增多的问题。继续加大湿地和自然保护区的保护力度，对违法占用、开垦、填埋以及污染自然湿地的地区进行全面检查，依法制止和打击

各种破坏湿地和野生动物栖息地的违法行为。切实巩固生态建设和防沙治沙前期成果，加强新造林和幼林的保护，防鼠兔危害，保障后期工程顺利进行和成效。

（三）合理分配水资源，提高水资源的利用效率

水资源是治理生态问题的关键要素，因此，促进乌审旗防沙治沙工作推进的一个根本出路在于开源、节流，合理利用水资源。一是扭转过去一些沙区农业扩张和过度利用地下水的做法，减少地下水超采量，抑制地下水下降，控制未来生态隐患，使生态环境不断得到恢复和改善。二是发展节水型高效农业和圈养型畜牧业，改善灌溉技术，发挥规模效益，提高水资源利用效率。三是改造盐渍化土壤，改善地下水质。可利用盐生植物改造盐渍化土壤，使土壤盐分得到转化和转移，降低地下水的矿化度，进行综合治理。

（四）加快沙产业发展，促进土地合理利用和就业增收

一是继续加大林沙产业基地建设，引导林沙企业与国有林场合作，借助国有林场土地资源富集、技术过硬和劳动力充足的优势，打造规模化林业产业示范基地。开展引种种植，建立原料林基地，引导林沙产业企业和林场职工种植。对现有原料林基地进行更新改造，实施集约化经营，提高原料林基地产出量。二是采取“引”和“扶”两条腿走路，培育和壮大龙头企业。大力引进市场前景广、产业链长、科技含量高、综合效益好的林业企业，尽快出台《加快林沙产业发展的意见》，从项目、贷款融资、税收减免等方面加大对林业企业的扶持力度，积极争取林业贴息贷款及相关政策资金，引导企业提高产品附加值和资源综合利用率，增强对农牧民增收和林业发展的带动能力。三是依托“乌审旗国家林木种苗繁育基地”建设，加快种苗产业发展，加大绿化大苗、容器苗的培育力度。启动林木良种补贴试点，开展樟子松良种基地改扩建，更新林木良种基地生产设施，提高良种繁育的技术水平。四是启动灌木资源平茬工程，提高灌木资源利用率和农牧民收入水平，促进林沙产业健康可持续发展和土地的合理利用。

（五）实施体制创新，加强队伍建设

创新体制，积极探索和推进集体林权制度配套改革工作，在明晰产权的基础上，鼓励林业生产要素依法、自愿、有序流转。加快组建林业综合服务中心，探索开展农牧民林业专业化示范合作社建设，解决大市场和小农户经营对接问题。改变过去生态环保事业的地方为主双重领导机制，加强林业信息化建设，增强干部职工整体素质，树立林业环保等部门良好形象。搞好技术培训，加强科普宣传。搞好基层林站的培训工作，提高基层林业干部职工的业务素质；结合新农村、新牧区建设和科技下乡活动组织科技人员进行现场技术指导。同时利用新闻媒体、印发宣传资料、电视广播等措施，大力宣传林业新成果、新技术在林业生产中的重要作用，为广大林农服务。

（六）多方筹措防治资金，加大投入力度

乌审旗荒漠化土地集中的乡（苏木），经济条件差，农牧民收入低，沙漠化防治需要的资金很难自给，直接影响治沙速度。因此，应该通过国家拨款、社会募集、当地政府筹集等多种途径筹措沙漠化防治建设资金，加大投资力度，加快沙漠化防治速度。一是依靠政策，调动广大农牧民防沙治沙的积极性。植被建设是防治沙漠化最有效途径，实行“五荒”到户，谁造谁有、允许继承、长期不变的鼓励性政策，是调动人民群众植树种草积极性的根本保证，鼓励群众以各种形式承包荒沙，加大投资力度。二是继续积极主动争取国家对防治荒漠化工程建设投资，抓好续建工程和新建工程的立项。三是研究制定优惠政策，改善投资环境，吸纳国内外有识之士进行荒漠化治理与开发。

（七）加强科学研究，示范引领与推广

一是加强对本地区濒危珍稀树种的保护、管理和研究推广；二是积极建设现代化示范苗圃，打造育苗基地、苗木集散地和林木新品种推广示范基地；三是打造生态精品示范工程，抓好生态优化模式集成示范区项目实施和“乌审旗生态文明教育基地”建设。四是大力推广防沙治沙技术和成功经验。乌审旗人民群众在防沙治沙实践中总结出的一系列科学的经验措

施（例如，“高杆上沙造林”、“乔灌草结合固沙”、“前档后拉”、“营养杯上沙造林”、“围而不攻”、围建各类型草库伦等行之有效的治沙造林种草技术）应进一步推广应用。通过科技示范和品牌战略的实施，促进科技与生产的紧密结合，带动区域内的生态建设、全面参与和产业发展，树立一批按标准设计、施工、验收的工程建设的典范，建立一批依靠科技进步绿沙富民强旗的样板，产生一批具有市场竞争力的林业品牌产品。通过项目的示范带动，使示范区的科技进步率明显提高，农牧民林业收入显著增加。真正迈向科技推广、生态改善、产业带动、百姓致富的发展多赢路。

第十五章　库布齐地区荒漠化态势与治理成效*

一　区域概况

（一）区域位置和自然条件

1. 地理位置和地质特点

库布齐地区位于内蒙古自治区鄂尔多斯市境内，具体位置在鄂尔多斯高原脊线的北部，横跨杭锦旗、达拉特旗和准格尔旗的部分地区，本次调研走访的主要区域是杭锦旗境内的沙漠地带。库布齐沙漠西、北、东三面都临黄河，地势呈现南部高、北部低的态势，南部为构造台地，中部为风成沙丘，北部为河漫滩地，总面积约16756平方公里，其中流动沙丘约占61%。流动沙丘呈东西带状分布，长约400公里，西部南北宽50公里，东部南北宽15到20公里，沙丘高10到60米。库布齐沙漠是离北京最近的沙漠，其沙尘可在两小时内抵达北京。

受到生物气候条件、地形、地貌及水文地质条件的影响，库布齐沙漠的土壤类型繁多、分布复杂。东、西部土壤差异也比较明显，东部的主要土壤类型是栗钙土，西部为棕钙土，西北部还有部分灰漠土，在河漫滩上主要分布着不同程度的盐化浅色草甸土。由于干旱缺水，境内以流动、半流动沙丘为主，使土壤的形成发育和植被的生长演替都受到限制。黄河沿岸部分地区还分布有一些沼泽土、盐土等土壤类型。

2. 气候条件

库布齐地区呈现温带大陆性干旱季风气候，主要气候类型包括温带干

---

* 本章成文于2013年9月。

旱、半干旱区等。冬季持续时间较长，温度较为寒冷；夏季则相对温和，但时间较短，年平均温度为7.6℃。每年的降水量在区域和季节间的分布极不均匀，自东南向西北递减。多年平均降水量为281.2mm，年蒸发量的地域分布变化范围为2278.7~3274.7mm。其中杭锦旗2000年到2012年间年均降水量为270.8mm，年均蒸发量为2410.6mm，是其年平均降水量的8.9倍。

库布齐地区风能资源丰富，沙尘天气较多。历史资料显示，每年沙尘暴日数在一到两个月，平均扬沙日41天。但根据杭锦旗统计数据，2000年到2012年间，该地区的沙尘暴日数总共才9天。沙漠东南地区风速较大，向西北地区递减。年均风速在3米/秒~4.6米/秒之间。日均风速超过3.0米/秒的日数为年均189天，风向多为偏西风。大风日数多，年均约为55天，最多77天。年大风日数自北向南、自西向东递增。

库布齐沙漠日照充足，年平均日照时数3040~3300小时，日照百分率为69%~72%。从东到西日照时数逐渐增加，年太阳辐射量为139.4千卡/平方厘米~143.3千卡/平方厘米。

3. 水文特征

库布齐地区水资源比较短缺，区域内水资源总量为4.51亿立方米，占鄂尔多斯全市水资源总量的19.1%。地表径流量的年内分配依赖于降水量情况，在洪水期和枯水期，呈现较大的差异性：径流量主要依靠洪水期径流量，约占全年径流总量的90%，而枯水期仅占10%；径流量年际变化也很大，丰水年与枯水年的径流量水平明显不同。

杭锦旗在鄂尔多斯高原属地表水资源比较丰富的地区。境内有黄河、沙日摩仁河、毛布拉格孔兑河和陶来沟等河流，全旗地表径流总量为5735万立方米。勘测结果显示，该地区地下水年可开采储量约为3.15亿立方米。北部平原区和中部库布齐沙漠区的产水量较为接近，且都明显高于南部丘陵区。

4. 植被

沙漠西部和北部因其地靠黄河，地下水位较高，水质较好，可供草木生长。库布齐沙漠地区植被的生物多样性较为丰富，不同地区的植被类型差异明显。东部地区的主要植被为草原，由多年禾本植物构成；西部地区的植被类型主要是荒漠草原，基本为半灌木植物；西北部地区则为草原化荒漠植被，在北部的一些河漫滩地区，生长的主导植物类型为碱生植物，沙丘上则分布不同的沙生植物。此外，在北部的黄河阶地上，多为泥沙淤积土壤，土质肥沃，水利条件较好，是黄河灌溉区的一部分，粮食产量较高，有“米粮川”之称。

（二）杭锦旗开发历程

2013 年期间的调研主要考察的库布齐沙漠区段位于内蒙古鄂尔多斯市的杭锦旗境内，该旗总土地面积约 188 万公顷，人均土地面积约 13.3 公顷，是全国人均土地面积的 14.5 倍。根据杭锦旗政府提供的公开数据，2008 年该旗耕地面积为 5.5 万公顷，建设用地面积为 1.8 万公顷，未利用土地面积为 68.8 万公顷（见表 15.1）。

表 15.1　2008 年杭锦旗土地利用汇总

土地类型		年末面积（公顷）	比例（%）
农用地	小计	1176252	62.5
	耕地	55394.5	2.9
	园地	281.3	0.01
	林地	61201.4	3.3
	牧草地	1053028	56.0
	其他农用地	6346.4	0.3
建设用地	小计	17686.8	0.9
	居民点及工矿用地	15200.3	0.8
	交通运输用地	2086.2	0.1
	水利设施用地	400.3	0.02
未利用地	小计	688164.9	36.6
	未利用地	648389.7	34.5
	其他土地	39775.2	2.1
总土地面积		1882103.2	100

资料来源：根据杭锦旗国土资源局历年杭锦旗土地利用现状调查数据整理。

杭锦旗土地面积广阔，土地资源类型多样，土地利用方式因区域不同也存在明显差异。北部黄河南岸地区，主要依靠黄河水源，为灌溉农业区；中北部地区是库布齐沙漠，定位为沙漠生态保护及矿产开发区；中西部地区主要是高平原地形，利用方式以畜牧业及工矿开发为主；东南部为毛乌素沙地，是丘陵生态恢复区等。

杭锦旗开发历史较早，1931 年全旗的耕地总面积大约为 4.9 万公顷，农业户平均耕地占有水平为 20 公顷/户；到 1949 年新中国成立时，全旗耕地面积扩大为 6.4 万公顷，其中水浇地面积为 0.4 万公顷；1955 年全旗耕地面积变为 5.4 万公顷，改为农业人口人均耕地占有水平计量之后，该地区每个农业人口的耕地占有水平为 1.2 公顷。在 20 世纪的“大跃进”时期，杭锦旗大面积开展开垦活动，1960 年全旗耕地面积提高到 8.4 万公顷。但到了 1961 年后，随着高平原旱耕地出现风蚀、沙化的趋势，该旗旱耕地面积开始逐年减少。20 世纪 70 年代开始，旗内高平原区推行退耕还牧政策，至 1980 年全旗耕地面积逐渐减少为 2.7 万公顷。1984 年到 1986 年，杭锦旗分布于黄河沿岸的 6 个乡镇被列为自治区商品粮生产基地，随后，在 1986 年至 1990 年间该基地的生产活动以粮食生产为主，农牧工副业也同步发展。5 年内，该基地灌溉面积增加了 2133.3 公顷，获得改善的灌溉面积约为 1.1 万公顷。杭锦旗 1989 年土地利用现状调查数据显示，当年耕地面积提高到 5.7 万公顷，在全旗土地总面积中约占 3.0%，其中水浇地面积为 2.6 万公顷，占耕地面积的 44.9%。而杭锦旗 1996 年土地利用现状变更调查数据显示，当年该地区耕地面积进一步提高到 6.2 万公顷，占全旗土地总面积的 3.3%，其中水浇地面积为 3.2 万公顷，占耕地总面积的 51.8%。2008 年杭锦旗耕地面积约为 5.5 万公顷，占全旗土地总面积的 2.9%（见图 15.1）。

杭锦旗的干草原、荒漠草原两种类型土地间的过渡地带为草场土地。从历史数据来看，这些适宜发展牧业的草场土地面积一直持续减少，草场质量也呈明显恶化趋势。图 15.2 展示了杭锦旗草地类型土地的面积变化趋势，1949 年草场面积为 185.5 万公顷，畜均草场面积 5.8 万公顷；而到了 2008 年该旗草场面积降至 105.3 万公顷。

杭锦旗还分布有部分林地，但从历史变化趋势来看，当地的原始林在

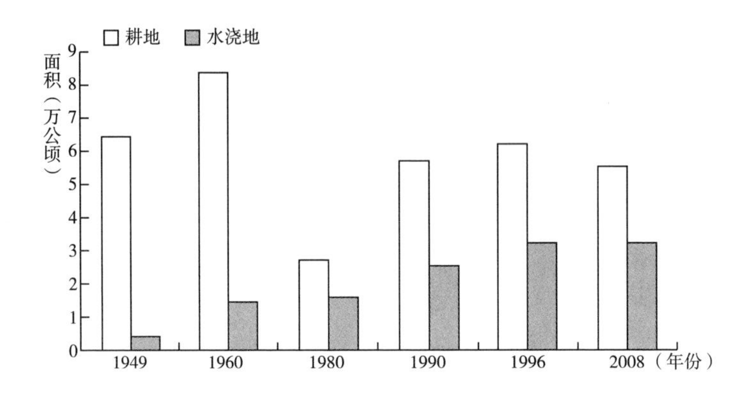

图 15.1　杭锦旗耕地、水浇地面积变化趋势

资料来源：根据杭锦旗国土资源局历年杭锦旗土地利用现状调查数据所得。

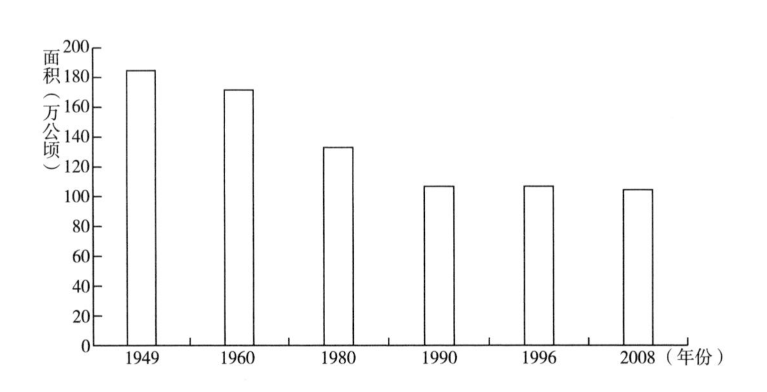

图 15.2　杭锦旗牧草地面积变化趋势

资料来源：根据杭锦旗国土资源局历年杭锦旗土地利用现状调查数据所得。

人为砍伐活动和气候变迁的影响下，随时间推移面积不断减少，这也导致了当地自然生态环境的持续退化。新中国成立后，为了防风固沙、保护农田，政府也主导了一些人工造林运动，因此造林面积有所增加。根据 1986 年的普查数据，杭锦旗当时的天然林面积约为 5.2 万公顷，占全旗林木总面积的 59%，2008 年天然林面积进一步提高到 6.1 万公顷，占全旗土地总面积的 3.3%。

杭锦旗农业利用土地资源质量不高，土地单位面积产出水平较低，远远低于自治区中东部地区。杭锦旗所在地区草原和荒漠生态环境特征明显，而未加约束的滥垦、滥伐、过牧等活动进一步导致部分地区出现严重的土地退化现象，全部类型的土地都经历了不同类型与不同程度的退化。尽管旗内土地储备资源比较丰富，但这些后备的宜农、宜林地均为多宜性土地，开发难度较大，开发利用必须兼顾农、林、牧各业协调发展，在合理的规划下，有步骤地开发利用。

（三）库布齐地区经济社会发展总体态势

杭锦旗位于黄河“几”字湾南岸，地跨鄂尔多斯高原与河套平原，黄河流经全旗 242 公里。库布齐沙漠横亘东西，沙漠将全旗划分为北部沿河区和南部梁外区两大地域。全旗总面积 1.89 万平方公里，下辖 2 个自治区级开发区、5 镇 1 苏木。截止到 2012 年底，杭锦旗全旗户籍总人口为 141179 人，其中非农业人口 27478 人，农业人口 113701 人。旗内汉族人口数量占主导地位，约为 11.5 万人，占总人口的 81.5%。除了汉族之外，还分布有蒙、回、满、壮等 14 个少数民族。其中蒙古族人口 26788 人，其他少数民族人口为 324 人。家庭户平均户规模为 2.3 人，年末全旗常住人口 11.2 万人。

2012 年全年城镇居民人均可支配收入实现 29604 元，同比增长 16.1%。其中：工资性收入 21443 元，同比增长 17.2%，经营净收入 5087 元，同比增长 14.3%，财产性收入 1143 元，同比增长 10.1%。全年城镇居民人均消费支出 20304 元，同比增长 3.2%。全年农牧民人均纯收入实现 11334 元，同比增长 13.8%。其中，人均工薪收入 1459.1 元，经营净收入 7938.1 元，转移性收入 1195.2 元，财产性收入 741.7 元。全年农牧民人均生活消费支出 10881 元，同比增长 15.7%。

杭锦旗 2012 年完成地区生产总值 70.0 亿元，同比增长 19.8%，按不变价格计算同比增长 7.8%。其中：第一产业增加值 15.4 亿元，同比增长 13.2%，按不变价格计算同比增长 4%；第二产业增加值 26.1 亿元，同比增长 20.1%，按不变价格计算同比增长 7%，（其中建筑业完成增加值 7.1 亿元，同比增长 12.9%，按不变价格计算同比增长 10.8%）；第三产业增加值 28.5 亿元，同比增长 23.4%，按不变价格计算同比增长 10.4%。三次产业结构比例为 22：37：41（见图 15.3）。

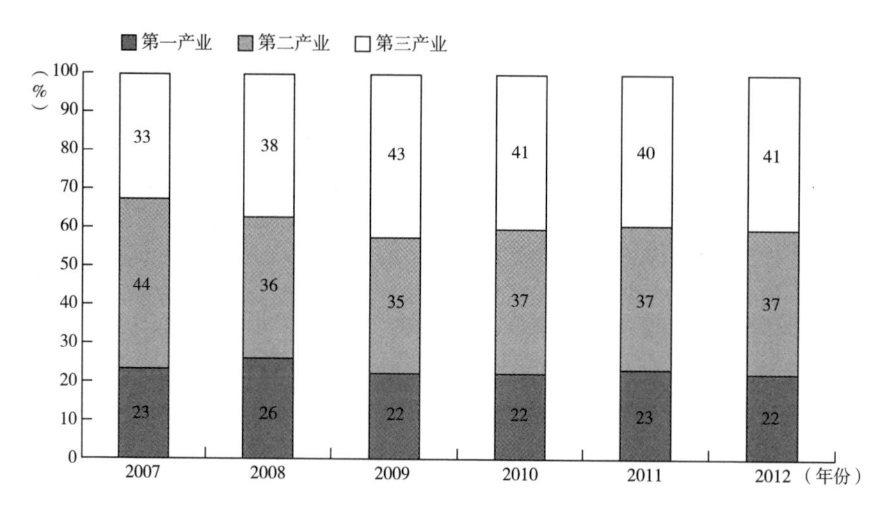

图 15.3　2007~2012 年杭锦旗三次产业结构变化趋势

资料来源：杭锦旗统计局：《杭锦旗 2012 年国民经济和社会发展统计公报》。

全旗农作物总播种面积 109.4 万亩，同比增长 12.4%。其中：粮食作物播种面积 69.1 万亩，同比增长 10.9%；油料作物播种面积 23.9 万亩，同比减少 1.7%。粮食产量 424794 吨，同比增长 18.3%（见表 15.2）。年末全旗林业用地 1324.88 万亩。其中：有林地面积 21.74 万亩，疏林地面积 1.57 万亩，灌木林地面积 448.9 万亩，未成林地面积 84.13 万亩。森林覆盖率达到 16.68%。

表 15.2　2012 年杭锦旗农作物播种面积及产量

<table>
<tr><th colspan="4">指标名称</th><th>2012 年</th><th>同比增长（%）</th></tr>
<tr><td rowspan="5">农作物
总播种面积
（万亩）</td><td colspan="3">总计</td><td>109.4</td><td>12.4</td></tr>
<tr><td rowspan="4">粮食作物</td><td colspan="2">总计</td><td>69.1</td><td>10.9</td></tr>
<tr><td rowspan="2">谷物</td><td>小麦</td><td>0.7</td><td>-33.3</td></tr>
<tr><td>玉米</td><td>63.7</td><td>10.1</td></tr>
<tr><td colspan="2">薯类</td><td>4.0</td><td>59.0</td></tr>
</table>

续表

指标名称				2012年	同比增长（%）
	油料作物	葵花		23.9	-1.7
	药材	总计		3.7	6.7
	其他农作物	总计		11.5	89.3
		青饲料		6.0	22.8
农作物产量（吨）	粮食作物	总计		424794	18.3
		谷物	小麦	2471	-26.2
			玉米	398525	17.5
		薯类		19468	44.3
	油料作物	葵花		70004	58.4
	药材	总计		2108	-90.9
	其他农作物	总计		161200	-65.6
		青饲料		131080	-84.6

资料来源：杭锦旗统计局：《杭锦旗2012年国民经济和社会发展统计公报》。

牧业年度（6月30日）牲畜头数2133908头（只），同比增长1.08%；日历年度（12月30日）牲畜头数1462033头（只），同比增长2.94%（见表15.3），牲畜改良率为99%。当年肉类总产量18205吨，同比增长1.7%；当年奶类产量13384吨，同比减少5.9%；当年禽蛋产量700吨，与上年持平（见表15.4）。

表15.3 2012年杭锦旗牲畜头数

单位：头，只，%

指标名称	日历年度		牧业年度	
	数量	同比增长	数量	同比增长
总计	1462033	2.94	2133908	1.08
猪	37253	7.92	60737	1.04
牛	17804	20.62	25120	16.69
其中：奶牛	2832	17.32	2823	4.36
羊	1401692	2.63	2041289	0.90
其中：绵羊	258753	1.83	651867	10.50

续表

指标名称	日历年度		牧业年度	
	数量	同比增长	数量	同比增长
山羊	1142939	2.81	1389422	-3.05
马	1176	20.99	1345	5.57
驴	2143	持平	1817	15.00
骡	996	-2.83	977	-12.85
骆驼	955	1.46	2623	11.99

资料来源：杭锦旗统计局：《杭锦旗2012年国民经济和社会发展统计公报》。

表15.4　2012年杭锦旗畜禽产品产量表

单位：吨，张，%

指标名称	数量	同比增长
一、肉类总产量	18205	1.70
猪肉产量	2055	-18.00
牛肉产量	1155	53.18
羊肉产量	14565	1.06
其中：山羊产量	13843	1.67
禽肉产量	125	持平
二、奶类产量	13384	-5.9
其中：牛奶产量	7993	54.42
三、山羊毛产量	381	持平
四、山羊绒产量	1025	7.11
五、绵羊毛产量	3258	1.11
六、禽蛋产量	700	持平
七、牛皮产量	3833	-24.12
八、绵羊皮产量	91348	持平
九、山羊皮产量	536012	17.34

资料来源：杭锦旗统计局：《杭锦旗2012年国民经济和社会发展统计公报》。

全旗有旅游企业17家。其中：旅行社3家，AAAA级景区1家，AAA级景区3家，AA景区2家，三星级酒店2家。全年累计接待游客47.6万人次，全年实现旅游收入8.5亿元。

目前杭锦旗从经济发展状况来看，农牧业基础比较薄弱，结构性矛盾比较突出，产业化水平不高；农牧民收入较低，部分群体生活水平不高；由于全旗经济总量较小，缺乏吸引投资的潜力，因此经济发展速度也受到影响。

二　荒漠化现状及态势

（一）荒漠化总体现状及态势

1. 荒漠化成因

荒漠化是人为过度利用土地对干旱半干旱和部分半湿润地带脆弱生态平衡的进一步影响，导致在干旱多风和疏松沙质地表条件下，原非沙质荒漠的地区也呈现以风沙活动（土壤风蚀、粗化、沙丘形成与发育等）为主要标志的土地退化过程。而库布齐沙漠作为我国沙漠分布最东部的沙漠，其荒漠化的形成既有所有沙漠地区的共性特征也有一些自身独有的特点。

首先，库布齐地区荒漠化成因中的自然因素主要包括干旱、大风、地表丰富的沙物质及植被缺乏等。该地区年平均降水量较少，季节和年际分布不均，在春、夏、秋三季，也经常出现严重的干旱情况。该地区全年为干燥的西风和西北风，在缺乏植被保护的条件下，极易形成土壤风蚀。

此外，人为因素也是导致该地区荒漠化形成的主要因素，包括在沙区乱砍滥伐、破坏植被，无限制的开垦土地，在草场地区过度放牧，对区域内的野生中药材不加限制的开采；不合理利用当地水资源并导致地下水位持续降低等。以杭锦旗为例，新中国成立后当地人口数持续快速增长，20世纪初，杭锦旗共有约 2.7 万人，新中国成立时约有 4.37 万人，2012 年最新的统计数据显示杭锦旗的人口已经达 14.11 万人，增长了 4 倍多。人口分布密度从新中国成立时的 2.23 人/平方公里增加到 2012 年的 7.2 人/平方公里。联合国标准界定干旱区的人口密度临界值为 7 人/平方公里，半干旱地区人口密度为 20 人/平方公里，该旗的人口密度达到了干旱区人口密度的临界值。人口剧增带来了对资源和食物的需求增加，因此会导致荒漠区面积趋于扩大。草原滥垦也会加速荒漠化趋势进一步蔓延，新中国成立后，在“以粮为纲”的方针指导下，一些地区不顾自身自然条件，在适合发展林牧业的地区大力发展粮食生产，导致开荒后的土地植被恢复极为缓慢，再叠加风力影响，当地沙质地表遭受风蚀逐步变为流沙地，荒漠化趋势进一步恶化。

2. 荒漠化面积变化趋势

针对日益严峻的荒漠化趋势，国内外对荒漠化指标体系的研究不断更新，根据研究需求，也推出了多种研究荒漠化的指标体系。国内也有一些研究者基于对库布齐地区的遥感 TM 影像进行分析，归纳出该地区的荒漠化状况及变化趋势。土地荒漠化将导致地表形态演化为不同的沙丘类型，使土地生产力下降、土壤肥力趋于恶化，最终导致可利用土地资源不断减少。

比较不同时点的遥感数据可以归纳出某地区的荒漠化趋势。根据 1989 年对库布齐沙漠地区的 TM 影像进行分析可以发现，在 1989 年时库布齐沙漠研究区（案例地区）总面积为 187666.7 公顷，其中荒漠化面积为 171112.04 公顷，占研究区总面积的 91.18%，其中重度荒漠化面积 141762.2 公顷，占研究区总面积的 75.54%；未荒漠化面积 10229.35 公顷，占研究区总面积的 5.45%；水域面积为 6325.3 公顷，占研究区总面积的 3.37%（见表 15.5）。

为了比较库布齐荒漠化的变化情况，将 1989 年的荒漠化影像同 2007 年的 TM 影像进行比较。结果显示，2007 年同样的研究区荒漠化面积为 157135.38 公顷，其中极重度荒漠化地区面积为 117634.2 公顷，未荒漠化地区面积为 16773.2 公顷，占研究区总面积的 8.94%。水域面积为 13758.3 公顷。

根据上述研究可以发现，自 1989 年以来库布齐地区荒漠化总面积明显减少（见表 15.5），2007 年荒漠化总面积比 1989 年减少了 7.38%（约为 13976.64 公顷）。荒漠化面积占地比例从 1989 年的 91.18%降为 2007 年的 83.8%。极重度、重度荒漠化面积共减少了 21940.6 公顷，而中度荒漠化土地面积和轻度荒漠化土地面积分别增加了 2672.9 公顷和 5291.1 公顷。数据显示，1989 年以来库布齐地区荒漠化程度呈改善态势，极重度荒漠化土地面积持续减少，中度荒漠化土地、轻度荒漠化土地和未荒漠化土地面积却在明显增加（见图 15.4）。

表 15.5　库布齐地区各类荒漠化土地面积比较

单位：公顷

荒漠化类型	1989 年	2007 年
未荒漠化	10229.4	16773.2
轻度荒漠化	15022.3	20313.4
中度荒漠化	8313.0	10985.9
重度荒漠化	6014.5	8202.0
极重度荒漠化	141762.2	117634.2
水域	6325.5	13758.3

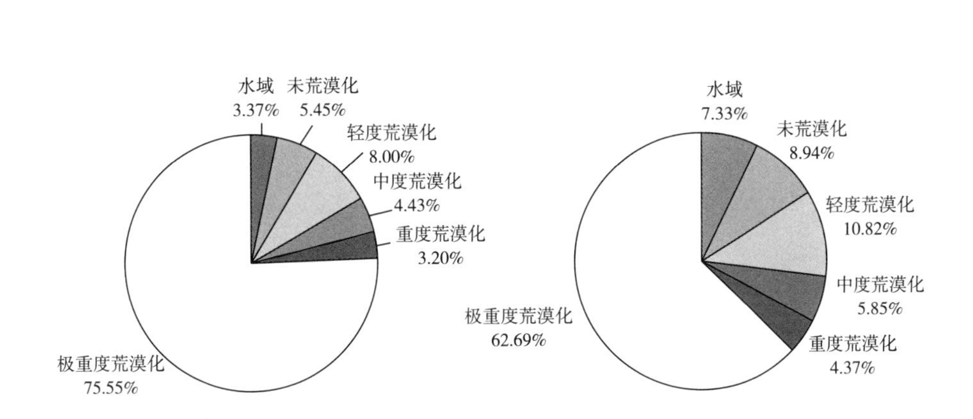

图 15.4　1989 年与 2007 年库布齐地区荒漠化土地面积比较

（二）不同区块荒漠化状况变化特点

荒漠化的程度与过程不仅随时间的推移会不断变化，在空间上也会表现出不同的变化特点。某种等级的荒漠化土地空间变化会出现两种变化过程：包括该种荒漠化等级的土地转化为其他等级以及其他等级的荒漠化转变为该等级。两种过程相互作用的净效应决定了土地荒漠化等级空间动态变化的最终趋势和特点。根据其他研究的分析结果大致可以总结出库布齐沙漠地区不同区块的荒漠化变化情况。卫星观测数据显示出库布齐沙漠地区荒漠化等级变化的特点是，黄河沿岸地区的土地荒漠化类型发生了比较明显的变化，由此可以推断出，水资源条件是导致该地区荒漠化区块分布变化的主要影响因素。在黄河沿岸，大部分区域内的土地荒漠化趋势得到控制，甚至逆转；而在库布齐沙漠地区的东南部、南部沙漠的腹地区块以及沙漠中的部分海子周边，土地荒漠化程度还呈现恶化趋势。

（三）杭锦旗荒漠化分布特点

2013 年的国情调研主要走访的区段是位于杭锦旗的沙漠区，根据和杭锦旗当地相关部门的座谈及调研，可以大致总结出杭锦旗境内的库布齐沙漠区段呈现的特点。

杭锦旗境内沙化土地面积在全旗总土地面积中所占比例约为 69.3%，流动沙地（丘）类型土地面积在所有沙化土地中约占 41.4%。这些沙化土地大部分分布在杭锦旗中北部的库布齐沙漠核心区，杭锦旗东南部的毛乌素沙地地区也零星分布了少量的沙化土地。半固定沙地（丘）面积在沙化土地总面积中所占比重约为 15.0%，主要分布在杭锦旗的中部地区和东南部地区流动沙地类型的外延地带；固定沙地（丘）主要位于库布齐沙漠的边缘地带、穿沙公路的两侧地区以及毛乌素沙地大部分地区，面积约占 32.2%；露沙地主要分布在杭锦旗的西南、正南和东南部等地区，其面积占沙化土地面积的 9.5%,；杭锦旗的西南部主要是风蚀劣地，其面积约占 1.9%。

风蚀荒漠化土地在杭锦旗境内分布较为平均，其中库布齐沙漠区段为重度风蚀荒漠化区，面积在全旗总风蚀荒漠化面积中占到 36.5%，其他中度风蚀荒漠化和轻度风蚀荒漠化面积占比分别为 38.8%和 24.0%；极重度风蚀荒漠化面积不大，约占 0.7%。

水蚀荒漠化主要分布在杭锦旗东部，大部分为重度水蚀荒漠化，其次为中度和轻度水蚀荒漠化，占比分别为 33.8%、26.6%和 11.9%；极重度水蚀荒漠化面积也不大，仅占 5.7%左右。

三　荒漠化治理措施与成效

（一）主要措施及实施情况

库布齐沙漠扩展非常快。沙漠毗邻黄河，如果风沙东扩也会危害黄河河道。风沙南侵会对一些国家重要的能源基地带来危险，给周边地区的居民和自然生态环境产生极其严重的危害。库布齐沙漠治理受到社会各界的广泛关注和高度重视。

1. 荒漠化治理的有利条件

尽管库布齐地区荒漠化形势非常严峻，但是该地区的荒漠化治理仍具备一定的有利条件。

首先，从地理位置上来看，库布齐沙漠所处的地理位置与其他沙漠地区联系较小，几乎接近封闭，沙漠的北、西、东三面都临黄河，天然阻断了荒漠化的持续蔓延。在北部、西部和东部也分别有狼山、桌子山、大青山等自然山脉的阻隔，虽然南部地区临近毛乌素沙地，但两个地区间有分水岭作为界线，因此库布齐沙漠是比较封闭的孤立沙漠，易于对其进行集中治理。另外，库布齐沙漠本身呈带状分布特征，南北界限之间的宽度较小，比较便于分段分块治理。

其次，库布齐沙漠地区尽管大部分为荒漠面积，但却有相对丰裕的地表和地下水资源，沙漠区还有水泡和水库资源，为逐步治理和改造荒漠土地提供了可行基础。

此外，库布齐沙漠治理可以利用当地的洪水资源。库布齐沙漠南部与毛乌素沙地分水岭以北区域经常会出现洪水情况。上游形成的洪水会经过库布齐地区汇入黄河，因此，借助洪水，采用引水攻沙的方法，可以将洪水灾害变害为利，成为治理荒漠的手段之一。通过人工措施阻挡洪水对其他区域的侵扰，并积极开展水土保持工程；与此同时，将洪水引入沙地区块冲沙，起到荒漠化治理的作用。

根据对库布齐沙漠形成进程的历史分析，库布齐沙漠的形成主要是人为开发过度的产物，而沙漠的自然条件为开展荒漠化治理提供了一些有利条件，即使无法完全恢复原生的植被状态，但是通过有效措施，是完全能够实现控制荒漠化进一步恶化的目标。通过分析库布齐沙漠的荒漠化治理成效，不难发现，只要技术措施适宜，就能有效遏制荒漠化形成的人为活动，也是完全能够重建沙漠植被的。

2. 库布齐沙漠治理的历史进程

库布齐沙漠的治理进程和我国治沙历史发展基本是同步的。20 世纪 50 年代，我国大规模群众治沙造林运动在各地开展，在此行动的影响下，库布齐地区的荒漠化治理也取得了一定的成效。新中国成立初期，在库布齐沙漠地区主要采取建立治沙、固沙场（站）等方式，并积极应用一些适宜的技术，如“土埋沙丘”“前挡后拉”“旱柳高杆造林”等，在沙漠内部分地区种植并形成了以乔木为主的小面积点状或片状固沙林的绿化带。采取飞播造林的试验，积极营造固沙林、护牧林，通过造林，防风固沙，改变部分地区的荒漠化状况。

20 世纪 60 到 70 年代随着国家生产建设重点的转移，库布齐沙漠地区的荒漠化治理工作陷入停滞状态。但是在此期间，该地区还是陆续建立了一些治沙林场和治沙站，一些研究者也开始摸索出“流沙固定，乔灌并举，封沙育草”乔灌结合治理流沙的技术，采用“锁边林带”的措施治理库布齐沙漠的流沙并获得成功。

70 年代末到 90 年代初，是库布齐沙漠治理的另一个迅速发展时期。80 年代开始，国家全面启动“三北”防护林体系工程的第一期和第二期工程。在此期间，库布齐沙漠治沙造林总面积达到 53 万亩，沙区种植了大量的乔木片林和乔灌混交林等，库布齐沙漠积极探索不同模式的治沙造林方式，并全面完成“三北”防护林体系建设与生产建设任务。

20 世纪 90 年代末，库布齐沙漠及周边地区进一步为实现生态环境保护与治理目标，积极开展了以绿色植被恢复与建设为目标的综合治理工作，并取得了明显成效。库布齐沙漠的腹地以及边缘地带构建了系统性的绿色防风固沙林体系。积极总结治理经验，梳理适宜技术清单，吸取其他地方成功经验，用于该地区的荒漠化治理实践，取得很好的成效。

1997 年，为了确保顺利建设好杭锦旗境内的穿沙公路，该地区对公路防沙进行了有针对性的研究。根据公路沙害类型及公路沿线生态体系建设规划要求，采取机械沙障与绿色植物相结合的综合防护体系建设模式，荒漠化地区的风速得到遏制，部分植被也得以恢复。

进入 21 世纪之后，库布齐沙漠地区的防治工作更加重视科研的指导作用，一些生物研究所和林业科学院在当地建立了各自的固沙研究基地，并成功地进行了荒漠藻结皮固沙的探索性研究，使库布齐沙漠治理体现出自然恢复特色的乔灌草藻“四位一体”的近自然固沙模式。同时，随着国家鼓励生态的政策频出，以企业为龙头的效益型治沙模式也在库布齐沙漠地区逐渐兴起。部分企业逐渐探索出特色种养殖、沙漠旅游、沙产业开发等产业，这些产业的发展带动了治沙工作的良性循环。

3. 杭锦旗治理库布齐沙漠的措施

库布齐沙漠主要位于内蒙古鄂尔多斯市的杭锦旗内，境内沙漠面积98660公顷，占杭锦旗总土地面积的52%。全旗三分之二的面积是荒漠化土地，境内分布有沙地、沙漠、丘陵沟壑、荒漠草原、黄河冲积平原和干旱硬梁区等多种地形。为改善农牧民居住环境，加快杭锦旗生态建设步伐，该旗通过多项具体措施对境内的库布齐沙漠进行治理。

一是利用封闭地形防治荒漠化蔓延，并积极治理腹部地区。库布齐沙漠的北、西、东三面都临黄河，沿河地带地形比较平坦，水分条件优越，其他各边界地区的水源条件也较好。根据这种条件，依据先易后难、由远及近的原则，治理中，首先在沙漠北缘主要种植锁边林，人工造林主要品种包括旱柳、沙枣、柠条和沙柳，同时在南部地区采取封、飞、造相结合的方式，首先遏制荒漠化蔓延，从外向内逐步推进治理工作。

二是通过公路将沙漠分区，进行针对性治理。对该地区实施“南北五纵、东西两横”工程，将库布齐沙漠进行分割处理，在不同的区块进行针对性治理。“南北五纵”是按照“南北走向，以路划区、分割治理”的方略，修建五条纵向穿沙公路，实现“分而治之”，沿着公路种植适宜的护路林，并逐步向沙漠腹地延伸；“东西两横”工程则是对沙漠北缘开展防沙治沙工程，遏制荒漠化向北扩张，两横则是以沙漠腹地内的七星湖为轴线，实施沙旱生林草和甘草种植工程。

三是在沙丘内的湿滩地区，进行定点治理。在库布齐沙漠腹地区域，分布大量面积不等的下湿滩，地下水位较高，治理条件较好。治理时充分利用该条件，通过人工造林，利用地下水源，在沙漠腹地建设人造绿洲。

除了针对性的荒漠化治理措施之外，杭锦旗还采取了一系列其他的鼓励生态环境恢复的措施，包括以下两点：

（1）制定针对性规划，开展生态环境保护建设。杭锦旗结合全旗实际情况制定的发展规划、生态环境保护规划以及土地利用规划等，根据旗内不同地区的建设重点，分区开展荒漠化治理，根据每个地区的实际情况有的放矢，保证了治理工作的科学性和有效性。

（2）建立一系列有助于荒漠化治理的其他政策体系。杭锦旗根据本地实际情况，制定并发布了一些能促进农村以及牧区经济发展、人民群众收入增加的政策，具体包括《杭锦旗农牧业经济三区发展规划》《杭锦旗关于加快转变农村牧区发展方式的若干政策》《杭锦旗农村牧区人口转移办法》《杭锦旗新农村新牧区村庄产业人口布局规划》《杭锦旗草原生态保护管理办法》《杭锦旗禁休牧工作管理办法》《杭锦旗草畜平衡划区轮牧暂行管理办法》《杭锦旗集体林权制度改革实施方案》等，通过经济发展促进荒漠化治理工作的落实与实施。

此外，杭锦旗还制定出台了一系列鼓励造林绿化的优惠政策和措施。内蒙古自治区政策规定，旗人民政府将发展林沙产业纳入国民经济发展规划和旗对苏木镇、相关部门实绩目标考核范围。旗财政每年安排一定比例的资金，作为林沙产业发展基金，用于原料林基地建设、龙头企业技术改造、新产品研发、贷款贴息等补贴以及各类奖励。企业、专业合作经济组织和个人所完成的生态建设任务，符合国家产业政策给予优先立项，并可优先竞标承建生态建设和林沙产业基地建设项目，达到标准的优先纳入国家重点工程和国家重点公益林项目范畴，享受国家有关优惠政策。林沙产业龙头企业和农牧民购买林机具享受国家农机具补贴，提高林沙产业机械化水平。对在生态建设和林沙产业发展过程中成绩突出的企业和个人，政府给予一定资金奖励。其中对未纳入国家重点工程，年新造林规模达到5000亩以上的造林大户（由企业代为造林的除外），经验收合格后，旗政府解决其大中专院校毕业子女就业问题或享受灌木林每亩30元、乔木林每亩100元的政府资金补贴；企业年新造林面积达到5万亩以上，经验收合格后，享受灌木林每亩30元、乔木林每亩100元的资金补贴。平茬更新的灌木林地，每平茬1亩政府补贴10元，并规定发展林沙产业项目的企业，投产前三年，除享受国家税收优惠政策外，所有税费按规定征免，应征的先征后补。

旗政府还对相关的防治项目给予一定的资金扶持。退耕还林项目按每亩160元/年连续8年给予农牧民补助，退牧还草项目按每亩4.95元/年的标准，从2003年开始连续7年对农牧民进行补贴。退牧还草项目2002年涉及牧民、农户1.67万人，补贴金额累计达到2555.44万元（见表15.6）。从2011年起，还将启动实施国家公益林补贴和禁休牧补贴。这些投入直接惠及个人，有效促进了农牧民群众参与生态建设的积极性。

表 15.6　杭锦旗退牧还草资金补偿发放情况统计

实施项目年份	补贴期限（年）	补贴金额（万元）		项目人口（人）		每人每年补贴金额（元）	
		禁牧	休牧	禁牧	休牧	禁牧	休牧
2002	5	495.0	37.1	4627	897	1070	414
2004	5	—	111.4	—	1459	—	763
2005	5	—	99.0	—	1550	—	639
2006（一）	5	148.5	99.0	464	1412	3200	701
2006（二）	5	99.0	74.3	156	1048	6346	708
2007	4	247.5	74.3	458	1074	5404	691
2008（一）	3	173.3	37.1	364	326	4760	1139
2008（二）	3	—	55.7	—	411	—	1355
2009	2	247.5	49.5	773	569	3202	870
2010	1	495.0	12.4	1006	125	4920	990

资料来源：内蒙古自治区鄂尔多斯市杭锦旗财政局。

（3）加大荒漠化治理资金投入，规范资金使用。除足额拨付国家生态重点工程的配套资金外，杭锦旗财政每年都要安排专项资金用于生态建设。几年来，累计投入的专项资金达 1850 万元，其中 2006 年、2007 年各 200 万元，2008 年 350 万元，2009 年 500 万元，2010 年 600 万元。治理荒漠化的各种投资总额从 2000 年的 202 万元增加到 2012 年的 3.66 亿元，累计总额超过 18.5 亿元。加强对相关资金的管理，保证专款专用，定期邀请审计、纪检部门对资金运行和使用情况进行检查、监督，建立监督和惩罚机制，确保相关资金切实用于治理和造林活动中。

（4）应用适用治理技术，提高工程建设质量。在分区治理、分类指导的思路下，该地区按照造林技术规程操作，从分散造林转为规模化造林；从以国家工程为主，到积极引入社会参与。在造林中积极引入高新技术，例如保水剂、生根粉的应用，并积极推广其他适宜的治理和造林技术，提高了造林的成活率和保存率。亿利集团在该地区的荒漠化治理中，大力推广水冲沙柳种植技术，2011 年实现水冲沙柳造林 40 多万亩。这些抗旱造林技术的积极探索，也为其他地区提供了可资借鉴的范本。

（5）提高各社会主体参与防沙治沙、植树造林活动的积极性。该地区大力发展林沙产业，引入社会资本和相关企业投入造林活动，扶持农牧民个体参与造林；把沙漠化治理与产业结构调整、扶贫工作以及生态移民等项目结合起来。根据杭锦旗扶贫办的调研结果，该旗贫困人口的年均收入已经从 2000 年的 1464 元提高到 2012 年的 2950 元。2012 年，面对全旗 32953 个贫困人口，旗政府年扶贫投入高达 1925 万元，其中来自省区的资金约为 1155 万元，约占 60%，市县资金约为 770 万元，约占 40%（见表 15.7）。

表 15.7　2000~2012 年杭锦旗扶贫工作统计数据

年份	贫困人口总量（按旗县列出）（人）	贫困人口年人均收入（万元）	年扶贫投入（万元）		
			总量	省区资金	市县资金
2000	17057	0.1464	319	319	—
2001	39144	0.1899	440	440	—
2002	65414	0.1225	382	382	—
2003	41239	0.1448	231	231	—
2004	35203	0.1552	296	296	—
2005	31848	0.1658	430	430	—
2006	52484	0.1683	443	443	—
2007	46852	0.1629	860	860	—
2008	39004	0.198.0	3762	3762	—
2009	29775	0.2305	1828	1390	438
2010	28882	0.283.0	1508	1130	378
2011	39453	0.290.0	1361	1126	235
2012	32953	0.295.0	1925	1155	770

资料来源：内蒙古自治区鄂尔多斯市杭锦旗扶贫办。

（二）荒漠化治理的实际成效

杭锦旗围绕本地区情制定林业发展规划、农牧业发展规划、水利水土保持规划，先后成功组织实施了退耕还林、“三北”防护林、天然林保护、水土保持、退牧还草、日元贷款风沙治理等一大批生态重点工程项目，对区域内的荒漠化趋势进行遏制和治理。十多年来全旗累计完成造林589.87万亩（其中人工造林272.07万亩、飞播造林186.1万亩、封沙育林131.7万亩）。退牧还草项目完成930万亩，其中禁牧385万亩、休牧525万亩、划区轮牧20万亩，补播280万亩。水土保持工程完成水土保持国债项目21.18万亩、黄木花重点小流域治理1.5万亩、苏达尔生态修复13.59万亩、毗砂岩沙棘减沙工程18.23万亩、减拉汗小流域治理项目0.6万亩，新建淤地坝50座。这些国家重点生态项目全部安排到生态环境较为脆弱的地区，并支持鼓励企业和社会力量积极参与生态建设，企业成为全旗生态建设的主力军，不断推动生态建设工作向前发展。全旗生态建设步入快速发展的高峰期，生态环境持续改善。截至2011年8月，全旗有林地面积达到508万亩，人工种草保存面积达到97万亩，水土流失治理面积达到150万亩，建成自治区级自然保护区3处，全旗减少沙化土地面积514万亩，其中林地沙化面积减少100万亩、草原沙化面积减少297万亩、水土流失面积减少117万亩。旗内荒漠化面积从2000年的18510平方公里降低到2012年的15653平方公里（见表15.8和表15.9）。此外，在杭锦旗的库布齐沙漠区段还利用沙漠的特点大力发展沙旅游产业，当地在库布齐沙漠中修建了一条穿沙公路，两边种植绿化带，防止公路被沙漠吞没。在沙漠中建设旅游景点，其中响沙湾和夜鸣沙比较著名，景区内可供游客住宿、餐饮，沙漠区可供游客徒步沙漠旅行、摩托越野、滑沙等。总之，该地区成功扭转了生态环境恶化的趋势，生态环境也转为“整体向好、局部优良”状态。森林覆盖率和林草覆盖度都显著提升。生态环境的改善，也推动了农牧民收入水平大幅提高，杭锦旗的生态建设和荒漠化治理成果获得多方面的肯定。在荒漠化地区，实现绿化达5000多平方公里，并形成了一条沙产业链，将荒漠化治理的成果转化为经济收益。这种创新性的库布齐模式，为全球荒漠治理提供了新的思路和典范。其中杭锦旗的民营企业家、亿利资源集团董事长王文彪于2013年在联合国防治荒漠化公约第十一次缔约方大会期间荣获联合国颁发的首届“全球治沙领导者奖”，以表彰该公司建立的可持续性公益商业治沙方式及其探索的绿色发展路径。这些经验也为其他各国荒漠化防治树立了标杆，为全球荒漠化防治工作带来启示。

表 15.8　2000~2012 年杭锦旗荒漠化面积变化趋势

年份	荒漠化面积（平方公里）	
	总面积	其中：流动沙地面积
2000	18510	6149
2001	18437	6083
2002	18215	6035
2003	18026	5938
2004	17834	5852
2005	17659	5758
2006	17306	5485
2007	16960	5419
2008	16821	5360
2009	16766	5284
2010	16700	5204
2011	15869	5055
2012	15653	4898

资料来源：内蒙古自治区鄂尔多斯市杭锦旗林业局。

表 15.9　2000~2012 年杭锦旗荒漠化土地治理情况

单位：千万元，平方公里

年份	植树造林		围封		飞播	
	总投入	面积	总投入	面积	面积	总投入
2000	—	—	0.13	13.30	0.36	60.00
2001	0.71	21.3	0.10	10.25	1.24	190.65
2002	0.71	21.3	0.04	3.55	1.08	164.00
2003	0.97	58.0	0.04	3.55	0.43	130.64
2004	0.52	59.3	0.08	13.30	0.60	100.00
2005	4.62	61.8	7.39	273.60	0.20	33.30
2006	7.31	87.1	6.02	232.20	0.32	53.30

续表

年份	植树造林		围封		飞播	
	总投入	面积	总投入	面积	面积	总投入
2007	6.67	94.9	5.22	198.2	0.2	33.3
2008	0.96	52.0	0.51	53.3	0.2	33.3
2009	0.50	21.3	0.35	33.3	—	—
2010	1.20	40.0	0.28	26.7	—	—
2011	1.52	757.1	0.07	6.7	1.2	66.7
2012	3.59	63.7	2.00	85.4	1.2	66.7

资料来源：内蒙古自治区鄂尔多斯市杭锦旗林业局。

四　荒漠化治理存在的问题及对策

（一）存在问题

以杭锦旗为代表的库布齐沙漠所在地区，在过去几十年内积极探索，荒漠化治理实践取得了显著的成效，积累了大量宝贵的治理经验，但是目前仍面临一些问题，主要包括以下几个方面。

首先，库布齐地区荒漠化影响范围较广，荒漠化程度较重。由于沙漠地区整体干旱少雨，生态环境基础比较脆弱，植被容易被破坏却较难恢复，因此目前该地区荒漠化面积仍然较大。由于教育水平和观念的局限性，在该地经济生产活动中，仍有部分群体重经济而轻生态，无法在经济发展和生态保护间实现平衡，一些短视行为使原本就比较脆弱的生态环境进一步恶化，土地进一步沙化，甚至导致难以恢复的灾难性后果。

其次，荒漠化治理的资金投入不足。杭锦旗是国家级贫困县，经济发展水平相对落后，地方投入荒漠化治理的资金极为有限，这导致缺乏针对荒漠化治理的持续资金来源。其他恶劣的自然灾害也会进一步影响该地区的资金需求，例如干旱或洪灾都会造成造林补植次数增加，从而导致治理和造林费用提高。由于资金的局限性，一些适宜技术无法大范围推广，针对沙产业开发中面临的各种技术难题也缺乏必要的资金投入，这些都制约了治沙产业的集约化发展和相关技术的推广。

再次，荒漠化治理需要持续进行，巩固治理效果。由于库布齐沙漠本身的生态环境基础就较为薄弱，在造林后，要维持治理效果需要持续投入人力、物力加以巩固。部分地区由于条件较差，恢复植被稳定性不强，极易再次荒漠化，如果没有针对性举措，长期持续的保护，很难形成稳定、成功的治理结果。

第四，库布齐地区荒漠化治理中技术含量仍然较低。由于资金投入有限，在该地区的荒漠化治理中，尽管因地制宜地应用了一些效果明显的治理技术，但是技术含量相对较低，缺乏技术创新。高新技术推广范围也极为有限，治理中整体技术含量较低。

最后，治沙产业仍未形成产业规模。尽管政府为荒漠化治理相关产业提供了针对性的扶持、优惠政策措施，但是政策体系仍然还不够完善，执行起来较为困难。同时，受制于资金的局限性，荒漠化治理相关产业的规模和发展速度都极为有限。此外，在调研的过程中，还发现部分企业享受优惠政策却没有切实落实荒漠防治的具体工作，还需要有关部门加强监管，对优惠、扶持政策建立一套完整、有效的财政审批、监管运用和成效考核机制。

（二）治理目标与策略

荒漠化土地的防治极为复杂，必须切实从治理地区的生态条件、形成原因、发生过程、景观动态变化特征入手，结合该地区的经济发展情况采取系统对策。

1. 库布齐地区荒漠化治理目标和总体思路

库布齐地区荒漠化治理的基本思路是按照中共中央、国务院《关于加快林业发展的决定》精神，动员全社会力量参与荒漠化治理和生态建设工作，推进林业科学技术与生态环境建设的紧密结合。合理规划土地利用类型，充分利用植被的自然繁殖过程和沙地景观自然结构，采取封造结合、乔灌草结合等综合技术措施，建立相对稳定的生态系统。

针对区情特点，治理的总体思路首先应该逆转荒漠恶化趋势，保护好现有森林、草地、湿地景观等，在此基础上通过各种举措进一步扩大森林、草地等绿地类型面积，减少沙漠化面积，工作重点是减少流动沙丘和半流动沙丘面积，在流动沙丘和半流动沙丘集中分布地区营造适度面积的星罗棋布的绿岛；在河流、道路两侧及沙漠周边营造防护林带，构建绿色网络廊道；在乡镇、村屯居民点建设景观园林化绿色城镇、生态村屯、庄园农户、生物经济圈牧户等散生型小斑块景观。在丘陵区以小流域为单元进行以水土保持为主的林草植被生态建设工程，在平原区构建以基本农田为主的农田防护林建设工程。通过增加绿色空间的面积和数量，增加景观多样性，生物多样性，增强网络连通性，构建和谐、稳定、优化的区域土地利用景观系统。在生态系统修复过程中要特别注重借助生态系统的自我修复能力，利用自然规律重建生态系统。

根据库布齐沙漠生态建设立地类型的差异，库布齐沙漠综合治理应采取先易后难的治理步骤。重点进行库布齐沙漠直接沙源地的植被建设，即沿黄公路（吉—巴线）两侧农田防护林、丰产林和防风固沙林区植被建设。同时，为防止库布齐沙漠的南侵，加大硬梁地低山丘陵水土保持建设区植被恢复力度。对库布齐沙漠腹地的高大流动沙丘则主要是以植被保护为主，恢复天然植被，并对相对平缓的流动沙丘进行防风固沙林建设，固定流沙。

治理的目标是力争实现逆转土地荒漠化的趋势，使荒漠化向绿洲化方向发展，使库布齐沙漠地区的景观生态系统得以持续完善、生物多样性增加；生物群落通过各种手段得以修复，促成该地区农林牧渔综合发展，防、治、用有机结合，实现自然、经济、社会的可持续发展。

2. 杭锦旗生态建设荒漠化治理中期目标

调研走访的杭锦旗也针对本旗的荒漠化治理和林业发展提出了明确的发展目标：以加快转变林业发展方式为主线，以深化集体林权制度改革为动力，全面实施以生态建设为主的林业发展战略，大力发展现代化林业，加快建立完善的林业生态体系，全面推进荒漠化治理。该旗针对“十二五”时期提出的林业发展和荒漠化治理目标与任务包括：到 2015 年，新增林地面积 336.6 万亩，森林覆盖率进一步从 2011 年的 14.6%提高到 19.7%。林业总产值达到 59318 万元，农牧民和林业职工的生活水平明显提高，人均每年从经营林业生产活动中获得的经济效益达到1600元。“十二五”期间，全旗计划完成生态建设任务350万亩，完成义务植树225万株，四旁植树200万株，完成育苗基地1.3万亩，完成灌木林平茬300万亩[①]。

3. 库布齐沙漠治理原则和战略

根据库布齐自然环境特点和社会经济发展、产业结构、经济结构、土地利用结构的现状，库布齐沙漠综合治理应遵循如下原则。

保护优先原则。应尽量恢复荒漠化地区自然状态，重新建立和保护自然资源系统，特别是水资源协调发展的生态系统。

适应自然原则。国内外多年的造林治沙实践证明，沙地不适合杨树人工林，而应该提倡和大力发展适宜的沙地针叶树种造林。顺应自然的治理方式要求治理中要充分考虑植被适应的自然环境，使其尽量能够实现自然的更新和生长发育。

综合性原则。任何一个生态系统的内部要素之间都是相互依赖、相互制约、共同发生作用的。在对防治沙漠化土地这样多目标、多层次、多因素的系统决策时，必须应用综合观念、综合措施进行分析和防治。

可持续发展原则。坚持短期效益与长期效益相结合，使生态系统持续稳定健康发展。本次调研走访的库布齐沙漠区段由于近年来开展了大规模的防沙、治沙和植树造林等多种治理活动，已经逆转了荒漠化的趋势，部分地区生态系统得以恢复和优化。未来治理还应遵循可持续发展原则，促进治理效果稳定地保持下去。

针对库布齐沙漠当前和未来的防治，还应采取以下战略：

突出生态经济优先。尽管生态效益是荒漠化治理最重要的目标，但是考虑到库布齐沙漠地区大部分经济发展水平仍然比较低，在追求生态效益的同时，也不应该忽视经济效益。在防止荒漠化扩展的过程中，首先应该解决好沙区群众的生产生活问题。只有提高收入、摆脱贫困才能根本有效地实施荒漠化治理措施，否则，只能是短期逆转和长期的过度利用相伴，

① 内蒙古自治区鄂尔多斯市杭锦旗林业局：《杭锦旗生态建设基本情况介绍》，2011年8月8日。

最终是对本已脆弱的生态环境的更大破坏。

调整社会经济结构。落后的生产方式和经营模式也是造成土地荒漠化的原因之一，所以，必须改变不合理的生产方式，调整产业结构，从政策上制定科学合理的区域土地利用规划，以水资源合理利用为核心，优化土地利用结构，发挥土地资源的整体潜力，做到人口、资源、环境和经济的相互适宜和协调发展。同时，改变单纯以农业或牧业经济为主体的经济结构，结合生态环境建设，以生态企业为龙头带动生态产业的发展，形成多元社会经济体系，促进该地区生态环境的可持续发展。

继续推行优惠政策引导的方针。确保生态建设大户的经济利益和技术含量高的生产部门的经济效益。政策是引导生态建设最重要的措施，同时也需要资金的强大支持。植被保护与生态建设的主体是农牧民群众，在目前人口增加、生态环境恶化、生态和生活条件仍不理想的情况下，进行大规模的植被封禁保护和生态建设，需要制定倾斜政策，用法律、法规、制度和利益机制调动群众参与生态建设的自觉性和积极性，变成群众的自觉自动行为，完善土地承包制，实行分类经营。

推行沙区社会林业发展模式。我国的荒漠化治理大多都是由政府所主导和投入推行，但是随着公民环保意识的增强，更多企业和民众也参与到荒漠化治理的工作中来。沙漠化防治的生态环境建设是全社会共同的责任，在制定生态建设规划和如何选择植物品种等方面应多听取当地群众的意见，采取资金扶持、技术示范等多种形式，吸引群众直接参与，科技人员和政府部门协助实施。

总之，库布齐沙漠的继续治理需要根据本地条件有针对性地研究，采用多样化的生物措施、工程措施和化学措施因地制宜、对症下药地遏制荒漠化持续扩大的趋势，出台配套的政策措施，建立强大的组织和保障机制，构建完善的监测和评价机制，建立起一套科学的荒漠化土地资源利用体系。

五　政策建议

西部荒漠化地区的防沙治理既是西部生态文明建设的需要，又是国民经济发展的需要，同时也是保持民族地区社会稳定，帮助沙区人民生存发展和摆脱贫困的社会发展的需要。据测定，沙区土地和粮食的潜力为640亿斤，可为满足未来人口粮食需求发挥重要作用。

库布齐沙漠的治理工作既有和其他沙漠、沙地地区共同的特点，也有自身条件决定的独有性特点。近年来，随着自治区政府的重视，民众和企业力量的积极参与，该地区的荒漠化治理已经取得了显著的成就，积累了大量的成功经验，但是同时也仍然面临一些问题。基于调研和座谈，本研究针对库布齐沙漠地区的特点提出以下政策建议。

（一）实施系统性举措对荒漠化地区进行综合防治

首先，要通过法律、法规、政策等一系列措施，规范人的行为活动，遏制土地荒漠化的趋势进一步恶化。目前政府仍然是指导和组织荒漠化治理最重要的主体，政府所制定的关于防治土地沙漠化的政策措施是治理成功的重要基础，对防沙、治沙结果起着根本性和决定性作用。借鉴国内外防沙治沙经验，结合库布齐沙漠地区实际情况，因地制宜地采取针对性措施才能推动荒漠化治理工作进一步推进和目标的实现。为了充分发挥政府的宏观管理、组织职能，政府应该科学制定荒漠化治理的规划；加强法律法规建设，规范荒漠化治理者的行为。

（二）构建多元化治理开发主体， 加快荒漠化治理的进度

荒漠化治理工作是一项风险性大、投资回报周期长、经济利润较低的事业。因此，传统的荒漠化治理思路仅仅将荒漠化防治视为改善生态环境的一种事业。但实际上，通过荒漠化治理也能同时实现显著的经济效益。尽管过去的库布齐沙漠改造多是由政府主导推动，但是在荒漠化工作取得一定进展之后，持续的成效有赖于更多利益主体的加入，应该吸引多种所有制形式的主体参与到荒漠化治理中来，使社会团体、企业和个人成为我国防沙治沙中的关键力量。这也是未来库布齐沙漠和其他荒漠化地区进一步实现荒沙治理的方向所在。

（三）提高荒漠化地区普通民众参与治理的积极性

过去政府主导的荒漠化治理通过教育方法和行政指令来调动普通群众参与荒漠化治理并取得了显著成效。但是，未来工作的进一步推进，

仅仅依靠教育来调动群众参与的积极性无法取得持久的效果。库布齐沙漠所在地区经济社会发展水平还较低，因此，在治理的过程中应该充分考虑到该地区的现实情况，考虑当地农牧民的实际愿望，顺应市场化的趋势，构建新的治理思路：即将荒漠治理、生态环境保护、当地居民脱贫与增收相结合，通过鼓励荒漠化治理产业发展，实现荒漠化治理与农民增收双重红利。

（四）完善相关的支持和监督政策体系

尽管目前相关地区已经出台了一系列有针对性的政策，但存在的一些问题从现有的政策体系中仍无法得以解决，加之实际情况比较复杂，给政策的落实带来一定困难。针对调研中了解到的杭锦旗的实际情况，建议相关政府部门从以下几方面进一步完善政策体系。一是应从本地实际情况出发，制定有针对性的优惠政策，吸引多元化的社会主体参与荒漠化治理，政府可以根据自身实际情况和项目特点为参与方提供资金上的支持、贷款上的优惠和税收上的优惠等。二是建立造林地产权制度，吸引多元化经济主体投入到荒漠化治理中来。生态资源产权的明晰化才能从根本上建立有利于形成荒漠化治理的制度基础。三是建立生态效益补偿制度，保护治理者的积极性。因荒漠化治理获益的单位和个人可支付一些补偿资金；对破坏荒漠化生态系统的单位和个人不仅要罚款，还要由其缴纳补偿金；国家也应该根据该地荒漠化治理的实际需求，建立生态补偿基金。四是目前国家已经实施的一些优惠政策，也会产生一些新的问题，如部分企业申请优惠政策却并未实际从事与治荒治沙相关的活动，而是利用优惠条件获利。因此，对于各种支持资金的使用需要建立完善的监督和考核机制，确保专项资金用在真正的荒漠化治理相关领域。

第十六章　阿拉善地区荒漠化态势与治理成效*

阿拉善盟[1]地处内蒙古自治区最西端，地域辽阔，人口稀少。西南与甘肃省相连，东南与宁夏回族自治区毗邻，东北与乌海市、巴彦淖尔盟接壤，北与蒙古国交界。全盟东起贺兰山，西至马鬃山，长约831公里，北起嘎顺淖尔，南至腾格里沙漠南缘，宽约598公里，总面积27万平方公里，占内蒙古自治区总面积的22%。全盟总人口22.39万人，有蒙、汉、回、藏等28个民族，是内蒙古自治区土地面积最大、人口最少的盟市。现辖阿拉善左旗、阿拉善右旗、额济纳旗3个旗和2个自治区级开发区（阿拉善经济开发区、孪井滩生态移民示范区）、23个苏木（镇）、190个嘎查（村）。盟府所在地巴彦浩特镇，为全盟政治、经济、文化中心。

一　区域概况

（一）自然环境基础

阿拉善盟在地理上处于中国干旱区东端，与东部季风区、青藏高原高寒区毗邻，是亚洲大陆腹地的内陆高原。因远离海洋，周围群山环抱，形成典型的大陆性气候。干旱少雨，风大沙多，冬寒夏热，四季气候特征明显，昼夜温差大。年均气温6~8.5℃，1月平均气温-9~-14℃，极端最低气温-36.4℃；7月平均气温22~26.4℃，极端最高气温41.7℃。由于受东

---

* 本章成文于2013年11月。

① 阿拉善位于贺兰山之西，河西走廊（龙首山-合黎山）以北，北抵中蒙国界线，西至黑河西岸的马鬃山。阿拉善主体位于内蒙古自治区阿拉善盟。为便于获得统计资料和分析，本文以阿拉善盟代替阿拉善地区。

南季风影响，雨季多集中在七、八、九三个月。降水量从东南部的 200 多毫米，向西北部递减至 40 毫米以下；而蒸发量则由东南部的 2400 毫米向西北部递增到 4200 毫米。年日照时数达 2600~3500 小时，年太阳总辐射量为 147~165 千卡/平方厘米。多西北风，年平均风速每秒 2.9~5 米，年均风日 70 天左右。

黄河流经阿拉善左旗的乌索图苏木和巴彦木仁苏木，在境内流程达 85 公里，年入境流量 300 多亿立方米。额济纳河是盟内唯一的季节性内陆河流，发源于祁连山北麓，流至巴彦宝格德水闸分二支，西为木仁高勒（西河），注入嘎顺淖尔；东为鄂木讷高勒（东河），注入苏泊淖尔、京斯田淖尔和沙日淖尔。额济纳河在阿盟境内流程达 200 多公里，年流量 10 亿立方米。贺兰山、雅布赖山、龙首山等山区许多冲沟中一般有潜水，有些出露成泉。在沙漠中分布有大小不等的湖盆 500 多个，面积约 1.11 万平方公里，其中草地湖盆面积 1.07 万平方公里。这里绿草如茵，湖水荡漾，被称为沙漠中的绿洲，是良好的牧场。

地形呈南高北低状，海拔 900~1400 米，地貌类型有沙漠、戈壁、低山、丘陵、湖盆、滩地等。土壤受地貌及生物气候条件影响，具有明显的地带性分布特征，由东南向西北依次分布有灰钙土、灰漠土、灰棕漠土。在湖盆和低洼地区有盐碱土和沼泽土。著名的巴丹吉林、腾格里、乌兰布和三大沙漠横贯全境，面积约 7.8 万平方公里，占全盟总面积的 29%。巴丹吉林沙漠以高陡著称，绝大部分为复合沙山，相对高度从外缘的 5~20 米，向内逐渐增高到 200~400 米，最高达 500 米。高大沙山互不连接，峻峭陡立，巍巍壮观。腾格里沙漠、乌兰布和沙漠多为新月形流动或半流动沙丘链，一般高 10~200 米。沙漠中分布有 500 多个咸、淡水湖泊或盐碱草湖，其中较大的有古日乃湖、拐子湖、沙日布日都、头道湖、查干高勒、敦德高勒、辉图高勒、巴彦霍勒、乌日图霍勒等。北部戈壁分布较广，面积约 9 万平方公里，占全盟总面积的 33.7%。阴山余脉与大片沙漠、起伏滩地、剥蚀残丘相间分布，东南部和西南部有贺兰山、合黎山、龙首山、马鬃山连绵环绕，雅布赖山自东北向西南延伸，把盟境大体分为两大块。贺兰山呈南北走向，长 250 公里，宽 10~50 公里，平均海拔 2700 米。主峰达郎浩绕和巴彦笋布日，海拔分别为 3556 米、3207 米。贺兰山巍峨陡峻，犹如天然屏障，阻挡腾格里沙漠的东移，削弱来自西北的寒流，是外流域与内流域的分水岭。

矿产资源富集，成矿条件优越。目前做过1∶5万区域地质调查的地域仅占全盟总面积的5.30%，找矿潜力巨大。已发现的矿藏有86种，探明一定储量的有45种，其中湖盐、无烟煤、花岗岩等储量居内蒙古自治区第一，煤、盐、硝、金、铁等30种矿产得到开发利用并形成一定产业优势，现已建成世界生产规模最大的金属钠生产基地，亚洲生产规模最大的靛蓝生产基地，我国生产规模最大的氯酸钠厂、国内单体规模最大的焦炉煤气合成甲醇装置和最大的盐湖生物养殖基地。

土地、生物资源多样。阿拉善盟属典型的生态经济型土地利用区域，在全盟27万平方公里的面积中，沙漠占28.10%、戈壁占34.16%、山地与丘陵占18.02%、滩地占19.71%。宜耕土地300万亩，其中现有水浇地33万亩，播种面积28.6万亩；全盟草场总面积2.6亿亩，其中可利用草场1.5亿亩。林业用地5068万亩，占全盟土地总面积的12.50%，森林资源2040万亩，森林覆盖率为7.66%。其中贺兰山天然次生林、黑河下游额济纳居延绿洲、东西绵延800多公里的天然灌木林带共同构成了阿拉善地区的三大生态屏障，也是我国西部地区主要的生态屏障。同时，全盟已建成贺兰山国家级自然保护区、额济纳胡杨林国家级自然保护区，另外还有自治区级自然保护区6个、旗级自然保护区1个，保护区面积占全盟总面积的19.73%。保护区内有植物669种、动物188种，其中珍稀濒危植物45种、国家重点保护动物37种。阿拉善双峰驼、白绒山羊是地方优势畜种，年产优质驼绒500吨、羊绒260吨。肉苁蓉、锁阳、甘草、苦豆子、黄芪等名贵中药材资源产量极为可观。

风光能源丰富。阿拉善盟境内地势平缓宽展，无高大山脉阻挡，气流地表摩擦力小，风频繁，风速大，全盟年平均风速3.65米/秒，累积时数平均在4749小时（风速在3.0~6.0米/秒之间）左右，全年有效风能储量1000~1600千瓦时。同时，太阳能也是阿拉善盟的又一大资源，盟内大部分地区年平均气温为6~9℃，可利用太阳能辐射总量年均为783~870千卡/平方米，合计为900~1000千瓦时，持续日数达190天，是全国光热风能资源最丰富的地区之一。开发利用阿拉善盟风能、光能资源，具有深远的意义和广阔的前景。

旅游资源得天独厚。阿拉善奇异的大漠风光、秀美的贺兰山神韵、神秘的西夏古韵、雄浑的戈壁奇观、古老的居延文化、豪放的蒙古风情、悠远的丝绸文明，构成了独具特色的旅游资源主体。阿拉善沙漠国家地质公园，是我国唯一的国家沙漠地质公园，并于2009年正式晋升为世界地质公园。这里有世界最高最美丽的巴丹吉林沙漠，我国最集中的胡杨林，举世闻名的黑城遗址，建于乾隆年间的广宗寺和嘉庆年间的福因寺，以及贺兰山岩画、月亮湖、敖伦布拉格大峡谷、额日布盖大峡谷、海森楚鲁怪石林等丰富独特的旅游资源。阿拉善境内的“东风航天城”更是威名远扬，多颗卫星、“神舟”飞船（Ⅰ号～Ⅶ号）均在这里成功发射。

（二）地区开发历程

阿拉善建盟以来，主要开发历程表现在其工业经济由小变大、由弱变强。其中改革开放、西部开发、二次重化工和向北开放等发展机遇，成为阿拉善盟开发建设的重要节点。

第一，改革开放。经济体制由计划经济向社会主义市场经济的转变，工业结构由轻重并举向以重为主的转变，所有制结构由单一所有制向多种所有制并存转变，企业规模由普通工厂向集团公司转变，产业层次由简单加工向深加工、精细加工转变，经济性质由国家、集体所有向以公有制为主体的多种经济成分并存转变，政策导向由禁止限制私营经济向引导、鼓励非公经济转变，分配制度由平均主义恢复到按劳分配，再到按生产要素分配等，都是改革开放带来的发展成果。

第二，西部开发。1999年中央开始实施“西部大开发”战略。2000年内蒙古自治区纳入西部大开发序列。2003年内蒙古自治区人民政府发布了《内蒙古自治区实施西部大开发若干政策措施》，进一步明确了在扩大对内对外开放、拓宽投融资渠道、吸引和用好人才、实行税费和土地、矿产资源优惠等5个方面的具体政策。这些政策措施的实施带来了内蒙古地区生产总值连续9年的高速增长。阿盟“六五”至“九五”期间形成的良好的产业基础和具有竞争力的招商引资政策，适时迎合了发达地区产业特别是重化工业梯度转移的需要，使阿盟成为“南资北移”的理想目的地之一。此外，“西部大开发”战略为西部地区在国家宏观调控中获得差别化政策提供了可能和机遇。事实证明，“西部开发”的10年是阿盟工业经济发展史上发展最快最好的时期。

第三，重化工业的二次兴起。自20世纪50年代开始，我国在计划经济体制下开始了经济发展史上的第一次重工业化。直到改革开放以后，在经济体制调整转型的过程中，我国工业经济结构逐步开始与人民群众的真实需求对接，进入了以轻工业为主导的初级生活资料消费时代。20世纪90年代以来，人民群众的消费重点在由普通生活资料转向中高档生活资料的过程中，由于住宅、汽车、基础设施、电子产品等行业的快速发展，市场对钢铁、有色金属、机械、建材、化工等行业的需求大增，使得电力、煤炭、有色金属、钢铁等行业的重要性日益凸显，最终带动了这些能源资源行业的快速增长，我国由此进入了经济发展史上的第二次重工业化发展阶段。在自治区的积极推动和支持下，阿盟迎头赶上了这一重大机遇，一方面阿盟拥有重化工业所需的丰富能源资源和有利于要素配置的工业生产力布局；另一方面阿盟形成了一系列促进工业经济“做大做强”的体制机制，从而加速了资源优势和区位优势向经济优势的快速转变。事实证明，“十五”以来，阿盟工业规模的迅速扩大、工业结构的重大调整、工业经济的快速发展主要得益于重化工业的快速发展。

第四，向北开放。“向北开放”是充分利用国内国外两个市场、两种资源的重大战略举措。策克公路口岸北邻蒙古国、南靠阿拉善盟腹地，具有商贸旅游、通关过货、进出口加工3大功能，是阿盟“向北开放”的桥头堡。多年来，阿盟充分利用策克口岸的地缘优势和开放优势，坚持平等自愿和互惠互利的原则，大力实施“走出去”战略，实现了阿拉善盟和蒙古国在矿能开发上的双赢合作。目前，阿盟正在加快推进策克口岸基础设施建设，提高进口原煤就地加工转换能力，积极培育能源重化工和进口资源加工产业集群，努力构筑连接蒙古国、对接阿拉善经济开发区、面向全国的能源资源产业基地。此外，阿盟正在积极申报乌力吉口岸。口岸经济为阿盟的工业化进程注入新的动力，正在成为全盟新的经济增长点。

（三）经济发展总体态势

2012年，全盟实现地区生产总值454.76亿元，同比增长13.40%。其中：第一产业增加值10.77亿元，同比增长4.40%；第二产业增加值377.65亿元，同比增长14.50%；第三产业增加值66.34亿元，同比增长9.00%。第一产业对经济增长的贡献率为0.81%，第二产业对经济增长的贡献率为 88.87%，第三产业对经济增长的贡献率为 10.33%。三次产业结构的比例由上年的 3∶82∶15 调整为 2∶83∶15。按常住人口计算，人均地区生产总值达 191841 元，比上年增长 11.8%，按当年平均汇率折算，达 30390 美元。从 2000 年到 2012 年，阿拉善盟 GDP 总量增长了 20 倍（见表 16.1）。

表 16.1 2000~2012 年阿拉善盟 GDP 增长趋势

年份	2000	2009	2010	2011	2012
GDP（亿元）	21.78	245.11	305.89	392.63	454.76
人均 GDP（元）	10590	109473	132229	168094	191841
地均 GDP（万元/km^2）	0.81	9.07	11.33	14.54	16.84

全年完成地方财政总收入 60.70 亿元，比上年增长 13.9%。其中：公共财政预算收入 35.94 亿元，同比增长 20.6%；上划中央税收收入 20.88 亿元，同比增长 5.3%；上划自治区税收收入 3.88 亿元，同比增长 5.9%。全年全盟公共财政预算支出累计完成 75.33 亿元，比上年增长 17.1%。2012 年，公共与民生领域仍是支出的重点。其中，一般公共服务支出 12.41 亿元，增长 25.7%；教育支出 6.41 亿元，增长 0.5%；城乡社区事务支出 9.89 亿元，增长 51.9%；社会保障和就业支出 4.17 亿元，增长 23.1%。

农牧业稳定增效。2012 年第一产业投资达 6.00 亿元，比上年增长 34.47%。农作物总播种面积 31850.67 公顷，比上年减少 467.33 公顷，其中：粮食作物播种面积 19028.67 公顷，比上年增加 94.67 公顷，增长 0.5%。粮食总产量 179011 吨，比上年增产 5001 吨，增长 2.87%；油料产量 22949 吨，增产 90 吨，增长 0.39%；棉花产量 1550 吨，减产 775 吨，下降 33.33%；蔬菜产量 13963 吨，减产 1691 吨，下降 10.80%。全盟年度牲畜存栏 170.1 万头（只），比上年同期增长 0.38%；牲畜出栏 58.94 万头（只），出栏率 34.65%；牲畜总增 65.48 万头（只），总增率达 38.50%；良种及改良牲畜总头数 126.43 万头（只），占存栏总头数的 74.33%。全年肉类总产量 15542 吨，比上年同期下降 0.98%。其中，猪牛羊肉产量分别达到 2099.9 吨、544 吨和 11390 吨，分别比上年增长

13.30%、3.21%和2.93%。牛奶产量2580吨，下降5.39%；羊毛产量728吨，增长3.96%；山羊绒产量295吨，下降1.34%。

造林成绩突出。全年完成荒山荒（沙）地造林面积46979公顷，比上年增加13146公顷，增长38.86%。其中：人工造林面积20513公顷，飞播造林面积14667公顷，无林地和疏林地新封面积11799公顷。全年完成封山育林面积35.18万公顷，完成退耕还林面积4万亩，完成天然林资源保护工程造林面积39.12万亩，完成“三北”防护林工程造林面积15万亩。年末全盟森林面积206.43万公顷，其中：有林地6.84万公顷，灌木林地199.59万公顷。森林覆盖率达7.65%。年末农牧业机械总动力28.81万千瓦，同比增长5.53%；本年有效灌溉面积达66.92千公顷，比上年增加0.60千公顷；节水灌溉面积达22.29千公顷，比上年增加2.53千公顷；新增水土流失治理面积0.88千公顷；农牧区用电量15769万千瓦小时，增长0.85%；农用化肥施用量（折纯）18884吨，增长10.37%。

工业快速发展。2012年第二产业投资达166.03亿元，比上年增长38.43%，其中：工业投资156.82亿元，增长46.94%。实现工业增加值359.27亿元，比上年增长14.8%，对经济增长的贡献率为85.99%，占地区生产总值的79%。其中，规模以上工业企业增加值增长16.4%。从规模以上工业主要产品产量看，全盟原煤产量达1547.40万吨，增长42.6%；原盐产量达253.46万吨，同比下降13.6%。与上年相比，增幅较高的有石墨及碳素制品、洗煤、铁精粉和无烟煤等，分别增长210.6%、90.0%、46.4%和42.8%，其他主要工业产品产量有增有降。全盟规模以上工业企业主营业务收入423.51亿元，比上年下降2.63%。实现利润-8.85亿元，比上年下降150.09%，亏损企业亏损额19.24亿元，比上年增长229.52%。

旅游业发展强劲。全盟已建成国家A级旅游景区7个，形成实体景区与非实体景区15家，旅游景点30余处，国内旅行社11家，星级宾馆13家，农牧家游139家，日接待游客达到2万人次。在“十一五”期间，全盟旅游景区累计实现旅游总收入32.48亿元，平均增长23.14%，接待国内外游客596.44万人次，平均增长33.64%，接待国内外游客从2005年的61.8万人次增加到2010年的174万人次，旅游收入从2005年的2.63亿元增长到2010年的11亿元，分别增长2.82倍和4.18倍，增速高于全区平均速度，旅游业已经逐步成为带动阿拉善盟第三产业发展的龙头。

交通运输业、邮电业平稳上升。全年实现增加值9.70亿元，比上年增长10.1%。营利性公路客运量206万人，货运量3070万吨，分别比上年增长15.08%和22.12%；客运周转量39151万人公里，货运周转量1117983万吨/公里，分别增长32.34%和22.13%。年末铁路总里程达1348.4公里。公路总里程达8121公里。其中：等级公路7846公里，等外公路275公里。在等级公路中：高速公路114公里，一级公路191公里，二级公路375公里。年末全盟机动车保有量达6.97万辆；驾驶员达10.58万人。

二　荒漠化现状及态势

（一）荒漠化总体现状及态势

阿盟大部分地区极端干旱，无地表径流。年均降水量不足37mm，而蒸发量高达3700~4000mm，属于水资源极度贫乏地区。由于黑河流域中上游地区用水量增加，额济纳绿洲可用地表水量从20世纪50年代的每年12亿立方米，锐减到1992年的每年1.83亿立方米；尽管实施了黑河分水工程，但目前每年可用水量也不足5亿立方米，导致绿洲面积萎缩、地下水位下降，整个绿洲生态系统受到严重威胁。东部的贺兰山有比较稳定的水源，但水量太小（3亿立方米），就是这里维持着整个阿拉善地区3/4的人口的用水，并且已经呈现水资源短缺的态势。黄河灌区可用水只有0.5亿立方米。一定量的地下水由于补给量小，容易过度开采，引起水位下降，进而导致绿洲荒漠化①。

阿拉善地区50多年来经历了严重的生态退化。原来的三大生态屏障（贺兰山西坡森林带、北部梭梭林带、额济纳胡杨绿洲带）发生了严重荒漠化。20世纪50年代长达800公里、面积110万公顷的梭梭林目前仅剩3.8万公顷。额济纳旗由于黑河来水减少，胡杨林面积由5000公顷，减少到目前的不足3000公顷；沙漠、戈壁、裸岩及沙化土地，已经占全盟土地的93.15%，并且沙漠化仍在继续发展。其中，巴丹吉林沙漠扩展速度最快，1996~2002年扩展了1237平方公里，年均扩展177平方公里；腾格里

① 张百平等：《内蒙古阿拉善地区的荒漠化与战略性对策》，《干旱区研究》2009年第4期。

沙漠同期扩展了472平方公里，年均扩展68平方公里。到2012年，阿拉善沙漠总面积为7.59万平方公里。更为严重的是境内三大沙漠（巴丹吉林、腾格里、乌兰布和）已经在5处“握手”，呈明显的扩展、合围之势。全盟各地的生物丰富度指数、植被覆盖度指数、水网密度指数、环境质量指数和生态与环境状况指数均呈现下降趋势。全盟1/3的荒漠草原已全部退化，80%的草地植被覆盖度由20世纪60~70年代的10%下降到4.5%~8.6%。由于植被退化，生物多样性受到严重破坏，草本植物由200多种锐减到不足80种。整个阿拉善地区的生态功能大幅度下降，而且环境继续向恶化趋势发展。目前，荒漠化面积已达23万平方公里，占全盟面积的85%，并正在日益扩大，沙化土地面积仍以每年150平方公里的速度扩展，尽管阿盟近些年来加大了植树造林、退牧还草和退耕还林的力度，但是治理速度远远赶不上沙化速度，还处在“整体恶化，局部好转，破坏大于治理”的阶段，这严重制约了阿盟经济和社会的可持续发展。

（二）不同区块荒漠化状况与特点

1. 额济纳旗

额济纳旗属于资源极度贫乏地区，全旗森林面积738.29万亩，其中胡杨林44.42万亩；沙枣林0.17万亩；柽柳林229.4万亩；梭梭林279.9万亩；白刺117.4万亩；其他67万亩，森林覆盖率4.29%。沙化林地面积1111.56万亩，按沙化类型分，固定沙地面积720.79万亩，占沙化林地面积的64.84%；半固定沙地面积390.77万亩，占沙化林地面积的35.16%。自20世纪70年代开始，由于黑河入旗水量逐年减少，曾经造成3个湖泊、16个泉眼和2个沼泽地消失，大面积的湿地变成盐碱沙滩，风起沙扬，绿洲不断萎缩，植被退化，生物多样性减少，土地荒漠化加剧。有近530万亩的湿地和林草地变为沙漠和盐碱滩，约占绿洲可利用土地面积的50%以上，平均每年沙漠化面积为13万亩。胡杨林由原来的75万亩减少到44.42万亩，梭梭林由原来的378万亩减少到279.9万亩。草场植被覆盖度降低了50%~80%，植物种类也由原来的130多种减少到30多种。新中国成立初期有野生动物180余种，现在大部分已销声匿迹。沙尘暴等灾害性天气频繁发生，进入20世纪90年代以来，强沙尘暴次数越来越多，强度越来越大，涉及范围越来越广，危害程度越来越严重，已成为我国最主要的沙尘暴策源地之一。

2. 阿拉善左旗

阿拉善左旗地处内陆腹地，远离海洋，属于中温带干旱区。旗地域总面积8.04万平方公里，是一个是荒漠化问题突出的地区，气候干旱、年降雨量不足200mm，生态环境极其脆弱。境内山脉高耸，沙漠绵亘、丘陵起伏、戈壁无坡、交错分布，构成一幅复杂多样的地貌景观。按其特征大体可分为贺兰山山区、阴山余脉-乌兰布和沙漠区、腾格里沙漠区和中央戈壁区。贺兰山区位于旗境东部和东南部，地势由东向西倾斜，平均海拔高度2000米。面积为763.4平方公里，占全旗总面积的0.96%。阴山余脉-乌兰布和沙漠区位于阿拉善左旗东北部，以低山丘陵和乌兰布和沙漠组成本区地貌主体，面积约33599平方公里，约占全旗总面积的41.8%。腾格里沙漠区位于旗境西南部，面积25514平方公里，沙漠区沙丘、湖盆、山地残丘及平原交错分布。中央戈壁区位于旗境北部，面积约14280平方公里，占全旗面积的17.8%，属阿拉善高原的一部分。

黄河从宁夏回族自治区石嘴山市进入阿拉善左旗，沿乌兰布和沙漠东缘，经乌素图和巴彦木仁北下，由内蒙古自治区巴彦淖尔盟磴口县二十里柳子出境，行程85公里，流域面积30.91平方公里，多年平均过境径流量315亿立方米，最大年径流量556亿立方米（1967年），最小年径流量166亿立方米（1929年），是阿拉善左旗的重要水资源之一。阿拉善左旗境内黄河水利用潜力巨大，但由于技术经济等原因，旗内对黄河水利用很少。

腾格里、乌兰布和及亚玛雷克三大沙漠及沙漠化面积为6.4万平方公里，占全旗国土总面积的79.3%，生态环境极度恶劣。阿左旗面临着河道断流加剧、湖泊干涸、湿地消失、绿洲萎缩、地下水位下降、水质逐渐恶化，以及森林系统遭到破坏、草原生态系统退化、沙漠化加剧等生态危机。

三　荒漠化治理措施与成效

（一）转移战略

20世纪90年代初，阿盟就提出了以生态移民为核心的“转移战略”，对退化草场实施围封，对牧民实行转移。根据实地考察和分析，当地政府认为，生态脆弱、环境恶化、地广人稀的阿拉善地区应该将牧民从广大的沙漠地区迁移出来，再求生态保护与发展。基于这样的认识，1995 年 1 月，阿拉善盟委提出了“适度收缩、相对集中、转移发展”的“转移战略”，明确了从牧区移民向绿洲和城镇聚集，发展非公有制经济为主的二、三产业的发展思路，将总人口的 1/5 从牧区移民到绿洲和城镇聚集，移民迁出区实施围封禁牧，让生态自然恢复。

从某种意义上说，“转移战略”是人类向自然的退让，是人类给自然一个补偿，是一种观念的更新和进步，开了我国生态脆弱地区进行真正意义上的“生态移民”的先河。由这种互动关系造成的良性循环，促使整个经济将传统农业部门的剩余劳动力转移到现代工业部门，一方面会提高这部分转移劳动者的收入水平和生活水平，增加留在农业中的劳动力可以支配的资源数量；另一方面会增加现代工业部门的产出和积累；反过来，现代工业部门的积累增加，使它有能力吸引更多的农村劳动力，加速实现工业化和城市化。因而“转移战略”符合城市化发展以及中国“三农”问题的解决。“转移战略”取得了较好的成果，根据官方提供的材料，到 1999 年底，阿拉善“九五”计划提前一年完成，主要经济指标都翻了一番，二、三产业发展趋于合理。“九五”期间修建的孪井滩扬黄灌区截至目前共安置移民近 4000 人，成为阿拉善移民搬迁的主要安置区。2012 年全盟人均 GDP 已经突破 3 万美元。二、三产业在国民经济中的比重达到 95%。移出地的生态在很大程度上得到了恢复，使退化的草场得到休养生息，促进了植被更新复壮，使局部地区环境有了根本性改善。可以说，“转移战略”是在生态脆弱地区促进环境保护和经济社会发展的有效战略，启发和引导了在内蒙古自治区甚至全国的生态脆弱区实施“生态移民”、逆转生态退化等生态政策的形成和实施。

随着社会经济的发展，“转移战略”自提出以来不断完善，“九五”期间（1996~2000 年）开始实施“适度收缩、相对集中”的“转移发展”战略。到“十五”期间（2001~2005 年），阿盟将“转移战略”扩充和完善为“三个集中”，即人口向城镇集中、工业向园区集中、农业向绿洲集中。各旗县依据实际情况和移民自身优势，实施了将生存条件较差的牧区整体搬迁到滩区，从事精种精养的农牧业集中安置、搬迁户自主选择安置地和没有劳动能力的贫困户纳入社会救助体系三种搬迁安置模式。2000 年以来，阿盟共投入 400 多万元进行移民新村住房和水、电、路等基础设施建设，在农区移民新村建成了养殖业、棉花、蜜瓜、大棚蔬菜、特色种植等产业化基地，解决了搬迁移民的后顾之忧，使移民“迁得出、稳得住、富起来”。“十一五”期间（2006~2010 年），该战略已经演变成“城乡一体化”战略。2006 年初，阿拉善对“转移战略”进行了修正，由向“绿洲集中”转向“城镇集中”。利用国家生态项目（退牧还草、公益林生态补偿基金），实施农牧民的养老保险、新型农牧区合作医疗和最低生活保障制度。阿盟走向城市化、工业化的趋势愈发明显。

（二）锁边护城增绿工程

所谓“锁边护城增绿”工程，就是通过形成沙漠锁边、外围围城、城内绿化美化工程，有效治理和防治荒漠化。一是在腾格里、乌兰布和、巴丹吉林沙漠周边通过飞播、封育、人工造林、公益林建设等，形成 3~10 公里宽生物锁边阻沙带，有效阻止沙漠扩展，像是在沙漠边上缝了一道绿色“拉链”。二是按照巴彦浩特、额肯呼都格、达赖库布三个旗府驻镇外围防护林建设规划，将完成三镇封闭式防护林体系造林近 30 万亩，预计通过 3~5 年建设与完善，可以在三镇建成封闭式环城防护林体系。三是各级林业部门每年投入达 1000 万元以上，加大对各城镇内部的绿化工程支持力度。“锁边护城增绿”工程，是阿拉善因地制宜，针对荒漠化面积大、投入资金有限等具体问题，对重点区域锁边、重点城镇护城等有限区域治理的有效探索。

（三）阿拉善左旗荒漠化防治模式

阿拉善左旗戈壁位于左旗镇南北 300 公里，东抵贺兰山西麓，西至腾格里沙漠东沿，处于内陆深处，具有典型的大陆性气候特征，属于半荒漠地区。气候干燥，雨量少而集中，蒸发强烈。“十一五”期间，阿左旗提出“生态立旗”的发展战略，累计投入资金 6.5 亿元，实施了公益林生态效益补偿政策及退牧还草等重点治理工程，先后让 2000 多户、10000 多名农牧民从生态恶劣地区转移到巴彦浩特镇、孪井滩和乌斯太等基础条件较好的地区。通过搬迁转移，大部分草场得以休养生息，取得了良好的生态效益。从贺兰山迁出牧民866户3520人，退出牲畜23万头（只），使贺兰山彻底实现了退牧还林还草目标，解决了贺兰山林区林牧矛盾突出的历史性难题。退牧后，贺兰山的生态环境得到极大恢复，水源涵养功能明显增强。调查资料显示：实施退牧还林以来贺兰山植被覆盖率由原来的31.6%增加到了现在的45.1%，草场活地植被覆盖率由退牧前的36.3%增加到现在的70.6%。退牧后仅一年灌木灌幅就平均增长35cm，结实率提高了10%。

阿拉善左旗地区封山（沙）政策的提出经过了专家的科学论证，并在政府的监督下进行了合理实施。封山育林的方式为：采用全封式，进行设施围栏，并常年设专人看护，封育期间禁止砍柴、放牧、割草和采蘑菇以及一切不利于植物生长发育的人为活动。根据调查走访阿左旗农牧局了解到：阿左旗设施围栏封育开始于2004年，到2007年退牧还草面积达到120万亩，其中：禁牧80万亩、休牧40万亩。项目涉及哈什哈苏木图兰太嘎查禁牧15万亩，巴音木仁苏木乌兰布和嘎查禁牧16.3万亩、休牧40万亩和巴润别立镇巴音朝格图嘎查禁牧48.7万亩，涉及牧民199户695人。目前工程建设任务全部完成，共架设网围栏66.77万米，建设棚圈145座9360平方米，暖棚15座9750平方米，饲草料基地2000亩。各项工程建设已通过自治区验收。2008年度第一批退牧还草工程任务95万亩，其中禁牧85万亩，休牧10万亩。目前工程作业设计已通过盟局审核；第二批退牧还草工程休牧30万亩，目前实施方案也已通过盟局审核。阿左旗农牧局在实行退牧还草工程中并非单纯的“封围”，而是将草地封养、牧民安置转移、生态移民基础设施建设、转移牧民养老保险和生态补偿相结合的系统工程。这使阿左旗退牧还草工程实施得科学、合理、有序。

实践证明，在年降水量不低于200mm的地区，退牧还草、封山育林，天然恢复植被，重建生态系统的良性循环是荒漠化土地整治中最基本、最经济，也是最有效的方法之一。退牧还草、封山育林在充分利用其自然恢复能力的前提下，同时辅以人工补植树草种，进行围栏、人工管护，从而恢复植被，改善物种结构，使其逐步形成可以利用的稳定且持久的合理结构。仅仅封育5年时间，土地荒漠化得到有效遏制。封山育林和退牧还草是促进阿拉善左旗戈壁区荒漠化草原植被和生态恢复的一项有效措施。

阿左旗在实施转移搬迁、退牧还草、封山育林的同时，按照“保护和建设并举、保护为主”的可持续发展思路，大力推进生态建设步伐。如今，1075万亩草场得到建设和修养，草原生态恶化趋势得到有效遏制，并在沿腾格里、乌兰布和沙漠边缘，飞播林草和人工造林230万亩，打造出一条长270公里、宽3至5公里的生物治沙带，有效遏止了腾格里、乌兰布和两大沙漠的“握手”。阿左旗从1984年尝试飞播成功，三十年来，飞播造林面积达405万亩，播区内植被盖度由飞播前的5%~10%增加到现在的30%~60%，局部地区的环境得到明显改善。此外，阿左旗还采取天然梭梭复壮更新，建设百万亩梭梭苁蓉产业基地等多项措施，建立起以梭梭等荒漠林草植被为主的第一条生态防线。为确保飞播造林成效，提高宜播面积和苗木成活率，阿左旗广大林业工作者在实践中探索总结出精心设计选择适宜播区、5~7月中旬适时播种、播封结合等一整套有效的经验和办法。2011年，旗林业工作者结合实际，对飞播种子全部进行了包衣，并进行了大粒化处理，既降低了成本，又提高了苗木的成活率。按照阿左旗飞播造林总体规划，在未来20年间，全旗将完成1000万亩的飞播造林任务。最终在腾格里沙漠东南缘和乌兰布和沙漠边缘建成长500公里和长200公里、宽3~20公里的两条生物防沙治沙带，彻底实现从“沙逼人退”向“人进沙退”的历史性转变。阿左旗的飞播造林成果打破了降水200毫米以下地区不能飞播的国际论断，飞播区植被由飞播前的5%~10%提高到了30%~40%，牧草长势良好，植物种类增多，流动沙丘逐步趋于固定和半固定，使昔日的荒漠变成了绿洲，被联合国治沙代表称为“中国治沙典范”。

为建立以腾格里、乌兰布和两大沙漠边缘防护林体系为主的第二条生态防线，阿左旗近年来实施了退牧还草、天然林保护、三北防护林、草原生态保护奖补、生态公益林效益补偿等重点生态治理工程，加快推进巴彦木仁生态产业园建设，启动实施黄河西岸1000平方公里生态综合治理工程。此外，阿左旗还大力开展人工造林，按照“谁造林，谁有权，谁受益”的原则，制定出台了《阿左旗营造生态防护林优惠政策》，经相关部门验收合格后，每亩给予60~100元造林补助，鼓励社会团体、企业及个人参与造林绿化，承包造林，提高了造林成活率，有力地推动了全旗造林绿化事业快速发展。阿左旗还在巴彦木仁黄河沿岸、巴吉公路等交通干线和巴彦浩特重点城镇周边造林65万亩，使14公里黄河流沙入侵得到有效治理，城镇和交通运输环境得到明显改观。近年来，阿左旗林业生态建设投资稳步增加，森林（资源）面积持续增长。近五年完成投资5亿多元，森林资源总面积增长100余万亩，沙尘暴发生频率逐步降低，强度不断减弱。全旗森林覆盖率由2000年的4.48%提高到2013年的12.5%，重点林业生态工程治理区林草覆盖度达35%以上，全旗治理区域土地沙化和水土流失面积逐年减少。

（四）额济纳旗荒漠化防治模式

额济纳旗位于典型的内陆荒漠区，生态系统极其脆弱。但额济纳绿洲大致呈东北-西南向分布，成为阻挡西北气流及风沙侵袭我国东部、南部地区的第一道生态防线，其生态屏障功能作用难以用数字估量。然而由于气候干旱加剧、水资源极其贫乏等恶劣的自然条件，加之人口增加及片面追求眼前利益和经济效益，实施开垦林草地为耕地等不合理的土地利用，额济纳绿洲衰退萎缩，其生态屏障功能作用大大减弱，严重影响了当地社会、经济、生态的可持续发展。目前，旗政府转变发展思路，通过加强生态移民和大力发展旅游业来实现荒漠化治理。额济纳旗是一片古老而神奇的土地，具有雄厚的人文景观和自然景观资源，这里不仅有“大漠孤烟直”的瀚海气象，“长河落日圆”的弱水情趣，还有一望无际的戈壁风貌，游移不定的居延海风采，神秘莫测的西夏黑城遗址、古居延遗址，野生动物出没的马鬃山麓，更有那高硕挺拔、金光灿灿的胡杨林。旅游业为全旗经济增长发挥了极大作用，也为生态移民后的牧民们找到了生存的新出路。同时，林木灌木封育计划也效果显著：到目前为止，额济纳旗林场已完成围栏封育61万亩，营造防风固沙林2.94万亩，在极度干旱的情况下，造林成活率达90%，为遏制荒漠化进程做出了突出贡献。截至2010年，额济纳旗所实施的一整套胡杨老弱残林复壮、人工促进幼林更新及人工育苗、造林技术措施已取得很好成效，近河戈壁人工造林项目已在达镇西部形成了一道长6.5公里，宽4.6公里的人工绿色屏障，3万多亩天然林围封区内早已是绿树成荫，生机盎然，局部小生态环境已经有了很大的改观。

四　荒漠化治理存在的主要问题

（一）单位投入标准低且资金不足

治理荒漠化投入大、周期长、见效慢。阿盟荒漠化生态分布广、自然环境恶劣，而荒漠化综合治理主要依托国家“三北”防护林工程及退耕还林工程，按照“三北”防护林工程和退耕还林工程荒山荒地造林投资标准，人工造林：120 元/亩（灌木），200 元/亩（乔木）。而在实际操作中造林每亩成本为：直播灌木造林平均 500 元/亩（包括种子费、沙障铺设费、围栏费等）；植苗造林平均 700 元/亩（包括苗木费、人工费、围栏费、浇水费等）。这种补助性质的资金投入与实际治理成本之间存在着很大的差距，导致工程治理标准低、成效差，使保护与治理工作虽然在个别地区成效显著，但成果得不到有效巩固和推广，保护与治理工作整体效果不明显，达不到经济、社会、生态的可持续发展。

（二）对荒漠化治理的政策措施研究不足

目前，对荒漠化治理主要是从草业、环境、生态、农业、土地等学科角度进行研究，并主要从技术层面提出一些对策。相比之下，对草原荒漠化治理的政策措施研究很少，尤其是从政府角度的研究明显不足。即从自然科学角度研究多，社会及人文科学角度研究少；治理技术研究多，政府宏观战略角度研究少。总之，对荒漠化治理缺乏全面系统的研究，不能适应社会经济发展的要求，表现为理论上没有形成有效统一的政府如何治理草原荒漠化问题的对策以及政策体系。

（三）治理成果巩固难度增大

近年来，随着治理规模的加大，荒漠化治理和农牧业生产的矛盾日益突出。阿拉善地区实行草畜双承包制以来，牲畜数量大幅度增加，最高年份达 218.5 万头（只）。牲畜头数的增加及饲养量的扩大，超出了自然资源的承载能力，使林草植被遭到了严重破坏，治理成果在短时间内损失殆尽，难以持续巩固，增加了治理与保护的难度。

（四）生产生活需求与生态保护矛盾加剧

阿盟人口增长较快，新中国成立初期只有3.4万人，目前已经达到21.73万人。而全盟农用地总面积为1320.2万公顷．建设用地总面积为4.6万公顷，未利用地面积为1157万公顷。虽然自2000年以来全盟推行了“一退双还”、搬迁转移、舍饲禁牧、调整产业结构等一系列政策措施，加大了生态环境建设的力度，但农牧民群众的生产生活方式和经济来源还无法从依赖生态资源上得到根本性的改变。

（五）“转移战略” 存在的问题

实施“转移战略”初期，大量人口朝生态脆弱的绿洲地区聚集，不仅未能有效扭转生态之颓势，反而加速了绿洲的荒漠化。主要原因是过度抽取地下水来灌溉，使地下水位下降，绿洲生态系统趋于崩溃。开始阶段移民数量小，社会矛盾尚未显现。随着时间的推移以及移民的增加，前期移民主要安置区的绿洲生态和社会问题开始凸显。按照阿拉善盟“十一五”规划，在未来还将有2万多人转移。按照阿拉善的现有经济水平，能否容纳如此大的就业量是一个问题，他们的生活水平如何保障具有较大的挑战性。生态移民的解决是一个高度综合的社会经济问题，对移民的生产生活出路问题给予妥善解决，是成功实施搬迁转移的重要保证，而仅以经济补偿进行安置还远远不够。

（六）沙化土地面积大且程度严重

根据第三次对阿拉善盟沙化土地的监测结果，阿拉善境内大部分土地资源为沙化土地，境内沙化土地总面积20449594.9公顷，占全盟总土地面积的82.21%；有明显沙化趋势的土地1113199.1公顷，占4.47%；其他土地类型面积3312160.7公顷，占13.32%；其中，流动沙地6834871.9公顷，占全盟沙化土地总面积的38.5%；半固定沙地3595127.2公顷，占17.58%；固定沙地1414018.2公顷，占6.91%；露沙地920700.2公顷，占4.50%；沙化耕地1355.4公顷，占0.01%；风蚀残丘4333.7公顷，占

0.02%；风蚀劣地 940462.5 公顷，占 4.60%；戈壁 6738725.8 公顷，占 32.95%。可见，流动沙地、戈壁和半固定沙地是阿拉善沙化土地的主要地类，所占比重接近 90%。在全盟三个旗中，额济纳旗、阿拉善右旗和阿拉善左旗沙化土地面积分别为 7868659.1 公顷、6410238.6 公顷和 6170697.2 公顷。分别占全盟沙化土地总面积的 38.5%、31.3%和 30.2%。因此，阿拉善的荒漠化治理面临着巨大挑战。

五　政策建议

（一）阿拉善生态问题需要一个国家层面的解决方案

作为我国最大的沙尘源地，阿拉善地区在我国生态安全格局中具有举足轻重的生态战略地位，受到世人的关注。在很大程度上，阿拉善就是我国西部生态建设的标志性地区，也是我国少有的几个生态上具有战略意义的区域之一。因此，需要在国家层面明确它的生态战略意义，引起人们的足够重视，并在制定国家生态政策时给予充分的考虑。

（二）设立“阿拉善国家生态保护特区”

根据阿拉善突出的生态战略地位及其深远影响，给予“特区”政策、制度、科技、资金和金融服务等方面的创新和突破，从制度上明确特区的特殊发展道路和发展目标，并充分发挥阿拉善地区的区位优势、资源优势和特色优势，利用特区的探索、总结和示范效应，为我国乃至世界的荒漠化治理总结机制、技术、管理等方面经验。

（三）国家给予“转移战略” 更大支持

阿拉善已经实施多年的以生态移民为核心的“转移战略”，取得了很好的成效。但持续转移和后续保障需要制定全面的配套措施和管理体系。从荒漠区转移到绿洲和城镇的人口，随着人数的不断增多，给生态脆弱的绿洲增加了承载压力，造成新的荒漠化，而且他们在技能培训、上学、工作岗位以及住房等方面都需要资金保障，更需要一套完整的社会管理体系。这需要国家的支持才能得以实施和最终完成。

（四）建立产业化生态保护与建设机制

以林业部门工程为主导的我国生态建设，是典型的自上而下的政策，虽取得了一定成效，但问题比较多，包括科学性论证不足、有一定期限、效益低下、缺乏严格的评估等。只有实现生态建设的产业化，用经济利益保证生态利益，才能建立起防沙造林优化生态环境的长效机制。因此，需要政府给予促进荒漠化防治利用的优惠政策，鼓励企业、个人参与治沙造林，形成科学长效机制。

（五）将阿拉善建成我国沙产业化示范区

阿拉善拥有丰富的沙漠资源和物种，应充分利用当地优势，培养带动一批发展沙生植物种植的龙头企业和农牧民防沙治沙示范户典型。从传统的种树、种草等生态建设，扩大到种植中药材、发展养殖等活动，从利用这些活动的产品发展加工工业，再到以沙为原料生产建筑材料等。通过大力发展沙产业，实现生态效益和经济效益共赢。

（六）将阿拉善建成我国沙漠生态文化旅游基地

阿拉善地区拥有我国最美丽的沙漠——巴丹吉林沙漠，金光灿烂的额济纳胡杨林，还有神秘的西夏古城和古居延文化，以及多姿多彩的蒙古额鲁特、土尔扈特风情，旅游资源极为丰富独特。因此，可以在减少对荒漠原生态表层破坏的前提下，大力发展沙漠观光体验、科普教育、种草植树等多种形式的旅游项目，实现“以沙漠旅游促进沙漠保护”的目标。同时，大力发展以沙漠为主题的会展业，设立世界荒漠化防治论坛永久性会址，举办相关论坛，扩大阿拉善的国内外影响力。

（七）协调矿产开发与生态建设的关系

阿拉善矿产资源丰富，全盟已开发利用的矿种达30余种。目前，煤炭的采掘和加工业已经是阿盟的支柱产业。爆发性的矿产资源开发对阿盟生态系统的影响需要科学全面的评估和分析，更需要进行协调，避免矿产开发对区域生态的负面影响。另外，需要严格控制阿拉善地区的人口。阿拉善虽地域辽阔，但水资源太少，生态脆弱，人口承载力很低，现有人口已经趋于饱和。因而必须严格控制人口增长，这是保护阿拉善生态极为重要的问题。

（八）探索我国西部生态与经济协调发展的新模式

从国内外比较来看，我国荒漠化防治技术总体上处于国际先进水平，但在观念、立法与执法、公众参与、科学研究、技术推广、政策、投入、管理、开发等方面的深度和广度，与发达国家还存在很大差距，相关法律制度还相当粗放，尤其是在制度设计上有相当大的缺陷。因此，根据阿拉善具有的代表性，可以在这些方面进行实验，逐步形成有利于生态与经济协调发展的新模式。

（九）多渠道筹资，加大资金投入力度

阿拉善荒漠化面积大、生态系统复杂、受损严重，治理建设工作需投入大量资金。然而，阿拉善又是一个欠发达地区，地方经费十分有限。因此，治理资金除靠国家投资外，需要多渠道筹集。筹资的一条重要途径是变资源优势为经济优势，吸引和鼓励国内外企业界、工商界来阿拉善投资，开发沙产业、草产业和沙漠旅游业，从而获得治理经费。另外，建议政府积极制定一些更加宽松和优惠的政策，吸引和鼓励非国有资金对生态建设的投入。对一些荒山、荒滩、荒沙，可长期转让使用权，采取谁建设、谁受益，长期经营，可以继承等优惠政策去鼓励投资者和建设者。

（十）加大科技投入确保工程质量

长期以来，阿拉善地区在生态环境综合治理方面上了不少项目，特别是在生态绿洲农业的开发建设、腾格里沙漠东缘大面积飞播林草、草地改良、围栏封育、家庭畜群草库伦建设、胡杨梭梭林更新复壮等方面都取得了很大成绩。但总体上看，这些建设内容科技含量不高，没有充分发挥应有的效力。如飞播林草，植物种类的合理搭配、科学组合问题一直未能理想地解决，导致飞播五、六年后的植被群落衰退，甚至连片死亡；全盟已建的4500多处0.62万平方公里畜群草库伦，绝大部分处在高投入、低产出的粗放经营状态等。究其原因，除了管理上存在问题外，主要是科学技

术的研究和经营者的科学技术水平跟不上。因此，建议在今后的项目建设和治理工作中，一定要加大科技投入，努力提高项目建设中的科技含量。把重点放在现有科技成果的转化、推广和农牧民的科学技术培训方面，最大限度地提高广大劳动者和经营者的整体科学技术水平，以确保治理工程的建设质量。

第十七章 柴达木及长江源地区荒漠化态势与治理成效*

柴达木及长江源地区是青海省荒漠化主体，地处“世界屋脊”青藏高原中北部，行政上属于海西藏族蒙古族自治州，尤以格尔木市所占面积较大。柴达木盆地矿产资源丰富，有“聚宝盆”之称。长江源是万里长江的源头，为长江、黄河、澜沧江源头组成的三江源的主体，有“中华水塔”之美誉。但由于高寒缺氧、干旱少雨、土壤贫瘠、植被稀疏，生态环境极其脆弱，目前是我国荒漠化较为严重的地区。

一 区域概况

（一）自然条件

研究区域主体位于海西蒙古族藏族自治州，因此为阐述方便以下用海西州数据来表述。海西州现辖格尔木（副地级市）、德令哈（县级市）两市，都兰、乌兰、天峻三县和茫崖、冷湖、大柴旦三个行政委员会（副县级），首府为德令哈市。西部为工矿区，其中格尔木地域辽阔、人口较多、经济发达，有“半个海西”之称，为副地级市。格尔木市除管辖柴达木盆地大部分外，还管辖长江源头的独立地域——唐古拉山镇，该镇因与格尔木市主体之间隔玉树州，也可视为格尔木市的“飞地”，为长江源地区，面积4.75万平方公里，人口0.19万人（其中牧业人口约1300人、常住外来人口约600人），是一个以藏族为主体、地广人稀的纯牧业镇。东部三县一市基本为农牧区。海西州面积为32.6万平方公里，占青海省总面积的

* 本章成文于2013年11月。

45.2%。从自然单元来看，全国四大盆地之一的柴达木盆地面积为25.7万平方公里，是海西州主体，占全州总面积的78.8%。海西州年平均气温在0.5~5.2℃，7月平均气温20℃，1月平均气温-18°C。境内多风，夏季主导风向为东南风，冬春季主导风向为西北风，年均风速在3.2~4.4米/秒，瞬时风速可达30米/秒。部分地区大于8级大风日数最高可达105天，一般地区为30~40天。光照充足，年日照时数3000余小时；年平均降水量50~170毫米，降水较为集中，5~9月占全年降雨量的90%左右，年蒸发量2000~3000毫米左右。

海西州耕地土壤以灰漠土为主，现有耕地总面积67万亩，主要分布在柴达木盆地东部边缘，有机质含量在0.2%以下。在水利有保证条件下，一、二类宜农土地可达174万亩。此外还有盐土、碱土、盐渍沼泽土和风沙土等。盐土、碱土、盐渍沼泽土主要分布在盆地低处的盐湖周围，风沙土主要分布在沙漠化地区。

沙区现有各类林业用地2702.5万亩。其中，有林地54.1万亩，苗圃地0.5万亩，疏林地60.6万亩，未成林造林地75.2万亩，灌木林地874.6万亩，宜林地1637.5万亩。

现有草场1.6亿亩，其中可利用草场1亿亩。农林牧可用农地三项之和不足全州面积的1/3，其余2/3为石山、雪山、冰川、戈壁、沙漠、盐沼。

海西州境内野生动植物资源丰富，野生动物种类有196种，共415万头（只）。其中，野牦牛、藏羚羊、野驴、白唇鹿、雪豹、黑颈鹤等39种为国家一、二级野生保护动物。野生植物资源400余种，可开发利用的有198种。其中，麻黄、锁阳、枸杞、大黄、狼毒、龙胆等27种植物为药用植物；青海云杉、祁连圆柏、青甘杨、胡杨、怪柳、白刺等8种植物为用材植物；白刺、柽柳、枸杞、梭梭、沙棘、沙拐枣、沙蒿、盐爪爪、罗布麻、麻黄、猪毛菜、驼绒藜、高山柳等灌木林具有固沙作用。早熟禾、扁蓿、柄茅、野葱、甘草、芨芨草、珠芽蓼、合头草等45种植物为牧草。

海西州的矿产资源丰富，主要集中在柴达木盆地，尤以盐湖为特色。氯化态的钠、钾、镁、锂，以及石棉、芒硝、锶、化工石灰岩等矿藏储量居全国首位；溴、硼等储量居第二位；氯化钾储量为全国钾资源总储量的97%。此外，石油、天然气、黄金等有色贵稀金属及玉石等非金属矿产资源也较丰富。粗略估算盆地矿产资源潜在价值在15万亿元以上，为全省矿产资源价值总量的90%。

海西州多年平均径流量较大（超过或接近1亿立方米）的河流有那棱格勒河、格尔木河、布哈河、巴音河、诺木洪河、察汗乌苏河、塔塔棱河、鱼卡河、柴达木河、疏勒河、呼伦河、乌图美仁河、党河、沱沱河、哈勒腾河、木里河等16条，常年有水河流40余条，流域面积近30万平方公里。

青海省海西州主要河流见表17.1。

表17.1　青海省海西州主要河流一览

河流名	多年平均年径流量（亿 m^3）	所在区域
那棱格勒河	10.68	格尔木市
格尔木河	7	格尔木市
布哈河	5.76	天峻县
香日德河	3.59	都兰县
巴音河	3.25	德令哈市
诺木洪河	1.42	都兰县
察汗乌苏河	1.25	都兰县
塔塔棱河	1.16	大柴旦行委
鱼卡河	0.86	大柴旦行委

资料来源：海西州水利局（2013年）。

海西州水资源总量116.5亿 m^3，其中：地表水资源量107亿 m^3，地下水资源量52亿 m^3，地表水资源与地下水资源重复量42.5亿 m^3。其中，唐古拉山36.7亿 m^3，大部分为注入长江的外流水量；天峻县24亿 m^3，大部分为注入青海湖的水量；柴达木盆地水资源总量55.9亿 m^3，为内流河水量。在柴达木盆地水资源中，地表水资源量47.5亿 m^3，地下水资源量39.5亿 m^3，地表水资源与地下水资源重复量31.1亿 m^3。淡水的主要来源是降水，每年80%的降水集中在6~9月，分布特征是由东南向西北，由四周山区向柴达木盆地中心逐渐递减。地表水主要由河流、湖泊和冰川构成。淡水湖泊21个；冰川1855平方公里，年融消水量9.2亿立方米。地下水可开采量为15.3亿立方米，一般埋深在4~70米之间。海西州格尔木市城市自来水地下水水源地下水埋深35~38米，海西州德令哈市城市自来水地下水水源埋深1~70米。

（二）经济社会发展

海西州辖两市、三县、三行委，即格尔木市、德令哈市、乌兰县、都兰县、天峻县、茫崖行委、大柴旦行委、冷湖行委。十年来，海西州经济社会取得了长足进展。

从经济发展来看，十年前的2003年，海西州地区生产总值仅为83亿元，其中第一产业3.6亿元，较上一年增长5%；第二产业54.5亿元，增长14.8%；第三产业24.9亿元，增长17.5%。当年全州一般预算收入12亿元，其中：中央级收入实现7亿元，省级收入完成1.55亿元，州县级收入完成3.45亿元。全州一般预算支出8.68亿元。

从当时主要工业品产量来看，2003年原煤生产86.5万吨，较上一年增长72.8%；原油220万吨，增长2.8%；年产天然气15.5亿立方米，增长34.4%；原油加工量65万吨，增长7.6%；钾肥88.2万吨，增长0.5%；铅精矿含铅量5.89万吨，增长25.6%；水泥12万吨，增长106.5%。

据推算2003年全州户籍人口41万人。其中城镇居民26.6万人，乡村居民14.4万人。由于外出务工人员较多，常住人口仅为34万，其中农业人口12.2万人。人均GDP为2.4万元，城镇居民人均可支配收入7193元，农牧民人均纯收入2338元。

2003年当时全州农作物总播种面积36.5万亩，属青海省播种面积较少的地区（见表17.2）。其中粮食作物播种面积17.4万亩，粮食总产量4.97万吨。油料播种面积15.2万亩，油料总产量1.72万吨。全州草食牲畜存栏头数204万头（只）。

表17.2　1978~2003年青海省主要年份农作物总播种面积统计

单位：千公顷

年份 地区	总播种 面积	粮食作物				油料	蔬菜
		合计	小麦	杂粮	薯类		
1978	514.58	434.42	207.03	190.39	37.00	61.18	
1980	508.73	411.96	201.14	174.47	36.35	78.77	5.58
1985	500.46	386.57	200.69	154.87	31.01	94.89	4.49

续表

年份 地区	总播种 面积	粮食作物				油料	蔬菜
		合计	小麦	杂粮	薯类		
1986	507.81	386.98	200.98	154.41	31.59	100.53	4.95
1987	507.79	384.46	201.37	152.04	31.05	102.57	5.27
1988	514.30	385.72	204.78	149.07	31.87	106.43	5.43
1989	532.22	395.21	209.99	151.53	33.69	109.75	6.89
1990	544.71	400.33	213.46	152.51	34.36	113.91	6.89
1991	543.46	401.95	217.62	149.01	35.33	117.01	7.36
1992	546.55	401.26	220.74	143.21	37.31	117.75	8.19
1993	548.17	389.83	209.92	143.23	36.68	129.02	10.18
1994	562.10	386.85	204.99	143.55	38.31	144.60	10.11
1995	568.81	384.25	205.98	140.56	37.71	149.77	12.44
1996	564.37	394.79	210.58	146.29	37.92	135.93	11.61
1997	567.96	394.72	213.46	144.00	37.26	137.76	12.61
1998	566.93	384.85	211.91	135.44	37.50	147.78	12.48
1999	571.02	344.83	182.89	117.81	44.13	192.36	13.94
2000	553.68	322.72	165.54	110.91	46.27	191.58	15.78
2001	526.72	309.87	149.75	100.94	59.18	168.74	17.81
2002	494.36	284.74	142.50	81.54	60.70	152.93	20.61
2003	466.80	248.00	107.00	75.30	65.70	152.10	24.11
西宁市	127.79	73.61	36.22	21.86	15.54	42.54	8.60
海东地区	182.83	116.99	46.19	24.22	46.58	45.21	12.41
海北州	40.18	10.43	0.96	8.27	1.19	23.46	0.33
海南州	51.56	15.03	8.88	4.93	1.23	26.67	1.47
黄南州	17.16	8.35	4.85	2.34	1.16	3.22	0.37
果洛州	0.77	0.65	0.03	0.56	0.06	0.08	
玉树州	12.90	9.77	0.13	8.85	0.80	1.21	0.27
海西州	24.31	11.61	7.02	3.84	0.75	10.13	0.94

资料来源：《青海统计年鉴 2004》。

统计表明，青海省自1978年改革开放以来，农作物播种面积长期处于增加态势，由1978年的514.58千公顷逐步增加到1999年的571.02千公顷，达到了播种面积的顶峰。而21世纪以来，随着国家西部大开发和退耕还林还草政策实施，种植面积逐步减少，到2003年减少到466.8千公顷。青海省农作物主要集中在西宁与海东地区，2003年这两个地区的农作物播种面积占到全省农作物播种面积的2/3。而海西州尽管国土面积占到全省的45.2%，但农作物播种面积仅占到全省农作物播种面积的5.2%。可见，海西州农作物播种面积较小，全州生态系统极其脆弱，绝大部分为荒漠化地区。但由于矿产资源十分丰富，工矿业发展较快。

经过十年的发展，2012年州内地区生产总值达570亿元，其中第一产业17.6亿元，增长20.7%；第二产业464亿元，增长17.9%；第三产业88.7亿元，增长12.4%。人均生产总值11.5万元，增长16.1%。

从行业看，煤炭开采业增加值89.2亿元，增长21.9%；石油和天然气开采业增加值92.5亿元，增长4.6%；石油加工及炼焦行业增加值61.3亿元，增长2.9%；化学原料及化学制品制造业增加值110.2亿元，增长32%；黑色金属采选业增加值7.3亿元，增长50.3%；有色金属矿采选业增加值11亿元，下降10%。电力生产供应业增加值19.3亿元，增长183.1%。

从主要工业产品结构可以看出，2012年原煤产量2096万吨，增长23.6%；天然原油产量205万吨，增长5.1%；天然气产量63.5亿立方，增长-2.3%；焦炭产量170.7万吨，增长78.6%；原油加工量143万吨，增长-7.1%；钾肥实物产量569.6万吨，增长18.6%；硫酸钾镁肥产量42万吨，增长12.8%；原盐产量253.5万吨，增长29.8%；纯碱产量212.4万吨，增长59.7%；精甲醇产量91万吨，增长49.7%；中成药产量20吨，增长-0.5%；铁矿石成品矿产量217.7万吨，增长14.1%；发电量37亿度，增长41.1%，其中水电6.45亿度，增长-13.4%，光伏发电13.2亿度，增长17849%；石棉产量15.4万吨，增长19.8%；水泥产量120.9万吨，增长73.5%；软饮料产量3.25万吨，增长156.4%；供电量32亿度，增长29%（见表17.3）。产量较上年同期下降的产品主要有，铅精矿含铅量4.23万吨，下降24.2%；锌精矿含锌量5.82万吨，下降13.6%；炸药产量1.97

万吨，下降 6.2%；洗煤 281.6 万吨，下降 11.3%；黄金产量 5233 公斤，下降了 15.8%。

表 17.3　2012 年全州主要工业产品产量

指标名称	2012 年	较上年增减百分比（%）
原煤（万吨）	2096.43	23.6
洗煤（万吨）	281.62	-11.3
焦炭（万吨）	170.71	78.6
铁矿石成品矿（万吨）	217.67	14.1
铅精矿含铅量（万吨）	4.23	-24.2
锌精矿含锌量（万吨）	5.82	-13.6
原盐（万吨）	253.47	29.8
软饮料（万吨）	3.25	156.4
石棉（万吨）	15.40	19.8
发电量（亿千瓦时）	36.97	41.1
其中：水电（亿千瓦时）	6.45	-13.4
光伏发电（亿千瓦时）	13.24	17849.3
碳酸钠（纯碱）（万吨）	212.43	59.7
钾肥（实物量）（万吨）	569.57	18.6
精甲醇（万吨）	90.95	49.7
硫酸钾镁肥（万吨）	42.06	12.8
炸药（万吨）	1.97	-6.2
水泥（万吨）	120.90	73.5
天然原油（万吨）	205.00	5.1
原油加工量（万吨）	143.13	-7.1
天然气（亿立方米）	63.50	-2.3
中成药（吨）	20.06	-0.5
供电量（亿千瓦时）	32.17	29.0
黄金（公斤）	5233.38	15.8

资料来源：海西州统计公报（2012 年）。

因此，盐化工、有色金属工业和煤炭、石油、天然气开采加工业是目前海西州工业的支柱产业。海西州是全国最大的钾盐生产基地、石棉生产基地，煤炭、石油、天然气开采与加工也成为当地的支柱产业。如同其他北方荒漠化地区一样，近十年来海西州煤炭、天然气开采业快速发展，使得工业以及经济总量迅猛发展，为城乡建设和发展提供了雄厚的资金来源。

从十年来工业产品增长来看，增长较快的是煤炭、天然气、钾肥、化学原料及化学制品制造业、水泥、电力。其中，煤炭生产增长 24.2 倍，天然气开采量增长 4 倍，钾肥实物产量增长 6.5 倍，水泥增长 10 倍，光伏发电从无到有，现已占发电量的 1/3。相反，天然原油开采量、铅精矿含铅量、锌精矿含锌量呈平稳或略降态势。

2012 年海西州农作物播种面积 67 万亩，目前面积基本稳定。特色作物种植面积为 54.8 万亩，占农作物播种面积的 81.8%，其中，枸杞 29 万亩，较上一年增长 4.8%；马铃薯 2.9 万亩，下降 52%；青稞 10.2 万亩，增长 14%；油料 8 万亩，下降 2.1%；蔬菜 1.5 万亩，增长 8%。全州牲畜存栏数 240 万头（只）。

十年间，农业增加值由 3.6 亿元增加到 17.6 亿元，原因一是种植面积扩大，农作物播种面积由 2003 年的 36.4 万亩增加到 2012 年的 67 万亩，增加了 30.6 万亩；原因二是种植结构调整，其中粮食播种面积增加了近 8 万亩，达到 25.1 万亩，小麦、青稞和马铃薯种植面积分别增加了 1.7 万亩、4 万亩和 2 万亩，粮食总产量增加了 4.15 万吨，达到 9.13 万吨（见表 17.4）。油料播种面积减少了 7 万亩，仅为 8 万亩，产量由 1.72 万吨减少到 1.13 万吨。蔬菜种植面积基本稳定，从 1.4 万亩略增到 1.5 万亩。而枸杞种植面积 29 万亩几乎全部为新增播种面积。十年期间，海西州草食牲畜存栏头数仍有所增加，由 204 万头（只）增加到 240 万头（只），草原承载压力仍在加剧，必须引起高度重视。

表 17.4　2012 年海西州主要农产品产量及增长速度

产品名称	产量（吨）	比上年增长（%）
农产品产量		
粮食	91286	-9.7
其中：小麦	45924	1.1
青稞	33546	-4.7

续表

产品名称	产量（吨）	比上年增长（%）
豆类	1325	300.3
马铃薯（折粮）	10466	-42.4
油料	11259	-3.1
蔬菜	43429	-13.6
水果	84	42.4
药材	26368	45.2
其中：枸杞	26368	45.2

资料来源：海西州统计公报（2012）。

2012 年造林面积 14 万亩；退牧还草 60 万亩，封山育林 18 万亩；全民义务植树 120 万株。

昆仑山、长江源、柴达木的沙漠和盐湖等多样景观资源以及美好传说，正吸引着越来越多的游客前来海西旅游，近年来旅游业呈现较好势头，游客在 2009 年到 2012 年的四年内翻了近一番，2012 年达到 382.5 万人次，旅游收入达到了 14 亿元。

2012 年全口径财政收入 139.5 亿元，比上一年增长 19%。其中，中央一般预算收入 73.7 亿元，省级 20.9 亿元，地方 44.9 亿元。留给当地和上级转移支付 80 亿元，地方预算支出 116.7 亿元。农林水事务支出由 2003 年的 0.59 亿元增长到 18.4 亿元。但由于行政地域辽阔，财力仍显不足。城镇居民人均年收入 21252 元，农牧民人均年纯收入 7916 元。

十年间财政收入增长了 11.6 倍，人均 GDP 增长 4.8 倍，城镇居民人均年收入增长近 3 倍，农牧民人均年纯收入增长 3.4 倍。

由于工矿业崛起和经济快速发展，吸引了较多区外人口。截至 2012 年底，海西州户籍人口为 40 万人，常住人口则近 50 万人，其中农业人口 11.4 万人，城镇化水平较高。与 2000 年比较，户籍人口基本稳定在 40 万人左右，但随着产业快速发展常住人口增加了 13 万人，年均增长 3.5%。

2010 年与 2000 年相比，全州各地区常住人口的地区分布如表 17.5 所示。2010 年各地区城镇化水平见表 17.6。

表 17.5 2000~2010 年海西州人口变化情况

地区	2010 人口数（人）	比重（%）	
		2000 年	2010 年
海西州	489338	100	100
格尔木市	215213	44.77	43.98
德令哈市	78184	17.22	15.98
乌兰县	38273	9.76	7.82
都兰县	76623	15.63	15.66
天峻县	33923	5.13	6.93
茫崖行委	31017	4.47	6.34
大柴旦行委	13671	2.42	2.79
冷湖行委	2434	0.60	0.50

资料来源：海西州统计公报（2010）。

表 17.6 2010 年海西州各地区城镇化水平

地区	城镇人口（人）	乡村人口（人）	城镇化率（%）
海西蒙古族藏族自治州	342706	146632	70.03
格尔木市	186341	28872	86.58
德令哈市	54844	23340	70.15
乌兰县	17944	20329	46.88
都兰县	25851	50772	33.74
天峻县	15610	18313	46.02
茫崖行委	31006	11	99.96
大柴旦行委	8676	4995	63.46
冷湖行委	2434		100

资料来源：海西州统计公报（2010）。

二 荒漠化演变过程与现状特征

柴达木盆地和唐古拉山北麓的三江源地区共同构成海西地区。柴达木盆地位于青藏高原北部，南起昆仑山北麓，北至阿尔金山和祁连山南麓。平均海拔 3000 米，四周群山环抱，较低处位于达布逊和霍鲁逊盐湖，海拔

2675米。柴达木沙漠主要分布于柴达木盆地，是我国八大沙漠之一，也是全国治理难度较大，保护任务最为艰巨的地区。

三江源是长江源头、黄河源头和澜沧江源头的统称。长江源行政上隶属于海西州格尔木市唐古拉山乡，澜沧江与黄河源皆位于玉树地区，唐古拉山乡在地域上与海西州不相连，被玉树州分割。长江源环境问题具有代表性，为便于分析，本报告仅以长江源地区代表三江源地区。

（一）荒漠化演变

柴达木沙漠是青藏高原隆起和古地中海消失形成的，目前在都兰县境内的贝壳山就是有力证据。在漫长的地质演化过程中，在风力、水力作用下，从盆地边缘到盆底，形成丘陵、戈壁、沙漠、农地、盐湖有序排列景观。

由于高原盆地四周封闭，干旱少雨，植被稀疏，荒漠广布。尤其是春天，在强烈风力作用下，流沙移动频繁，草场、农田常被流沙吞噬，形成流动沙丘和沙漠化蔓延。同时，由于盆地蒸发量较大，水分蒸发将地下盐分带向地表，形成盐碱化型荒漠化。此外，可可西里等三江源地区高寒环境所形成的寒漠化也较为严重。盐碱化和寒荒漠化可谓青海荒漠化一大特色。以上所述，通常认为是荒漠化形成的自然原因。

柴达木荒漠化形成的人为因素，主要是人类滥垦、滥伐、滥牧等不合理经济活动对地表植被破坏，使得地表松散沉积物裸露出来，形成新的沙源，加剧荒漠化过程。根据有关研究，1954年以来柴达木盆地共砍伐乔木20多万立方米，50%以上乔木林遭到破坏，面积减少20%以上，到20世纪90年代，仅存乔木林47.91平方公里。原生灌木植被由1.33万平方公里，减少到0.26万平方公里。到1996年底，柴达木盆地森林覆盖率仅为0.84%。另有数据显示，新中国成立后共开荒839平方公里，半数以上弃耕，成为荒漠化地区。此外，由于公路、铁路修建和矿产资源开发，破坏大量植被，导致荒漠化扩大。

（二）现状与分布

根据20世纪末的第二次荒漠化普查资料，青海省荒漠化总面积20.5万平方公里，占全省土地总面积的28.5%。主要分布在柴达木盆地和三江源地区，从类型上来看较为齐全，风蚀荒漠化、水蚀荒漠化、盐渍荒漠化、冻融荒漠化皆有。

风蚀荒漠化土地主要是戈壁、风蚀劣地、沙漠和沙漠化土地，总面积14.5万平方公里，占青海省荒漠化土地的70.7%，占全省面积的1/5左右。主要分布在柴达木盆地，以及其东部的共和盆地、环青海湖周围和黄河主流河道河谷。其中戈壁、风蚀劣地、流动沙地、半固定沙地、固定沙地和潜在沙地面积分别占34%、28.2%、11%、8.5%、6.5%和11.8%。戈壁、风蚀劣地合占62.2%，各种沙地占37.8%。可见，风蚀荒漠化土地中大部分为难于治理的戈壁、风蚀劣地，占青海省荒漠化土地的44%，占青海省土地面积的12.5%。而各类沙地占青海省荒漠化土地的26.7%，占青海省土地面积的7.6%。

水蚀荒漠化分布较为分散，为2.95万平方公里，占荒漠化土地的14.4%，占全省土地面积的4.1%，分布在各大山脉山地水土流失较严重的地区，主要是水土流失所导致的荒漠化。

盐渍化荒漠化面积1.57万平方公里，占荒漠化土地的7.7%，占全省总面积的2.2%，主要分布在柴达木盆地各盐湖周围。较大的盐湖有七处，大部分为河流汇入形成的盐湖。（1）那陵格勒河汇入形成的东、西台吉乃尔盐湖；（2）格尔木河汇入形成的察尔汗盐湖，亦称东达布逊盐湖，以及乌图美仁河和灶火河等汇入形成的西达布逊盐湖；（3）柴达木河、素林郭勒河等汇入形成的南、北霍鲁逊盐湖；（4）塔塔棱河汇入形成的巴戛柴达木湖，以及鱼卡河等（潜层）汇入形成的依克柴达木湖，统称大柴旦地区盐湖；（5）巴音郭勒河汇入形成的可鲁克湖、托素湖和尕海，位于德令哈附近；（6）哈拉湖，位于德令哈北部；（7）茶卡盐湖，位于乌兰县茶卡镇附近。这些盐湖周围盐分较高，植物难于生长，形成盐渍化荒漠。

冻融荒漠化面积为1.46万平方公里，占荒漠化土地的7.1%，占全省总面积的2%，主要分布在海拔较高的可可西里等永久冻土区。这些地区土壤层常年处于冻土状态，一旦受到人为扰动，对生态环境会形成较大破坏。

柴达木盆地为青海省沙化土地最为集中的地区。20世纪末风蚀沙化土地面积近11万平方公里（见表17.7），占青海省风蚀沙化土地面积的75.9%。其中，戈壁、风蚀残丘大部分位于柴达木盆地西部，且主要集中在西北部，约为4.6万平方公里，西南部和东部各有戈壁1万平方公里左右。流动沙丘在西北部有 0.5 万平方公里，西南部有 0.8 万平方公里，东部有 0.3 万平方公里。半固定、固定沙地主要分布在西南部和东部。西南部有半固定、固定沙地均在 0.8 万平方公里左右。东部有 0.35 万平方公里半固定沙地和少量固定沙地，以及 0.75 万平方公里潜在沙地。

表 17.7　柴达木盆地沙漠化面积变化

单位：万公顷

年份	戈壁	风蚀残丘	流动、半固定、固定沙丘	合计
1959	380	88	112	580
1977	440	88	224	772
1986	447.5	215	186.5	849
1994	458.7	204.5	362.3	1025.5
1999	407.2	337.4	351.8	1096.4
2012	410.9	169.5	308.4	888.8

资料来源：根据苏军红（2003 年）、杨军（2000 年）以及 2013 年本项目组调研资料整理，表中不包括潜在沙化土地，1994 年尚有 85.2 万公顷潜在沙化土地，2012 年有 60.7 万公顷潜在沙化土地没有统计在表内。

另有一些沙地分布在柴达木盆地以东的共和盆地、环青海湖、黄河源头的黄河河谷滩地和湖泊周围。

根据资料分析，21 世纪十余年来戈壁面积变化不大，仍维持在 4.1 万平方公里左右，而风蚀劣地减少 1.7 万平方公里，流动、半流动和固定沙地减少 0.4 万平方公里。

三　治理措施与成效

海西荒漠化治理始于 20 世纪 50 年代末，到 20 世纪末期人工造林保存面积达到 45.3 平方公里，人工种草 0.72 万平方公里，围栏草场 1.53 万平方公里。但当时治理速度远远赶不上荒漠化扩展速度，据统计 1994～1999 年沙化逆转面积共 32.5 平方公里，而同期荒漠化面积扩展了 4889 平方公里，年均增加 971 平方公里。

21 世纪以来，随着大规模退耕还林、禁牧移民还草工程实施，柴达木与三江源地区的生态环境出现明显好转，出现了荒漠化面积减缩趋势。这得益于海西州所采取的一系列科学治沙措施。

（一）治沙措施

1. 以国家重大工程为主战场，加大防沙治沙力度

海西州以“三北”防护林体系建设工程、退耕还林（草）工程、国家重点公益林项目和自然保护区建设等国家重大林业工程为主战场，积极争取国家林业建设资金，加强对重点区域防治，将局部造林、小规模治理，转向整体治理、大规模推进。特别是“十一五”以来，海西州通过“三北”防护林工程的人工造林、封山（沙）育林项目，退耕还林（草）工程的退耕封育、荒山荒滩造林项目，以及工程固沙、公益林营造等项目，共完成沙化土地治理面积 444.3 万亩。其中，人工造林 228 万亩，封山（沙）育林 190.5 万亩，人工种草 25 万亩，工程治沙 0.8 万亩。另外，落实国家重点公益林管护面积 1834 万亩。累计完成投资达 12.2 亿元。

其中，格尔木市从“十一五”初至 2012 年底，“三北”防护林工程完成 8.92 万亩，包括人工造林 1.56 万亩，封山育林 7.36 万亩。退耕还林工程完成 9.2 万亩，包括荒山荒滩造林 2.3 万亩、退耕封育 5 万亩、后续产业 1.6 万亩、补植补栽 0.29 万亩。国家重点公益林面积管护由原来的 114 万亩增加到 602 万亩。

2. 以“护城维路”工程为重点，推进生态环境建设

海西荒漠化面积大、治理难度大，在资金和技术条件有限的情况下，只能本着“因害设防、先易后难、循序渐进、系统治理”的原则，以保护城镇和乡村居民点、重要工矿区、主要交通道路生态安全为重点，逐步推进生态环境建设。

“护城维路”生态建设工程主要结合城市绿化、道路修建项目开展，因此其投入主要以地方财政为主，过去资金支持强度十分有限。近年来，随着地方经济发展和财力好转，该工程逐步成为柴达木地区的一项重要防沙治沙举措。

海西州围绕 315 国道、青藏铁路沿线防沙治沙面临的突出问题，坚持以生态效益为目标，以防风、固沙、绿化、美化道路为核心，通过节水灌溉、人工植树造林、围栏管护等措施，建立以乔木、灌木为主的绿化、美化公路铁路的防护林体系，遏制风沙对公路铁路的威胁，改善交通干线两侧的生态环境。

海西州重镇格尔木市，实施以城市外围防护林为“外环”，以城市道路、广场、街头绿化带等为“中环”，以单位、庭院、小区绿化为“内环”的“三环”生态城市建设战略，防沙治沙工程随着城市框架延伸而不断推进。“十一五”期间，该市用于城市外围绿化和生态建设的投入达 0.85 亿元，是“十五”总投入的 13.1 倍；城市园林绿化建设的投入达 2.23 亿元，是“十五”的 4.1 倍，对全市 30 多条新建扩建道路实施了绿化，新建、改建、扩建公园广场和游园绿地 14 个，到 2012 年底，城市园林绿地总面积达到 0.93 万亩，城市建成区绿化覆盖率提高到 20.43%，人均公共占有绿地 6.2 平方米，城市外围绿化面积达到 9.1 万亩，初步实现了“城在林中、林在城中”的城市绿化发展目标，形成了外围防沙生态屏障。

3. 以科技为支撑，提高荒漠化治理水平

坚持遵循自然规律，科学规划、合理布局的理念，结合当地自然环境条件，因地制宜，分类指导。坚持宜乔则乔、宜灌则灌、宜草则草、乔灌草结合、带片网结合的原则，在立地条件较好的地区，特别是城市周围，以营造防风固沙林为主，实行集中连片治理。其他地区以封沙育林为主，扩大和恢复天然林草植被。

水资源合理利用技术、林木选育与栽培技术、林木病害防治技术是提高荒漠化治理水平的关键。海西州采取浇灌、滴灌方式，替代大水漫灌的造林方式，提高了水资源利用率，使得珍贵的水资源发挥了最大效益。如格尔木市自 2007 年以来开展节水造林，实施节水造林 3200 亩，树木成活率在 85% 以上，实现了造林节水与成活率提高的双赢。另外，选育适应性强的抗旱林木草种苗，全面推广枸杞、沙枣、白刺、沙棘等抗旱灌木树种，紫花苜蓿、披碱草等优质牧草，不仅提高了植被成活率，还有利于提高荒漠化治理的经济效益。在病害防治方面，着力健全虫情监测网络，有害生物成灾率控制在 0.2%以下，林业有害生物无公害防治率达到 98%以上。

技术示范推广在荒漠化治理中也是十分关键的。海西州通过对现有科技成果组装配套、发展创新和推广应用，建立了一批高起点、高效益的防沙治沙示范基地；建立了荒漠化造林、抗旱造林等科技推广示范点 4 处，形成州、县、乡三级林业技术推广体系，并推行了林业技术人员承包责任制。同时，利用示范基地，强化技术培训，提高广大基层技术人员和农牧民的栽植技术和管护水平。

4. 以管护为保障，巩固荒漠化治理成果

海西州林业局不断加强对荒漠化治理工作的管理，经常深入基层了解防沙治沙工作存在的问题，提出整改措施。加强建设资金、档案管理。不断加大林业执法力度，特别是结合公益林管护站点建设，积极开展沙生植被的管护。建立健全管护制度，聘请管护人员，完善管护体系。要求执法人员坚决按照《森林法》《防沙治沙法》《海西州沙生植被保护条例》等法律法规，及时制止和处罚沙区滥垦、滥伐、滥牧和违法占地开发行为。

5. 以发展沙产业为核心，建立荒漠化治理的可持续模式

沙产业是将生态效益与经济效益结合起来的最好抓手，是利用经济激励调动农民治沙积极性的有效途径。海西州提出把沙害变沙利的防沙治沙理念，坚持把防沙治沙和农民增收紧密结合起来，坚持一手抓沙区生态建设不动摇，一手抓沙区资源开发利用不放松，在严格保护与有效治理的前提下，充分利用沙区土地和劳动力资源潜力，积极发展沙区特色产业。

在树种选择上，因地制宜选择那些生态效益好、经济价值高的兼用型树种，营造经济林，引导农牧民走林业产业化之路。在充分利用乡土树种的同时，搞好选优繁育，积极引进外来树种，开展引种驯化。充分发挥林草产品纯天然、无污染、可再生的优势，在市场机制引导和作用下，近几年来大力发展枸杞基地建设。全州枸杞种植面积已达30万亩。通过发展枸杞及中藏药等沙区生态产业，提高了防沙治沙的经济效益，增加了农民收入。

在体制机制上，积极促进防沙治沙产业化发展。各地成立了防沙治沙公司，实行专业化队伍造林。一方面形成了林业工程系统化运作，保障植树、管护、收益产业链形成和良性循环。另一方面，积极动员全社会参与防沙治沙事业，营造全社会关注、关心、参与防沙治沙事业的良好氛围。不断完善税收、金融优惠政策，积极培育一批竞争力强、辐射面广的龙头企业，推动沙区各类资源资本化运作，实现了生态建设与产业开发良性互动和协调发展，同时也促进了经济结构优化升级。

6. 以宣传引导为抓手，调动全社会防沙治沙

海西州充分利用植树日、地球日、环境日、“6.17”世界防治荒漠化和干旱日，以及爱鸟周等，开展宣传活动。组织专业技术人员进村入户，深入田间地头，宣传《防沙治沙法》《森林法》《禁牧令》等法律法规。通过广播、电视、宣传牌、发放宣传材料等形式，宣传全州乃至全国在防治荒漠化、防沙治沙工作中取得的成就，面临的形势和任务等，使之深入人心，家喻户晓。

领导干部和专业技术人员做到先学先会，然后再去宣讲、解释和运用。通过此举，增强全民生态保护意识，提高防沙治沙积极性和主动性。在全州范围内形成植绿、护绿、兴绿、爱绿的绿色文明新风尚。坚持把义务植树与精神文明建设、公民道德建设结合起来，与重点生态工程建设、城乡绿化美化结合起来，实现了义务植树基地化、制度化和经常化。广泛开展各种有纪念意义的植树活动，有力地促进了义务植树活动深入开展。

（二）治理成效

2001 年以来海西州植被治理面积 444 万亩。其中，造林 228 万亩，封育 190 万亩，人工种草 25 万亩，工程治沙 0.8 万亩。投入 12 亿元。造林面积中，乔木占 1/3，灌木占 2/3，主要以枸杞、梭梭等经济林灌木为主。截至目前，海西州建立柴达木梭梭林国家级自然保护区 1 个，格尔木胡杨林、可鲁克-托素湖湿地、诺木洪 3 个省级自然保护区和乌兰县哈拉哈图国家森林公园，保护总面积已达 675 万亩。此外，柴达木腹地的乌图美仁、冷湖和大柴旦等地区划定为国家封禁保护区，封禁保护面积达 1322.6 万亩。

经过多年治理，柴达木沙漠化土地缩减到 8.89 万平方公里，与 1999 年峰值的 10.96 万平方公里相比，减少了 2 万平方公里，年均治理面积达 1700 平方公里，即 255 万亩。柴达木沙漠土地沙化速度已由 1994~1998 年期间年均 971 平方公里，减缓到目前的 600~800 平方公里，已经出现治理速度快于沙化速度的新局面。

由于荒漠化面积减少，近十多年来降水量有所增加，沙尘暴天数有所减少（见表 17.8）。

表 17.8　2000~2012 年海西州主要气象指标变化

年份	平均气温（℃）	最高气温（℃）	最低气温（℃）	年降水量（mm）	每年沙尘天数（天）
2000	2.2	17.2	-12.5	53.9	6
2001	-10.6	11.0	-23.9	48.7	9
2002	2.9	17.8	-10.8	164.9	2
2003	3.0	17.6	-11.2	114.2	4
2004	3.0	16.7	-11.5	88.1	5
2005	3.0	16.7	-11.5		5
2006	3.6	18.1	-10.2	115.3	7
2007	3.3	17.2	-10.2	124.8	8
2008	2.5	16.9	-12.4	116.0	6
2009	3.5	11.1	-3.4	100.6	7
2010	3.8	11.2	-3.0	142.8	8
2011	3.6	11.1	-3.4	65.1	2
2012	2.6	9.8	-4.2	131.6	3

资料来源：海西州气象局（2013）。

通过对重点交通干线两侧荒漠化治理，保障了进藏铁路和 109 和 315 等国道的生态安全。近年来完成青藏铁路两侧绿化 119 公里 4300 亩，设置网围栏 230 公里；315 国道绿化 56 公里 3714 亩，尕海至柴凯 315 国道两侧建设灌木防风林带 3600 亩；109 国道两旁绿化 60 公里 2652 亩，格尔木至芒崖公路绿化 17 公里 1500 亩等。

通过发展枸杞等生态经济林，防沙治沙的生态效益与农民增收脱贫结合起来，近些年来，枸杞种植面积激增了近 30 万亩，仅此一项增收 12 亿元，农业人均增加值增长了近 1 万元。同时，专业治沙队伍组建，吸纳一部分农村剩余劳动力，解决了一部分农民就业问题，取得了良好的社会效益。

四　存在的问题与政策建议

调研过程中感觉到近十多年来海西地区经济得到快速发展，荒漠化治理也取得了较大成效，但必须清醒看到防沙治沙工作正面临新任务与新挑战，治理任务依然十分艰巨和紧迫。

（一）防沙治沙工作存在的问题

1. 治理难度逐步加大

柴达木和三江源是世界上海拔最高的荒漠化地区，高寒缺水，戈壁、风蚀残地和流动沙地面积大。在“先易后难”原则指导下，一些交通条件较好、易于治理的固定和半流动沙地近些年得到有效治理，目前余下的大多是交通条件欠佳的地区，且多为治理难度较大的戈壁、风蚀残地和流动沙地。林业立地条件差，植树造林成本高。目前，每亩治理成本高达 4 万元以上，位于青海西部的芒崖行政委员会所在地花土沟镇绿化成本高达 12 万元/亩。

2. 资金投入严重不足

柴达木沙地与三江源地区所在行政区海西州，虽然近些年来经济发展较快，但主要依赖于资源开发型产业发展，在现行税收体制下工业增加值大部分上交中央和省级财政，留给本地财政的比例较低。从资源税来看，留给州级的比例仅为 10%。由于地广人稀，尽管人均财政高于全国平均水平，但管辖范围大，行政成本高。特别是治理荒漠化成本增加，进一步加大了地方财政压力。

由于资金缺乏，三江源地区等重点自然保护区，生态移民搬迁费用仍无法得到落实，这一地区原居民生产生活仍在破坏脆弱的生态环境。

3. 后期管护有待加强

由于该区降水极为稀少，生态环境极为脆弱。经过治理的荒漠化区域植被易于退化，如果治理后看护不到位，极易退化到原有状态。现行公益林管理费用远不能满足实际需要。同时，专业装备缺乏、管护人员缺少且不具备必要的专业知识，也影响治理后的管护工作。

4. 生态经济发展滞后

防沙治沙工作的可持续推进，必须转变沙区经济发展方式，以循环经济、生态经济模式来构建新型产业体系，寻求建立将生态效益、经济效益与社会效益统一起来的新型发展模式。由于农牧民从防沙治沙中获得的收益较小，无法调动其从事生态环境建设的积极性、主动性。调研中发现，十多年来尽管自上而下实施了禁牧移民还草政策，但由于补贴标准低于农牧民传统生产方式得到的收益，农牧民仍在延续传统种植、放牧生产方式，载畜量仍在稳中增加。许多脆弱的草场仍在超载放牧，仍存在边治理边破坏的现象，后果十分严峻。

5. 生态用水问题凸显

防沙治沙的生物措施需要大量水资源。但目前生态用水存在数量与分布问题的双重制约。在用水数量上，海西州2012年实际供水量9.73亿m^3。其中，地表水源7.96亿m^3，占81.81%；地下水源1.77亿m^3，占18.19%。水资源开发利用率（占柴达木水资源总量55.88亿m^3的比例，因除天峻县和唐古拉镇外，均位于柴达木盆地，两地人口仅为全州总人口的7.2%，不计此中）达17.41%。在使用结构上，农田灌溉引水量5.08亿m^3，占总用水量的52.21%；林草灌溉引水量1.78亿m^3，占总用水量的18.29%；工业用水量1.29亿m^3，占总用水量的13.26%；生活用水量0.45亿m^3，占总用水量的4.62%；生态环境补水1.13亿m^3，占总用水量的11.62%。可见，有半数多的用水量用在农田灌溉上，林草灌溉和生态环境补水合起来近30%，农业仍为耗水第一大户，这对生态建设来说影响较大，两者之间存在争水现象。

（二）推进防沙治沙工作的政策建议

1. 完善人工增雨措施

其原理是人为方法通过人工增雨措施，增加云中的冰晶或使云中的冰晶和水滴增大而形成降水。目前人工增雨主要采取两种方式，一是利用火箭、炮弹把发射碘化银或氯化钾等增雨药弹打向云中，轰击云层产生强大的冲击波，使云滴与云滴发生碰撞，合并增大成雨滴降落下来。二是飞机撒播干冰等冷却剂到云中，使温度显著下降形成许多冰晶凝结核使雨降下来。前者成本较低，一枚炮弹0.4万元，但见效时滞长，对发射地收益性较差；后者成本较高，一次飞机播撒成本高达几百万元，但收益面广。因此，为改善人工增雨效果，提高人工增雨积极性，要实行区域联合行动，或者由上级行政部门采取增雨措施，使得大范围广泛收益。建议国家气象部门联合省级政府部门，以及军队有关部门形成人工增雨联动机制，立专项经费予以支持。据测算，人工增雨投入产出比普遍都在 1∶5 以上，比较高的地区能达到 1∶30。人工增雨可增加降水量 20%，按最小降水 50mm 计算，所增加的降水量相当于柴达木现有水资源的 50%。若将这些新增降水都用于荒漠化治理方面，仅此一项，可以提高现有植被覆盖率 3 倍以上。

2. 重视沙区节水灌溉

节水灌溉可以有喷灌、滴灌等方式。滴灌是利用塑料管道将水通过直径约 10mm 毛管上的孔口或滴头送到作物根部进行局部灌溉。较喷灌具有更高的节水增产效果，水的利用率可达 95%。在柴达木沙地水资源极其紧缺的条件下，要通过加大投入的方式，普遍推行节水灌溉。近些年青海省水利部门制定了海西州水资源综合开发利用规划，也发布了节水工作指导意见，集中开展了灌区续建配套节水改造、节水增效示范项目和灌区骨干渠系工程改造、喷滴灌工程，实施滴管造林示范工程建设，完成滴灌造林 7 万亩。但滴灌设备一次性投入较高，1 眼机井需投入 20 万元，使用年限在 20 年左右，可灌溉 200～300 亩乔木林。机井一次投入每亩达 800 元左右，若均摊至 20 年则降为每亩 40 元。当然，这一期间还有维护修理费用尚未计入。

与稀缺的水资源和荒漠化治理效益相比，节水灌溉设施投入仍然是值得的。但由于一次性投入较大，需要中央或省级政府予以资金支持。同时，对于具有生态经济林性质的造林宜采取社会融资方式。

3. 恢复沙区天然植被

柴达木与长江源地区，土地利用可基本分为三个 1/3，1/3 为石山、雪山、冰川，主要分布在柴达木南缘和长江源地区；1/3 为戈壁、沙漠、盐沼，主要分布在柴达木盆地中西部；1/3 为可用于发展农林牧业的农田、林地、草场，散布在柴达木盆地东部和水分与土壤条件较好的沙地与湖沼之间。现有 67 万亩耕地，主要分布在柴达木盆地东部边缘，一、二类宜农土地仅为 174 万亩。宜林地 2702.5 万亩，即 1.8 万平方公里，其中有林地、疏林地、未成林造林地分别为 54.1 万亩，60.6 万亩，75.2 万亩，灌木林地 874.6 万亩，宜林地 1637.5 万亩，可见尚有 1 万多平方公里宜林地有待绿化，占荒漠化面积的 1/10 左右。

治理荒漠化生物措施，一是“围封”措施，二是人工植树种草。10 余年的荒漠化治理实践证明，封山（沙）育林（草）、恢复天然植被的围封措施是投资少、效果好的治沙有效途径。因此，“尊重自然、爱护自然”应是荒漠化治理的基本准则。

即使采取人工措施，也要建立在选取适宜当地的乔灌草植被加以驯化、培植和推广。用于防沙固沙的本土乔木树种主要有：青海云杉、祁连圆柏、青甘杨、胡杨、怪柳、白刺等8种用材林；白刺、柽柳、枸杞、梭梭、沙棘、沙拐枣、沙蒿、盐爪爪、罗布麻、麻黄、猪毛菜、驼绒藜、高山柳等固沙灌木林；早熟禾、扁蓿、柄茅、野葱、甘草、芨芨草、珠芽蓼、合头草等45种牧草。以及麻黄、锁阳、枸杞、大黄、狼毒、龙胆等27种药用植物。这些当地植物可以作为恢复天然植被的主要植物，加以大面积种植。

4. 加大工程措施治沙力度

柴达木与长江源地区荒漠化治理不可能用生物措施将所有的沙漠变成绿洲，过高的植被覆盖率既不必要也不现实。受立地条件制约，生物措施不能解决所有荒漠化问题，但对于一些重要地段，如公路、铁路等交通要道，必须采取工程措施防沙固沙。在调研中发现，一些重要地段就地取材，在公路两侧以碱块为沙障，固定化沙地。当然，这种治沙成本也较高。用干柴做成的沙障造价高达每亩1万元以上。高昂的沙障治沙成本制约了工程固沙的大规模实施，只能在一些重要的地区作为生物治沙的替代措施。

由于工程治沙多在交通干线两侧，治理费用较高，可考虑在交通维护费中支出。

5. 加快发展沙产业

海西州现有耕地67万亩，主要分布在柴达木盆地东部三县，另有一、二类宜农土地近100万亩。近些年来，新增耕地30万亩，大多用来种植枸杞，以枸杞为主体的沙产业初见成效。但枸杞沙产业的发展受到水资源和投入的双重制约，必须发展滴灌设施，降低枸杞耗水量，提高果实品质。按照发展规划，全州“十二五”末期枸杞滴灌面积达到种植面积的1/3。据统计，枸杞现单产在100公斤/亩，每亩产值在4000元左右。若发展滴灌不仅可以节约水资源，同时枸杞产量与品质也可以提高。但枸杞滴灌成本在2500~3000元/亩，可见降低滴灌成本，提高枸杞品质和单价是枸杞沙产业发展的根本出路。由于枸杞是多年生灌木，具有防沙治沙的功效。同时，枸杞采摘季节7月至9月，可吸纳4万~5万人就业，每人收入可达5000元。因此建议将枸杞种植纳入生态公益林补偿范围，尤其是滴灌设施投入可由林业部门负责，作为扶持沙产业发展专项。

大力发展昆仑文化游、沙漠探险游、盐湖旅游、荒漠景观夏令营等活动。本着政府规划、企业经营的原则，鼓励投资者来柴达木盆地和长江源地区投资旅游业。对解决生态移民就业的企业给予税收、用地方面的优惠。

6. 重点发展风光发电产业

柴达木盆地海拔高、大气稀薄、降雨量少、云层遮蔽率低，日照充足，年日照时数超过3500小时，太阳能年总辐射量大于6800兆焦/平方米，为全国第二高值区。同时，风力较大，大部分地区常年风速在3~4米/秒，其中大于8级大风的天数超过1个月，一些地区甚至超过100多天。该地区具有良好的适宜大力发展风力发电和光伏光热发电的条件。海西州现有未利用土地近18万平方公里，其中有一半为荒漠化土地，有利于发展风力发电或光伏、光热发电。风光发电，不仅能带动盐化工、原材料、传统能源开发、冶金以及装备制造业发展，为柴达木循环经济产业体系提供可持续能源和形成完整产业链条，转变经济发展方式，更有利于区域生态植被恢复和生态环境改善。自“十一五”以来，策应青海省打造新能源基地的发展目标，目前仅柴达木盆地光伏装机容量就已经达到169万千瓦（1.69GW），占青海省的83.4%，并计划到2015年翻一番以上，达到4GW。根据近期国家能源局下发的《关于征求2013、2014年光伏发电建设规模意见的函》，要求在不出现弃光限电的情况下，2014年光伏发电的建设规模提高50%（高于全球30%增长速度），装机容量达到12GW，占全球的1/4。其中，分布式光伏8GW，光伏电站4GW。此前国务院发布的《关于促进光伏产业健康发展的若干意见》指出，到2015年中国光伏发电总装机容量要达到35GW。

目前风光发电与传统能源一样，华能、华电、大唐、国电、中电投五大电力企业占据“半壁江山”。在海西地区，风光发电主要也是这些大型企业。

目前，海西州有风电企业20家，总装机容量99万千瓦，占全国并网风电装机容量6426万千瓦的1.54%。海西州作为风能资源丰富地区发展风电潜力很大。但很多风场存在“窝电”现象，影响风电的进一步发展。海西地区相对其他地区风力稳定，且与光电互补性好，为落实国家风电发展目标，必须进一步挖掘柴达木等地稳定的风电资源，使其潜力得到充分发挥。

7. 提高生态移民教育文化程度

由于格尔木市是个由驻军为主逐步发展起来的工业城市，属于移民城市，文化程度较高，德令哈市作为海西州府，居民素质也比较高，但其他农牧区居民文化教育水平亟待提高。对于荒漠化地区农牧民子女在九年义务教育基础上，还应逐步实行免费高中或中等职业教育政策，促进生态移民、城镇化和提高劳动力素质，增强生态意识，提高保护生态、治理荒漠化的积极性和主动性。

8. 增加生态建设投入强度

现有人工造林、围封补贴和公益造林管护费用标准是2002年前后制定的，随着物价、工资上涨和治理难度加大，现有标准亟待调整提高。

按照“三北”五期人工造林补偿标准，乔木为300元/亩，最高为2000元/亩。人工造林乔木的间距为1米×3米，每亩地222株，现补偿最高标准也仅能满足购苗费用。且这一地区，造林必须用机井供水，1眼井费用20万元，可供200~300亩乔木浇水。按照10年使用年限，每年折旧2万元，每亩折旧成本为80元左右。若考虑滴灌设备费用、水费、电费、人工成本，每亩成本在2000元以上。一些地区，土壤沙化、盐碱化严重需要深层换土，每亩成本将在1万元以上，格尔木市在4万元/亩，芒崖在10万元/亩以上。

从公益林看护成本来看，目前公益林看护补助标准为5元/亩，一般每位护林员看护面积为5000亩，而现人员工资2000~3000元/人·月，现有补助标准尚不足以支付人工费。加上其他管护费用每亩最少在10元左右。围封补贴每亩9元也较低，应统一到10元/亩。

9. 控制城市建设与产业发展规模

近十多年来，随着海西州工业发展，城市扩展较快。以该区最大城市格尔木市为例，人口由2000年的16.5万人增加到2010的21.5万人，而2013年总人口激增到27万人，外来常住人口11万人。市区人口较2000

年增加了近10万人，这对格尔木市用水和生态产生较大压力。目前，用水结构为城镇用水0.32亿立方米，本地工业用水1亿立方米，农业种植用水1.8亿立方米，草原灌溉1.6亿立方米，林业浇灌2.4亿立方米，察尔汗盐湖引水1.7亿立方米，盐湖地区开采地下水4亿立方米作为工业用水，水资源开采率56.7%，基本达到饱和状态。

10. 加大长江源和重点地区荒漠化治理力度

受投资财力限制，荒漠化治理不可能搞大推进式的全面攻坚战，今后“啃硬骨头”阶段要抓住战略地位重要、退化严重的生态敏感区进行重点治理。就该地区而言，长江源的唐古拉山镇要抓紧治理。该镇属纯牧业镇，藏族人口占绝大多数，2004年前有牧民322户，现有194户，2004年三江源移民，128户搬迁，国家投资804万元建安置房，牧户搬迁到格尔木市郊区移民点，发放生活费500元/户·月，年轻人外出打工可有一定收入，另有禁牧3元/亩，草畜平衡2元/亩的生态补贴，按照每人1.44万亩草场计算，平均2.5元/亩，每人可得3.6万元收入，每户收入可达15万元。按户均300只羊单位，减少3.8万只羊单位。要解决长江源余下的194个牧户的移民搬迁费用问题，以彻底恢复长江源原生态面貌。

此外，对于青藏铁路、高速公路、国道公路，以及城乡居民点等地区加大荒漠化治理力度，确保这些地区的生态安全。

第三部分

展望篇

第十八章　荒漠化治理存在的主要问题*

调研过程中我们深刻感觉到近十多年来我国北方荒漠化地区经济得到快速发展，城市面貌焕然一新，荒漠化治理也取得了较大成效，但必须清醒看到防沙治沙工作正面临新任务与新挑战，主要面临以下几个问题。

一　缺乏系统治理规划，各项举措衔接欠佳

荒漠化治理是实现可持续发展的系统工程，需要顶层设计和整体规划。荒漠化治理方案缺乏有差别的统一规划，给目前荒漠化治理的可持续性带来了一定的困难。尽管国家先后两次出台《全国防沙治沙规划》（2005、2013），但地方政府仍将荒漠化治理视为简单的“防风固沙、造林育草”，大多仅有“林业部门”主管。甚至地方政府分管领导也缺乏清醒认识和足够重视，不能及时发现问题，难以因地制宜有创造性地攻克难关。

荒漠化治理是一项长期性、综合性，甚至会出现阶段性反复的浩大工程，它不仅需要国家和地方政府的配合，更需要地方政府各相关部门之间的协调配合。有些政府部门“各扫门前雪”的狭隘做法，造成了荒漠化治理整体力量的分散，项目与项目之间的衔接往往做得不到位，不利于治理荒漠化下一阶段工作的顺利开展。从调研各旗县所采取的主要措施来看，不同地区的防沙治沙方案较为单一，方式方法基本相同。实际工作中各地区地质气候条件千差万别，不同区域范围有不同的现实困难。

从这些方面看，针对不同地区、不同问题的精细规划目前还十分缺乏。例如草原禁牧补贴，现在锡林郭勒盟是按照每亩给予一定金额的补贴

---

* 本章成文于2013年11月。

来补偿的，但具体到各旗县，每个旗县人均占有的草场面积不一样，苏尼特左旗的人均草场面积是苏尼特右旗的3倍左右，这样“一刀切”的政策人为地造成了不同旗县之间牧民的人均收入差距，影响旗县治理荒漠化的积极性，一些隐性的问题也会在今后的治理工作中慢慢显现出来。这无形中增加了防沙治沙工作的难度。此外，荒漠化治理过程中还有其他一些困难需要关注。如治沙环节繁多，各部门的工作协调问题，地方群众搬迁工作的落实问题，地方政府资金使用监管问题等。

二　治理任务仍然艰巨，治理难度将会加大

在过去的十年间，全国荒漠化土地面积年均减少仅在0.5万平方公里，且沙漠化减少面积仅为0.15万平方公里。而在目前的经济技术条件下，全国尚有40多万平方公里可能治愈的沙漠化土地。按此速度，难于在2050年完成全部治理任务。

同时，在“先易后难”原则指导下，一些交通条件较好、易于治理的固定和半流动沙地近些年得到有效治理，目前余下的大多是交通条件欠佳、立地条件差的戈壁、风蚀地、沙漠和流动沙地，荒漠化治理将步入啃“硬骨头”阶段。

降水量是影响荒漠化治理的关键因素，这些地区年降水量大多在50~400mm，且降水多集中在夏季，而蒸发量在1000mm以上，特别是春夏连旱频率较高。近几年降水量虽有不同程度的增加，但部分地区的干旱情况仍不容忽视。这在无形之中加大了沙漠水分涵养的难度和防风固沙植被成活的难度。

多风也是这些地区自然条件的一个主要特征，尤其是在降雨量少的秋冬季节，大风不断侵蚀地表脆弱的植被，减少土壤有机质，很容易造成风蚀荒漠化，进而引起严重的沙尘暴天气。

三　治理成本快速增加，资金投入明显不足

这些地区，现在植树造林每亩成本东部沙地大多在1000元以上，西部沙漠则高达1万元以上，位于青海省西部的芒崖行委所在地花土沟镇绿化

成本高达12万元/亩。原有国家造林和补偿标准对于交通和水源条件较好便于治理的荒漠化边缘尚可，但对于交通不便、立地条件更加恶劣的远山大沙而言资金缺口较大。尤其是种苗、劳力、运输等价格上涨，营林造林成本进一步增加。在这种情况下，原来各地政府投入的资金数额已很难适应实际需要。随着治理难度加大和物价上涨等，造林和抚育成本越来越高，致使治沙专项资金缺口不断增大。目前，荒漠化治理的规模和速度与构建北方绿色生态屏障的要求还有很大距离。

虽然近些年来我国北方荒漠化地区经济发展较快，但主要依赖于资源开发型产业发展。由于地方经济不发达，从事矿产资源开发的企业多是中央企业。但在现行税收体制下，工业增加值大部分上交中央和省级财政，留给当地财政的比例较低。从资源税来看，留给地盟市州级及旗县级的比例仅为10%。由于地广人稀，尽管人均财政收入高于全国平均水平，但因管辖范围大，行政成本非常高。特别是治理荒漠化成本上升，进一步加大了地方的财政压力。由于资金缺乏，一些重点自然保护区的生态移民搬迁费用仍无法得到落实。在这些地区，原居民的生产生活仍在破坏脆弱的生态环境。

四　后期管护有待加强，治理效果亟待巩固

由于荒漠化地区降水极为稀少，生态环境非常脆弱。经过治理的荒漠化区域，植被也易于退化。如果治理后看护不到位，极易退化到原有状态。现行公益林管护费为每年5元/亩，按照人均每年看护费3.6万元计算，人均最低需看护7000亩，从而超出了6000亩/人的合理看护范围。若包括其他看护成本，管护费用远不能满足实际需要。同时，专业装备缺乏、管护人员大多不具备必要的专业知识等，也影响到治理后的管护效果。

长期以来，我国荒漠化地区是初级畜产品供应地，畜牧业是草原牧民的唯一产业。随着草原生产能力下降，牲畜饲草料供需矛盾日益尖锐，使得草原进一步退化，并形成恶性循环。以内蒙古自治区锡林郭勒盟为例，十年来，在“生态移民”等政策实施下，过度放牧的现象得到了初步遏制，但纵观全局，该问题历史遗留时间长、移民基数大、移民转移安置难度大，导致目前过度放牧现象依然比较严重。除此之外，有些地方群众面

对禁牧移民政策将要带来的暂时性利益损失过于计较，行动上不能积极配合，这也直接或间接地影响到治沙政策的落实，给防沙治沙工作顺利推进增加了难度。调研所经之处，依然可以见到在严重退化的草场上仍有成片的羊群，令人触目惊心。

五　农业用水过度扩张，生态用水问题凸显

防沙治沙的生物措施需要大量水资源，但目前生态用水存在数量与空间分布上的双重制约。我国北方荒漠化地区耕地面积接近 18 万平方公里，占全国耕地总面积的 14.8%，但粮食产量不足全国的 9%，粮食单产仅为全国平均数的 60%。然而，农业耗水却占这些地区全部用水量的 50% 以上。工业发展及人口增长所导致的用水增加，使得林草业用水和生态用水不足总用水量的 30%。例如，在柴达木盆地，各行业用水比例大致为农田：林草：工业：生活：生态=52：18：13：5：12。半数多的用水量消耗在农田灌溉上，林草灌溉和生态环境补水份额较低，这对生态建设很不利，两者之间争水问题十分突出。在许多地区，出现了地下水位下降、河流断流、湖沼干涸的现象。如位于毛乌素沙地的乌审旗是一个典型的农牧交错区，目前全旗有耕地面积 3.67 万公顷，其中水浇地 3 万公顷，农牧业人口人均耕地 0.4 公顷。据了解，大部分水浇地是近十年来通过平整固定沙丘“造”的田，其灌溉用水全部取自地下水。除少量在引水渠道采取了衬膜等防渗措施外，浇地大部分采取“大水漫灌”方式，水资源浪费相当严重。在一些丘间低地，由于农田过量开采地下水，引起沙丘上植被干枯的现象并不鲜见，甚至一些平沙“造”的田，撂荒后重新成为沙化土地。①

六　生态经济发展滞后，高层专业人才匮乏

要想使防沙治沙工作可持续推进，必须转变沙区经济发展方式，以循环经济、生态经济模式来构建新型产业体系，寻求建立将生态效益、经济

① 潘迎珍、刘冰、李俊：《毛乌素沙地“十一五”综合治理研究》，《绿色中国》（理论版）2006 年第 7 期。

效益与社会效益统一起来的新型发展模式。当前，由于农牧民从防沙治沙中获得的收益较小，无法调动其从事生态环境建设的积极性和主动性。调研中发现，十多年来尽管自上而下实施禁牧移民还草政策，但由于补贴标准低于农牧民传统生产方式得到的收益，许多农牧民仍在延续传统的种植和放牧等生产方式，载畜量在稳中增加。许多脆弱的草场还在超载放牧，依然存在边治理边破坏的现象。

沙生灌木不仅是治理沙漠化的先锋植物和优势种类，而且大多具有较高的药用价值。如沙地柏、梭梭、白刺、四合木、沙棘、枸杞等均具有较高的药用价值，但由于当地缺少懂技术、擅经营的高层次人才，这些生态经济林远没有发挥应有的作用。同样，沙柳、花棒、柠条等固沙灌木资源由于没有找到产业化经营的模式，其可持续发展也面临较大的难题。这些植物有一个重要的生物学特性就是每隔 3 至 5 年需平茬扶壮才能“永葆活力”，否则几年或十几年后就会自然枯死，而平茬扶壮最根本的动力是有效地利用平茬后的灌木资源，并有利可图。通过调研发现，目前利用得最好的就是沙柳，这主要得益于沙柳人造板产业的拉动作用。柠条等除部分直接用于饲养牲畜外，加工转化尚处在起步阶段，没有形成规模。加之沙区劳动力资源十分短缺，大面积的灌木林资源因不能及时有效地平茬面临自然枯死的“噩运”，这种现象应引起重视。

近十年来，虽然国内外与荒漠化治理的相关研究取得了不少成果，也不乏具有很强指导性质的成果，但荒漠化治理方面的专业人才队伍相对不足，真正能付诸实践的研究相对较少。特别是能有效遏制荒漠化进程、可大面积推广投入生产的沙产业、绿色产业并不多。在锡林郭勒盟调研过程中，成立几年以上的研究机构数量并不算少，但真正取得的成果数量与质量却难以满足实际的需求。如何解决沙漠化地区研究人员和实用技术稀缺问题将成为下一步荒漠化治理工作的重点和难点。如何吸引一批高新技术人才走进艰苦地区，鼓励将理论与实践有效结合起来，也是摆在荒漠化治理工作面前的一道难题。

第十九章　荒漠化治理思路、原则与目标*

荒漠化治理多年实践表明，厘清治理的思路、原则，明确治沙目标，对于荒漠化治理可持续推进十分重要。

一　新时期荒漠化治理的总体思路

回顾新中国成立60多年来荒漠化所历经的正、逆向演替过程，对于明确下一步荒漠化治理思路极为重要。20世纪50年代至70年代的25年间，荒漠化面积增加了3.9万平方公里，年均扩大面积1560平方公里；70年代到80年代间，每年扩大的荒漠化面积为2100平方公里。90年代的1994~1999年的监测结果显示，每年扩大的荒漠化面积达3436平方公里。1999年底荒漠化面积达到267.41万平方公里。这样，在20世纪后半叶的50年间，我国荒漠化（主要是沙漠化）扩展了近10万平方公里。21世纪以来，随着国家大规模荒漠化治理工程的逐步实施，总体上已遏制住荒漠化扩展的势头。在2000年至2004年的监测期内，荒漠化面积年均缩减1283平方公里。2003年11月至2005年4月进行的第三次全国荒漠化和沙化监测结果显示，扩展近半个世纪的我国荒漠化土地首次出现缩小，整体扩展趋势得到初步遏制。此时全国荒漠化土地面积为263.62万平方公里，占国土总面积的27.46%。而第四次全国荒漠化和沙化土地监测结果显示，到2009年底，全国共有荒漠化土地262.37万平方公里，占国土总面积的27.33%。这五年间，年均减少荒漠化土地面积2491平方公里。1999~2009年十年期间，年均减少5038平方公里。

* 本章成文于2013年11月。

与此同时，1999~2009年期间，全国沙化土地面积净减少15003平方公里，年均减少1500.3平方公里。流动沙丘（地）减少21116平方公里，半固定沙丘（地）减少24717平方公里，固定沙丘（地）增加36536平方公里。现全国有沙化土地173.11万平方公里，沙化土地占国土总面积的18.03%，其中90%以上为天然草原退化。

当前我国的荒漠化治理总体上进入了“沙退人进”的“战略反攻”新阶段，每年减少面积估测在2000平方公里左右。

21世纪十多年的治理实践表明，荒漠化是可以遏制的，人类在治理荒漠化方面是可以有所作为的。实践充分证实，荒漠化是人地关系矛盾激化的结果，治理荒漠化的过程就是协调人地关系的过程。

更进一步来看，气候变化所导致的降雨量减少及其引起的荒漠化，也是人类大量使用化石能源的结果。因此，治理荒漠化治本之策在于“转变生产生活方式”。

新时期荒漠化治理需要与经济社会发展相结合，在发展方面应树立以下几个理念：

第一，沙区经济建设要有生态意识。荒漠化地区生存环境和条件较为严峻，在开发时，必须克服随意性。在那里搞经济建设必须以生态建设为主线，要搞无污染的工业，搞生态农业和生态林业。

第二，沙区的开发建设要有辩证观。荒漠化土地、矿产、旅游等资源丰富多样，发展特色经济具有得天独厚的条件。然而，如何开发利用这些自然资源，使它变成经济优势，则需要牢固树立辩证的开发观，保护好原有的生态系统，在保护好原生植物基础上做一些合理的开发。在沙区内发展生态农业、生态林业，开发林区的生态旅游。开发得当，沙区不仅是一个巨大的财富来源，而且会成为新的经济增长点。如果不注重保护，不考虑生态平衡，盲目的掠夺式开发利用，沙地资源不仅不能成为优势，而且会完全变成劣势。

第三，沙区要树立新的发展观。由“掠夺式开发”转向“可持续式开发”。长期以来，对沙地资源开发利用基本上实行竭泽而渔的掠夺式开发，对沙地资源和生存环境造成了很大破坏。沙地开发与治理，必须注意把资源环境的可持续性作为重要前提，既要考虑到当代人的发展需要，又不能以牺牲后代人的利益为代价，要对沙地资源实行保护性开发，开展植树造林，退耕还林还牧，封沙育草，发展乔灌草相配合、农牧林副经相协调的具有地方特色的生态经济。

第四，沙区应发展具有优势的特色经济和绿色产业。荒漠化地区要充分发挥自然资源比较丰富、植被景观较为多样、污染较轻的优势，坚持以市场为导向，以资源为依托，合理调整和优化产业结构，在综合发展农林牧各业的同时，大力发展草产业、沙产业、旅游产业、畜产品加工业和新能源、新材料、新型建材业、珠宝业等。

在新形势下，荒漠化治理的总体思路是“标本兼治”，短期重在治标兼治本，长期实现治本而治标。

治标就是遏制荒漠化势头并逐步减少荒漠化面积；治本就是建立荒漠化治理的体制机制，确保荒漠化得到持续有效的治理，荒漠化地区经济社会发展与生态环境建设形成良性互动，最终实现可持续发展。治标，一靠投入，二靠科技；治本，则需要一靠体制机制建设，二靠发展方式转变。

二　新时期荒漠化治理的基本原则

（一）总原则

协调人地关系，恢复自然生态，促进经济社会永续发展。

（二）具体原则

1. 治理理念

以尊重自然为主，改造自然为辅。

2. 治理区域

以沙地主体区域为主，沙漠及戈壁主体区域为辅。

3. 治理布局

沙地治理以面状治理为主，以点线状治理为辅。沙漠及戈壁治理以居民点、交通线防护林建设为主，面状戈壁、沙漠治理为辅。

4. 治理导向

以水定治为主，因害设防为辅。

5. 治理措施

以生物措施为主，工程措施为辅。沙地治理以采取生物措施为主、工程措施为辅；沙漠及戈壁治理以采取工程措施为主，生物措施为辅。生物措施以恢复天然植被为主，人工造林为辅；在人工造林树种选择上，以灌木为主，乔木为辅。工程措施主要以“护路卫城”为主，“稳固流沙”为辅。

6. 治理投入

以中央财政为主，地方、企业和社会投入为辅。

7. 治理主体

以专业治沙队伍为主，政府组织为辅。

三　新时期荒漠化治理的总体目标

荒漠化治理下一步工作重点是“巩固治理成效，扩大治理面积，全面深化治理，实现永续发展”。

根据全国防沙治沙规划，计划“到2030年，在巩固前期治理成果的基础上，沙化土地总面积开始逐年减少；到2050年，凡在当时经济技术条件下能够治理的沙化土地基本得到治理，最终在沙区建成较为完备的生态体系”，以及2013年3月20日颁布的《全国防沙治沙规划（2011-2020年）》所提出的“到2020年，使全国一半以上可治理的沙化土地得到治理，沙区生态状况进一步改善”的发展目标，结合本次调研对治理趋势的判断，特提出以下治沙目标。

随着国力提高逐步增加荒漠化治理投入，按2010年现价年均直接治理投入在2000亿元以上，治理面积稳步扩大，年均治理面积达到1万平方公里以上，争取到2020年，初步建立较完善的生态防护体系，使荒漠化地区的生态环境有较大改善；到2030年，治理沙化土地20万平方公里以上，沙化土地面积缩减到150万平方公里以下；到2050年，治理沙化土地40万平方公里以上，沙化土地面积缩减到130万平方公里以下，占国土面积的比例控制在13%以下，基本建立起较完备的北方生态屏障，荒漠化地区的生态环境有明显改善，人口、资源、环境与经济社会发展实现全面协调。

第二十章　新时期荒漠化治理策略*

既然荒漠化是“人地关系”矛盾的结果，那么解决问题的唯一出路就是“解铃还须系铃人”，尊重自然规律，从约束人类自身经济活动行为出发，从战略角度治理荒漠化问题。分析土地承载能力，“统筹规划、因地载人”。发挥多学科优势，从自然科学、社会科学、工程技术等多视角制定荒漠化治理规划和应采取的综合措施。

一　因地制宜规划，分区系统治理

根据自然条件和自然环境，因地制宜进行荒漠化治理。依据国土规划，确立优化开发区、重点开发区、限制开发区和禁止开发区。我国北方荒漠化地区因所处自然地带的不同可以分为两大区域：

一是以沙地为主体的半干旱荒漠化地区。主要分布在贺兰山与乌鞘岭一线以东、白城与康平一线以西，长城以北、国境线以南的呼伦贝尔、科尔沁、鄂尔多斯等地，即分布在内蒙古东部与中部、河北北部、山西西北、陕北与宁夏东南部。这些地区主要位于干草原区及荒漠草原区，是中国荒漠化土地比较集中分布的地区，约占中国荒漠化土地总面积的65.4%。它是过度的土地利用和干旱多风沙质地表环境相互作用的产物。

二是以沙漠为主体的干旱荒漠地区。主要分布在中国的狼山、贺兰山和乌鞘岭一线以西的广大地区，荒漠化土地较集中分布在一些大沙漠边缘（如阿拉善的中部、河西走廊、塔里木盆地等地区），占全国荒漠化土地总面积30.7%。其特点是荒漠化的发生和发展主要与河流变迁、水资源利用不合理及绿洲边缘过度樵采活动有关。

---

* 本章成文于2013年11月。

对于以沙地为主体的半干旱荒漠化地区而言，这一区域气候比较湿润，降水较多，年均降水大多在200~450毫米，是我国北方天然草原集中分布区域，科尔沁、呼伦贝尔、锡林郭勒、鄂尔多斯为著名的优质天然牧场。沙化土地主要以半固定沙丘、固定沙丘为主。今后应加强草原建设，对不合理开发的耕地，应退耕还林还牧；对退化的沙化草场，采用围封和人工种植优良牧草，逐渐恢复草场生产力；对现有森林资源应加强保护和抚育，同时要建立牧场防护林、防风固沙林、水土保持林，因地制宜营造薪炭林和灌木经济林、饲料林，逐步扩大植被覆盖率，发挥其综合效益。

对于以沙漠为主体的干旱荒漠化地区而言，这一区域气候干燥，降水稀少，年均降水大多在50~200毫米，是我国北方沙漠稀疏草原集中分布区域，也是阿拉善地区的巴丹吉林沙漠、腾格里沙漠、乌兰布和沙漠、亚玛雷克沙漠和库姆塔格沙漠、古尔班通古特沙漠、塔克拉玛干沙漠、柴达木沙漠等主要沙漠分布区。沙化土地主要分布在这些大沙漠边缘，以流动和半固定沙丘为主。今后应加强对这些大沙漠的“锁边”型治理，同时，加大对主要居民点、工矿企业和交通干线的防护力度，确保沙漠不再扩展，维护区域生态安全。

二 收缩农牧产业，转变发展方式

我国北方荒漠化主要原因是人类生产生活方式不适应生态环境状况，人类活动强度超过当地资源环境承载能力。治理荒漠化，要从收缩人类活动入手。

一是限制人口数量，特别是从事农牧业活动的人口数量。农牧业活动人口数量不减少，农牧业生产规模就不可能缩小，对土地的索取就不可能减少，土地荒漠化治理的成果就难以确保。为此，要科学测定资源环境承载能力，定量评估当地可以承载的农牧业人口极限，多余人口应该向外转移，包括向二、三产业转移和向区外可开发地区转移。要科学编制人口阶段性缩减规划，确立人口缩减阶段性目标，分解人口阶段性缩减任务，制定人口阶段性缩减政策，包括义务教育、职业培训、创业扶持、生态移民、社会保障补贴、保障性住房建设等具体措施。

二是限制农牧业规模。在农牧业人口承载力测算的基础上，科学确定农牧业生产规模。构建与人口承载力相适应的农牧业生产体系，压缩种植业与畜牧业生产规模，延伸农牧业生产链条，提高农牧业附加值，将农牧民增收的途径由扩规模转变为提效益。由此造成的经济损失，政府可以通过退耕还林还草、禁耕、禁牧等项目给予相应的补偿。从战略上来讲，将现有18万平方公里的耕地半数退耕，用于发展优质牧草和灌木经济林，不仅能有利于荒漠化治理，而且通过发展牧业和药材业，将会确保食物安全和提高居民收入，可谓一举多得。

三是放手发展非农产业，推进城镇化。在保护环境和节约利用资源的前提下，开发荒漠化地区丰富的清洁能源、稀缺矿产资源、旅游资源和沙产业资源，促进农牧业人口向非农产业转移，将城镇作为农牧业人口转移的主要居住地。在制定防沙治沙规划时，将新型工业化与新型城镇化作为重要内容，并列入国家政策支持的范围。实施“开发一小片，保护一大片”，用1%的用地，来治理和保护99%的自然生态环境。

四是以水定产。在沙化土地范围内从事开发建设活动的，必须事先就该项目可能对当地及相关地区生态产生的影响进行环境评价，依法提交环境影响报告。建立严格规范的地下水管理机制。凡建设项目取用地下水，必须履行审批手续。着力构建以水资源总量为基础的区域产业与人口规模稳定的生态网络体系。

五是大力发展公司化农牧业。确立公司化发展方向，将现代技术、现代理念、现代经营方式移植到农牧业中，培育规模化、品牌化农牧业公司，实行集中放牧，以集中推动集约，以集约促进集中，尽快走出依赖草牧场发展畜牧业的困境，以减轻牲畜对生态环境的破坏，化解养畜与保护草场之间的矛盾，实现生态环境保护与畜牧业发展的“双赢”。必须摆脱治理—恶化—再治理—再恶化的恶性循环态势，努力实现生产发展、生活改善和生态恢复。

三　整合治理工程，构建治理体系

现有国家生态工程项目主要包括“三北”防护林、京津风沙源治理、草原生态保护建设、公益林保护、退耕还林、退牧还草、草畜平衡、草原生态保护奖补、沙产业发展、水土保持等多项国家重大生态建设工程专项，政策出台部门涉及国务院、国家林业局、国家发改委、财政部、农业部、水利部等多个部门，“九龙治水、政出多门”，造成部门之间、区域之间“利益相互竞争、责任相互推诿”的现象，不利于荒漠化的科学治理。因此，有必要整合现有各项重大国家生态建设项目，将权力上交国家统一的荒漠化防治综合管理部门。

通过“科学调研、系统规划、分区实施、社会参与、全程监控、统一管理”，发挥中央政府、地方政府和社会公众的积极性，发挥政府在沙化治理中的宏观调控作用和市场在沙化治理中的积极作用。进一步推进林地、草场产权改革，“权属到户、责任到人”，避免出现“公地悲剧”。区分沙化治理反弹的自然原因和人为因素，依法追究沙化治理的“钓鱼工程”。强化在项目建设过程中，遵照建设程序进行严格管理，实行按规划立项，按项目搞设计，按设计组织施工，按工程项目安排资金，按效益考核奖补的工程建设制度。积极推行治沙工程项目法人负责制、资金使用报账制度、设计审核制、过程监理制度、竣工验收制度。对重大工程项目的设计、施工实行招标制，采取合同制管理。对主要植物材料（包括苗木）和设施设备实行招标采购，以确保工程质量。大力改善沙区生态环境，使沙化土地面积不断减少。

划定生态红线，分区分类实施一系列重大治沙工程。（1）固沙飞播造林种草工程。在高大流动沙丘上可先期实施工程措施，以沙障固沙，再选择适宜飞播的各类耐旱乡土灌木、草本植物品种，实行混合飞播。（2）封沙育林育草工程。在原有植被遭到破坏或有条件生长植被的地段，或有残株萌蘖苗、根茎苗的沙地实行封禁，采用围栏等保护措施，建立护林站等必要的保护机构，按照规划地段的面积采取封禁，严禁人畜破坏，给植物以繁衍生息的时间，推进天然植被自然恢复。制定出台禁牧、休牧、划区轮牧制度和禁垦、沙区植被保护制度，全面推行以禁牧、禁垦为核心的生态保护制度。在牧草生长幼苗期，实行禁牧；在流动、半流动沙地实行围封禁牧；在丘间滩地和下湿草场实行划区轮牧。（3）草料基地建设工程。在降水量较大，地下水较丰富的河谷滩地或下湿滩地，加大投入，建设高产稳产的饲草料基地和优质的人工打草场。建设以水为主的草库伦，种植高产稳产的青贮饲料，并引导牧民建立规模化、机械化、舍饲、半饲舍的集约化畜牧业经营模式，以提高劳动生产率和收入水平。（4）人工造林工程。自1978年实施的“三北”防护林建设工程，取得了较大成效，发挥了治沙骨干作用。今后要进一步科学规划，选择水源较为丰富、林木防护需求较紧迫的区域实施人工造林工程。本着因地制宜、生态经济效益相结合的原则选择适宜树种，提高树木成活率。要进一步完善工程实施机制，科学测算治理成本，保障足够的投入强度。加强后期管护的体制机制建设，不断巩固和扩大治理成效。（5）节水灌溉工程。对现有的水利灌溉工程进行节水改造，由大水漫灌改为滴灌、喷灌或管（渠）灌。新开发的饲草料基地、人工造林地要全部实施节水灌溉。（6）生态移民工程。有计划地将地处偏远沙地腹部、生态环境脆弱、植被破坏严重地区的居民，迁入到水土资源条件较好、土地集中连片、易开发的地区。实行住宅区、养殖区、种植区、水、电、路、讯、林、渠统一规划，统一建设，配套服务。对移民承包的草场权属不变，项目区享受国家补贴。积极开展帮观念、帮生产、帮培训、帮技术、帮经营、帮销售的“六帮”活动。将移民村纳入标准化养殖小区建设，引导移民发展生产，从事二、三产业，改善生态环境。本着高起点、高标准原则建设美好家园。（7）自然保护区建设工程。将生态治理难度大、农牧民生存条件恶劣的地区划定为自然保护区，依靠自然恢复来修复生态系统。由此发生的管护费用应该由政府投入解决。研究制定建立国家公园制度。

四　完善市场机制，发挥社会潜力

新时期防沙治沙工作要从单纯的政府推动机制，转向政府推动与市场利益驱动相结合的新型运作机制。落实集体林权和草场使用权制度改革，进一步明晰权益分配制度，实行“谁营造、谁所有、谁看护、谁受益”。积极推行个体承包造林、管护等方式，调动广大农民参与防沙治沙的积极性。

探索公司化治沙造林育草、发展沙产业等新型治沙模式。积极培育一批户均承包千亩以上荒沙面积的治沙大户。鼓励企业等各类经济组织组建专业化治沙队伍，承包沙荒地，进行跟踪式全过程治沙，实现由农牧民治沙为主向企业治沙为主转变。推进治沙企业技术进步，充分利用现代科技成果提高治沙效益和水平。有序实施沙产业发展工程，将治理与发展有机结合起来。要科学界定沙产业的范畴，制定沙产业发展规划和支持政策体系，鼓励发展沙产业示范区和示范企业。可采取政府鼓励与社会投入相结合的模式，政府通过适当补贴形式介入沙产业发展。引进产业化公司，推动沙生灌木的开发与利用，逆向拉动治沙工作。发展生物质发电、中药材加工等林沙龙头企业，转化利用灌木原料资源、药材资源，推动薪炭林、经济林建设，促进荒漠化治理。有计划地发展林木种苗产业化基地。积极发展沙漠旅游，将防风固沙与沙地景观公园建设结合起来，形成良性互动发展模式。

五　健全法律法规，保障永续发展

在现有《防沙治沙法》《国务院关于进一步加强防沙治沙工作的决定》以及有关法律法规基础上，形成《荒漠化地区永续发展法》，明确沙化治理范围、治沙策略、责任主体、投入机制、惩奖制度等内容，以体制机制建设来保障荒漠化地区生态建设和永续发展。

第二十一章　完善荒漠化治理的政策建议*

防治荒漠化，建立我国北方绿色生态屏障，是一件关乎中华民族生存与发展的大事。必须统一组织、科学规划、责任明确、政策得力、举措到位、系统治理、协调推进。

一　理顺荒漠化治理组织机构设置

我国荒漠化地区占据全国"半壁江山"，是少数民族聚集区，也是能源、原材料和林牧业发展基地，是国家生态安全的重要屏障。这一地区的人口、资源、环境与经济社会发展，事关全国发展大局。荒漠化治理不是简单的"造林种草"，需要综合协调"人地关系"，系统调理出现的"病症"，开出综合"药方"，对症下药。几十年来荒漠化之所以快速扩展，就是因为经济社会发展违背了自然规律。近十年来治沙之所以能取得阶段性成效，就是因为自上而下对荒漠化治理工作的重视，并尊重自然规律科学治沙。但是，经过实地调研和冷静思考后，会发现当前的治沙工作面临着诸多隐患和巨大挑战。如果不能及时调整治理策略和转变沙化地区发展方式，将会导致荒漠化治理前功尽弃，并出现诸多新的经济社会问题。

当前，农业、林业、水利、国土、计划、财政等部门都具有生态建设的职能，各部门出台的生态建设工程都具有各自的计划标准和验收体系。但是，生态建设具有综合性和全局性，各部门的生态建设目标与全局目标有时并不一致。为改变各自为政、自我评价的弊端，建议国务院和有关地方政府主抓生态建设，由国家发改委及地方发改委具体负责实施。建议成

---

* 本章成文于 2013 年 11 月。

立由政府分管领导任组长，宣传、组织、人事、监督、财政、发展改革、林业、农牧业、水利、气象、交通、国土、环保、住建、科技、教育、金融部门以及荒漠化地区主要领导为成员单位的防沙治沙工作领导小组，建立会议协商制度、通报制度，定期考核各单位的防沙治沙工作进展情况，形成全国治沙一盘棋的协调机制。实行目标考核责任制，与各地各部门签订目标考核责任书，落实党政一把手负责制，将林业生态建设任务定性定量分配，把开展防沙治沙与单位争先创优、干部政绩考核挂钩，把生态建设成效作为换届、干部提拔任用的主要依据，以保证防沙治沙工作的持续开展。

鉴于荒漠化防治工作的综合性，建议将国家防沙治沙办改由国家综合协调部门领导，可考虑设置在国家发展改革委，与资源环境司合署办公。相关各省市县可放在发改委资源环境管理部门。

二　制定荒漠化地区系统发展规划

荒漠化地区，特别是沙化地区，经济社会发展与资源环境关系极为密切，经济社会发展严重依赖资源开发，而资源开发又引发环境问题，环境恶化再反过来制约经济社会发展，形成“连锁反应”。如何逃出负反馈“怪圈”，步入正反馈“螺旋式”发展的良性轨道，需要对荒漠化地区的人口、资源、环境与经济社会发展进行系统规划和整体设计。应组织多学科研究规划设计队伍，根据新发展理念，对荒漠化地区进行系统规划和整体设计。

系统开展荒漠化治理的前期调研工作，为治沙工程的顺利展开打下坚实基础。要加大对荒漠化核心地段的调查研究，保证掌握资料的完整性和准确性。同时，要积极整合社会各界力量，打好荒漠化治理的攻坚战和持久战。对于成沙历史久，成因复杂，治理难度大的荒漠化地区，要综合调动国家和地方的研究力量，包括高校、研究所和民间组织，共同参与调查研究。建议国家有关部门在原来研究基础上，增加相应综合调查研究项目，成立专门机构，调动各级研究力量与主管部门共同合作，实现数据共享，共同推进荒漠化治理系统规划工作。

荒漠化地区水资源是第一资源，有水就有生命，有水就有发展。要彻底摸清水资源的总量、结构和时序分布，在此基础上估测区域生物量和合理载畜量，以及荒漠化治理的可能性。以荒漠化地区生态自然修复为目标，参考各种资源与产业发展潜力，确定合适的城乡居民点规模与布局。大力发展循环经济，集约节约利用资源，保护生态环境。

本着“因地制宜、分类分区、因水定产、市场导向、持续发展”的原则，宜农则农、宜牧则牧，力求达到土地合理开发利用，提高土地经济价值，加速沙漠化土地治理。分类治理就是要选择经济效益高、生态效益好、符合当地防沙治沙要求的树种和草种。分区治理则主要是基于沙地实际状况，对沙丘、下湿滩地和河谷阶地、湖盆等进行划区治理，采取围封、封育、飞播、造林等措施差别化治理和合理利用。

三　完善草原产权林权制度

无论是国外还是国内，显著的环保成就，与明确的土地产权不无关系。只有生态资源产权明晰化，才能有利于形成荒漠化治理的良性循环。调研过程中发现一些荒漠化地区草原所有权、使用权和承包经营权的落实程度深浅不一，导致当地有些牧民在观念中仍将草场看作公有，并不能将自身利益和草场维护有机结合起来。建议各地政府根据本地实际情况，适当延长草牧场有偿承包期，增强牧户对承包草场的责任感。鼓励牧户本着追求长远利益的原则对草场进行投资建设，变被动为主动，以寻求草场的良性可持续发展，从根本上杜绝草原的过度利用。

积极探索和推进集体林权制度配套改革工作。在明晰产权的基础上，鼓励林业生产要素依法、自愿、有序流转。加快组建林业综合服务中心，探索开展农牧民林业专业化示范合作社建设，解决大市场和小农户经营对接问题。

四　加大生态建设投入力度

现有人工造林、围封补贴和公益造林管护费用标准大多是十年前制定的。随着物价、工资上涨和治理难度加大，现有标准亟待调整提高。

按照“三北”五期人工造林补偿标准，乔木为 300 元/亩，最高为

2000 元/亩。人工造林乔木的间距为 1 米×3 米，每亩地 222 株，现有补偿最高标准也仅能满足购苗费用。在许多地区，造林必须用机井供水，1 眼井费用 20 万元，可供 200~300 亩乔木浇水。按照 10 年使用年限，每年折旧 2 万元，每亩折旧成本为 80 元左右。若考虑滴灌设备费用、水费、电费、人工成本，每亩成本在 2000 元以上。在西北地区，土壤盐碱化严重，需要深层换土，每亩成本则在 1 万元以上。如格尔木市为 4 万元/亩，而芒崖高达 10 万元/亩以上。

建立健全地方公益林生态效益补偿制度。从公益林看护成本来看，目前地方公益林看护补助标准为 3~5 元/亩。一般每位护林员看护面积为 5000 亩，而人员工资 2000~3000 元/人・月，现有补助标准尚不足以支付人工费。加上其他管护费用，每亩最少在 10 元左右。根据国家及集体公益林每年每亩 10 元的补偿标准，争取将地方公益林国家每年 3~5 元的补偿标准提高到 10 元，以切实解决补偿标准不一、补偿不平衡、社会矛盾增多的问题。

充足的资金保障是下一步治沙工作顺利进行的有力支撑。与之相对应，高效的资金配置也将在今后治沙工作中起到至关重要的作用。例如，京津风沙源一期工程建设投资标准从 2000 年到 2010 年一直沿用工程启动初期的标准，尽管后期进行了一定程度的上调，但仍达不到目前造林成本的 50%。这在一定程度上影响了工程质量与效益，也影响了地方群众参与治沙的积极性。另外，区划界定公益林总面积达 2818 万亩，目前获得国家补偿面积为 1600 万亩，尚有 1200 万亩新增林地未获得补偿，也给生态建设成果的巩固带来不少困难。所以，建议国家在京津风沙源工程二期规划中，通过科学预算加大对锡林郭勒盟等地防沙治沙生态建设资金的扶持力度。在加大投入的同时要合理配置资源，防止资金投入“一刀切”现象的发生。例如，浑善达克沙地涉及的锡林郭勒盟各旗县财政状况不均衡，各旗县基本上是第一产业以畜牧业为主、第二产业以矿产开采为主、第三产以传统服务业为主，产业结构单一，产业层次较低，从而造成财政收入水平不高，主要依赖国家财政支持，财政支出主要依靠上级转移支付，城镇居民人均可支配收入均低于内蒙古和全国平均水平，各旗县的荒漠化治理方面的资金均面临巨大挑战。同时在各旗县人口密度、牧区人口、人均草场面积等指标均不相同的前提下，若继续采用“一刀切”的财政补贴标准，就会造成不同地区的财政可支配数额差异进一步扩大，不利于防沙治沙工作的差异化管理和整体推进。所以在今后的工作中，国家政府部门应在充分调研的前提下，依据不同地区的基本情况，合理配置资源，采用划分更加精细的标准下拨资金，以实现资源的高效利用。

巩固植树造林成果在今后防沙治沙推进过程中显得尤为重要。应适度增加对前期工程抚育、改造等提质增效为主的建设内容和配套项目。如京津风沙源治理工程前期在对流动、半固定沙地的治理上，主要采取的是灌草为主营林造林的方式完成。虽然这些植被在防风固沙的治理项目中起到了前期示范性作用，但由于目前这些植被生长年限已久，开始逐步衰退，低质低效林多，综合效益未能充分发挥，已经出现了不进则退的趋势。因此，建议在推进京津风沙源二期工程及一系列防沙治沙项目的同时，兼顾前期工程的提质增效工作，把二期开发与巩固前期成果更好地结合起来。

荒漠化治理后期管护是防沙治沙的重要环节。应不断完善、规范生态环境保护综合行政执法和管理体系，提高执法队伍综合素质，加强管护技术装备。充分利用数字林业平台拓展功能，建设完成森林防火监测应用系统，实现林业的数字化、网络化、智能化和可视化。积极探索并着力解决好生态移民区森林资源的保护、开发和利用问题，加大森林草原防火队伍和基础设施建设力度，进一步完善森林草原防火远程监控系统功能，提高防火信息化水平。继续加大湿地和自然保护区的保护力度，对违法占用、开垦、填埋以及污染自然湿地的地区进行全面检查，依法制止和打击各种破坏湿地和野生动物栖息地的违法行为。切实巩固生态建设和防沙治沙前期成果，加强新造林和幼林的保护，防鼠兔危害，保障后期工程顺利进行和成效。

构建多元化治理开发主体，加快荒漠化治理的速度。荒漠化治理工作是一项风险大、投资回报周期长、经济利润较低的事业。因此，传统的荒漠化治理思路认为，荒漠化防治是一种以生态环境改善为单一目标的社会公益性事业，荒漠化改造多是由政府主导推动。但是，在荒漠化治理工作取得一定进展之后，应有赖于更多利益主体的加入。

荒漠化防治具有区域公益性和社会公益性，应鼓励荒漠化防治受益地区以生态补偿的方式进行对口资金投入。要建立京津对内蒙古、上海对新疆、广东对青藏甘宁的对口资金帮扶机制，并鼓励社会组织、企业和个人捐赠治理资金。对于捐赠的资金，国家应从其所得税中予以减免。

荒漠化治理不仅具有公益性，同时也具有一定的竞争性特征。应该鼓励多种所有制形式的主体进入到荒漠化治理的生态建设中，进而弥补国家投资不足，提高治理速度。要通过改革，制定新的政策，完善现有管理措施，使社会团体、企业和个人成为我国防沙治沙中积极的、活跃的力量，把以前由政府办理而社会又可以办的事交由社会去办。这是未来荒漠化地区进一步实现荒漠化治理的方向所在，以调动国内外民众和当地农牧民防沙治沙的积极性。对于到荒漠化地区进行承包治沙的企业和个人给予融资、保险、税收等方面的优惠政策。实行“五荒”到户，谁治理谁拥有，允许继承转让，长期稳定不变。

五 加强水资源“开源节流”

缓解荒漠化地区水资源问题，事关荒漠化治理与经济社会发展全局。开源与节流并举，做好人工增雨和节水灌溉工作，都十分重要。

人工增雨原理是通过人工措施，增加云中的冰晶或使云中的冰晶和水滴增大而形成降水。目前，人工增雨主要采取两种方式，一是利用火箭、炮弹把碘化银或氯化钾等增雨药弹打向云中，轰击云层产生强大的冲击波，使云滴与云滴发生碰撞，合并增大成雨滴降落下来。二是用飞机撒播干冰等冷却剂到云中，使温度显著下降从而形成大量冰晶凝结核以使雨降下来。前者成本较低，一枚炮弹 0.4 万元，但见效时滞长，对发射地收益性较差；后者成本较高，一次飞机播撒成本高达几百万元，但收益面广。因此，为改善人工增雨效果，提高人工增雨积极性，要实行区域联合行动，或者由上级行政部门采取增雨措施，使大范围广泛收益。建议国家气象部门联合省级政府部门，以及军队有关部门形成人工增雨联动机制，立专项经费予以支持。据测算，人工增雨投入产出比普遍都在 1∶5 以上，比较高的地区能达到 1∶30。人工增雨可增加降水量 20%。按最小年降水 50mm 计算，所增加的降水量相当于柴达木盆地现有降水资源的 50%。若将这些新增降水都用于荒漠化治理方面，仅此一项，就可以提高现有植被覆盖率3倍以上。

节约用水是缓解水资源紧缺状况的根本之策。一是必须扭转过去一些沙区农业扩张和过度利用地下水的做法，压减地下水超采量，稳定地下水位，控制未来生态隐患，使生态环境不断得到恢复和改善；二是发展节水型高效农业，在农作区改善耕作和灌溉技术，推广节水农业，避免土壤盐碱化，可利用盐生植物改造盐渍化土壤，使土壤盐分得到转化和转移，降低地下水的矿化度，进行综合治理；三是在牧区草原发展舍饲圈养型畜牧业，减少水井的数量，以免牲畜大量无序增长；四是在干旱的内陆地区要合理分配河流上、中、下游水资源，既考虑上、中游的开发，又要顾及下游生态环境的保护。

节水灌溉是现代化大农业的重要特征，主要有喷灌、滴灌等方式。滴灌是利用塑料管道将水通过直径约10mm毛管上的孔口或滴头送到作物根部进行局部灌溉，较喷灌具有更高的节水增产效果，水的利用率可达95%。如在柴达木盆地等水资源极其紧缺的条件下，正在通过加大投入的方式，普遍推行节水灌溉。近些年来，青海省水利部门已制定了海西州水资源综合开发利用规划，也发布了节水工作指导意见，集中开展了灌区续建配套节水改造、节水增效示范项目和灌区骨干渠系工程改造及喷滴灌工程，实施滴灌造林示范工程建设，完成滴灌造林7万亩。但是，滴灌设备一次性投入较高，1眼机井需投入20万元，使用年限在20年左右，可灌溉200~300亩乔木林。机井一次投入每亩达800元左右，若均摊至20年则降为每亩40元。当然，这一期间还有电费、管理及维护费用尚未计入。

与稀缺的水资源和荒漠化治理效益相比，节水灌溉设施投入仍然是值得的。但由于一次性投入较大，需要中央或省级政府予以资金支持。同时，对于具有生态经济林性质的造林可采取社会融资方式。

六　生物措施和工程措施并举

过去十年荒漠化地区多为易于治理的沙地，大多采取生物措施。今后随着荒漠化治理难度的加大，必须走生物措施与工程措施并举的治理路线。

治理荒漠化的生物措施，主要有两个：一是“围封”，二是人工造林育草。10余年的荒漠化治理实践证明，封山（沙）育林（草）、自然恢复天然植被的围封措施是投资少、效果好的治沙有效途径。因此，“尊重自然、爱护自然”应是荒漠化治理的基本准则。即使采取人工造林育草措施，也要建立在选取适宜当地的乔灌草植被加以驯化、培植和推广。

浑善达克等东部半干旱沙地原生植被有沙米、沙竹、黄柳以及少数的芦苇、沙芥等先锋植物，优势种为小红柳。固定和半固定沙丘植被以榆树疏林灌丛草地为主，主要生长有沙蒿、冷篙、小叶锦鸡儿、杨柴、紫花苜蓿、沙生针茅、羊草等。这些当地植物可以作为恢复天然植被的主要植物，加以大面积种植。

在毛乌素沙地，应选择杨柴、柠条、花棒、沙蒿、沙打旺、紫穗槐、沙棘、枸杞、樟子松、沙地柏、云杉等耐旱乡土植物品种进行混合播种。

对于新疆干旱沙漠的绿洲地区，应在绿洲外围的沙漠边缘地带进行封沙育草；在绿洲前沿地带营造乔、灌木结合的防沙林带，以积极保护、恢复和发展天然灌草植被。在绿洲内部建立农田防护林网，组成一个多层防护体系。对于缺乏水源的地区，可利用柴草、树枝等材料，在流沙地区设置沙障工程，拦截沙源，固定流沙，阻挡沙丘前移。

柴达木盆地等高寒干旱沙化地区，用于防沙固沙的本土乔木树种主要有：青海云杉、祁连圆柏、青甘杨、胡杨等用材林；白刺、柽柳、枸杞、梭梭、沙棘、沙拐枣、沙蒿、盐爪爪、罗布麻、麻黄、猪毛菜、驼绒藜、高山柳等固沙灌木林；早熟禾、扁蓿、柄茅、野葱、甘草、芨芨草、珠芽蓼、合头草等45种牧草，以及麻黄、锁阳、枸杞、大黄、狼毒、龙胆等27种药用植物。

逐步加大工程措施治沙力度。受流动沙丘立地条件制约和水资源限制，干旱地区荒漠化治理不可能用生物措施将所有的沙漠变成绿洲，过高的植被覆盖率既不必要也不现实。对于一些重要地段，如公路、铁路等交通要道，必须采取工程措施防沙固沙。在柴达木沙漠地区调研发现，一些重要地段就地取材，在公路两侧以盐碱土块为沙障，固定流动沙地。当然，这种治沙成本并不低。用干柴做成的沙障造价高达每亩1万元以上。而盐碱土块由于搬运工程量较大，造价也较高。高昂的沙障成本制约了工程固沙的大规模实施，只能在一些重要的地区作为生物治沙的替代措施。

由于工程治沙多在交通干线两侧，治理费用较高，可考虑在交通维护费中支出。

七　加快发展沙产业

钱学森先生在 1984 年提出了沙产业的概念。早期的沙产业是指在“不毛之地”上，利用现代科学技术，包括物理、化学、生物等科学技术的全部成就，通过植物的光合作用，固定转化太阳能，发展知识密集型的农业型产业。沙产业的核心思想是“多采光、少用水、高技术、高效益”。但广义的沙产业包括利用沙漠或沙地资源发展起来的所有产业。沙产业是沙区可持续发展的必由之路，也是寓防沙治沙于经济发展之中的科学选择。

从东部的科尔沁沙地到西部新疆和青藏高原的沙地、绿洲，都可以因地制宜发挥比较优势，发展沙产业，沙产业大有可为。要大胆借鉴国内外先进地区发展沙产业的经验，结合各地沙地资源环境特点，科学选择发展沙产业的路径，循序渐进，找准特色，以点带面，务求实效：一是做好沙产业发展规划，科学确定沙产业发展的目标，优选沙产业发展的主要行业和主要地区，将沙产业发展的任务分解到各地；二是制定沙产业发展的政府支持政策。任何产业发展都有一个孵化并发展壮大的过程，沙产业也不例外。根据沙产业发展特性，制定金融、财政、人才、土地等一揽子优惠政策体系，吸引社会资金投资沙产业；三是整合扶持一批龙头企业。对已有相关企业进行整合，提高资产集中度和技术含量，并引进区外大型骨干企业，形成一批沙产业骨干企业，带动沙产业发展。

经过多年的探索，目前各地已经形成一些初具规模、各具特色的沙产业。地处科尔沁沙地的奈曼旗，立足于沙资源优势，在工业企业用沙、沙生植物开发利用、发展沙地规模化养殖和开发沙地旅游业等方面进行了有益的探索和实践，“吃”沙用沙、点沙成金、因沙兴旗的科学发展之路初步形成。目前，该旗已出现了四种沙产业模式：①科技创新型沙产业，围绕丰富的硅砂资源，以建材、精密机械铸造、石油开采支撑剂、玻璃制造等为重点，依托科技创新提升沙产业的知名度和影响力，引进和鼓励兴建了38家企业，年用沙量超过50万吨。②政府主导型沙产业，以增强地区发展实力为目标，充分发挥政府主导作用，在不占用耕地的情况下，综合利用沙地建设工业园区6个；利用沙地资源发展亩纯收入超千元的沙地高效特色作物产业园95万亩；成立以沙地养殖小区为主的模式化养殖场104处；积极培育沙地旅游业，年接待游客44万人次。③群众自发型沙产业，利用固定、半固定沙地和坨间低地的水资源条件，以户或联户为单位，四周营造防护林网，大力发展林粮、牧草等产业，或依托沙地资源，积极种灌种草，发展林果经济；目前，全旗果树经济林已发展到12万亩。④连锁经营型沙产业，为规避沙地种养殖业风险，提高农副产品的市场竞争力，西瓜协会采取“协会+专业合作社”“基地+市场”等形式，大力推广沙地无籽西瓜种植技术，注册了“曼沙”西瓜品牌，现已形成种植基地2万多亩，影响带动全旗西瓜种植面积达到10万亩。奈曼旗的经验和做法完全可以在科尔沁沙地地区推广。

地处毛乌素沙地的乌审旗，通过发展林沙产业，促进了农牧民增收。在防沙治沙的同时，发展以沙物质开发、种苗产业升级、林下种植养殖和森林旅游为主体的林沙产业。通过积极吸引外资和企业入驻，在提高地方经济效益的同时，还为生态移民解决了就业问题。近些年又大力发展具有较高药用潜力的沙地柏，以期拉动后续产业发展。这种“以环境保护为主体”的投资定位，拓宽了农牧民增收渠道，扩大了政府财政收入，进而实现了生态改善和农牧民增收的双赢，最终形成荒漠化治理的良性循环。

贺兰山以西的阿拉善地区，是我国四大沙漠聚集地。在沙漠边缘绿洲，大力发展伴生肉苁蓉的梭梭、伴生锁阳的白刺等经济林，并与中科院等单位合作，开发中药制剂，发展前景广阔。另外，充分利用额济纳胡杨林和沙漠航天城大力发展旅游业。

新疆在沙漠绿洲地带，大力发展林果业，如库尔勒红枣、核桃、香梨、棉花等，取得较大的经济收益。

青海省海西州充分利用柴达木盆地边缘沙地种植枸杞，年产枸杞3万吨，产值12亿元，为农业发展和农民增收做出了巨大贡献。柴达木枸杞品质好，25种微量元素中有17种高于宁夏枸杞。另外，柴达木盆地拥有天然黑枸杞10万亩，年产10吨左右，销售价格2000元/公斤。同时，当地还充分利用柴达木盆地丰富的荒漠化景观资源，大力发展沙漠旅游产业。

八　大力发展风光发电产业

我国西北沙漠化地区降雨量少、云层遮蔽率低，日照充足，年日照时数大多超过3000小时，太阳能年总辐射量大于6000兆焦/平方米，是全国光照条件最好的区域。同时，风力较大，大部分地区常年风速在3米/秒以上。因而，西北沙漠化地区具有良好的适宜大力发展风力发电和光伏光热发电条件。沙化地区土地资源丰富廉价，有利于发展风力发电或光伏、光热发电。风光发电不仅能带动煤炭、石油等传统能源开发，也可为原材料、冶金以及装备制造业发展提供配套能源，形成完整产业链条。这不仅有利于转变经济发展方式，更有利于区域生态植被恢复和生态环境改善。

目前，风光发电与传统能源一样，华能、华电、大唐、国电、中电投五大电力企业占据“半壁江山”。在内蒙古、青海等沙化地区，风光发电也主要是这些大型企业在投资建设。

可喜的是，随着设备国产化率的提高，近些年来风光发电电价成本逐年回落，2011年为1.15元/度，2012年为1.0元/度，2013年为0.9元/度。根据国家规定，2013年9月1日前获核准的光伏电站在2013年底前建成并网可享受1元/度上网电价，这些已建成的光伏电站将有利可赚，从而进入健康发展阶段。

相对光电，风电发展更快，规模更大。据统计，2006年以来入网风电装机年均增长76%，规模与速度均居世界首位。为解决日趋严重的雾霾问题，国家正在抓紧调整以煤为主的能源结构，实行“以电代煤（油）、电从远方来”战略。按照规划，2015年全国风电装机容量将达1亿千瓦，2020年达到2亿千瓦，其中80%以上集中在“三北”地区。

荒漠化地区大多为风能资源丰富地区，发展风电潜力很大。但风电的不稳定性，对电网安全运营带来较大冲击。由于风电发电功率曲线和负荷曲线的时间错配，国家又没有出台相关的经济补偿措施，电网吸纳风电入网的积极性不高，致使很多风电场存在“窝电”现象，现有风电弃电率高达20%～30%。一些风电企业指责国家电网公司2010年提出的“大风电融入大电网”只停留在口号上，影响到风电的进一步发展。

为此，建议国家协调风电与火电之间的关系，补偿火电调峰所造成的损失，解决风电并网问题。同时，应加快发展蓄电池等电动汽车能源，夜间充汽车蓄电池，以加快荒漠化地区风光资源的开发利用和新能源产业发展。在风光发电的收益中，应给地方留取资源税和土地使用费，以为地方调整产业结构、转变经济发展方式和加大荒漠化治理力度提供财力支撑。

九　着力提高教育科技水平

荒漠化地区是我国经济欠发达区域，也是少数民族聚集区，整体来看教育科技文化水平不高，人才特别是高层次人才十分匮乏，制约着当地经济社会发展质量提高和生态环境改善。尤其是农牧区居民文化教育水平较低，迁徙能力和就业竞争力较弱，不利于生态移民和城镇化，难于摆脱对传统农牧业生产的依赖。建议国家对荒漠化地区农牧民子女在九年义务教育基础上，逐步实行免费高中或中等职业教育政策，以促进生态移民、城镇化和劳动力素质提高。同时，对荒漠化地区的大学生给予就业安置等优惠政策，以减少返乡、返原籍比例。

要鼓励国家级科研院所到荒漠化地区开展科学研究，特别是加强对濒危珍稀树种、耐寒抗逆植物的保护、开发和利用推广研究，以及现代沙产业、新能源和新材料研发等，促进科技与生产的紧密结合，带动区域生态建设和产业发展。树立一批按标准设计、施工、验收的生态工程建设示范区，建立一批依靠科技进步治沙富民强区的样板，产生一批具有市场竞争力的林业品牌产品。通过项目的示范带动，使荒漠化地区科技进步率明显提高，农牧民林业收入显著增加，真正迈向科技推广、生态改善、产业带动、百姓致富的多赢发展道路。

十　控制城市建设与产业发展规模

近十多年来，随着工业化进程快速推进，从内蒙古到青海、新疆，荒漠化地区城市建设日新月异，城市面貌焕然一新，城市规模扩展也较快。以地处柴达木沙漠腹地的最大城市格尔木市为例，中心区人口由14.4万人增加到18.6万人，而2013年总人口激增到27万人，市区人口已达24万人，其中户籍人口13万人。建成区面积达30.5平方公里，成为青藏高原上继西宁、拉萨之后的第三大城市。人口的快速增长，对格尔木市用水和生态产生了较大压力。格尔木市多年平均降水量为41mm，水资源总量72.4亿立方米，其中唐古拉山区49.8亿立方米，盆地区22.6亿立方米。不过，唐古拉山区49.8亿立方米为唐古拉山乡长江源头的过境水，市区无法使用，真正可用的水资源仅为22.6亿立方米。其中，那棱格勒河10.7亿立方米、格尔木河7.8亿立方米。由于该地区蒸发旺盛，农田灌溉需水量在1200立方米/亩以上。现有9万亩农田，其中小麦1万亩，其余大部分为油菜、马铃薯、青稞等。农业发展对水资源占有较多，要进一步减少现有一般作物，发展节水型生态经济林，如枸杞等，以便用大农业比较优势收益采购省外粮食和蔬菜。必须因水定城市与产业规模，调整产业结构，发展节水型产业，同时控制人口增长。根据相关分析，格尔木市人口规模不宜超过35万人。目前城市人口规模已接近上限，必须引起高度重视。

其他地区如若羌县城，阿拉善各旗所在镇，苏尼特左、右旗所在镇，奈曼旗各镇等均存在盲目扩张城镇规模的问题，要引起高度关注。

十一　建立荒漠化防治特区

受投资财力限制，荒漠化治理不可能搞大推进式的全面攻坚战，今后“啃硬骨头”阶段要抓住战略地位重要、退化严重的生态敏感区进行重点治理。就北方荒漠化地区而言，要将奈曼旗、翁牛特旗、科尔沁左旗、新巴尔虎左旗、新巴尔虎右旗、陈巴尔虎旗、锡林郭勒盟各旗、乌审旗、杭锦旗、阿拉善各旗、海西州各县市、玉树各县、民勤、若羌、且末、和田等列为全国荒漠化防治特区，并采取一系列扶持政策，将其中的部分地区划定为“国家公园”或国家自然保护区。同时，加大这些地区的生态移民力度，减少人口，减小对生态环境的压力，以彻底恢复这些地区的生态原貌。

对这些地区，要实行市场引导下的大规模移民外迁计划。北方荒漠化地区表面看地广人稀，但扣除沙漠、戈壁，人口密度并不低。为调整失衡的人地关系，必须实行大规模的移民外迁。目前实行的生态移民拘泥于行政区划，以旗（县）甚至苏木（乡镇）为单元，不能从根本上解除人口压力，必须实行跨地域的人口外迁，特别是向东部沿海地区迁移。靠政府组织动员负担太重，市场引导是上策。政府作用的空间，一是对义务教育阶段的儿童实行真正意义上的义务教育；二是对非义务教育阶段的青少年实行教育援助计划，使他们能够上得起学；三是对劳动适龄人口进行技能培训，使他们能够掌握一技之长；四是对老年人口实行社会保障。鼓励劳动适龄人口到东部沿海地区打工和创业，国家征兵计划指标分配也应向北方荒漠化地区倾斜。这些计划的实施，不需要国家增加投入，只需要改变生态建设工程的投资结构即可。也不需要国家实行整体移民搬迁计划，只需要对不同适龄人口实行分类援助计划，靠市场引导即可完成荒漠化地区的移民减人。

十二　强化对荒漠化地区的生态管理

通过制定和利用法律、法规、政策等措施，积极开展荒漠化防治工作。特别是通过土地利用结构、经济结构、产业结构调整，实现土地可持续利用。在当前，政府仍然是指导和组织荒漠化治理最重要的主体。政府所制定的关于防治土地荒漠化的政策措施是否科学十分重要，对于防沙治沙起着决定性作用。科学和切实可行的有关防沙治沙的法律、法规等政策措施无疑会促进土地荒漠化防治。同样，有了好的政策措施还必须依靠政府组织实施才能够发挥作用。因此，政府组织的作用也是十分重要和不可缺少的。

评价生态建设工程，不仅要看地表植被，更要看地下水位变化。生态建设工程，应注重长期效应，短期内难以评价得失。一些地区只管植树造林，不管地下水涵养，甚至大量抽取地下水养护地表植被，以博取上级检查团的好评。这种行为不是在搞生态建设，而是在搞生态破坏，后果不堪设想。在北方荒漠化地区，水系是生态系统的中枢神经。破坏了水系，也就是破坏了生态系统。所以，地下水位的变化更能科学地反映生态建设工程的得失。

应加大监测研究资金投入力度，加大荒漠化监测信息系统建设力度，强化监测研究队伍建设，定期评估荒漠化治理成效，并向社会公布实情，以此作为政策调整和公众支持的依据。

参考文献

1. 白永祥、孙贵荣：《库布齐沙漠风沙危害及其治理技术》，《内蒙古林业科技》2004 年第 9 期。

2. 布仁吉日嘎拉：《内蒙古杭锦旗土地可持续利用研究》，内蒙古师范大学硕士学位论文，2003。

3. CCICCD：China country paper to combat desertification. Beijing：China Forestry Publishing House，1996.

4. 曹建飞：《杭锦旗三措并举治理库布齐沙漠》，《鄂尔多斯日报》2011 年 11 月 4 日。

5. 陈克毅、韩东娥：《增强荒漠化防治可持续性的途径和政策》，《农业经济问题》2003 年第 6 期。

6. 慈铁军、马哲：《基于 ISM/AHP 方法的内蒙古沙漠化治理的研究》，《内蒙古科技与经济》2008 年第 2 期。

7. 崔琰：《库布齐沙漠土地荒漠化动态变化与旅游开发研究》，中国科学院研究生院博士学位论文，2010。

8. 董光荣、吴波、慈龙骏等：《我国荒漠化现状、成因与防治对策》，《中国沙漠》1999 年第 6 期。

9. 额济纳旗政府：《额济纳旗 1992-2000 年治沙工程规划》，1991。

10. 国家环境保护总局：《我国沙尘暴发生情况及治理对策》，2001。

11. 韩东娥：《荒漠化治理的路径创新与政策建议》，《经济问题》2003 年第 1 期。

12. 韩东娥：《探讨持续性生态建设的途径与政策措施》，《中国农村经济》2003 第 8 期。

13. 黄春长：《环境变迁》，科学出版社，2000。

14. 李令军、高庆生：《2000 年北京沙尘暴源地解析》，《环境科学研究》2001年第2期。

15. 刘治彦：《人类不合理经济活动对荒漠化影响分析》，《江西社会科学》2004年第8期。

16. 刘治彦等：《治理荒漠化与沙尘暴的新思路——禁牧移民还草与退耕还林还草并举》，《中国社会科学院〈要报〉》2001年10月。

17. 刘治彦等：《东北地区西部生态环境生产能力估测及其增进过程分析》，载于黄锡畴主编《中国东北西部生态脆弱带研究》，科学出版社，1996。

18. 内蒙古土壤普查办公室：《内蒙古土壤资源数据册》，内蒙古人民出版社，1993。

19. 孙武：《近50a坝上后山地区人畜压力与沙漠化景观界线之间的互动关系》，《中国沙漠》2000年第3期。

20. 宋迎昌：《北京沙尘暴成因及其防治途径》，《城市环境与城市生态》2002年第6期。

21. 王宏昌：《中国西部气候-生态演替》，经济管理出版社，2001。

22. 王社教：《历史时期我国沙尘天气时空分布特点及成因研究》，《陕西师范大学学报〈哲学社会科学版〉》2001年第5期。

23. 王式功、董光荣、陈惠忠等：《沙尘暴研究的进展》，《中国沙漠》2000年第6期。

24. 王涛、陈广庭、钱正安等：《中国北方沙尘暴现状及对策》，《中国科学院院刊》2001年第4期。

25. 王涛、吴薇：《沙质荒漠化的遥感监测与评估——以中国北方沙质荒漠化区内的实践为例》，《第四纪研究》1998年第2期。

26. 王耀辉：《沙漠地区铁路路基沙害及其防治措施》，《山西建筑》2009年第28期。

27. 魏利利、王利权：《浅谈城乡建设用地增减挂钩》，《内蒙古煤炭经济》2011年第8期。

28. 吴波、慈龙骏：《毛乌素沙地荒漠化的发展阶段和原因》，《科学通报》1998年第43（22）期。

29. 锡林郭勒盟行政公署：《锡林郭勒盟防沙治沙规划》，2010。

30. 许成安等：《西北地区草原沙化的原因及对策》，《青海社会科学》

2001年第5期。

31. 杨朝飞：《中国自然保护问题及对策（上）》，《环境保护》1996年第10期。

32. 杨健、华贵翁：《新疆土地荒漠化及其治理对策》，《生态学杂志》2000年第6期。

33. 杨俊平：《从美国西部大平原黑风暴的控制途径论中国北方沙尘暴的预防对策》，《内蒙古林业科技》2003年第3期。

34. 杨俊平：《库布齐地区土地沙漠化及其防治研究》，北京林业大学博士学位论文，2006。

35. 杨文斌：《科尔沁沙地杨树固沙林密度、配置与林分生长过程初步研究》，《北京林业大学学报》2005年第7期。

36. 张定龙：《我国荒漠化形势及治理对策》，《宏观经济管理》2000年第3期。

37. 张帆：《环境与自然资源经济学》，上海人民出版社，1998。

38. 张芳、于晓玲：《内蒙古土地沙漠化成因与防治对策探讨》，《西部资源》2005年第6期。

39. 张金锁：《区域经济学》，天津大学出版社，1998。

40. 郑长德：《民族地区反贫困战略研究》，《经济地理》1998年第3期。

41. “中国荒漠化〈土地退化〉防治研究”课题组：《中国荒漠化〈土地退化〉防治研究》，中国环境科学出版社，1998。

42. 中国科学院地学部：《关于我国华北沙尘天气的成因与治理对策》，2000。

43. 卢琦、周士威：《全球防治荒漠化进程及其未来走向》，《世界林业研究》1997年第3期。

44. 朱震达、王涛：《从若干典型地区的研究对近十余年来中国土地沙漠化演变趋势的分析》，《地理学报》1990年第4期。

后　记

早在1987年，国务院东北规划办，开展东北西部土地沙漠化、盐碱化和草场退化的"三化"治理工作，本书作者刘治彦同志参与了这项工作。后来，刘治彦同志又参加了国家自然科学基金项目"中国东北西部生态脆弱带研究"，并于1992年完成了《东北地区西部生态环境生产能力估测及其增进过程分析》等论文。

20世纪90年代末期，我国荒漠化与沙尘暴问题异常突出，世纪之交沙尘暴影响我国北方大部分地区，直接威胁到首都的生态安全，严重时经常出现"京城一夜遍黄沙"，甚至波及邻国，引起国际非议。党中央和国务院领导高度重视，多次带队前往荒漠化地区调研和召开紧急会议，商讨对策。危难之际，作为中国社会科学院的专业研究人员，急国家之所急，忧人民之所忧。2001年初，刘治彦倡议组建荒漠化与沙尘暴治理政策团队申报国家社科基金项目，在黄顺江、宋迎昌等同志的支持下，城市发展与环境研究中心（现城环所的前身）成立以来第一个国家社科基金项目"荒漠化机理与北京沙尘暴防治对策"（01BJY043）申报成功。7月份冒着高温酷暑，课题组成员满怀为国降"沙魔"的神圣使命，带着青春激情，奔赴东北、华北和西北"抗沙"前线，横跨整个"三北"地区，行程近万里，耗时数十天，从科尔沁、呼伦贝尔、浑善达克、毛乌素沙地到库布齐、腾格里沙漠，第一次完成了对北方荒漠化地区的系统考察。

考察归来后，课题组立即整理调研材料，查阅大量荒漠化与沙尘暴研究的经典文献资料，先后走访了多位业内权威专家，召开多次研讨会，经过模型分析，逐步形成了"人地关系恶性反馈"荒漠化机理学说，认为人类不合理的经济活动是荒漠化的起因，通过作用脆弱地理环境，形成恶性反馈，特别是超载过牧破坏地表植被，导致土地生产能力下降，地表温度升高和降雨量减少，进一步加剧干旱，荒漠化面积不断扩大。基于这一理论，荒漠化治理对策就应从禁牧开始，先解决超载过牧问题。而这一问题的根本解决是要解决牧民生产生活问题，因此国家补贴和生态移民是解决问题的必由之路。接下来，更为重要的是解决植被恢复的问题。由于荒漠化地区大部分位于降水量400毫米以下范围，天然植被主要是灌木和草原，甚至没有植被，大范围种植乔木的“三北”防护林并不适宜。但当时政策设计没有将灌木与草原等植被纳入退耕还林补贴范围，当地群众只能种植乔木，而乔木要消耗大量水，大规模种植后地方水资源将被消耗殆尽，不仅“年年种树不见树”，而且乔木的“抽水机效应”将导致周边植被大量退化，加剧土地荒漠化进程。因此，在禁牧移民之后，将原来的牧场围封起来，恢复天然植被，并纳入生态补偿范围，显得十分重要。于是，课题组提出“禁牧移民还草（灌木）”的荒漠化治理对策，并把该建议于2001年10月上报给党中央。在2002年春天的全国“两会”期间，与国家发改委主办的《中国经济导报》社合作，连续刊登了10余篇荒漠化与沙尘暴治理的文章，把研究成果推向决策部门和社会公众。2002年4月，国务院发布了《关于进一步完善退耕还林政策措施的若干意见》，明确把沙区禁牧移民地区草场围封纳入补贴范围，荒漠化治理在国家层面上有了政策保障。

为了让研究成果进一步指导各地治沙实践，经过积极努力，中国社会科学院、国家林业局和内蒙古自治区人民政府于2002年9月9日至11日，在锡林浩特市举办了“全国荒漠化与沙尘暴防治工作经验交流暨学术研讨会”。会上，来自中国社科院、国家林业局、全国人大环资委、国家民委、中国科学院、中国气象局、北京大学、相关省（区、市）社会科学院的专家学者，以及相关省份防沙治沙主管部门代表共200多人参加了会议。会议经过热烈讨论，形成了关于荒漠化和沙尘暴机理与治理路径的一致意见，从此在全国形成了治沙合力，掀开了我国防沙止漠新的一页。

2002年春天，由课题组宋迎昌同志牵头以“荒漠化与沙尘暴的综合防治模式及其验证”项目编号：（02BJY027）为题又一次成功申报国家社科基金项目。该项研究持续到2003年底，着重探索荒漠化治理的有效模式。其中一项成果是“防止草原沙化的关键在涵蓄地下水——呼伦贝尔草原沙化的启示”（袁晓勐主笔），作为内参报告递交到国务院办公厅，先后得到时任国务院副秘书长汪洋和国务院副总理回良玉的批示。这些研究成果对改进我国荒漠化治理实践产生了一定的积极作用。

经过10多年的大规模治理，我国荒漠化与沙尘暴活跃程度明显减弱。为响应党的十八大提出的建设美丽中国的伟大号召，系统考察总结治沙成果、发现问题和进一步指导今后的治沙工作，2013年由课题组黄顺江同志牵头以“我国北方荒漠化态势与治理成效研究”项目编号：（13BJY033）为题再一次成功申报国家社科基金项目。同时，刘治彦和黄顺江同志共同牵头，得到中国社会科学院重大国情调研项目立项资助，课题组再一次循着12年前的足迹，对荒漠化地区进行了全面回访。这一轮考察，持续3年，并将新疆、青海和西藏沙区纳入调研范围，做到了对全国荒漠化地区的全覆盖。

这次全面系统的调研，发现进入21世纪以来我国防沙治沙工作取得了很大成效，山青了，地绿了，城乡面貌焕然一新了！沙尘暴天数明显减少了，减弱了，有的地方几乎不见了！荒漠化地区经济社会发展与生态环境建设步入了良性循环轨道。这说明我国治沙理论、政策和路径是完全正确的，是经得起实践检验的！

又是半旬过去了，我国生态文明建设步入了新时代，伟大祖国迎来了七十华诞！为系统总结21世纪20年来我国防沙止漠理论成果和政策成效，向世界分享中国成功经验，现将课题组多年来的研究成果梳理出版。在此之际，课题组要感谢支持我们几十年开展这项研究的所有同志，包括：冯宗炜院士、李京文院士、慈龙骏教授、潘家华学部委员、李周教授，祝列克、刘拓、曹清尧等原国家林业局领导同志，以及龙永枢、傅崇兰、牛凤瑞、张新平、廖康玉、王延中等中国社会科学院的领导和专家。还要感谢内蒙古、宁夏、陕西、甘肃、青海、新疆等省（区）林业及相关部门领导的大力支持，没有他们的鼎力相助这样浩大的调研考察任务是根本无法完成的！还有所有为课题组开展工作多年来默默奉献和关心支持的同志们，无法一一列出，在此深表由衷的敬意和感谢！祖国美丽安宁是我们共同的心愿和努力的目标！

课题组20年如一日，跟踪荒漠化研究，不图功名，惟忧国家生态安危！有感而发，特缩写短句，以概述国家治沙实践和我们激情岁月的治沙科研历程！

大千国土，半壁荒漠，世纪交接，沙尘肆虐。领袖忧虑，百姓受迫，危难关头，急需良策。社科青年，主动请缨，国家基金，重任委托。远行万里，纵横荒漠，广泛座谈，深入村落。查阅经典，探析机理，拜访名家，思酌对策。超载过牧，人为造孽，禁牧移民，封育草木。上禀中央，通报全国，统一思想，科学行动。努力数载，坚持不懈，一旬再访，成效卓著。赤漠退缩，绿野逐拓，黄魔沉寂，蓝天见多。治沙奇迹，全球楷模，众志成城，有你有我。二十余载，青丝白发，山河俊秀，美丽中国！

课题组全体成员

2019 年 8 月于北京

附录一　会议合影

由中国社会科学院、国家林业局和内蒙古自治区人民政府联合举办的“全国荒漠化与沙尘暴防治工作经验交流暨学术研讨会”于 2002 年 9 月 9-11 日在锡林浩特召开，图为与会者合影。

附录二　野外考察照片精选[1]

2013 年 7 月 8-29 日及 9 月 12-18 日，课题组赴内蒙古、青海、新疆等地调研，从东到西考察了我国各大沙地和沙漠，并与当地政府部门座谈，共同探讨荒漠化防治策略和经济社会转型发展路径。

呼伦贝尔沙地，新巴尔虎左旗治沙点，2 米 ×2 米草方格里播撒的沙蒿等草种刚露出幼苗

科尔沁沙地，奈曼旗围封治理项目区边缘，远处围封区域的绿草与近处未围封区域的白沙形成鲜明对比

1 / 本集照片由黄顺江拍摄。

调研组与通辽市各部门举行座谈会，讨论科尔沁沙地最新动态及治理策略

调研组与中国科学院奈曼治沙工作站及奈曼旗林业局领导同志合影

考察浑善达克沙地

毛乌素沙地的草方格治沙效果十分明显

考察库布齐沙漠腹地

库布齐沙漠腹地，沙丘连连，远处可看见一条穿沙公路及两旁的绿化带，公路旁的房屋为沙漠旅游景点，可提供餐饮、住宿等服务

经多年荒漠化治理，位于阿拉善盟额济纳旗的居延海重现湖泊景观

额济纳旗固沙乔木胡杨林

塔里木河下游河道，曾经干涸，近 10 多年来通过从上游向下游输水，恢复了正常水流，两岸的胡杨林也重现生机

柴达木盆地北部，为保护公路，两侧用盐土块做成沙障

柴达木盆地西北部的大盐滩，除了人类到访者外，几乎没有其他任何生命存在

长江源头可可西里藏羚羊野生动物保护区

图书在版编目(CIP)数据

中国荒漠化治理研究 / 刘治彦等著. -- 北京 :社会科学文献出版社, 2019.9

ISBN 978-7-5201-5620-2

Ⅰ. 中… Ⅱ. ①刘… Ⅲ. ①沙漠治理-研究-中国 Ⅳ. ①S156.5

中国版本图书馆 CIP 数据核字(2019)第 207176 号

中国荒漠化治理研究

著　　者 / 刘治彦　宋迎昌　黄顺江　李红玉　等

出 版 人 / 谢寿光
组稿编辑 / 周　丽　王玉山
责任编辑 / 王玉山

出　　版 / 社会科学文献出版社 · 经济与管理分社 (010) 59367226
地址: 北京市北三环中路甲 29 号院华龙大厦　邮编: 100029
网址: www. ssap. com. cn
发　　行 / 市场营销中心 (010) 59367081　59367083
印　　装 / 三河市东方印刷有限公司

规　　格 / 开　本: 787mm × 1092mm　1/16
印　张: 25. 25　插　页: 1　字　数: 400 千字
版　　次 / 2019 年 9 月第 1 版　2019 年 9 月第 1 次印刷
书　　号 / ISBN 978-7-5201-5620-2
定　　价 / 168. 00 元

本书如有印装质量问题, 请与读者服务中心 (010-59367028) 联系